上冊

半導體材料與元件

余合興

東華書局

國家圖書館出版品預行編目資料

半導體材料與元件／余合興編著. -- 初版. --
臺北市 ： 臺灣東華, 民 96.10-
　　面；　　　公分
含參考書目

ISBN 978-957-483-454-9（上冊：平裝）

1. 半導體

448.65　　　　　　　　　　　　96019174

版權所有・翻印必究

中華民國九十六年十二月初版

半導體材料與元件

上冊

定價　新臺幣伍佰元整
（外埠酌加運費匯費）

編著者　余　　合　　興
發行人　卓　劉　慶　弟
出版者　臺灣東華書局股份有限公司
　　　　臺北市重慶南路一段一四七號三樓
　　　　電話：（02）2311-4027
　　　　傳真：（02）2311-6615
　　　　郵撥：0 0 0 6 4 8 1 3
　　　　網址：http://www.tunghua.com.tw
印刷者　建　發　印　刷　廠

行政院新聞局登記證　局版臺業字第零柒貳伍號

作者序

「半導體材料與元件」是電機、電子、光電、材料或物理、化工等科技人才探索電子尖端科技所必須具備的最重要知識。在 IC 及相關的電子零組件工業，此一知識對製程的缺失改進及良率的提高，扮演著關鍵的角色。

本書自初版問世迄今，發行已逾廿載（數量逾萬），其間只略做勘誤，從無大幅修訂。因應學術界先進及產業界朋友的建議，決定大幅增訂改版重新發行；因為半導體技術的精進，電子元件幾何尺寸愈做愈小，因此於相關各章增加了對微小元件及其效應的介紹，預期讀者對這些尖端元件能窺其堂奧，不致於霧裡看花或敬而遠之。

對於半導體、光電、材料及 IC 產業有興趣的初學者，即使沒有近代物理方面的基礎，只要詳讀第一章的基本物理觀念，也可依照個別需求，逐步了解本書各章的知識。對於在大學授課的先進，也提供個人建議如後；部分未列入的章節，如第三章，可在進階或研究所的課程內講授。

本書因涵蓋範圍廣泛，分上、下兩冊發行，上冊共分八章著重在材料物性及基本觀念的介紹；下冊著重在各種元件的特性介紹，並於其末以 CMOS 製程綜覽前面各章所認識的元件或技術，因為時間所限，下冊將於稍後增訂發行。

此書與坊間相關參考書最大不同之處在於它的內容設計，從近代物理、量子觀念、固態物理，再深入介紹半導體材料及元件的物理特性。在各章中穿插了不少例子，希望初學者能突破學習盲點，對此重要知識能夠清楚地體會認識，無論就業或深造，應有很大助益。

作者在大學院校講授半導體相關課程已逾 25 載，能夠於課餘之暇增訂再度發行，心中欣慰溢於言表，唯因才疏學淺，撰寫過程中或有疏漏之處，尚祈先進、同好不吝指教。

余合興

謹誌

國立台北科大電機系

電機系教授、系主任兼所長

（2007 年 9 月）

「半導體材料及元件」學期授課時數建議表

章別	內容	時數
1	黑體輻射，光電效應及波動-質點對偶性 薛丁格波動方程式，穿透效應，位能與問題	3 3
2	晶格，晶體結構及晶體方向 晶體缺陷及晶格分配 晶圓及磊晶生長	3 2 3
4	粒子分佈函數 能帶與能階圖 直接與間接半導體 載體濃度，有效質量 載體濃度，與溫度關係	1 3 2 3
5	半導體內發光現象 PL 量測 影響載體移動率因素，高電場及霍爾效應 載體擴散連續方程式	3 3 3
6	光吸收實驗，光吸收係數量測 光導電效應，光伏效應	2 2
7	平衡與不平衡接面 I-V 關係分析 接面崩潰 理想與實際二極體 異質接面	2 2 2 1 2

註：課程設計為十八週，扣除三週考試，共計 45 小時。

目　　錄

第一章　基本的物理觀念　　1

- 1-1　黑體輻射　　2
- 1-2　光電效應　　6
- 1-3　質點-波動對偶性　　10
- 1-4　測不準原理　　13
- 1-5　波爾模型　　16
  - 1-5-1　波爾假說　　17
  - 1-5-2　波爾的氫原子理論　　18
  - 1-5-3　波爾理論在半導體上的應用　　19
- 1-6　薛丁格波動方程式　　22
  - 1-6-1　波動方程式　　22
  - 1-6-2　伯昂假說　　24
- 1-7　拉塞福散射　　35
  - 1-7-1　拉塞福理論　　35
  - 1-7-2　拉塞福散射　　37
- 結　論　　41
- 習　題　　41
- 參考資料　　42

第二章　晶體結構　　43

- 2-1　晶格　　45
- 2-2　晶體結構　　47
- 2-3　晶體面及晶體方向　　54
- 2-4　反晶格　　57
  - 2-4-1　反晶格向量　　57
  - 2-4-2　布里路因晶格區　　60
- 2-5　晶體缺陷及晶格匹配　　64

2-5-1	晶體缺陷	64
2-5-2	晶格的匹配與應變	68

2-6 晶體的生長 70
    2-6-1 由冶金級矽純化為電子級矽的流程 70
    2-6-2 晶棒製成前不純物的控制 73
    2-6-3 單晶材料的生長 74
    2-6-4 磊晶生長 78

2-7 固體的結合力 79

結論 81

習題 81

參考資料 82

第三章 晶格振動 85

3-1 單原子晶格的振動 87
    3-1-1 振動方程式與離散關係 87
    3-1-2 音聲子 91

3-2 雙原子晶格的振動 92
    3-2-1 振動方程式與離散關係 93
    3-2-2 光聲子 94

3-3 聲子的能量與動量 98
    3-3-1 聲子的能量 98
    3-3-2 聲子的動量 99

3-4 餘光吸收 102

結論 103

習題 104

參考資料 105

第四章　能帶與載體的濃度　　107

- 4-1　分布函數　　108
  - 4-1-1　古典的統計函數—波茲曼分布函數　　108
  - 4-1-2　量子的統計函數　　109
- 4-2　能帶與能階圖　　115
  - 4-2-1　固體的能階　　119
  - 4-2-2　能帶的形成　　119
  - 4-2-3　能階圖　　123
- 4-3　狀態密度　　126
- 4-4　直接與間接半導體　　129
  - 4-4-1　半導體種類　　129
  - 4-4-2　能帶間隙 E_g 隨元素摩爾比的變化　　131
- 4-5　載體的濃度　　132
- 4-6　載體的有效質量　　140
  - 4-6-1　有效質量的計算　　140
  - 4-6-2　有效質量的測量　　142
- 4-7　載體濃度與溫度的依序關係　　144
- 習　題　　149
- 參考資料　　151

第五章　半導體內的載體傳輸現象　　153

- 5-1　半導體的發光現象　　154
  - 5-1-1　直接發光　　154
  - 5-1-2　間接發光　　155
- 5-2　載體的存活時間與準費米階　　158
  - 5-2-1　載體的存活時間　　158
  - 5-2-2　準費米階　　161

5-3	光激光譜的量測	163
5-4	載體的漂移	166
	5-4-1　移動率、導電係數與電阻係數	166
	5-4-2　溫度與雜質濃度對移動率的影響	170
	5-4-3　高電場效應	173
	5-4-4　霍爾效應	177
5-5	載體擴散	181
	5-5-1　擴散過程	181
	5-5-2　愛因斯坦關係式	184
	5-5-3　總電流密度	185
5-6	連續方程式	187
5-7	載體的復合與產生	192
	5-7-1　發光的復合過程	193
	5-7-2　歐傑伊復合過程	194
	5-7-3　藉著單一缺陷中心的載體產生與復合	196
	5-7-4　載體的產生	205
5-8	表面復合	206
5-9	赫尼-蕭克萊實驗	209
習　題		212
參考資料		214

第六章　半導體的光特性及光電效應　　217

6-1	固體的光常數	218
	6-1-1　折射指數與吸收係數	218
	6-1-2　光波在不同物質介面的傳播現象	221
6-2	光的吸收現象	231
	6-2-1　自由載體吸收	231
	6-2-2　自由載體吸收引起的折射指數變化	234
	6-2-3　基本吸收	235

6-2-4	光吸收試驗	238
6-2-5	光吸收係數的測量——回切法	240
6-2-6	富蘭茲-卡迪西效應	244

6-3 光導電效應 245

6-3-1	光導電率	245
6-3-2	他質光導電過程	246
6-3-3	本質光導電過程	247
6-3-4	靈敏因素與光導電增益	251

6-4 光伏效應 253

習 題 255

參考資料 256

第七章 PN 接面 257

7-1 熱平衡的接面 258

7-1-1	特性分析	258
7-1-2	內建電場及電位	260

7-2 空間電荷區 262

7-2-1	步階式接面	263
7-2-2	線性接面	267

7-3 不平衡的 PN 接面 269

7-3-1	PN 接面電流分析	271
7-3-2	電荷控制模式	276

7-4 PN 接面的崩潰 280

7-4-1	累崩崩潰	280
7-4-2	齊納崩潰	286

7-5 二極體電容與其暫態分析 287

7-5-1	擴散電容	288
7-5-2	空乏電容、變容體及雜質濃度剖析	288
7-5-3	二極體暫態分析	292

7-6	理想與實際的二極體	295
	7-6-1　空乏近似	296
	7-6-2　準中性近似與串聯電阻效應	297
	7-6-3　低階注入與大電流效應	301
	7-6-4　空間電荷區電流	301
	7-6-5　溫度效應	304
7-7	異質接面	307
	7-7-1　異質接面的形成	307
	7-7-2　量子井的能階及其特性	312
	7-7-3　量子井分立能階的實驗觀測	314
7-8	量子井結構的應用	315
7-9	異質接面元件的優越性	319
	習　　題	320
	參考資料	321

第八章　雙極性電晶體　　323

8-1	雙極性電晶體的型式及符號	324
8-2	雙極性電晶體的基本工作原理	328
	8-2-1　電晶體內載體的傳輸現象	328
	8-2-2　電晶體的重要參數	332
8-3	雙極性電晶體的電流-電壓特性分析	333
	8-3-1　電洞在基極內的空間分布	333
	8-3-2　P^+NP 電晶體的電流分量 I_E，I_C 及 I_B	334
	8-3-3　少數載體在電晶體內各區的空間分布	340
8-4	偏壓分析	341
	8-4-1　電荷控制分析	341
	8-4-2　易伯-摩爾模型	343
8-5	電晶體的暫態分析	346
	8-5-1　截止與飽和	346

	8-5-2	啟動暫態	349
	8-5-3	截斷暫態	351
	8-5-4	蕭特基電晶體	354
8-6	實際電晶體中的額外考慮	355
	8-6-1	基極區寬度調變	356
	8-6-2	寇克效應	359
	8-6-3	基極區內的載體飄移	362
	8-6-4	累崩崩潰與穿透	364
	8-6-5	幾何效應	365
	8-6-6	空間電荷區內載體的產生及復合	366
8-7	異質接面電晶體	368
8-8	接面電晶體的製造	370
	習題	374
	參考資料	376

附 錄   377

附錄 A	物理常數	378
附錄 B	元素半導體及絕緣體的主要特性（300°K）	379
附錄 C	III-V族化合物半導體的主要特性（300°K）	381
附錄 D	II-VI 及 IV-VI族化合物半導體的基本特性（300°K）	382
附錄 E	砷化鎵晶體內雜質的游離能	383

索 引   385

1 CHAPTER

基本的物理觀念

黑體輻射
光電效應
質點-波動對偶性
測不準原理
波爾模型
    波爾假說
    波爾的氫原子理論
    波爾理論在半導體上的應用
薛丁格波動方程式
    波動方程式
    伯昂假說
拉塞福散射
    拉塞福理論
    拉塞福散射
結　論
習　題
參考資料

對於半導體材料與元件的各種特性要透澈瞭解的話，必須要有深厚廣大的物理基礎，為了篇幅所限，本書不能一一介紹，只對最重要的一些物理觀念作精簡、扼要的敘述，讀者如果猶未釐清這些觀念，正好藉此機會溫故知新，如果已有堅實基礎，請逕閱本書第二章。

1-1　黑體輻射

西元 1859 年科學家克奇霍夫 (Kirchhoff) 證實了一個事實，即物體在熱輻射時，其表面的熱放射係數 e (Thermal emissivity) 恰好等於熱吸收係數 a (Thermal absorptivity)，以式子表示為

$$e = a$$

上式已經用熱力學的理論證明無誤。簡單地說，一個物體表面如果散熱特性良好，它必定也是一種很好的吸熱材料。

假如有一物體，其表面可以完全吸收所有入射的熱輻射，即熱吸收係數 a 等於 1，我們稱此物體為「**黑體**」(Black body)。由上述克奇霍夫定理可知，黑體不但是一種最有效的**吸收體** (Absorber)，也是一種最有效的**放射體** (Radiator)。如果有某一物體，其表面被均勻而且完好的塗佈一層黑色的物質 (如黑色顏料)，則此物體對熱輻射吸收或放射的特性必近於黑體。

為了更深入地瞭解黑體輻射的情形，假設有一立方金屬盒 (如圖 1-1)，其盒內由金屬原子組成，如果此金屬盒的溫度不等於 0°K，原子內電荷因為受到加速的結果會作簡諧振盪並放射出電磁波，這些電磁波的頻率必正等於簡諧振盪的頻率；因為唯有如此，電磁輻射與振盪器才可不斷的進行能量交換。在熱平衡時，任一盒面在單位時間內的電磁對外輻射量，必須等於其他盒面對此面的電磁輻射入射量，在此情況之下，金屬盒的電磁輻射能量密度才會趨於固定值。

因為金屬面是一種**等位面** (Equipotential surfaces)，所以在盒面上的電場強度 $\bar{E}$ 必等於零，因此在金屬盒＜腔＞內，電磁波必定是**駐波** (Standing waves)；換言之，電磁波入射某一盒面後，又會被其反射回至盒內，此入射及反射波會形成駐波在盒面間來回振盪。

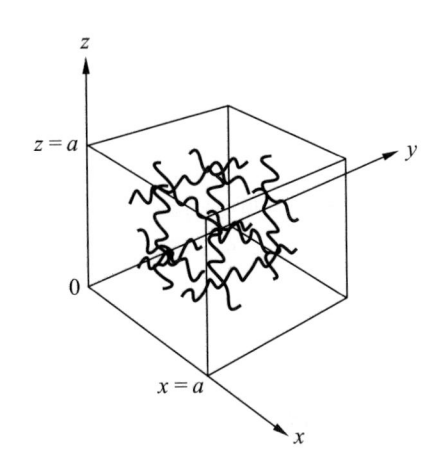

圖 1-1　包含著眾多電磁輻射的立方
金屬腔 (Metallic cavity)

假如我們要知道在上述金屬振動腔內，於 v 與 $(v+dv)$ 的頻率區間之中，金屬腔的電磁輻射能量密度 $\rho_T(\lambda)\,d\lambda$ 的大小，我們必須設法計算在此金屬腔內單位體積的駐波數目，並正確的估計這些駐波的平均能量；它可以用簡單的式子表示為：

**能量密度 $\rho_T(\lambda)\,d\lambda$ = [在波長 λ 與 $(\lambda + d\lambda)$ 範圍內駐波的數目]
× (這些駐波的平均能量)／(金屬腔的體積)**

此處 v 是駐波的振盪頻率，λ 是駐波的波長。

在波長間隔 $d\lambda$ 的範圍內 (即對應的頻率區間 dv 內) 的駐波數目，我們可以利用**芮雷-金恩理論** (The Rayleigh-Jeans theory) 求得〔1〕；至於金屬盒內駐波的平均能量，因為這些駐波是由原子的加速電荷作簡諧振盪所輻射出來，我們必須利用**蒲朗克假說** (Planck's Postulate) 加以估計。

利用芮雷-金恩理論可知，在頻率區間 dv 內金屬腔的駐波個數 $N(v)\,dv$ 為

$$N(v)\,dv = \frac{8\pi a^3 v^2 dv}{c^3} \quad ;\text{此處 } c = \text{光速} \tag{1-1}$$

由上式可知，為了必須在金屬腔內形成駐波，其可能存在於 v 與 $(v+dv)$ 區間內的駐波數目，只與金屬腔的體積 a^3 有關，而與它的幾何形狀無關！

至於在頻率 v 作**簡諧振盪**（Simple harmonic oscillation）的駐波（即前述的簡諧振盪器），其所可能擁有的能量為 E_n，蒲朗克假說指出

$$E_n = nhv \qquad (1\text{-}2a)$$

此處 $n = 0, 1, 2, 3, 4, \cdots$；$h =$ 蒲朗克常數。

但是蒲朗克對於簡諧振盪器的描述，是屬於早期的**古典量子理論**（Classical quantum theory），正確的振盪器能量必須利用**現代的量子理論**（Modern quantum theory）加以修正成為

$$E_n = (n + \frac{1}{2})hv \qquad (1\text{-}2b)$$

（1-2b）式告訴我們，簡諧振盪器所擁有的零點能量（Zero-point energy）為

$$E_0 = \frac{1}{2}hv \qquad (n = 0)$$

上述簡諧振盪器所擁有的平均能量，可以用波茲曼分布函數求得，即

$$\overline{E} = \sum_{n=0}^{\infty} E_n P(E_n)$$

$$= \left(\frac{1}{2} + \frac{1}{e^{hv/KT} - 1}\right) hv \qquad (1\text{-}3)$$

此處 K 為波茲曼常數，$P(E_n)$ 為**波茲曼分布因素**[1]（Boltzmann distribution factor）。

$$P(E_n) = \frac{\mathrm{Exp}(-E_n/KT)}{\sum_{m=0}^{\infty} \mathrm{Exp}(-E_m/KT)}$$

由（1-1）式及（1-3）式可得

$$\rho_T(v)\,dv = \overline{E}N(v)\,dv/a^3 = \frac{8\pi hv^3 dv}{c^3}\left(\frac{1}{2} + \frac{1}{e^{hv/KT} - 1}\right) \qquad (1\text{-}4)$$

假如對所有的頻率 v 積分，則

---

[1] 分布因素 $P(E_n)$ 是已經規格化（Normalized）的函數，即 $\sum_{n=0}^{\infty} P(E_n) = 1$。

$$\int_0^\infty \rho_T(v)\,dv \to \infty$$

上述結果是因為(1-4)式括弧中出現 $\frac{1}{2}$ 的緣故，實際上這種 $n=0$ 的情況不可能發生。如果把(1-4)式中的 $\frac{1}{2}$ 剔除，表示「零點能量」$E_0 = \frac{1}{2}hv$ 不計算在內，則能量密度變為

$$\rho_T(v)\,dv = \frac{8\pi hv^3 dv}{c^3}\left(\frac{1}{e^{hv/KT}-1}\right) \tag{1-5}$$

(1-5)式是利用芮雷-金恩理論及蒲朗克假說獲得的結論，它與實驗結果非常符合(參考圖 1-2)。

於計算能量密度 $\rho_T(v)\,dv$ 時可以忽略零點能量 E_0 的原因，是因為 $\frac{1}{2}hv$ 是簡諧振盪器所可能擁有的最低能量，在此情況，它不可能進行上述的能量交換，因此也無法測量得到。

圖 1-3 是黑體在各種不同溫度之電磁輻射的能量密度 $\rho_T(\lambda)$ 對輻射的波長 λ 變化情形。假設在某一特定溫度發生最大輻射能量的波長為 λ_{max}，可以發現 λ_{max} 與黑體溫度有呈反比的關係。也就是說，從圖 1-3 可以知道，黑體的

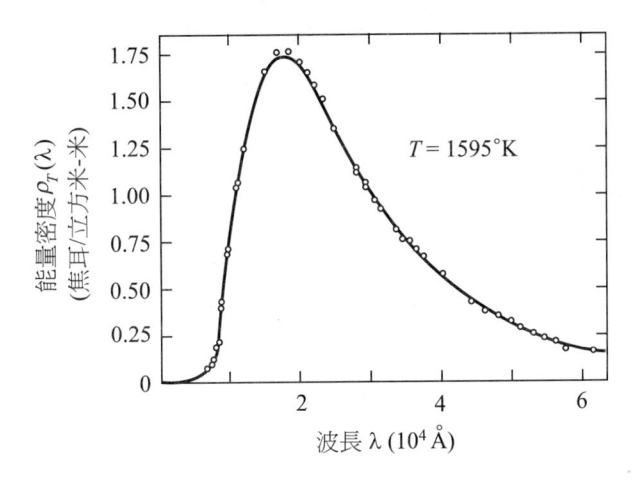

圖 1-2　蒲朗克對黑體輻射之能量密度的預測
（實線為理論預測的結果）

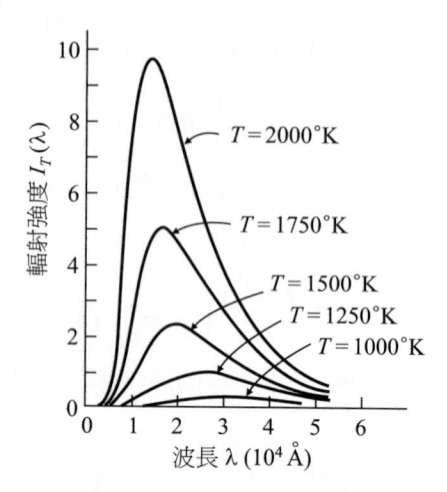

圖 1-3　黑體輻射強度在各種不同溫度的分布情形

溫度升高時，可以輻射更多的能量，但是輻射的波長卻由長變短，因此黑體輻射時的顏色是由深紅漸漸變成淡紫，這也正是俗話所說「爐火純青」的程度。

黑體輻射的理論可以應用到尖端科技的「紅外線偵測」上面。因為動物、軍隊、甚至車輛、飛機都有它們一定的體溫或發動引擎工作時的溫度，這些物體都在以其特有的能量分布輻射熱能，只要我們設計合適的紅外線偵檢器 (IR detector) 即可正確的偵察出這些物體活動的位置，甚至清晰的辨識出這些物體的外形，這就是紅外線影像 (或稱熱像) 顯示的基本原理。

1-2　光電效應

大約在西元 1900 年左右，科學家李納德 (Lenard) 於實驗中發現，當紫外線射入真空的玻璃管時，會使管內金屬極 (陰極) 表面激發出電子，而被另一較高電位的金屬極 (陽極) 收集形成電流，這種效應即是所謂的**光電效應** (Photoelectric effect)。

密里根 (Millikan) 於 1914 年發表更精確的光電效應之實驗結果。他利用如圖 1-4(a) 的實驗裝置，使入射光通過玻璃管的石英窗，穿透過杯子型的金屬極 B，投射至另一金屬極板面 A 上，此金屬極表面的電子受光激發後離開板面，而被較高電位的電極 (陽極) B 收集，形成的微小電流可以被靈敏的檢

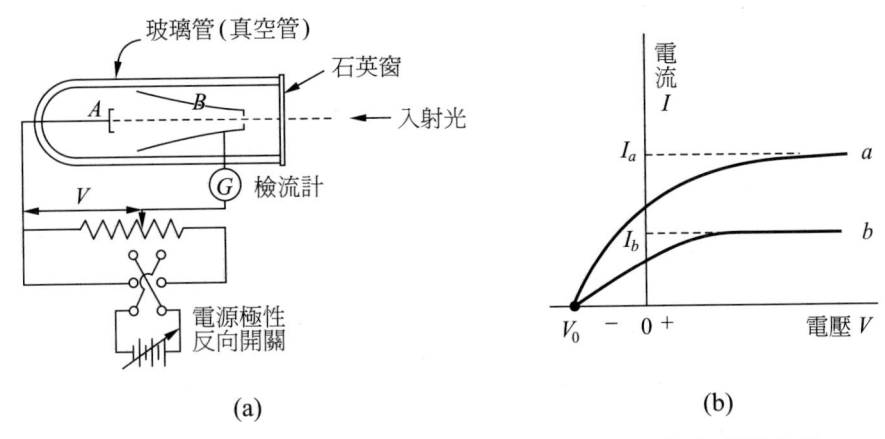

圖 1-4　光電效應 (a) 試驗設備；(b) 試驗所測得之電流-電壓曲線

流計 G 測量出來。改變金屬極間的電位差 V，記錄下檢流計 G 的讀值，可以得到如圖 1-4(b) 的電流-電壓關係圖。

圖 1-4(b) 中的曲線 a 之入射光強度是曲線 b 光強度的兩倍。由此曲線可以獲得下列結果：

1. 飽和電流 (I_a 或 I_b) 隨入射光強度呈正比。
2. 具有最大動能的受激光電子能量 eV_0 與入射光強度無關。

古典的光波理論無法解釋上述光電實驗的結果，因為它有三大矛盾：

(1) 按照古典理論，當入射光束的強度增加時，造成電磁輻射（即為光波）的振盪電場 ε 亦必須增加，此時加諸於電子的電力 $e\varepsilon$ 自會使光電子的動能隨著增加；事實上，它卻與上述的實驗結果相矛盾，因為不論何種光強度入射，其截止電位均為 V_0。

(2) 假如入射光強度夠強，可以供給光電子足夠的能量，則按照古典的光波理論，任何頻率的入射光都可使光電效應發生。事實上，實驗證明，唯有入射光的頻率超過某一**截止頻率**（Cut-off frequency）時，才可能觀察到上述的光電效應。低於截止頻率的入射光，即使光度再強，也無法產生光電效應。

(3) 按照古典理論，光波是以光源為中心，呈球形的向外均勻的傳播出

去，光能是均勻的分布在**波前**（Wave front）；金屬表面的電子受光面積不會大於原子直徑所涵蓋的球面範圍。由於光源與金屬距離遠大於原子直徑，光能傳播至電子的大小與距離平方（r^2）成反比。因此，當光波入射至金屬表面後，必定需要相當長的一段**時間延遲**（Time lag），才能使受光激發的電子累積足夠的能量，以克服電子在金屬表面所受的束縛能，然後再脫離金屬表面被另一極（陽極）收集，以形成光電流；事實上，這種時間延遲在實驗中並不存在。

愛因斯坦對李納德的實驗結果以及它與古典光波理論相矛盾的地方感興趣。他首先應用蒲朗克假說，假設一個以頻率 v 輻射的光源（或其他輻射源），所可能擁有的能量僅為 0，hv，$2hv$，$\cdots$ 或 nhv，如果它由第 n 個受激態轉移至第 $(n-1)$ 受激態時，輻射的能量 hv 是以「光子」的型式並以光速向外放射出去。他同時假設，在光電的過程中，入射的光子會被**光陰極**（Photocathode）的電子完全吸收。

依照愛因斯坦光電效應的新界說，電子脫離金屬後的動能 E 為（請參考圖1-5(a)）

$$E = hv - \Delta E \tag{1-6}$$

如果電子係由金屬表面受激逃離，則

$$E = E_{max} = hv - W$$

此處

hv = 電子由光子所吸收的輻射能量

ΔE =（電子由金屬表面脫離進入自由空間所需的能量 W）+（電子由金屬內至金屬表面所需的能量）

W = 功函數（Work function）

E_{max} = 光電子所可能具有的最大動能

愛因斯坦的界說可以很成功的解釋古典理論無法說明的三點事實：

(1) 雙倍的入射光強度意指"雙倍數目"的光子射入金屬，因此會產生雙倍的光電流。它不會改變個別光子的能量 hv 及整個光電過程的特性。

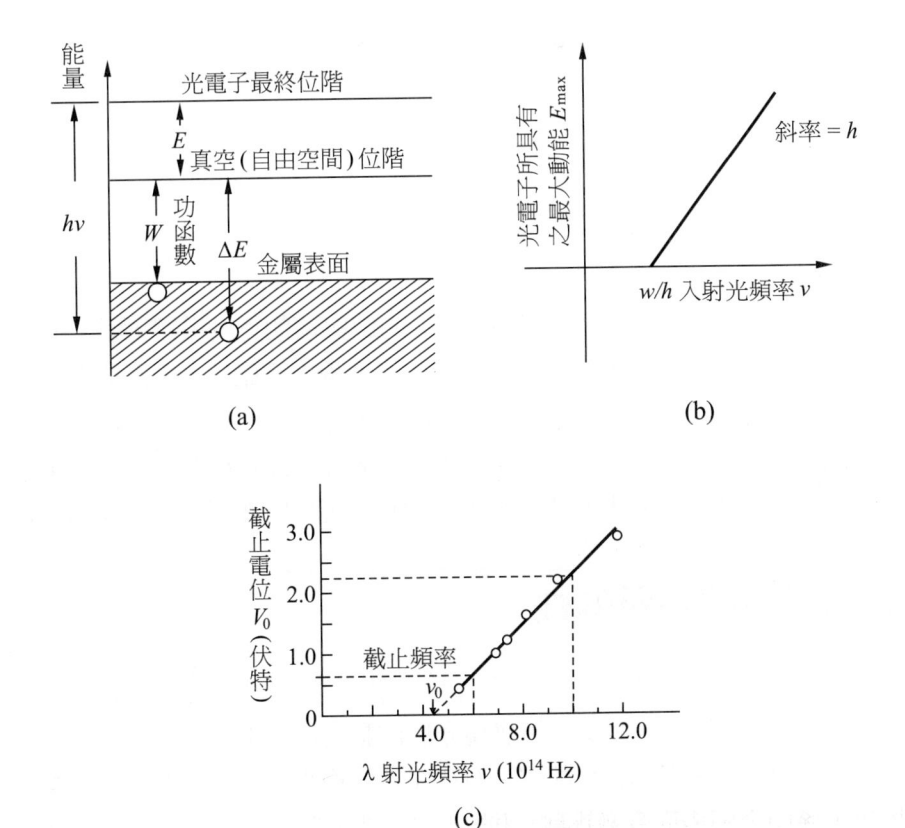

圖 1-5　光電效應中 (a) 電子脫離金屬後的動能 E 之大小
　　　　(b) 光電子所具有之最大動能與入射光頻率的關係
　　　　(c) 密里根實驗對金屬鈉測得的結果

(2) 如果光子能量 hv 小於 hv_0（即功函數），每一個光子因為能量不足，均無法在光電過程中激發電子，產生光電流。

(3) 按照光子理論，光子能量是集中成束，不會呈球面的向外傳播。在光電過程中，光子能量會集中傳遞給受激電子，而使電子獲得足夠能量，立刻脫離金屬表面；因此，不會有古典理論所預估的「時間延遲」存在。

由圖 1-5(b) 中可知前述的截止頻率 v_0 等於 W/h。如果光波頻率低於 v_0，電子根本不可能擁有動能脫離金屬表面。圖 1-5(c) 中顯示，如果頻率增加，使得

光陰極不會有任何電子脫離的**截止電位**（Stopping potential）V_0（負值）也會隨著頻率 v 呈線性增加，由此曲線可得

$$eV_0 = E_{\max} = hv - W \qquad (1\text{-}7)$$

故

$$h = \frac{eV_0 + W}{v}$$

密里根利用（1-7）式估計出蒲朗克常數 h 的值與蒲朗克於黑體輻射中的估計值幾乎完全一致，也驗證了愛因斯坦光電效應理論之正確性。愛因斯坦終於在 1921 年因此巨大的理論突破而獲頒諾貝爾物理獎。

　　深入介紹光電效應之目的，是希望讀者能破除上述古典的光波理論，建立起基本的量子觀念；至於半導體中的光電效應及現象將在第五章中詳細討論。

1-3　質點-波動對偶性

　　從牛頓力學及愛因斯坦的光電理論中，我們可以領會很多質點存在的實例，在光的繞射實驗中，我們又可發現光以波動的形式出現；因此，在空間進行時光似乎顯著的呈現出波動性質。而在與其他物質發生交互作用，例如，在發生光電過程時，卻顯示出質點（光子）的特性，究竟光是波動還是質點呢？實在有進一步認識的必要。

　　西元 1924 年，德布格里（De Broglie）提出一個假說，他認為：

　　任何一個質點在以動量 P 及能量 E 運動時，必定會受到相隨的**導航波**（Associated pilot waves）所規範。假如此導航波的波長為 λ，頻率為 v，則有下列關係成立

$$\lambda = \frac{h}{p} \qquad (1\text{-}8a)$$

$$v = \frac{E}{h} \qquad (1\text{-}8b)$$

上述的**德布格里假說**（De Broglie Postulate）告訴我們一個重要的事實：即任何一個質點運動時，必定如影隨形般的存在著對應的導航波，它正如硬幣之兩面有著不同的圖案，卻共同代表著這枚硬幣。

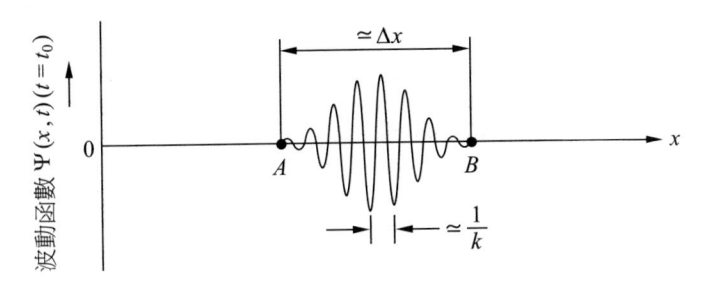

圖 1-6 規範質點運動的導航波

　　圖 1-6 即代表質點運動的導航波。我們可以在 Δx 範圍內發現質點的存在，但卻無法正確的標定出質點的確切位置；我們可以估計在導航波**波封**（Wave envelope）最大的地方，找到質點的可能性最大，而在 A、B 兩點，因其波封最小，發現質點的機率也最低。

例 1-1

　　假設有一個電子受到如圖 1-7(a) 的電壓 V 加速。(a) 試估計此電子運動的導航波波長 λ_{De}，已知 $V = 10$ 伏特。(b) 如何方可觀察（或證明）出此電子運動時的波動性質？

解 (a) 電子受 10 伏特的加速後，其動能 T 為

$$T = 10 \text{ eV} = 1.6 \times 10^{-11} \text{ 爾格（erg）}$$

$$P = m_0 v = \sqrt{2m_0 T} = 1.7 \times 10^{-19} \text{ g-cm/sec}$$

因此，德布格里波長 λ_{De} 為

$$\lambda_{De} = \frac{6.62 \times 10^{-27}}{1.7 \times 10^{-19}} = 3.9 \times 10^{-8} \text{ cm} = 3.9 \text{ Å}$$

(b) 因為導航波波長 λ_{De} 只約 4Å，假如可以設計一單狹縫繞射實驗，其狹縫間距 d 小於 4Å 時，就會在**偵檢器**（Detector）上觀察到電子繞射的現象。如圖 1-7(a)，加速電子射向某晶體表面，此晶體原子間距 $d \lesssim \lambda_{De}$，則可於偵收器（板）上，測量到電子繞射的現象。

12　半導體材料與元件（上冊）

(a)

(b)

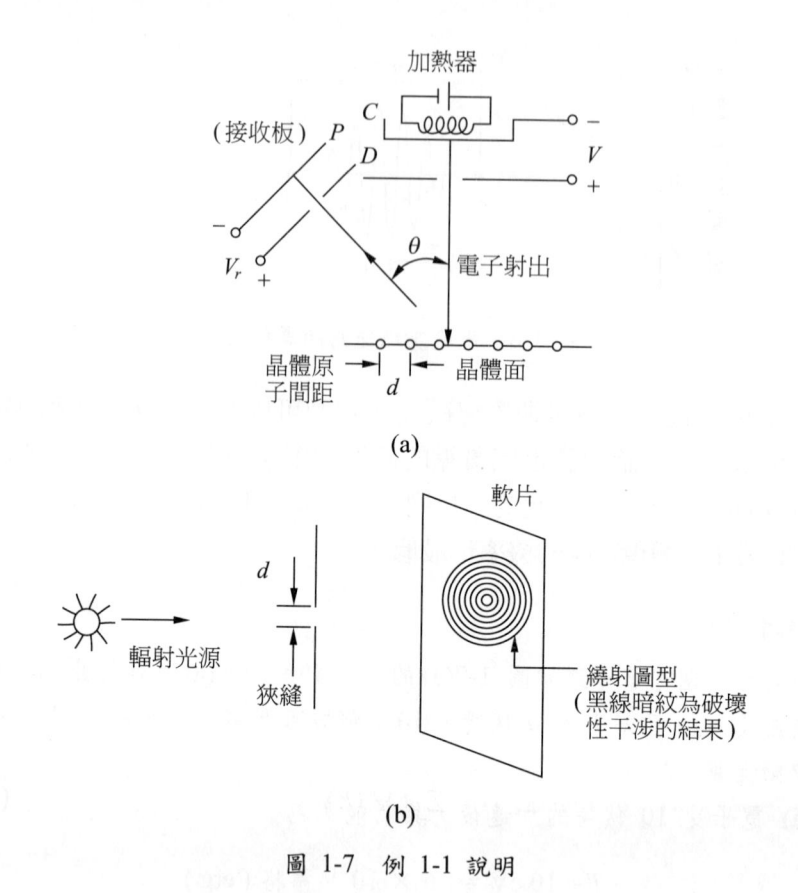

圖 1-7　例 1-1 說明

　　從 (例 1-1) 可以知道一項重要的結果：任何質點在運動時都會有它對應的波動性質出現，因為導航波的波長 λ_{De} 可能很短，要觀察出質點的波動性質，必須要設計一可行的實驗，使得 λ_{De} 大於 (或等於) d，其波動性質方能顯現出來。

　　按照上述描述，從質點-波動的對偶性來區分，可以列出下表：

質　　點	波　　動
光　子 (Photon)	電磁波
電漿子 (Plasmon)	電漿振盪波
磁　子 (Magnon)	磁化波
聲　子 (Phonon)	晶格振動波

特別要強調的是「**聲子**」(Phonon)，它是晶格在振動時的量子對應質點。在間接半導體中，聲子、光子和電子之間的關係影響著它的基本特性，因此，在本書第二章中，對於聲子有更深入的詳盡介紹。

1-4 測不準原理

一個質點運動的導航波 (又稱為**物質波**；Matter waves) 可以由兩個不同波長及頻率的**未調制波** (Unmodulated waves) 模擬如下：

$$\Psi(x,t) = \Psi_1 + \Psi_2$$
$$= A\sin 2\pi(Kx - vt) + A\sin 2\pi[(K+\Delta K)x - (v+\Delta v)t] \quad (1\text{-}9a)$$

如果 $dv \ll 2v$ 及 $dK \ll 2K$，則 (1-9a) 式可化簡為

$$\Psi(x,t) \simeq 2A\cos 2\pi\left(\frac{dK}{2}x - \frac{dv}{2}t\right)\sin 2\pi(Kx - vt) \quad (1\text{-}9b)$$

事實上，質點的導航波是由無限多不同大小波長及頻率的波群按照上述的方式組合而成，因此

$$\Psi(x,t) = \sum_{n=0}^{\infty} A_n \Psi_n(K) \quad (1\text{-}10)$$

(1-9b) 式及 (1-10) 式的結果，可分別圖示於圖 1-8(a) 及圖 1-8(b)；於圖 1-8(b) 中可知，未調制波在波群中間是同相，建設性相加的結果，有最大值的波封。而在波群的兩端，因為未調制波不同相，各有不同的 K 值，破壞性干涉的結果，使得其波封大小近乎零。

(1-10) 式由 n 個不同 K 值的未調制波組合的近似波形如圖 1-8(b)所示，由此圖可知

$$\Delta x \simeq \frac{1}{\Delta K}, \text{ 即 } \Delta x\,\Delta K \simeq 1$$

正確的合成波形應由**傅立葉積分** (Fourier Integral) 獲得，此時

$$\Delta x\,\Delta K \simeq \frac{1}{2\pi} \quad (1\text{-}11)$$

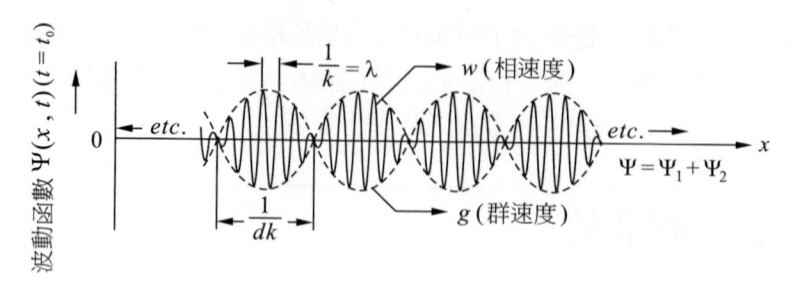

14 半導體材料與元件（上冊）

(a) 由兩個不同波長調制得到的模擬導航波

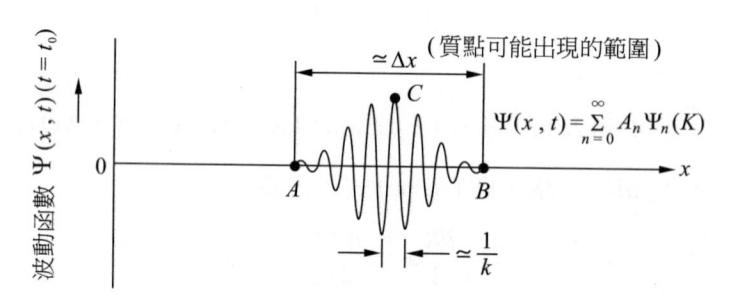

(b) 波群在 C 點因同相而建設性相加；波群在 A，B 點則因不同相位有破壞性干涉的結果。

圖 1-8 質點的導航波（Pilot wave）說明

因
$$K = \frac{1}{\lambda} = \frac{P_x}{h}，故 \Delta K = \frac{\Delta P_x}{h} \tag{1-12}$$

由 (1-11) 式及 (1-12) 式可得

$$\Delta x \Delta P_x \simeq \hbar；此處 \hbar = \frac{h}{2\pi}$$

實際上，$\hbar$ 是 $\Delta x \Delta P$ 乘積的下限，所以上式應改寫為

$$\Delta x \Delta P \gtrsim \hbar \;(x\ 方向) \tag{1-13a}$$

同理

$$\Delta y \Delta P_y \gtrsim \hbar \;(y\ 方向) \tag{1-13b}$$

$$\Delta z \Delta P_z \gtrsim \hbar \;(z\ 方向) \tag{1-13c}$$

在測量質點的能量時，也有下列的不準度關係，即

$$\Delta t \, \Delta E \geq \hbar \tag{1-13d}$$

（1-13）式的結果係由海森堡（Heisenberg）於西元 1927 年發現。由此式可知，在測量運動中質點的位置 x 及其動量 P_x 時，我們如想精確的**標定**（Localize）質點的位置（即 $\Delta x \simeq 0$），必須付出相對的代價，即犧牲此質點動量的精確度（表示 ΔP_x 很大）。

另一方面，由牛頓運動力學指出，如果質點受力 $\vec{F_x}$ 已知，必定能夠測量出質點的加速度 $\vec{a_x}$，也同時能夠知道它運動的速度 $\vec{v_x}$ 及質點的位置 x；因此 Δx 及 $\Delta P_x = m\Delta v_x$ 兩者都可同時增加它的精確度，由此可下一結論：「即海森堡對運動中質點的描述，是與牛頓力學的**因果律**（Cause-Effect law）相衝突的」，二者相異的根本原因乃是在求出（1-13）式的結果是利用波動的方式獲得；在波動力學中，欲求出 Δx 及 ΔP_x 的不準度，自有其**不可控制及不可預測**（Uncontrollable and Unpredictable）的因素在內。

例 1-2

假如如圖 1-9 的顯微鏡其**解析度**（Resolving power）$\Delta x \simeq \dfrac{\lambda}{\sin \alpha}$，$\lambda$ 為入射光波長，α 角如圖示。試分析測量質點不準度之變化情形。

解 已知 　　　　　$\Delta x \simeq \dfrac{\lambda}{\sin \alpha}$ ････････････････････････････①

現在 　　　　　$\Delta P_x = 2P \sin \alpha = 2\dfrac{h}{\lambda} \sin \alpha$ ･････････････②

①×② 　　　　　$\Delta x \, \Delta P_x \simeq 2h > \hbar$ ･････････････････････････③

由①式中得知，如果要更精確的測量出質點的位置，解析度 Δx 要小，因此必須選擇較短波長的入射光做觀測光源，但觀諸②式卻又發現 ΔP_x 的不準度也同時增加，而 $\Delta x \, \Delta P_x$ 乘積 $2h$ 大於 $\hbar$，大約比下限 $\hbar$ 大一個因次。

利用顯微鏡來觀察質點的位置，必須利用外來的光源，其所提供的光子跟測量儀器及受測質點間交互作用，此作用擾亂了質點的原有狀態，使它變得不可預測而且無法控制，因此之故，質點的位置與動量在測量過後並不能精確的預測到。

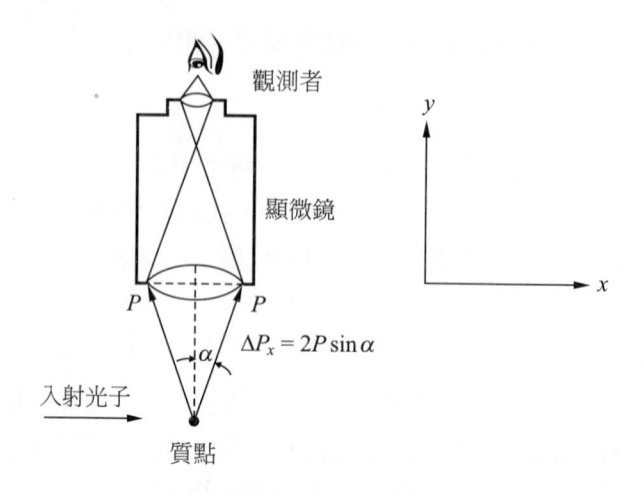

圖 1-9　波爾的顯微鏡試驗

對於測量**原子般大小**（Atomic size）的質點運動，測不準原理尤其有效。

例 1-3

電子顯微鏡是利用電子束掃描在樣品上，再由其感應電流（EBIC）顯現出影像。試比較 $V_a = 100$ 伏特及 $12\,K$ 伏特與紫外光（波長為 3000Å）的解析度。

解 $v = \sqrt{2T_a/m}$，$\lambda_D = \dfrac{h}{mv} = \dfrac{h}{\sqrt{2T_a m}} = \dfrac{6.63 \times 10^{-34}}{[2 \times 9.11 \times 10^{-31}]^{1/2}} T_a^{-1/2}$

(1) $V_a = 100\text{V}$，$T_a = 100\text{ eV}$

$$\lambda_D = \frac{4.9 \times 10^{-19}}{(1.6 \times 10^{-19})^{1/2}} [100]^{-1/2} = 1.23 \text{ Å}$$

(2) $V_a = 12\,KV$，$T_a = 12\,KeV$

$$\lambda_D = 1.23 \times 10^{-9} \times [1.2 \times 10^4]^{-1/2} = 1.12 \times 10^{-1} \text{ Å}$$

可見電子束顯影之解析度遠比紫外光（$\lambda \simeq 3000\text{Å}$）好。

1-5　波爾模型

波爾於 1913 年發展出一個模型，它可以相當精確的來計算氫原子的輻射

光譜，雖然它不是對所有的原子模型都很適用，但因其所用數學簡單，理論清晰，對於類似氫原子的模型仍舊相當實用。

1-5-1 波爾假說

波爾的理論推演奠基於波爾假說，而**波爾假說**（Bohr Postulates）是兼採量子的觀念及古典力學的理論而成，因此它是一種**半古典式**（Semi-classical）的學說。

1. 電子是在原子核外某一穩定的圓形軌道運行，其運動遵守古典力學的規範。
2. 電子僅可在某些軌道上運動；在這些軌道上，電子的角動量 L 是 $\hbar$ 的整數倍。以式子表示為

$$L = mvr = n\hbar$$

此處 $\hbar \equiv \dfrac{h}{2\pi}$，$n = 1，2，3，\cdots$。

3. 電子雖然在上述的圓形軌道上做等加速運動，但並不輻射能量，因此總能量仍保持一定。
4. 假如電子由較高總能量 E_i 的軌道，轉移至較低總能量 E_f 的軌道才會對外輻射能量，則此電磁輻射的頻率為

$$v = \dfrac{E_i - E_f}{h}$$

如圖 1-10 所示。

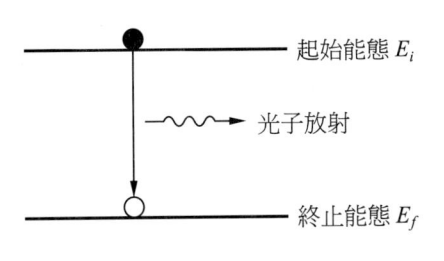

圖 1-10 波爾假說的說明

1-5-2　波爾的氫原子理論

由波爾的第一假說，可得

$$\text{庫倫力 } \vec{F}_e = \text{向心力 } \vec{F}_{\text{cent}}$$

即

$$\frac{q^2}{Kr^2} = \frac{mv^2}{r} \qquad (1\text{-}14)$$

此處 $K \equiv 4\pi\epsilon_0$

由波爾的第二假說，可得角動量 L_θ

$$L_\theta = mvr = n\hbar \qquad (1\text{-}15)$$

由 (1-15) 式可得

$$v_n = \frac{n\hbar}{mr_n} \qquad (1\text{-}16)$$

(1-16) 式代入 (1-14) 式得

$$r_n = \frac{Kn^2\hbar^2}{mq^2} \qquad (1\text{-}17)$$

r_n 為波爾原子的第 n 個軌道半徑，又稱「**波爾半徑**」(Bohr radius)。電子在第 n 個軌道運動的總能量 E_n 為

$$\begin{aligned} E_n &= \text{動能}(KE) + \text{位能}(PE) \\ &= \frac{mq^4}{2K^2n^2\hbar^2} - \frac{mq^4}{K^2n^2\hbar^2} = -\frac{mq^4}{2K^2n^2\hbar^2} \\ &= \left(\frac{1}{n^2}\right)\left(\frac{-mq^4}{2K^2\hbar^2}\right) \quad (n \neq 0) \end{aligned} \qquad (1\text{-}18)$$

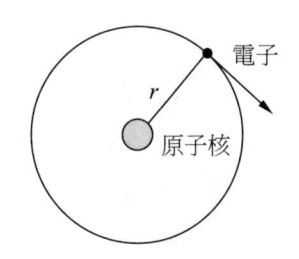

圖 1-11　波爾的氫原子模型

由波爾的原子說推論出電子的總能量是量子化的；換言之，總能量的分布是分立而非連續的，這是它與古典的原子論最大不同的地方。

此時氫原子的游離能 E_{ion} 為

$$E_{ion} = -E_1 = \frac{mq^4}{2K^2\hbar^2} \quad (K \equiv 4\pi\epsilon_0) \qquad (1\text{-}19)$$

1-5-3　波爾理論在半導體上的應用

波爾的原子理論除了對氫原子非常有效外，對於如鋰、鈉、鉀這些外圍只有一個電子的原子，預測的結果也很接近；事實上，它也可以應用在半導體上，以預估半導體的游離能。

以 N 型的矽半導體為例，它是在純的矽單晶體中摻入五價的雜質形成。純矽的**電子組態**(Electronic configuration) 為

$$Si^{14} = [1s^2 2s^2 2p^6] 3s^2 3p^2 = [Ne^{10}] 3s^2 3p^2$$

因此，矽的內部十個電子完全填滿了電子軌道，而 3s 及 3p 的八個電子軌道，只有四個電子軌道被外圍電子佔據，另外四個軌道則與鄰近的四個矽原子之外圍電子形成**共價鍵**(Covalent bond)。

假如有 N 型的五價**銻**(Sb) 雜質原子摻入矽晶體中時，銻原子五個外圍電子 ($5s^2 5p^3$) 的其中四個會與鄰近的四個矽原子形成共價鍵，其餘的第五個電子則被摒棄於共價鍵之外，而被銻原子核鬆弛的吸附著，如圖 1-12 所示。

20　半導體材料與元件（上冊）

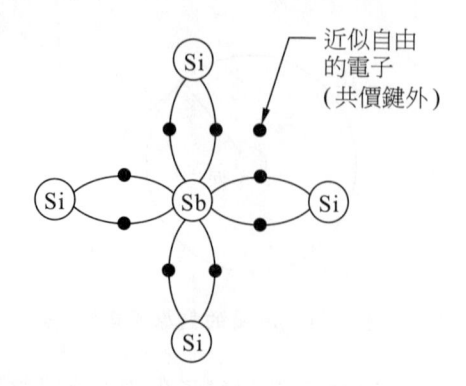

```
         Si
          ｜        ─ 近似自由
          •           的電子
          •         （共價鍵外）
          ｜
Si ─••─ Sb ─••─ Si
          ｜
          •
          •
          ｜
         Si
```

圖 1-12　波爾氫原子模型在半導體上的應用

上述銻原子核外的第五個電子被鬆弛的庫倫力吸附著，其情形與氫原子的外圍電子情形非常相似，因此我們可以利用波爾原子說來預估 N 型矽雜質的游離能，其類比的情形如下：

	矽晶體	氫原子
1. 質量	m^*	m_0
2. 介電係數	$\epsilon_s = \epsilon_0 \epsilon_r$	$\epsilon_H = \epsilon_0$

由上可知，只要將（1-19）式的電子質量 m_0 用電子的有效質量 m^* 取代，介電係數 ϵ_0 以半導體的介電係數 ϵ_s 來取代，可得到

$$E_{\text{ion}} = \frac{m^* q^4}{2\epsilon_r^2 K^2 \hbar^2} \tag{1-20}$$

用（1-20）式來估計矽或鍺中雜質的游離能相當有效，它與部份雜質的游離能測量值非常相近。一般而言，假如雜質的游離能低於 $5KT$（K 為波茲曼常數，T 為半導體絕對溫度 °K），用波爾的原子模型概算的結果令人滿意，因為如果游離能低於此界定值，意指雜質的第五個外圍電子是相當鬆弛的被庫倫力吸附著，唯有在這種條件的限制下，類比的結果才會精確。

例 1-4

試估計矽及鍺晶體內淺佈（Shallow doping）N 型雜質（其游離能小於 $5KT$）的游離能及其波爾半徑（r_1）的值。

已知

矽：$m^* = 0.26\, m_0$　　　鍺：$m^* = 0.12\, m_0$

　　$\epsilon_r = 11.7$　　　　　　　$\epsilon_r = 16$

解 重寫波爾半徑 r_1 及游離能的公式如下：

$$r_1 = \frac{\epsilon_0 \epsilon_r \hbar^2}{m^* q^2} = 0.53 \left(\frac{m_0}{m^*}\right)\epsilon_r \quad (\text{Å})$$

$$E_{\text{ion}} = \frac{m^* q^4}{2\epsilon_r^2 K^2 \hbar^2} = 13.6 \left(\frac{m^*}{m_0}\right)\left(\frac{1}{\epsilon_r^2}\right) \quad (\text{eV})$$

將已知數據代入上式可得：

矽（Si）：　　　　　　　　　鍺（Ge）：

　$r_1 = 24$Å　　　　　　　　　$r_1 = 71$Å

　$E_{\text{ion}} = 26$ meV　　　　　　　$E_{\text{ion}} = 6.4$ meV

實際上，由實驗測出的結果〔4〕為

矽（Si）：　　　　　　　　　鍺（Ge）：

　E_{ion}（磷）$\simeq 45$ meV　　　　E_{ion}（磷）$\simeq 12$ meV

　E_{ion}（砷）$\simeq 49$ meV　　　　E_{ion}（砷）$\simeq 13$ meV

　E_{ion}（銻）$\simeq 39$ meV　　　　E_{ion}（銻）$\simeq 9.6$ meV

　　用上述波爾原子說估計出 N 型五價雜質的游離能與實際測量值不但是同一因次，而且非常接近，在以電子伏特這麼小的能量單位，有如此接近的結果。因此，它常被人引用，以估計這些淺佈雜質的游離能。這是因為要精確的計算晶體內雜質的游離能，必須利用波動方程式，藉著**微擾理論**（Perturbation）來完成，其過程非常繁雜而冗長。

　　在常溫（300°K）下，上述估計值遠低於 $5KT$（130 meV），可見雜質原子核外圍的第五個額外的電子所受束縛力不強，而且由計算出的第一波爾半徑知道，電子與原子核間之最小距離遠大於原子間的距離；由上述兩點結果，我們可以相信一個事實，即上述的第五個額外電子是相當鬆弛的被原子核束縛著，

也唯有如此，上述估計才會精確，因為在此情況下，上述電子方與氫原子外圍電子所處情況相似。

波爾原子理論應用在矽或鍺晶體中較為有效，對於 III-V 族的**化合物半導體**（Compound semiconductor）如砷化鎵（GaAs）晶體的估計值只能當作參考，因為砷化鎵晶體的結構不但具有共價鍵性質，而且兼具**離子鍵**（Ionic bond）性質，其外圍電子與氫原子之電子情況較不相同之故。

1-6　薛丁格波動方程式

於本節要導出波動方程式外，希望能藉著幾個特殊的例子，以深入瞭解波動方程式之解法及幾個重要的物理現象。

1-6-1　波動方程式

要獲得**薛丁格波動方程式**（Schrodinger's wave equation; SWE）的途徑很多，本文採用較簡捷的方法導出。精確而嚴謹的方法請讀者參考近代物理或量子力學方面的著作。

當某物體或質點在低速（$v \ll c$）運動時，其質能互變的因素可以不計，此時質點的總能量 E 為

$$E = \frac{P^2}{2m} + V$$

在古典力學與量子力學的對應關係中可知：

古典力學的變數 （Classical variables）	量子算符 （Quantum operators）
x	x
$f(x)$	$f(x)$
$P(x)$	$\dfrac{\hbar}{i}\dfrac{\partial}{\partial x}$（一維空間）
E	$i\hbar\dfrac{\partial}{\partial t}$

利用上述對應關係，**漢彌頓量子算符**（Hamiltonian；H）可寫為

$$H = \frac{P^2}{2m} + V = \frac{\hbar^2}{2mi^2}\nabla^2 + V = \frac{-\hbar^2}{2m}\nabla^2 + V$$

$$= E = i\hbar \frac{\partial}{\partial t}$$

於一維空間中，$\nabla^2 = \dfrac{\partial^2}{\partial x^2}$，H 算符變成

$$H = \frac{-\hbar^2}{2m}\frac{\partial^2}{\partial x^2} + V$$

H 算符對函數 $\Psi(x, t)$ 運算的結果為

$$H\Psi = E\Psi \tag{1-22a}$$

即

$$\frac{-\hbar^2}{2m}\nabla^2\Psi + V\Psi = i\hbar\frac{\partial \Psi}{\partial t} \tag{1-22b}$$

於一維空間中，(1-22b) 式變成

$$\frac{-\hbar^2}{2m}\frac{\partial^2 \Psi}{\partial x^2} + V\Psi = i\hbar\frac{\partial \Psi}{\partial t} \tag{1-22c}$$

(1-22) 式即為著名的薛丁格波動方程式（SWE）。

為了解 (1-22) 式偏微分方程式，必須利用「**分離變數法**」（The separation of variables）來化簡，此時，假設 $\Psi(x, t) \equiv \phi(x)T(t)$，此處函數 ϕ 只與空間變數 (x) 相關，而函數 T 僅與時間變數 (t) 有關，代入 (1-22c) 式，化簡後可得

$$\frac{1}{\phi(x)}\left[\frac{-\hbar^2}{2m}\frac{d^2\phi(x)}{dx^2} + V(x)\phi(x)\right] = i\hbar\frac{1}{T(t)}\frac{dT(t)}{dt} \tag{1-23}$$

於 (1-23) 式等號的左邊只與空間變數 x 相關，而等號的右邊只與時間變數 t 相關，除非二者之值等於某一常數 C，否則二者不應相等。因此，可得

$$\frac{1}{\phi(x)}\left[\frac{-\hbar^2}{2m}\frac{d^2\phi(x)}{dx^2} + V(x)\phi(x)\right] = C \tag{1-24}$$

$$\frac{i\hbar}{T(t)} \frac{dT(t)}{dt} = C \qquad (1\text{-}25)$$

（1-25）式的解很簡單，即

$$T(t) = e^{-iCt/\hbar} = \cos(Ct/\hbar) - i\sin(Ct/\hbar)$$

因為 $\omega = 2\pi v = C/\hbar$，所以 $v = \dfrac{C}{2\pi\hbar} = \dfrac{C}{h}$

由德布洛里假說知，$E = hv$，因此 $C = E$；將此結果代回 $T(t)$ 及（1-24）式可得

$$T(t) = e^{-iEt/\hbar} \qquad (1\text{-}26)$$

$$\frac{-\hbar^2}{2m} \frac{d^2\phi(x)}{dx^2} + V(x)\phi(x) = E\phi(x) \qquad (1\text{-}27)$$

（1-27）式已經濾除了時間 t 的影響，它只與空間變數 x 相關，稱為「**時間獨立的薛丁格方程式**」（Time-independent SWE）。因此，（1-22c）式被稱為「**時間相關的薛丁格方程式**」（Time-dependent SWE）。

波動函數 $\Psi(x, t)$ 的時間分量 $T(t)$ 已經解得如（1-26）式，如空間分量 $\phi(x)$ 也可解得，（1-22c）式的完全解即可獲得。要使 $\phi(x)$ 有解，下列的邊界條件必先建立：

1. 全部的 $\phi(x)$ 值必須是有限而且連續的。

2. $\phi(x)$ 的導函數 $\dfrac{d\phi}{dx}$ 的全部值必須是有限而且連續的。

假如我們可以瞭解質點在空間內於不同時間的波動函數變化 $\Psi(x, t)$，依照**伯昂假說**（Born's Postulate），此時也可求得質點在某個區間出現的概率 $P(x, t)dx$。

1-6-2　伯昂假說

假如在某一時刻 t，質點在區間 x 與 $(x + dx)$ 中的波動函數 $\Psi(x, t)$ 可以測得，則在此區間內找到質點的概率為

$$P(x, t)dx = \Psi^*(x, t)\Psi(x, t)dx \qquad (1\text{-}28a)$$

將 (1-26) 式代入 (1-28a) 式可得

$$P(x,t)\,dx = \phi^*(x)\,T^*(t)\,\phi(x)\,T(t)\,dx$$
$$= \phi^*(x)\,\phi(x)\,dx \qquad (1\text{-}28b)$$

可知，在某一區間 dx 內找到質點的概率只與空間變數 x 相關，而與時間 t 無關。

累積概率 (Cumulative probability) 定義為

$$\int_{-\infty}^{\infty} P(x,t)\,dx = \int_{-\infty}^{\infty} \phi^*(x)\,\phi(x)\,dx = 1 \qquad (1\text{-}29)$$

利用 (1-29) 式可求得**規格化的波動函數** (Normalized wave function)。

1. 一維空間內的質點運動 (One-dimensional motion)
   (1) 步階式的位能分布 (Step potential)
   a. $E_0 > V$　於古典力學中，如質點以 E_0 的能量向右運動，在 $x = 0$ 處，部分動能轉換為位能，因此，質點在 $x > 0$ 的區域是以 $(E_0 - V)$ 的動能向右運動，質點幾乎可以**完全穿透** (Total transmission) 這個位能丘（因為 $E_0 > V$）。以下係以量子力學的方式求其波動函數，以探討質點的運動情形。此時

$$\left[\frac{-\hbar^2}{2m}\frac{\partial^2}{\partial x^2} + V(x)\right]\phi(x) = E_0\,\phi(x)$$

上式中，$V(x) = \begin{cases} 0, & x < 0 \\ V, & x \geq 0 \end{cases}$

設　$k_0^2 \equiv \dfrac{2mE_0}{\hbar^2}$，$k_1^2 \equiv \dfrac{2m(E_0 - V)}{\hbar^2}$，上述波動方程式變為

$$\left(\frac{\partial^2}{\partial x^2} + k_0^2\right)\phi_L(x) = 0, \quad x < 0 \qquad (1\text{-}30)$$

$$\left(\frac{\partial^2}{\partial x^2} + k_1^2\right)\phi_R(x) = 0, \quad x \geq 0 \qquad (1\text{-}31)$$

$\phi_L(x)$ 代表原點左邊的波動函數，而 $\phi_R(x)$ 代表原點右邊的波動函數。其解為

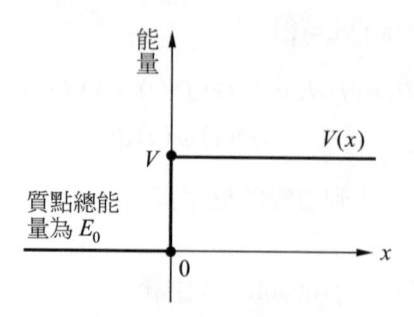

圖 1-13　步階式的位能分布

$$\phi_L(x) = e^{ik_0 x} + Ae^{-ik_0 x}, \quad x < 0 \qquad (1\text{-}32)$$
$$\text{（入射波）（反射波）}$$

$$\phi_R(x) = Be^{ik_1 x}, \qquad x \geq 0 \qquad (1\text{-}33)$$
$$\text{（透過波）}$$

於 (1-32) 式中，入射波的係數已經被**規格化**（Normalized），因此其值為 1。於 $x = 0$ 的連續條件為

$$\begin{cases} 1 + A = B & [\phi(x) \text{ 連續}] \\ k_0(1 - A) = k_1 B & [\phi'(x) \text{ 連續}] \end{cases}$$

可解得

$$A = \frac{k_0 - k_1}{k_0 + k_1} \; ; \; B = \frac{2k_0}{k_0 + k_1}$$

此時，反射分量的相對概率 P 為

$$P \equiv A^*A = |A|^2 \neq 0$$

用伯昂假說來解釋上式可知，即使總能量 E_0 大於位能丘的高度 V，反射波依然會發生，這是與古典力學的結果最大不同的地方。

假如 $E_0 \ll |V|$，而 V 為負值，代表質點在通過 $x = 0$ 後，會面臨一個突然的位能降落，古典力學預測此時質點會以更大的動能通過，但在量子力學的結果卻因為

$$k_0 \ll k_1$$

使得 $A \simeq -1$，$B \simeq 0$；代表質點在面臨此一突立式的位能降落時，會使質點完全反射。這種量子效應可以在核子物理中發現，當一低能量的中子向原子核入射時，會被強大的吸引位能（其值為負）反射，這真是一個令人意外而且有趣的結果！

b. $E_0 < V$　$x < 0$ 區域的方程式與上述情況相同；但在 $x \geq 0$ 的區域，必須重新定義

$$k_2^2 \equiv \frac{2m}{\hbar^2}(V - E_0)$$

此時

$$\left(\frac{\partial^2}{\partial x^2} - k_2^2\right)\phi_R(x) = 0, \quad x \geq 0$$

可以得到下列型式的解

$$\begin{cases} \phi_L(x) = e^{ik_0 x} + Ae^{-ik_0 x} \\ \phi_R(x) = Ce^{-k_2 x} + De^{+k_2 x} \end{cases}$$

因 $\phi_R(\infty) = 0$，所以 $D = 0$；於 $x = 0$ 處的連續條件為

$$\begin{cases} 1 + A = C \\ ik_0(1 - A) = -k_2 C \end{cases}$$

可得

$$A = \frac{k_0 - ik_2}{k_0 + ik_2} \; ; \; C = \frac{2k_0}{k_0 + ik_2}$$

此時，反射的相對概率 P 為

$$P = A^*A = |A|^2 = 1$$

由上結果可知因為質點的總能量 E_0 比位能障壁高度 V 還低，因此會完全反射，這種結果與以下的古典力學推論相同。

　　古典力學中可得 $F(x) = -\dfrac{\partial V}{\partial x}$，因此，在 $x = 0$ 處質點會面臨一種很大的排斥力 $F(x)$，因為質點向右運動的動（總）能不足以克服排斥力，質點在障壁邊界處會反射至原來的區域。

　　古典力學的推論結果，不可能在 $x > 0$ 的區域找到質點，但經量

28　半導體材料與元件（上冊）

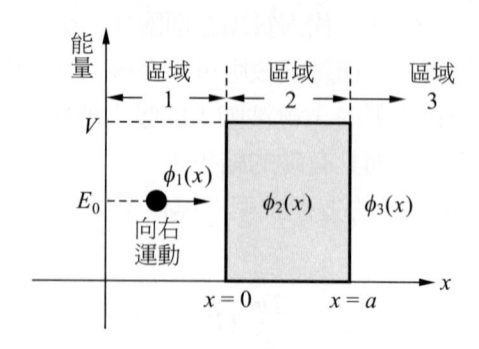

圖 1-14　位能障壁 $V(x)$，($E_0 < V$)

子力學推導的結果，在 $x \geq 0$ 區域找到質點的概率為

$$P(x)\big|_{x>0} = |Ce^{-k_2 x}|^2 = \frac{4k_0^2}{k_0^2 + k_2^2} e^{-2k_2 x} \tag{1-34}$$

因此，可知質點在障壁邊界（$x \simeq 0$）附近出現的概率很大，但是卻隨 x 值增大而呈指數式的衰減。

(2) 位能障壁的穿透（Tunneling through a potential barrier）

以下篇幅將詳細討論質點穿透位能障壁的情形。

在牛頓的古典力學範圍裡，如果運動中的質點總能量 E 小於面臨的位能障壁 V（參考圖 1-14），則質點無法克服（超越）此障壁到達 $x > a$ 的區域；但經量子力學的處理，卻證明可能在 $x > a$ 的區域裏發現質點的存在，這是一個令人驚異而興奮的事實。

以下是利用波動力學來討論這個效應。此時波動方程式可寫為

$$\frac{-\hbar^2}{2m} \frac{d^2\phi}{dx^2} + V(x)\phi(x) = E_0 \phi(x) \tag{1-35}$$

此處

$$V(x) = \begin{cases} V & (0 \leq x \leq a) \\ 0 & (x < 0, x > a) \end{cases}$$

(1-35) 式化簡為

$$\frac{d^2\phi}{dx^2} = \frac{2m}{\hbar^2}[V(x) - E_0]\phi(x) \tag{1-36}$$

(1-36) 式在圖 1-14 三個區域的函數形式應為

$$\left.\begin{array}{l} \phi_1(x) = Ae^{ik_0x} + Be^{-ik_0x} \text{，} x < 0 \text{（區域 1）}\\ \quad\quad\text{（入射波）（反射波）}\\ \phi_2(x) = Ce^{-k_1x} + De^{k_1x} \text{，} 0 \le x \le a \text{（區域 2）}\\ \quad\quad\text{（穿透波）}\\ \phi_3(x) = Fe^{ik_0x} + Ge^{-ik_0x} \text{，} x > a \text{（區域 3）}\\ \quad\quad\text{（透過波）（}G = 0\text{）} \end{array}\right\} \tag{1-37}$$

此處

$$k_0 \equiv \frac{\sqrt{2mE_0}}{\hbar} \text{，} k_1 \equiv \frac{\sqrt{2m(V - E_0)}}{\hbar}$$

因為穿透過障壁後，不會再有反射波成份在內，所以 $G = 0$。

在 $x = 0$ 及 $x = a$ 障壁邊界處，可設立 4 個邊界條件：

1. $\phi_1(0) = \phi_2(0)$
2. $\phi_2(a) = \phi_3(a)$
3. $\dfrac{d\phi_1(0)}{dx} = \dfrac{d\phi_2(0)}{dx}$
4. $\dfrac{d\phi_2(a)}{dx} = \dfrac{d\phi_3(a)}{dx}$

$$\tag{1-38}$$

(1-37) 式波動函數代入 (1-38) 式中，可解得係數 B、C、D、F 與 A 的相對大小關係。質點穿透障壁的**穿透係數**（Transmission coefficient）T 定義為：

$$T \equiv \frac{v_0 F^*F}{v_0 A^*A} \quad \text{此處 } v_0 \equiv \frac{\hbar K_0}{m}$$

$$= \frac{\text{透過障壁（}x > 0\text{）的機率通量（}Probability\ flux\text{）強度}}{\text{入射的機率通量強度}}$$

$$= \left[1 + \frac{\sinh^2\sqrt{\dfrac{2mVa^2}{\hbar^2}\left(1 - \dfrac{E_0}{V}\right)}}{\left(\dfrac{4E_0}{V}\right)\left(1 - \dfrac{E_0}{V}\right)}\right]^{-1} \quad (E_0 < V) \tag{1-39}$$

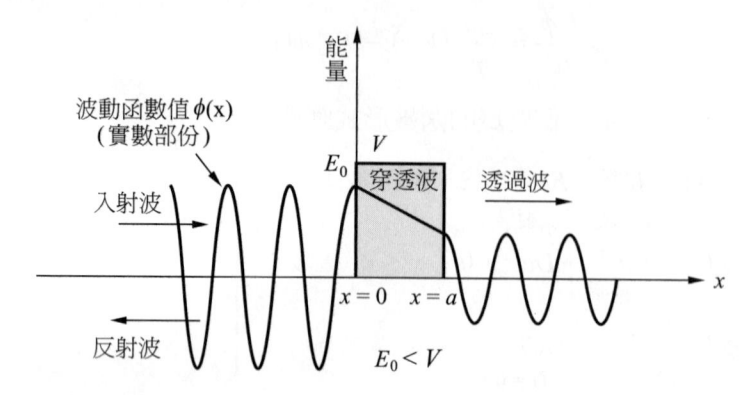

圖 1-15　具有能量 E 的質點通過障壁的前後情況

假如 sinh 函數的參數值遠大於 1，則 T 可化簡為：

$$T = 16\left(\frac{E_0}{V}\right)\left(1 - \frac{E_0}{V}\right)e^{-2k_1 a} \qquad (1\text{-}40)$$

由 (1-40) 式中可知，如果障壁厚度減小，則穿透係數 T 增大；如果 E_0/V 值增大，T 值增大；換言之，如果質點能量 E 增加，障壁厚度減小，則質點穿透障壁的機率增大，這種效應叫做**穿透效應**（Tunneling effect）。

(1-37) 式與 (1-38) 式聯立解後，可求得質點的波動函數在面臨障壁的變化情形，如圖 1-15 所示。

例 1-5

假如圖 1-16 的步階式位能障壁其厚度並非無限大而為有限厚度 b，質點總能量 E_0 低於障壁高度 V。

(a) 試以 (1-34) 式估計 $x = b$ 與 $x = 0$ 找到質點的相對概率。

(b) 試將 (a) 的結果與 (1-40) 式比較。

解 (a) 質點在 $x = b$ 與 $x = 0$ 的相對概率定義為 T

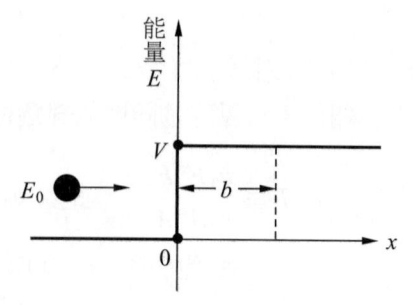

圖 1-16　有限厚度的步階式位能障壁

$$T = \frac{4k_0^2/(k_0^2+k_2^2)e^{-2k_2b}}{4k_0^2/(k_0^2+k_2^2)} = e^{-2k_2b}$$

$$= \text{Exp}\left[-2\left(\frac{2m}{\hbar^2}\right)^{1/2}(V-E_0)^{1/2}b\right] \quad (1\text{-}41)$$

(b) (1-41)式與(1-40)式有相同的函數衰減，但卻限於厚度 b 不可太薄，因為它是由步階式位能障壁推論的結果。但(1-39)式適用於各種障壁厚度。

例 1-6

有一粒子在一個無限高的一維位能井（如圖1-17）中運動。

(a) 求此粒子的波動函數 $\phi(x)$。
(b) 將 $\phi(x)$ 規格化。
(c) 求此粒子所可能擁有的總能量 E_n。
(d) 證明粒子在位能井內不受位能束縛（$V = 0$）。
(e) (c) 的結果與古典物理預測有何差異之處？
(f) 為何此位能井可稱為量子井（Quantum well）？

解 (a) 在 $x \leq 0$ 及 $x \geq L$ 的無限高障壁區，粒子不可能穿透、存在故 $\phi(x) = 0$；粒子僅可能存在位能井區（$0 \leq x \leq L$），在此區內 $V(x) = 0$。

此時 SWE 變為

$$-\frac{\hbar^2}{2m}\frac{d^2\phi(x)}{dx^2} = E\phi(x)\;;\;\text{整理得}\quad\frac{d^2\phi_n(x)}{dx^2} - \left[\frac{\sqrt{2mE_n}}{\hbar}\right]^2\phi_n(x) = 0$$

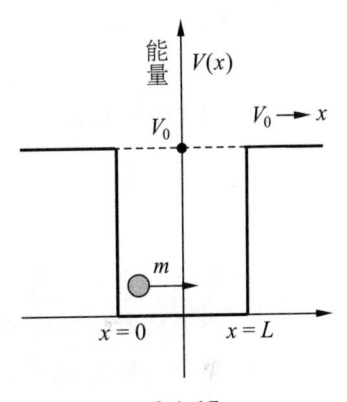

可得通解為

$$\phi_n(x) = A\cos k_n x + B\sin k_n x\;;\;k_n \equiv \frac{\sqrt{2mE_n}}{\hbar}$$

代入邊界條件 $\phi_n(0) = \phi_n(L) = 0$，$A = 0$，$k_n L = n\pi$

$$k_n = \frac{n\pi}{L}\;;\;n = 1, 2, 3, \cdots$$

圖 1-17

代入得

$$\phi_n(x) = B\sin\left(\frac{n\pi}{L}x\right)$$

(b) 凡係規格化函數，其累積概率為 1，以公式表示如下：

$$\int_{-\infty}^{+\infty} \phi_n^*(x)\,\phi_n(x) = 1 \qquad \text{[公式 (1-29)]}$$

(a)結果代入成為

$$\int_{-\infty}^{+\infty} B^2 \sin^2\left(\frac{n\pi}{L}x\right) dx = 1 = B^2\left(\frac{L}{2}\right) \quad \therefore B = \sqrt{\frac{2}{L}}$$

代入 B 後得 $\phi_n(x) = \sqrt{\dfrac{2}{L}}\sin\left(\dfrac{n\pi}{L}x\right)$

(c) 由 (a) 結果知 $k_n = \dfrac{\sqrt{2mE_n}}{\hbar}$

$$\therefore E_n = \frac{\hbar^2 k_n^2}{2m} = \left.\frac{n^2\pi^2\hbar^2}{2mL^2}\right|_{n=1,2,3,\cdots}$$

因為 n 為正整數(量子數)，因此粒子在位能井可能出現的能譜係由不連續的分立能階構成，其基態能量為 E_1。

(d) 粒子的動量 $P_n = \hbar k_n = mv_n$，故粒子動能

$$E_k = \frac{1}{2}mv_n^2 = \frac{P_n^2}{2m} = \frac{\hbar^2 k_n^2}{2m}$$

由 (c) 結果可知，粒子總能量 $E_n = \dfrac{\hbar^2 k^2}{2m} = E_k$

表示粒子在位能井內，只有動能，沒有位能的拘束($V = 0$)。

(e) 在古典物理中，不受位能束縛的粒子其擁有的能量譜為連續譜；在位能井內之粒子的能譜卻是不連續的。

(f) 由 (a) 結果可知，粒子在位能井內會呈現駐波式運動，其波動函數為

$$\phi_n = \sqrt{\frac{2}{L}}\sin\left(\frac{n\pi}{L}x\right)$$

依「波動-粒子二元性」說法，此波動必對應一量子，其總能為 E_n，其動量為 $\hbar k_n$，故可稱此位能井為一「量子井」。

例 1-7

試討論 PN 二極體發生齊納破壞（Zener breakdown）的情形。

解 PN 二極體受逆向偏壓的能階圖如圖 1-18 所示。

由 PN 接面理論知，如果 PN 接面的雜質濃度很高，逆向偏壓值很小時，PN 接面的空間電荷寬度會很窄，此時 P 側的價電子會大量的穿透障壁到 N 側，而形成逆向飽和電流，造成齊納破壞。

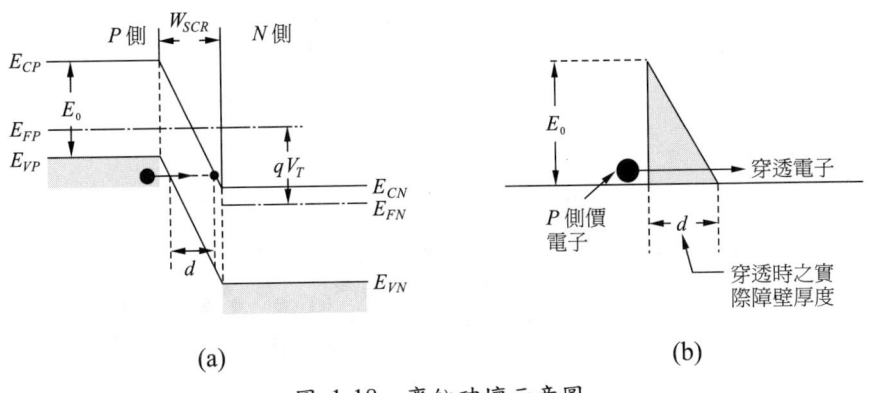

圖 1-18　齊納破壞示意圖

例 1-8　量子井實例

有關量子井的應用例子不勝枚舉，在本書第七章有更深入介紹，圖 1-19 是一種 AlGaAs-GaAs「**雙邊異質接面**」（Double heterojunctions）在熱平衡（$V_a = 0$）及在順向偏壓（$V_a = V_f > 0$）下的能帶圖。

圖中的實心粒子代表電子，而空心者為電洞；E_C 以上能階在傳導帶（Conduction band）內，E_V 以下能階則屬於價電帶內。圖 1-19(a) 中之 GaAs 區域，分別在左及右側構成 P 及 N 接面；由於 GaAs 能隙 E_g 較小 $Al_xGa_{1-x}As$ 之 E_g 較大，在 P 及 N 接面處，其 E_C 及 E_V 能階分別發生了 ΔE_C 及 ΔE_V 的能帶不連續，分別於傳導帶及價電帶形成了「⊔」及「⊓」形狀的電子位能分佈，構成了電子及電洞運動的量子井。

圖 1-19(b) 為上述 PN 接面結構在順偏的工作能帶圖。由 P 往 N（或相反）注入的電洞（電子），會在通過「⊓」形及「⊔」形量子井時受到拘限。此拘限作用不但使載體在量子井區域的活動（散射）由三維降為二維，促使載體在此

(a) $V = 0$

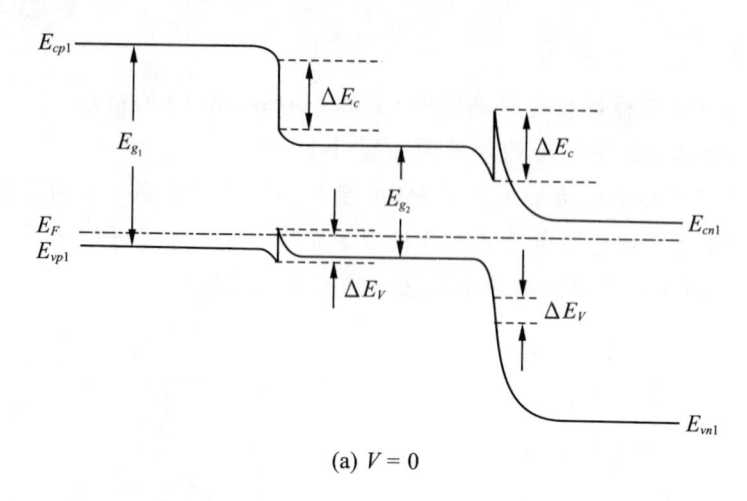

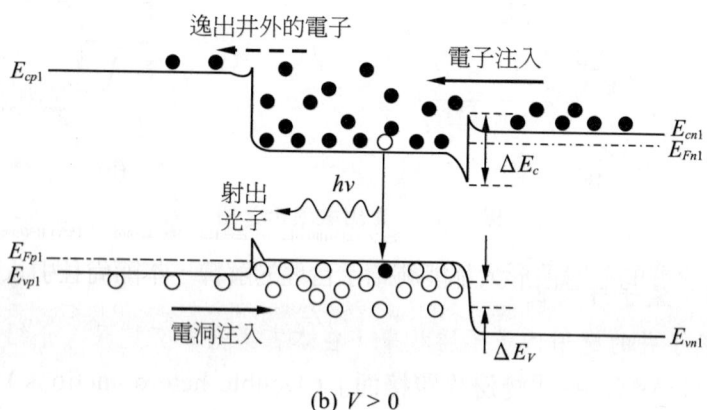

(b) $V > 0$

圖 1-19 例 1-8 量子井應用實例。(a) 熱平衡（$V = 0$），(b) 順偏（$V > 0$）狀態

區域之導電率增高，並且同時在接面處造成光折射指數的變化，構成電磁波理論所謂的**「波導結構」**（Waveguide structure），使得接面附近的光功率傳輸得到方向性的導引。

例 1-9

有一平面波 $\Psi(x, t) = Ae^{j(10x - 7t)}$，試求此波對應之量子之 P_x、P_y、P_z 及 E 的期望值。

解

$$\langle P_x \rangle \equiv \frac{\int_{-\infty}^{+\infty} A^* e^{-jk_x x} \left[\frac{\hbar}{j} \frac{\partial}{\partial x} \right] A e^{+jk_x x} dx}{\int_{-\infty}^{+\infty} |A|^2 e^{-jk_x x} \cdot e^{+jk_x x} dx} = \hbar k_x$$

$$= \left[\frac{6.63 \times 10^{-34}}{2\pi}\right] \times 10 = 1.055 \times 10^{-33} \ (kg \cdot m/sec)$$

因為 $\Psi(x,t)$ 沒有 y 及 z 變數。

$$\therefore \langle P_y \rangle = \langle P_z \rangle = 0$$

$$\langle E \rangle = \frac{\int_{-\infty}^{+\infty} A^* e^{-jk_x x} \times \left[-\frac{\hbar}{j}\frac{\partial}{\partial t}\right] \times A e^{+jk_x x} dx}{\int_{-\infty}^{+\infty} \Psi^* \Psi dx}$$

$$= \frac{-\hbar}{j}(-7j) = 7\hbar = 7\left[\frac{6.63 \times 10^{-34}}{2\pi}\right] (J) = 7.39 \times 10^{-34} \ (J)$$

上述 $\langle P_x \rangle$ 及 $\langle E \rangle$ 即是此量 (粒) 子運動時的平均動量及總能量。

1-7　拉塞福散射

拉塞福散射(Rutherfold scattering)理論是一種古典理論，但卻頗為有用。對於帶電質點間的散射情形大都能夠給予合理的解釋，本節尚且引入**散射截面**(Scattering cross-section area)的觀念，有助於電子對電洞，或者載體對**離子心**(Ion cores)之間的散射瞭解。

1-7-1　拉塞福理論

拉塞福對散射的處理，首先假設它的散射角不能太小，其間道理待介紹理論後自會明顯；也同時假設入射的 α 質點與外圍電子的散射可以忽略，α 質點不會穿透原子核。因為 α 質點質量遠小於原子核質量，因此它在散射發生時，也假設原子核在空間的位置固定不動，首先介紹拉塞福理論。

設 $r = r(\theta)$，$\dot{r} = \dfrac{dr}{dt}$，$\dot{\theta} = \dfrac{d\theta}{dt}$；在極座標系統裡

$$\begin{aligned} \vec{r} &= r\vec{a}_r \\ \dot{\vec{r}} &= \dot{r}\vec{a}_r + r\dot{\theta}\vec{a}_\theta \\ \ddot{\vec{r}} &= (\ddot{r} - r\dot{\theta}^2)\vec{a}_r + (2\dot{r}\dot{\theta} + r\ddot{\theta})\vec{a}_\theta \end{aligned} \qquad (1\text{-}42)$$

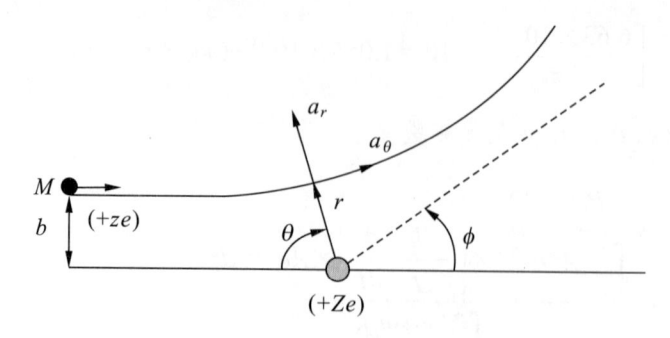

圖 1-20 帶正電的質點通過原子核的散射情形

(1-42)式中 $\vec{a}_r$，及 $\vec{a}_\theta$ 分別代表在 r 方向及 θ 方向的單位向量。此時的徑向庫倫力為

$$M\vec{\ddot{r}} = \frac{Zze^2}{r^2}\vec{a}_r \tag{1-43}$$

因此可得

$$M(\ddot{r} - r\dot{\theta}^2) = \frac{Zze^2}{r^2}$$

$$2\dot{r}\dot{\theta} + r\ddot{\theta} = 0 \tag{1-44}$$

因為 $L = Mvr = M(r\dot{\theta}) = Mr^2\dot{\theta}$， $\therefore \dot{\theta} = \dfrac{L}{Mr^2}$

假設 $U = \dfrac{1}{r}$，$\dot{\theta} = \dfrac{L}{M}u^2$；經過計算後，(1-43)式變為

$$\frac{d^2u}{d\theta^2} + u = \frac{-D}{2b^2}$$

此處 $D \equiv \dfrac{Zze^2}{(Mv^2/2)}$ (1-45)

(1-45)式的解為

$$u = A\cos\theta + B\sin\theta - \frac{D}{2b^2} \tag{1-46}$$

邊界條件為 $r \to \infty$，$v = -v$，$\theta = 0$，代入(1-46)式後可得

$$A = \frac{D}{2b^2}，B = \frac{1}{b}$$

即
$$u = \frac{1}{b}\sin\theta + \frac{D}{2b^2}(\cos\theta - 1) \tag{1-47}$$

讀者可以發現 (1-47) 式於極座標系中，質點的軌跡正如圖 1-20 所示為典型的雙曲線。

又 $r \to \infty$，$\phi \equiv \pi - \theta_0$，$u = 0$，即

$$\frac{2b}{D} = \frac{1 - \cos\theta_0}{\sin\theta_0} = \tan\frac{\theta_0}{2} = \tan\left(\frac{\pi - \phi}{2}\right) = \cot\frac{\phi}{2}$$

所以
$$\cot\frac{\phi}{2} = \frac{2b}{D} \tag{1-48}$$

將 (1-47) 式微分，可求得 α 質點最接近原子核的位置發生於 $\theta = \frac{\pi - \phi}{2}$，此時 α 質點與原子核間之最短距離 R 為

$$R = \frac{D}{2}\left[1 + \frac{1}{\sin(\phi/2)}\right] \tag{1-49}$$

當 $\phi = \pi$ 時，發生「**當面碰撞**」(Head-on collision)，此時 $R = D$。

1-7-2 拉塞福散射

於圖 1-21 中，b 代表散射參數，ϕ 代表散射角。首先介紹**立體角** (Solid angle) 的觀念，於圖 1-22 中立體角 Ω 定義為

$$\Omega \equiv \frac{S}{r^2}$$

因此，在圖 1-21 中，$d\phi$ 所對應的立體角 $d\Omega$ 為

$$d\Omega = \frac{ds}{r^2} = \frac{(2\pi r\sin\phi)(rd\phi)}{r^2} = 2\pi\sin\phi d\phi$$

其次，定義**微散射截面** (Differential scattering cross-section area) σ_{diff} 為

$$\sigma_{\text{diff}} d\Omega \equiv \frac{\text{單位時間內在 } \phi \text{ 方向散射進入立體角 } d\Omega \text{ 的質點總數}}{\text{單位時間內垂直入射至單位面積中的質點總數}}$$
$$\equiv \frac{I_{\text{scat}}}{I_{\text{Inci}}} d\Omega$$

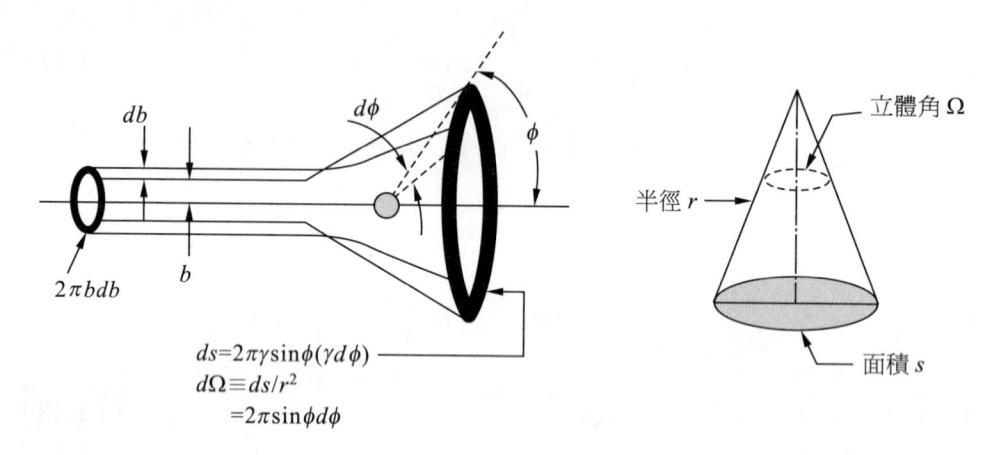

圖中標示：
db
$d\phi$
ϕ
$2\pi bdb$
b
$ds = 2\pi\gamma\sin\phi(\gamma d\phi)$
$d\Omega \equiv ds/r^2$
$= 2\pi\sin\phi d\phi$

立體角 Ω
半徑 r
面積 s

圖 1-21 拉塞福散射的立體關係　　　　圖 1-22 立體角的觀念

在單位時間內入射質點通過圖 1-21 的圓環面積的數目為

$$(2\pi bdb)I_{Inci} \tag{1-50}$$

它必須與同時間內，質點在 $d\Omega$ 角內被散射的質點總數相等，即

$$I_{scat}d\Omega = 2\pi bdbI_{Inci} \tag{1-51}$$

(1-51) 式代入 (1-50) 式得

$$\sigma_{diff} = \frac{2\pi bdb}{d\Omega} = \frac{2\pi bdb}{2\pi\sin\phi d\phi}$$

$$= \frac{b}{\sin\phi}\left|\frac{db}{d\phi}\right| \tag{1-52}$$

(1-52) 式中 $\left|\dfrac{db}{d\phi}\right|$ 的用意是要忽略 db 與 $d\phi$ 相反方向變化的影響，因為 σ 恆定義為正值（面積單位）。

將 (1-48) 式微分

$$\frac{db}{d\phi} = \frac{-D}{4}\frac{1}{\sin^2(\phi/2)} \tag{1-53}$$

(1-53) 式代入 (1-52) 式得

$$\sigma_{\text{diff}}(\phi) = \frac{b}{\sin\phi} \times \frac{D}{4\sin^2(\phi/2)} = \frac{Zze^2}{4Mv^2}\left[\frac{1}{\sin^4(\phi/2)}\right] \tag{1-54}$$

全散射截面（Total scattering cross-section area）σ_{total} 為 σ_{diff} 積分結果，即

$$\begin{aligned}\sigma_{\text{total}} &\equiv \int \sigma_{\text{diff}}\, d\Omega = \int_0^\pi \sigma_{\text{diff}}(2\pi\sin\phi\, d\phi) \\ &= \int_0^\pi \left(\frac{Zze^2}{2Mv^2}\right)^2 \left[\frac{1}{\sin^4(\phi/2)}\right] 2\pi\sin\phi\, d\phi\end{aligned} \tag{1-55}$$

（1-55）式積分的結果會發散，因為在很小的散射角 ϕ 時，散射參數 b 必定很大，所以

$\phi \simeq 0$，$\dfrac{b}{\sin\phi}$ 值變成非常大，它使得 σ_{diff} 在 ϕ 很小時有發散現象，這種結論告訴我們，只要質點進入庫倫力場，一定會有散射的現象。

請注意（1-54）式，它告訴我們，如果質點入射的速度 v 較小，更能引起較大幅度的散射。在原子核分裂反應中，如果入射的中子速度太快，發生核分裂的概率較小，快速中子的速度變慢後，核分裂反應即大量增加，這就是原子爐內以 H 或重水來使中子減速的原因。這個現象與本節討論的結果相似。

圖 1-23 是帶負電的電子及帶正電的電洞在半導體中與**施體雜質離子**（Donor ion）散射的軌跡變化情形〔7〕。

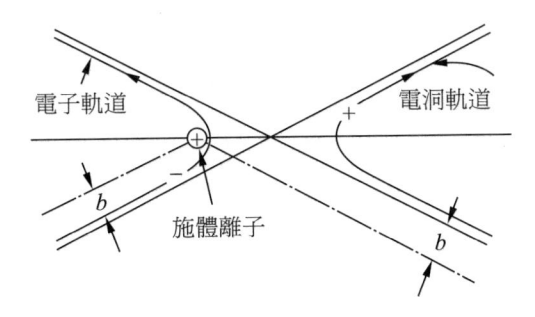

圖 1-23　電子及電洞與施體離子散射的軌道變化。假設它們的質量及能量均相等

例 1-10

有一硬球碰撞 (Hard-sphere collision) 如圖 1-24 所示：

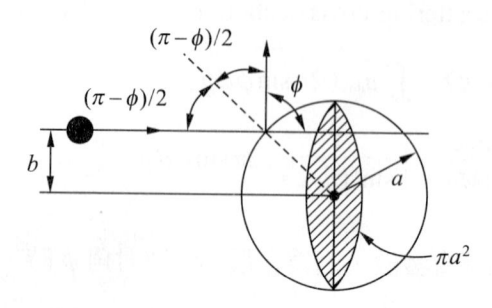

圖 1-24 利用拉塞福散射來計算硬球碰撞的散射截面圖

試以拉塞福散射理論來計算此碰撞之散射截面 σ_{diff} 及 σ_{total}。

解 假如散射參數 $b > a$，不會有碰撞發生；如果 $b < a$，則由圖 1-24 可得

$$\sin\left(\frac{\pi-\phi}{2}\right) = \frac{b}{a},$$

亦即 $\phi = \begin{cases} 2\cos^{-1}\left(\frac{b}{a}\right) & , b \leq a \\ 0 & , b > a \end{cases}$

此時 $\left|\dfrac{db}{d\phi}\right| = \dfrac{a}{2}\sin\left(\dfrac{\phi}{2}\right)$

故 $\sigma_{\text{diff}} = \dfrac{b}{\sin\phi}\left|\dfrac{db}{d\phi}\right| = \dfrac{b}{\sin\phi} \times \dfrac{a}{2}\sin(\phi/2)$

$\because \sin\phi = 2\sin\left(\dfrac{\phi}{2}\right)\cos\left(\dfrac{\phi}{2}\right) = 2\sin\left(\dfrac{\phi}{2}\right)\left(\dfrac{b}{a}\right)$

$\therefore \sigma_{\text{diff}} = \dfrac{a^2}{4}$

$\sigma_{\text{total}} \equiv \int \sigma_{\text{diff}}\, d\Omega = \int_0^\pi (a^2/4)\, 2\pi \sin\phi\, d\phi = \pi a^2$

上述總散射截面 σ_{total} 所求得的值，即是入射粒子垂直面對球體的最大截面積。

結　論

　　本章只對最常見的一些觀念做概括性的介紹，詳實而精闢的物理理論則散見於各名著之中；其他如熱力學定理、統計力學、機率論、量子論或固態物理方面的論點，讀者可按各人實際面對問題之需要，參閱相關之著作及論述。

習　題

1. 何謂黑體？試以熱輻射原理說明之。
2. 李納德 (Lenard) 的光電實驗有何重要結論？古典的光波理論與它有何矛盾之處？
3. 愛因斯坦對光電效應有哪些重要的假說？它如何圓滿地解釋李納德光電實驗的結果？試分別列舉說明。
4. 是否所有的粒子都有它的波動特性？試以實驗的觀點敘述。
5. 有一男孩在高度 H 的梯子上，以質量為 m 的彈珠對準地面上的裂縫投擲；為了瞄準正確，他儘可能利用了最高精密度的設備輔助它。證明無論他多麼用心，彈珠會偏離裂縫的平均距離為 $(\hbar/m)^{1/2}(H/g)^{1/4}$ 這個因次。此處 g 為重力加速度的大小。
6. 穿透效應一般均以波動力學來加以說明，試用海森堡的測不準原理來說明此一穿透現象。
7. 對於一個氫原子而言：
    (a) 軌道上的電子位能比其動能還大，它代表甚麼意義？
    (b) 為何受激而成為自由電子的能譜是連續的？
    (c) 波爾的氫原子模型應用在外圍有兩個電子的原子時，效果很差，試述其理。
8. 對於 N 型或 P 型的矽或鍺晶體而言：
    (a) 說明為何可以波爾的氫原子模型來預估這些雜質離子的游離能？
    (b) 如何利用上述模型來進行游離能預估？

(c) 可否利用你預估的結果來研判預估的正確性？
9. (a) 在拉塞福散射中，繪圖說明微散射截面的物理意義。
   (b) 試以式子說明具有較低入射速度的質點，與原子核散射的程度較大。
   (c) 為何可以說「在庫倫式散射中」無論質點置於何處都會受到散射？
10. 扼要敘述下列名詞？
    (a) 零點能量   (b) 光電效應
    (c) 功函數   (d) 導航波
    (e) 聲子   (f) 波爾半徑
    (g) 量子算符   (h) 伯昂假說
    (i) 穿透效應   (j) 立體角
    (k) 散射參數   (l) 波動向量

參考資料

1. Robert M. Eisberg, Fundamentals of Modern Physics, John Wiley & Sons, Inc., New York, 1961.
2. Amnon Yariv, Quantum Electronics, 2nd Edition, John Wiley & Sons, Inc., New York, 1975.
3. Robert Eisberg & Robert Resnick, Quantum Physics.
4. S. M. Sze, Physics of Semiconductor Devices, John Wiley & Son, Inc., New York, 1981.
5. P. T. Matthews, Introduction to Quantum Mechanics, McGraw Hill, 1963.
6. B. E. Cherrington, Gaseous Electronics and Gas Lasers, Pergamon Press, 1979.
7. William Shockley, Electrons & Holes in Semiconductors, D. Van Nostrand Company, Inc., 1950.

2 晶體結構
CHAPTER

晶　格
晶體結構
晶體面及晶體方向
反晶格
　　反晶格向量
　　布里路因晶格區
晶體缺陷及晶格匹配
　　晶體缺陷
　　晶格的匹配與應變
晶體的生長
　　由冶金級矽純化為電子級矽的流程
　　晶棒製成前不純物（雜質）的控制
　　單晶材料的生長
　　磊晶生長
固體的結合力
結　論
習　題
參考資料

固體依其原子的組成或排列型式，可分為：(1) **單晶體**（Single crystal），(2) **多晶體**（Poly crystal），(3) **非晶體**（Amorphous material）三大類型。由圖 2-1(a) 可知，整塊晶體均由週期性的原子排列組成，稱為「單晶體」；圖 2-1(b) 中可發現，規則的原子排列只在小區域出現，但每一區域的原子排列型式均有不同，故稱它為「多晶體」；至於如圖 2-1(c) 中之非晶體，其原子排列幾無任何規律可循，此種亂無秩序的原子結構稱之為「非晶體」，事實上，更嚴謹的區分，可由其**晶粒大小**（Grain size）來區分（詳 2-5 節），而 2-6 節則介紹工業上如何把非晶材料轉換成為單晶體，它是半導體或積體電路業界最重要的上游關鍵技術。

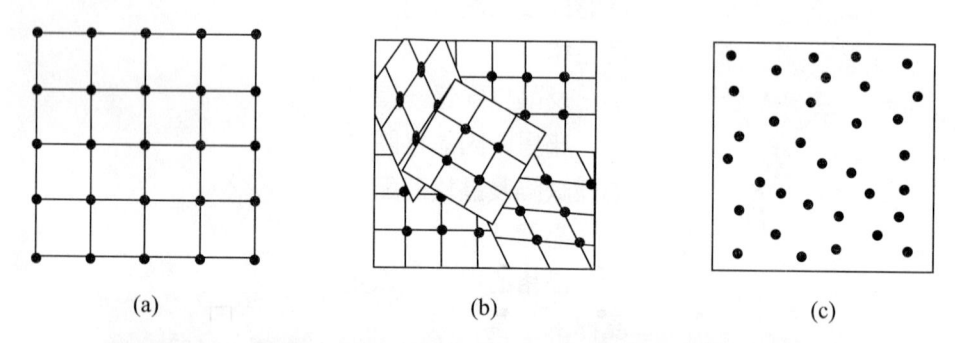

圖 2-1　(a) 單晶體，(b) 多晶體及 (c) 非晶體材料的原子排列示意圖

本章的主題是介紹晶體結構的內部組織情形及基本特性。於 2-1 至 2-3 節中，介紹了半導體晶體結構及晶體面和晶體方向的認定；於 2-4 節中簡介了在**動量空間**（Momentum space）內的反晶格，期使讀者能瞭解載體的動量或能量在此晶格內所呈現出的規律及週期性；2-5 節介紹了在半導體材料中常見的十餘種晶體缺陷，使讀者對缺陷有基本的認識；2-6 節說明晶體如何由非晶組織，經過純化、提煉成為多晶材料，再進而用晶體拉伸法製造成單晶晶棒、晶圓的各個過程；本章的末節則簡介了固體中原子或分子間各種的**束縛力**（Binding forces），並說明了不同材料中，各種價鍵結合力的型式。

2-1 晶　格

晶格（Lattice）是由規則性的組織單元疊積而成；理想的晶體是這些完全相同的組織單元於空間中做無限多的重複疊成。組織較為簡單的晶體，如銅、銀、鋁等金屬，它們的組織單元只是單一的原子而已。很多晶體的組織單元由多數原子或分子組成；更詳細地說，晶體是由晶格疊架而成，晶格上附著有成群的原子或分子，這些成群的原子又叫做**基體**（Basis），因此可以概括的表示為

$$(晶格)+(基體)=(晶體)$$

晶格可說是空間內週期性排列的點組合，因此它是一種空間上的架構，基體則是附著在這個架構上的成群原子或分子。整個晶體的規則性排列端視晶格的排列而定，參考圖 2-2 可以瞭解其間關係。

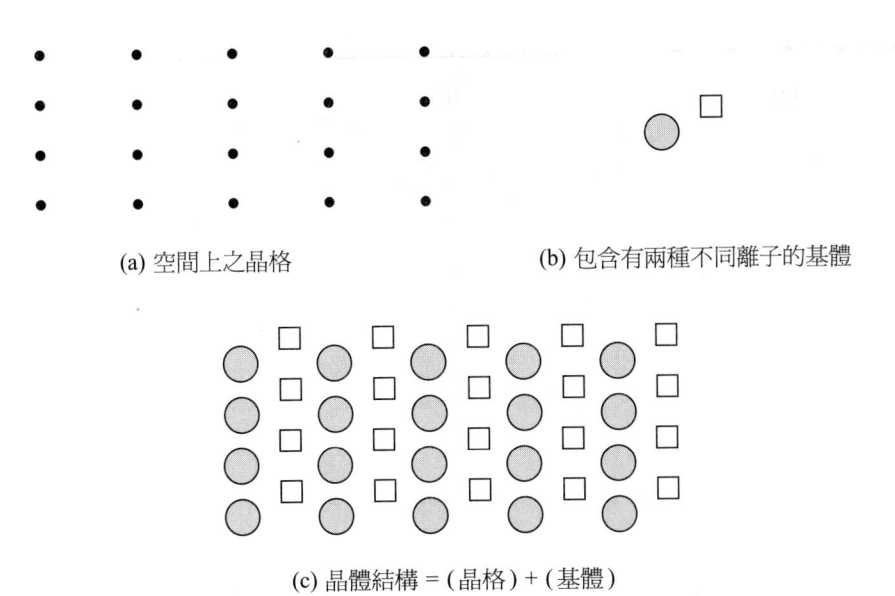

(a) 空間上之晶格　　　　(b) 包含有兩種不同離子的基體

(c) 晶體結構 = (晶格) + (基體)

圖 2-2　晶體結構的形成

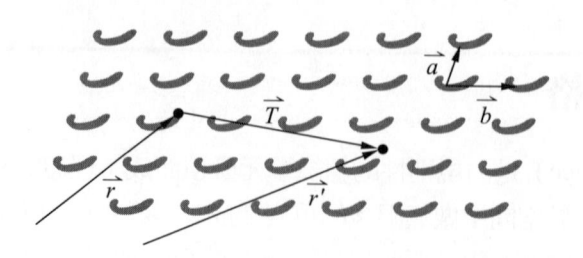

圖 2-3 兩度空間的晶體排列（$\vec{a}$，$\vec{b}$ 為基本轉移向量）

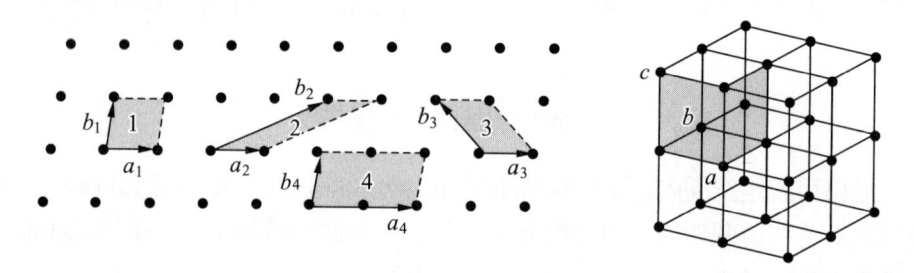

(a) 二維及三維空間上的晶格排列。1、2 及 3 為初始晶元，4 為一般晶元。

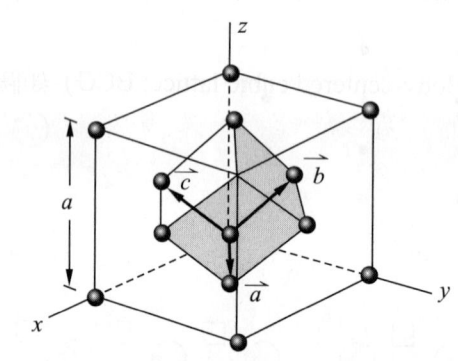

(b) $\vec{a}$，$\vec{b}$ 及 $\vec{c}$ 構成的晶元具有最小的體積稱為初始晶元；具有 a^3 體積的為一般晶元。

圖 2-4 空間上的晶格及其組成晶元

由於晶格是空間上週期重複出現的點集合，因此在如圖 2-3 的二維晶格裡，可以適當的選取最基本的**轉移向量**（Translation vectors）$\vec{a}$ 及 $\vec{b}$，晶格上的任何一點都可以下列方式表示：

$$\vec{r}\,' = \vec{r} + m\vec{a} + n\vec{b} = \vec{r} + \vec{T} \tag{2-1}$$

此處 $\vec{T} = m\vec{a} + n\vec{b}$。

於（2-1）式中，m 及 n 為任意的整數，$\vec{T}$ 為位移向量，$\vec{r}$ 為參考向量，$\vec{r}'$ 是代表晶格的某一點向量，由（2-1）式構成的點集合，即形成整體的晶格。

由（2-1）式 $\vec{a}$ 及 $\vec{b}$ 向量構成的小面積單元簡稱**晶元**（Lattice cell）。理論上晶格可有無限多的晶元，而其面積（二維空間）或體積（三維空間）則有不同，面積或體積最小的晶元，又稱為**初始晶元**（Primitive cell）；圖 2-4 分別表示二維及三維空間內的晶元型式。

2-2 晶體結構

一般晶體都是以三維空間排列出現，仔細的區分有十四種基本的單體單元，叫做**布雷威士晶格**（Bravais lattices）請參考圖 2-5 及表 2-1；這些基本晶元可組成更多而且複雜的晶元，本節只介紹半導體材料中最常見的晶體單元。

1. **簡單立方晶格**（Simple cubic lattice; SC）如圖 2-6(a)，立方體的八個角落均有晶體原子存在。
2. **體心立方晶格**（Body-centered cubic lattice; BCC）如圖 2-6(b)，立方體的八個角落均有晶體原子以外，立方體的對角線交點（即立方體體心）也有晶體原子存在。
3. **面心立方晶格**（Face-centered cubic lattice; FCC）如圖 2-6(c)，立方體的八個角落均有晶體原子以外，立方體六個面的面心（即正方形各面對角線交點）處，都有晶體原子存在。
4. **緊密六角體結構**（Hexagonal close-packed lattice; HCP）如圖 2-6(d)，除了六角體上、下面 12 個角以外，上、下面的面心（即六角形之中央點），以及圖中三個黑色球體位置也有晶體原子存在；因此，它是一個六角體緊密疊積式（HCP）的晶格結構；如以圖中 $\vec{a}$、$\vec{b}$ 及 $\vec{c}$ 表示，其中一個黑色球體位置為 $\vec{r} = \frac{2}{3}\vec{a} + \frac{1}{3}\vec{b} + \frac{1}{2}\vec{c}$，另外兩個黑色球體可於圖中相對位置找到。

48　半導體材料與元件（上冊）

立方體系　P　I　F

四角體系　P　I

正交四角體系　P　C　I　F

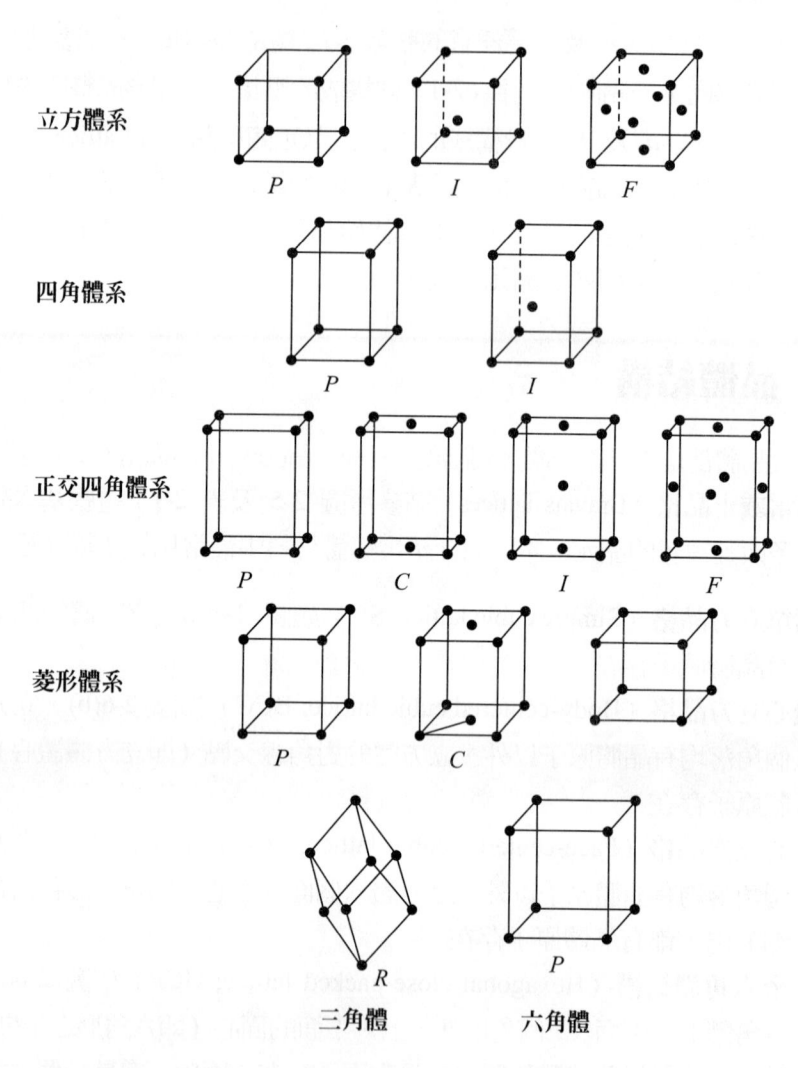

菱形體系　P　C

三角體 R　六角體 P

圖 2-5　三維空間內的晶格型式

表 2-1　三度空間的晶格型式

系　統	晶格數	晶格代號	晶元內基本向量間的關係
三斜菱形體 (Triclinic)	1	P	$a \neq b \neq c$ $\alpha \neq \beta \neq \gamma$
單斜菱形體 (Monoclinic)	2	P，C	$a \neq b \neq c$ $\alpha = \gamma = 90° \neq \beta$
正交四角體 (Orthorhombic)	4	P，C，I，F	$a \neq b \neq c$ $\alpha = \beta = \gamma = 90°$
四角體 (Tetragonal)	2	P，I	$a = b \neq c$ $\alpha = \beta = \gamma = 90°$
立方體 (Cubic)	3	P 或 SC I 或 BCC F 或 FCC	$a = b = c$ $\alpha = \beta = \gamma = 90°$
三角體 (Trigonal)	1	R	$a = b = c$ $\alpha = \beta = \gamma < 120°，\neq 90°$
六角體 (Hexagonal)	1	P	$a = b \neq c$ $\alpha = \beta = 90°$ $\gamma = 120°$

【註】α 為 b 與 c 向量的夾角；β 為 c 與 a 向量夾角；γ 為 a 與 b 向量夾角

5. **鑽石結構**（Diamond structure）　仔細的觀察圖 2-6(e)，可以發現鑽石結構是除了面心立方的晶體原子以外，其他原子可以從這些面心立方的晶體原子位移（$\vec{a}/4 + \vec{b}/4 + \vec{c}/4$）獲得。

　　圖 2-7(a) 是由鑽石的上視圖（Top view）所得的原子排列關係。由圖可知，鑽石結構係由兩個**交叉的面心立方晶格**（Interpenetrating FCC），組成這兩個 FCC 在空間上位移差為（$\vec{a}/4 + \vec{b}/4 + \vec{c}/4$）。圖 2-7(b) 中更清楚的顯示各晶體原子在空間的相關位置，讀者可細心觀察後加以印證。

　　再仔細觀察圖 2-6(e) 的虛線部分，我們更可發現，鑽石結構係由四角體組成，每個大的鑽石晶格，可細分為四個四角體的初始晶元疊積而成，以四角體的中心原子為參考點，每個四角體都有四個最近而等距離的

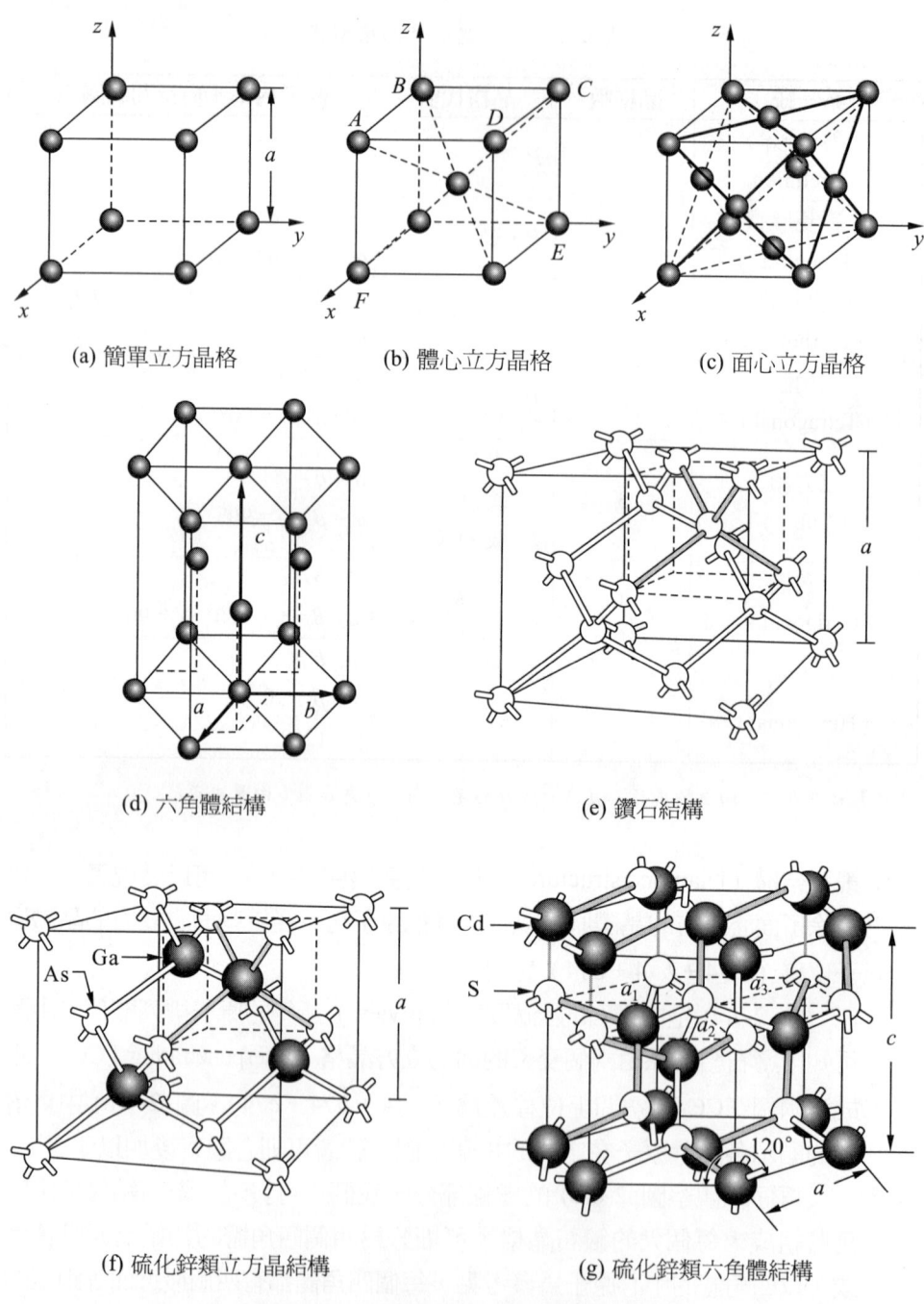

(a) 簡單立方晶格　　(b) 體心立方晶格　　(c) 面心立方晶格

(d) 六角體結構　　(e) 鑽石結構

(f) 硫化鋅類立方晶結構　　(g) 硫化鋅類六角體結構

圖 2-6　幾種重要的半導體晶體結構

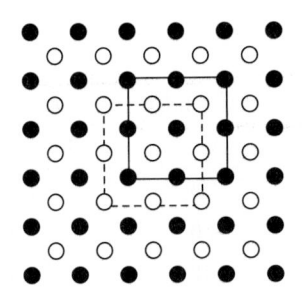

(a) 沿鑽石結構 [100] 方向所得的上視圖實線與虛線分別代表兩個最小單元的面心立方晶格。

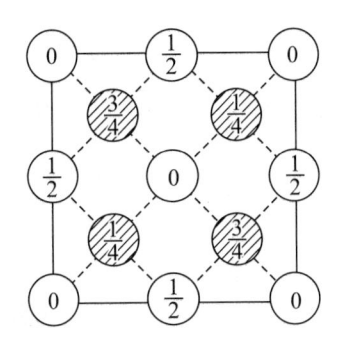

● 構成鑽石結構的一個面心立方
○ 與上述面心立方交叉的另一個面心立方

(b) 鑽石結構中的晶體原子在晶元中的位置（沿 (100) 晶體面投影圖）；圖中之分數為該原子離參考底面（高度為零）的高度，單位為晶格常數 a。

圖 2-7　鑽石結構的晶體排列

鄰近晶體原子。

6. **閃鋅礦類結構**（Zinc blende or cubic zinc sulfide lattice）如圖 2-6(f)，又稱硫化鋅（ZnS）類立方晶體結構。各晶體原子相關位置與鑽石結構完全相同，只是兩個交叉的面心立方分由不同的原子組成；如Ⅲ-Ⅴ族的砷化鎵（GaAs），Ga 原子構成其中一個面心立方，As 構成另一個面心立方，二者互相交叉而成，乃是光電材料中最常見的晶體結構。

7. **硫化鋅類六角體晶體結構**（Wurtzite or hexagonal zinc sulfide lattice）如圖 2-6(g)，Wurtzite 結構乃由兩個相互交叉的六角體晶格（HCP）組成；晶體原子密度與鑽石結構相同，例如氮化鎵（GaN）類藍光材料，即係由此型結構組成。硫化鋅立方晶體加熱至 1300°K 左右，會變成硫化鋅六角晶體結構。

表 2-2 是各種半導體材料的晶格種類及其**晶格常數**（Lattice constants）。

表 2-2 各種晶體材料的重要參數〔2, 10〕

材料		晶格常數 (Å) (25°C)	最近原子間距 (Å)	能帶間隙 (300°K) (eV)
Si	元素	5.431	2.353	1.12
Ge		5.646	2.450	0.66
GaAs		5.653	2.448	1.42
Inp		5.869	2.540	1.35
GaN		$a = 3.189$,$c = 5.185$	—	3.50
AlN		$a = 3.112$,$c = 4.982$	—	6.20
Gap*	Ⅲ–Ⅴ族化合物	5.451	—	2.27
AlAs*		5.660	2.153	2.95
InAs		6.0583	—	0.359
ZnS		Z 5.415	—	3.60
		W $a = 3.82$,$c = 6.26$	—	3.68
CdTe		6.482	2.807	1.56
HgTe		6.462	2.798	0.14
ZnSe		5.653	—	2.58
SiC		$a = 3.086$,$c = 15.117$		2.996

例 2-1

本節所提之晶體的原子模型,都是假設在原子是**硬球**(Hard sphere)的基礎上。晶格的「**堆積比**」(Packing fraction; PF)定義為

$$PF \equiv \frac{(硬球所可能有的最大體積) \times (晶格內的硬球數)}{晶體單元的總體積}$$

由上式的定義可發現,PF 值愈大,代表原子充塞晶體單元的空間比率愈高,意指材料愈緻密。

以體心立方(BCC)為例(參考圖 2-8),每一 a^3 的立方晶元體積內,平均計有兩個硬球出現,其中八個角落的硬球,只有 $\frac{1}{8}$ 體積在晶元內,而體心之硬球則完全屬於此晶元,故 $N_s = 8 \times \frac{1}{8} + 1 = 2$(球/$a^3$)。

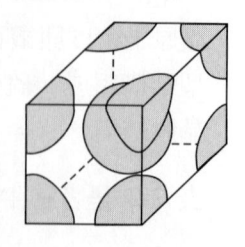

圖 2-8

第二章　晶體結構　53

表 2-3　各種元素的晶體結構及其晶格常數〔3〕

																	He 2K hcp 3.57 5.83
H 1 5K bcp 3.75 6.12																	
Li 78K bcc 3.491	Be hcp 2.27 3.59											B rhomb.	C diamond 3.567	N 20K cubic 5.66 (N₂)	O complex (O₂)	F complex (Cl₂)	Ne fcc 4.46
Na 5K bcc 4.225	Mg hcp 32.21 5.21											Al fcc 4.05	Si diamond 5.430	P complex	S complex	Cl complex (Cl₂)	Ar 4K fcc 5.31
K 5K bcc 5.225	Ca fcc 5.58	Sc hcp 3.31 5.27	Ti hcp 2.95 4.68	V bcc 3.03	Cr bcc 2.88	Mn cubic complex	Fe bcc 2.87	Co hcp 2.51 4.07	Ni fcc 3.52	Cu fcc 3.61	Zn hcp 2.66 4.95	Ga complex	Ge diamond 5.658	As rhomb.	Se hex. chains	Br complex (Br₂)	Kr 4K fcc 5.64
Rb 5K bcc 5.585	Sr fcc 6.08	Y hcp 3.65 5.73	Zr hcp 3.23 5.15	Nb bcc 3.30	Mo bcc 3.15	Tc hcp 2.74 4.40	Ru hcp 2.71 4.28	Rh fcc 3.80	Pd fcc 3.89	Ag fcc 4.09	Cd hcp 2.98 5.62	In tetr. 3.26 4.96	Sn (α) diamond 6.49	Sb rhomb.	Te hex. chains	I complex (I₂)	Xe 4K fcc 6.13
Cs 5K bcc 6.045	Ba bcc 5.02	La hex. 3.77 ABAC	Hf hcp 3.19 5.05	Ta bcc 3.30	W bcc 3.16	Re hcp 2.76 4.46	Os hcp 2.74 4.32	Ir fcc 3.84	Pt fcc 3.92	Au fcc 4.08	Hg rhomb.	Tl hcp 3.45 5.52	Pb fcc 4.95	Bi rhomb.	Po sc 3.34	At	Rn
Fr	Ra	Ac fcc 5.31															

Ce fcc 5.16	Pr hex. 3.67 ABAC	Nd hex. 3.66	Pm	Sm complex	Eu bcc 4.58	Gd hcp 3.63 5.78	Tb hcp 3.60 5.70	Dy hcp 3.59 5.65	Ho hcp 3.58 5.62	Er hcp 3.56 5.59	Tm hcp 3.54 5.56	Yb fcc 5.48	Lu hcp 3.50 5.55
Th fcc 5.08	Pa tetr. 3.92 3.24	U complex	Np complex	Pu complex	Am hex. 3.64 ABAC	Cm	Bk	Cf	Es	Fm	Md	No	Lr

晶體結構
晶體常數 a(Å)
晶體常數 c(Å)

說明：1. tetr：四角體系　　hex：六角體系　　rhomb：正交四角體系
2. ABAC 代表六角體堆積平面的順序

至於硬球之最大體積，會受制於排列最擁擠之線（即體對角線）上，故

$$4r_{max} = \sqrt{3}a \text{，即} \quad r_{max} = (\frac{\sqrt{3}}{4})a$$

代入公式，BCC 的原子堆積比（PF）變成

$$(PF)_{BCC} = \frac{2 \times (\frac{4}{3})\pi r_{max}^3}{a^3} = \frac{\frac{8}{3}\pi \left[\frac{\sqrt{3}}{4}a\right]^3}{a^3} = \frac{\sqrt{3}\pi}{8} = 0.68$$

2-3　晶體面及晶體方向

對於某一個晶體面，通常係以三個整數來註記；它依下列步驟來決定：

1. 首先必須找出晶體面在晶體軸上的截距，然後，以**基體向量**（Basis vectors）的整數倍表示截距的大小[1]。
2. 取上述數的倒數，求此倒數相同比率的最小整數 h、k、ℓ。
3. 以小括號註記此晶體面為（$hk\ell$）；讀者請注意：h、k 及 ℓ 三個指數於括弧內並不以逗點分開。

例 2-2

表示圖 2-9 的晶體面如下：

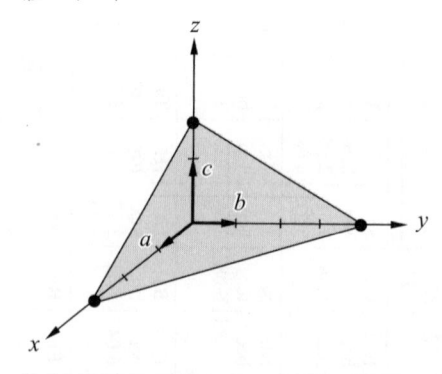

圖 2-9　晶體面（436）及其基體向量 a、b 及 c

---

[1] 如前所述，任何晶體構造，均由無數相同之晶體單元（Unit cell）組成，這些單元均由各軸向之基體向量（Basis vector）所規範。

(1) 晶體面在 x、y 及 z 晶體軸的截距分別為 3a，4b 及 2c。

(2) 上述之截距倒數為 ($\frac{1}{3}$ $\frac{1}{4}$ $\frac{1}{2}$)，其最小整數比為 (4 3 6)。

(3) 因此圖中之晶體面乃記為 (4 3 6)。

上述三個整數 h，k 及 ℓ 稱為**密勒指數**（Miller Indices），取截距倒數的優點是避免 h，K 或 ℓ 有無限值出現，因為若晶體面與某軸平行，其截距為無限大，倒數變為零；如果晶體面在某軸上之截距為負數，則加一負號在對應的密勒指數上方，如 ($h\bar{k}\ell$) 表示在 y 軸向之截距為負數。

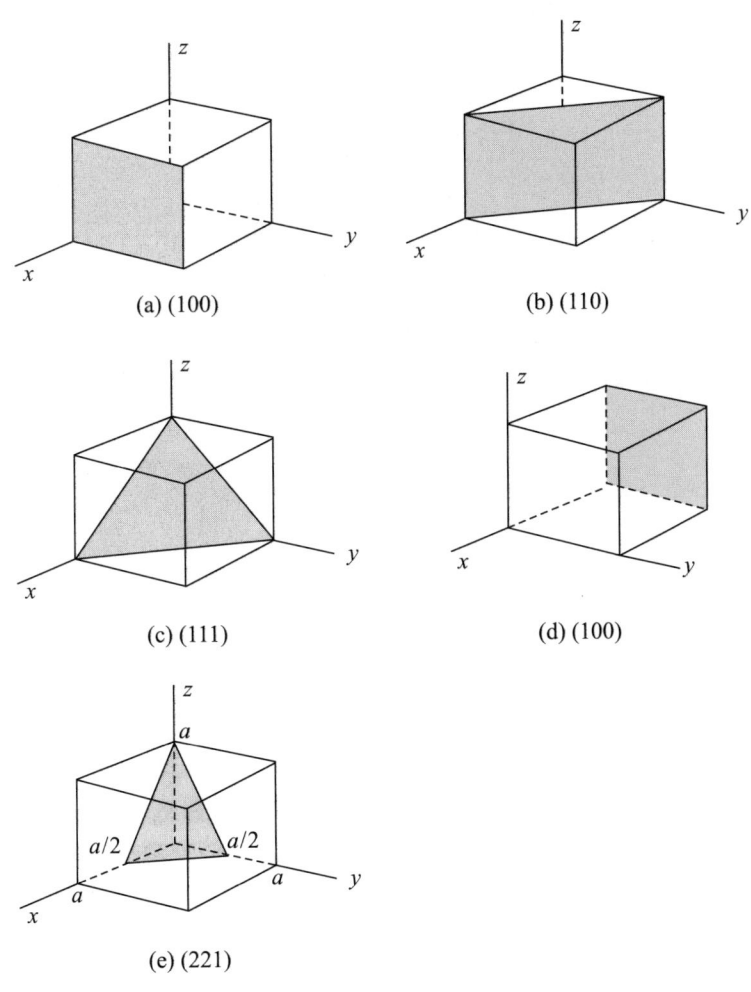

(a) (100)

(b) (110)

(c) (111)

(d) (100)

(e) (221)

圖 2-10　立方晶體內四個晶體面的密勒指數註記

對稱的等值晶體面以括弧 $\{hk\ell\}$ 表示，如 $\{100\}$ 表示立方晶 (SC) 的六個晶體，即 (100)、(010)、(001)、($\bar{1}$00)、(0$\bar{1}$0) 及 (00$\bar{1}$)。

圖 2-10 顯示 (100)、(110)、(111) 及 ($\bar{1}$00) 及 (221) 五個密勒指數所代表的晶體面。

晶體方向是以中括弧 [ ] 表示。如圖 2-11，立方晶體 (SC) 通過體心對角線之晶體方向為 [111]，因為此對角線係由原點通過 $1\vec{a}$ 及 $1\vec{b}$ 及 $1\vec{c}$ 的位置，取此晶體方向在各軸向基體向量 ($\vec{a}, \vec{b}, \vec{c}$) 的最小整數集合，即成為此晶體方向註記。

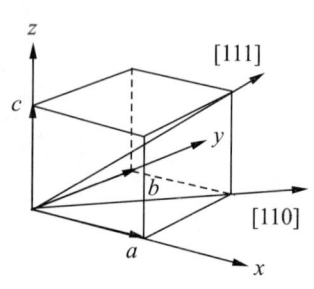

圖 2-11　立方晶體內的晶體方向 [110] 及 [111]

例 2-3

矽單晶之晶格常數 a 為 5.43Å，計算：
(a) 鑽石結構每 a^3 有多少原子？
(b) 分別計算 (100) 及 (110) 平面之原子密度（cm^{-2}）

解 (a) 參考圖 2-6 平面投影圖可知（以白色 FCC 為例）
白色 FCC 中之四個黑色原子為另一 FCC 上原子，全部在 a^3 範圍內，故每 a^3 的體積內有 $(6 \times \frac{1}{2} + 8 \times \frac{1}{8} + 4) = 8$ 個原子

(b) 1. (100) 平面之原子密度 $N_{(100)}$

$$N_{(100)} = \frac{4 \times \frac{1}{4} + 1}{a^2} = \frac{2}{(5.43 \times 10^{-8})^2}$$

$$= 6.78 \times 10^{14} \ (\#/cm^2)$$

$a = 5.43$Å

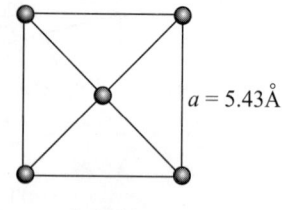

圖 2-12

2. 參考圖 2-5，(110) 平面原子分布如右
故

$$N_{(110)} = \frac{4 \times \frac{1}{4} + 2 \times \frac{1}{2} + 2}{\sqrt{2}a^2} = \frac{4}{\sqrt{2}a^2}$$

$$= 9.59 \times 10^{14} \ (\#/cm^2)$$

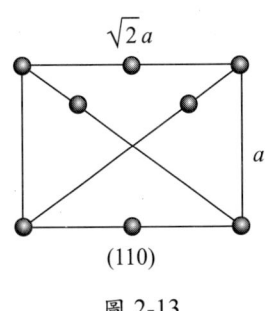

圖 2-13

2-4 反晶格

認識了空間上的一般晶格後，本節將介紹更具抽象意念的「**反晶格**」（Reciprocal lattices）。反晶格的觀念相當重要，因為它對固體的電特性能夠比較有效而且深入的描述；反晶格是由一系列規則的點組成，而這些點所代表的值是**波數**（Wave number）K，因此反晶格所處的空間一般稱為「***K*-空間**」（*K*-space），或叫做「**動量空間**」（Momentum space），這是因為動量（$P = \hbar K$）是波數與蒲朗克常數 $\hbar$ 的乘積之故。

2-4-1 反晶格向量

在三維的空間裡，只有十四種最基本的**布雷威士晶格**（Bravais lattices），如在空間上的一般晶格已知，則其對應在動量或波數空間的反晶格也會是上述十四種晶格之一；簡單立方晶格的反晶格仍舊是簡單立方，但體心立方晶格的反晶格卻是面心立方晶格，反之亦然，請參考例 2-2。

一旦決定一般晶格的基體向量 $\vec{a}$，$\vec{b}$ 及 $\vec{c}$ 之後，其對應的反晶格基體向量 $\vec{A}$，$\vec{B}$ 及 $\vec{C}$ 即可由下式決定：

$$\vec{A} \equiv 2\pi \frac{\vec{b} \times \vec{c}}{\vec{a} \cdot \vec{b} \times \vec{c}}, \vec{B} \equiv 2\pi \frac{\vec{c} \times \vec{a}}{\vec{a} \cdot \vec{b} \times \vec{c}}, \vec{C} \equiv 2\pi \frac{\vec{a} \times \vec{b}}{\vec{a} \cdot \vec{b} \times \vec{c}} \quad (2\text{-}2)$$

此處 $\vec{a} \cdot \vec{b} \times \vec{c} \equiv V_C$ 為一般晶體單元的體積，而反晶格晶體單元的體積為 $V_C^* = (2\pi)^3/V_C$。於 (2-2) 式中可以發現 $\vec{A}$，$\vec{B}$ 及 $\vec{C}$ 的單位為（1/長度）。

例 2-4

試求出簡單立方晶格（SC）及體心立方晶格的反晶格基體向量。

解 (a) 簡單立方晶格的基體向量可寫為

$$\vec{a} = a\hat{x}, \vec{b} = a\hat{y}, \vec{c} = a\hat{z}$$

$$V_C \equiv \vec{a} \cdot \vec{b} \times \vec{c} = a^3$$

故 $\vec{A} = 2\pi \dfrac{\vec{b} \times \vec{c}}{\vec{a} \cdot \vec{b} \times \vec{c}} = \dfrac{2\pi}{a}\hat{x}$

同理 $\vec{B} = \dfrac{2\pi}{a}\hat{y}$，$\vec{C} = \dfrac{2\pi}{a}\hat{z}$

由上可知，$\vec{A}$，$\vec{B}$ 及 $\vec{C}$ 仍舊是簡單立方晶格的基體向量，只是大小等於 $(2\pi/a)$。

(b) 體心立方晶格的三個基體向量為（請參考圖 2-14）

$$\vec{a} = \dfrac{a}{2}(\hat{x} + \hat{y} - \hat{z}) \; ; \; \vec{b} = -\dfrac{a}{2}(\hat{x} + \hat{y} + \hat{z}) \; ; \; \vec{c} = \dfrac{a}{2}(\hat{x} - \hat{y} - \hat{z})$$

此時

$$V_C = \vec{a} \cdot \vec{b} \times \vec{c} = \dfrac{a^3}{2}$$

利用 (2-2) 式計算結果，反晶格基體向量分別為

$$\vec{A} = \dfrac{2\pi}{a}(\hat{x} + \hat{y}), \vec{B} = \dfrac{2\pi}{a}(\hat{y} + \hat{z}), \vec{C} = \dfrac{2\pi}{a}(\hat{x} + \hat{z})$$

而 A，B 及 C 正是一般面心立方晶格的基體向量。

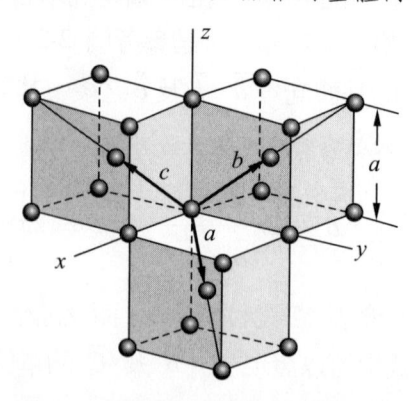

圖 2-14 體心立方晶格（BCC）初始晶元的基體向量

讀者可以用上述方法發現面心立方晶格的反晶格為體心立方晶格（習題2-6）。

反晶格內的任一向量通常可以表示為

$$\vec{G} = h\vec{A} + k\vec{B} + \ell\vec{C} \tag{2-3}$$

此處 h，k 及 ℓ 為任意的整數。

利用（2-1）式及（2-3）式代入下式[2]，可探討反晶格的週期性：

$$\begin{aligned}\text{Exp}\,[j\vec{G}\cdot(\vec{r}+\vec{T})] &= \text{Exp}\,[j(\vec{G}\cdot\vec{r}+\vec{G}\cdot\vec{T})]\\&= \text{Exp}\,[j(\vec{G}\cdot\vec{r}+2\pi N)] = \text{Exp}\,[j\vec{G}\cdot\vec{r}]\end{aligned}$$

此處 N 為某一整數。

由上可知，雖然經過 $\vec{T}$ 向量的位移，但是載體的波動函數值仍與轉移以前的相同。此時

$$\text{Exp}\,[j\vec{G}\cdot\vec{T}] = 1 \tag{2-4}$$

由（2-4）可得一結論，即凡是符合（2-4）式關係的 $\vec{G}$ 向量所成集合，即可組成整個反晶格。

反晶格的**初始晶元**（Primitive cell）可以用「**魏格能-謝茲晶元**」（Wigner-Seitz cell）來代表。由參考點（原子）向其最相近的**晶格位址**（Lattice sites）繪出向量，並求出垂直而且平分這些向量的平面，由這些平面即可組成上述所謂的「魏格能-謝茲晶元」。

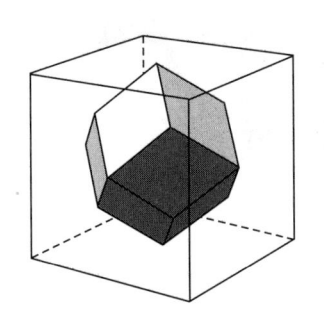

圖 2-15　體心立方晶格的最小反晶格晶元；它是由第一布里路因晶格區所構成

---

[2] 由本書之 4-2 節可知電子在 K-空間的波動函數隨 $\text{Exp}\,[jK\cdot r']$ 呈正比，而 $\vec{G}$ 亦為 K-空間內向量。

例 2-2 中體心立方反晶格的參考原點與其 12 最相近位址的向量 $\vec{G}$ 為

$$\frac{2\pi}{a}(\pm\hat{x}\pm\hat{y})\ ;\ \frac{2\pi}{a}(\pm\hat{y}\pm\hat{z})\ ;\ \frac{2\pi}{a}(\pm\hat{x}\pm\hat{z})$$

垂直而且平分上述 12 向量的 12 平面，即可構成圖 2-15 的最小反晶格晶元。

2-4-2 布里路因晶格區

根據同樣的方法，可以找出與參考點第二相近的位址，繪出各向量，然後決定出第二個晶格區，依此類推，可以找出無限多具有同樣體積的晶格區，這些晶格統稱為「**布里路因區**」(Brillouin zones)。

圖 2-16 即以上述原則，在二維空間的正方晶格繪成的各層「布里路因」晶格區，它們都具有 ($4\pi^2/a^2$) 的面積。

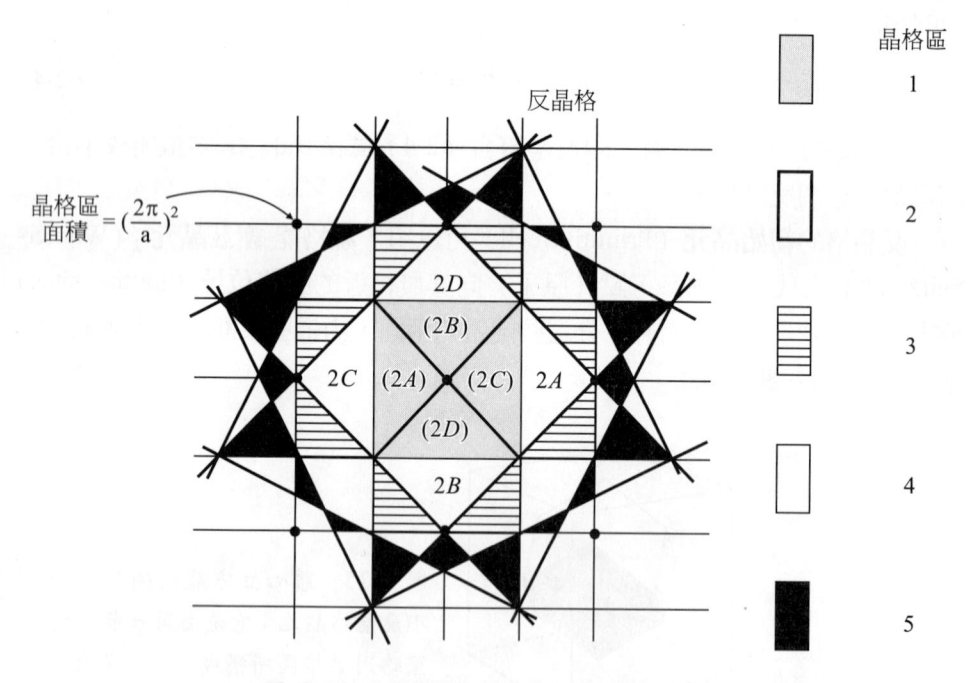

圖 2-16　正方晶格的各布里路因晶格區

仔細觀察圖 2-16，各晶格區不但具有相同的（體）面積，而且外層晶格區可以用**影像投入**（Mapping）的方式映入較內層晶格區，這種影像投入法所形成的圖形叫做「**減化區域圖**」（Reduced-zone scheme）。

　　因為各布里路因晶格區均可利用轉移的方式轉入第一布里路因區，而且反晶格上的點係代表動量值，所以在晶格中運動的電子或電洞，它們的動量或能量變化情形均可以在「減化區域圖」裡知悉；因為在反晶格的各晶格區內的訊息如動量、總能量與第一晶格區的動量、能量等均呈相同的週期性變化，如果可以知曉第一晶格區的函數變化，即等於瞭解整個晶體內載體的變動情形，這是布里路因晶格區最大的優點之一。

　　晶體的電子顯微鏡圖像可以顯示一般晶格的情形，而 X-射線繞射卻是在反晶格平面間的干涉結果（參考圖 2-17）。

　　假如 X-射線入射晶體平面至射線逸出，其間並沒有能量損失，這種彈性散射的情況，使得 $\vec{K}$ 及 $\vec{K}'$ 大小必須相等。按照動量守恆的原理，此時

$$\vec{K} - \vec{K}' = \Delta \vec{K}$$

如果 ΔK 等於反晶格向量 $\vec{G}$，可觀察到最大的繞射（即建設性干涉）情況發生。由上述關係，可得

$$(\vec{K} + \vec{G})^2 = \vec{K}'^2 \ ; \ \text{但}\ K^2 = K'^2$$

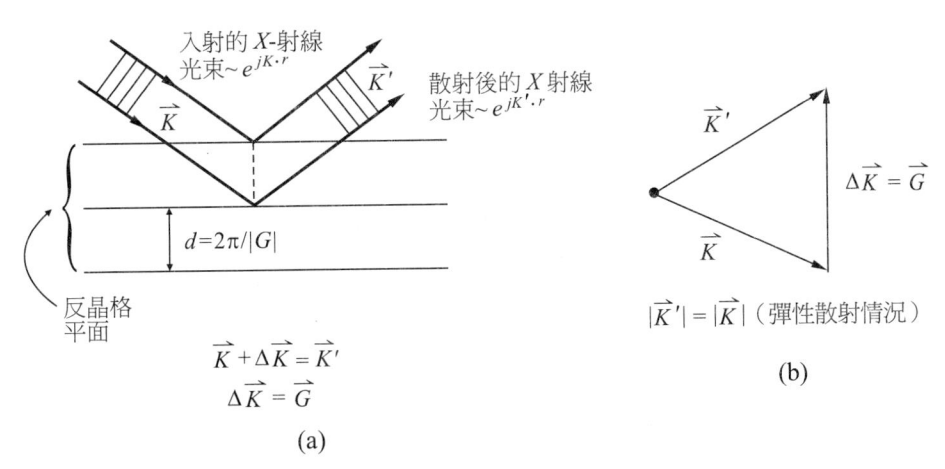

圖 2-17　X 射線在反晶格平面間的干涉結果形成繞射的關係

因此

$$2\vec{K}\cdot\vec{G}+G^2=0$$

因為 $\vec{G}$ 是反晶格的向量，故 $-\vec{G}$ 也同樣可以形成上述建設性干涉。綜合以上結論，可得

$$2\vec{K}\cdot\vec{G}=G^2 \qquad (2\text{-}5)$$

(2-5)式是 X-射線在反晶格平面形成繞射的條件，叫作「**布雷格反射**」(Bragg reflection)。

不同的晶體面，有其不同的布雷格反射條件，所以有不同的繞射圖形 (Diffraction patterns)，分析這些繞射圖形，可以決定它是何種晶體面及原子間距等重要資訊。

例 2-5

(a) 證明反晶格向量 $(RLV)\vec{G}=h\vec{A}+k\vec{B}+\ell\vec{C}$ 會與 $(hk\ell)$ 晶體面相互垂直。

(b) 求出任意兩相鄰的平行晶體面間距離 d。

(c) 簡單立方晶格中的 (100)、(110) 及 (210) 三晶體面的相鄰面間距離各為若干？

解 (a) 圖 2-18(a) 中可見 $(hk\ell)$ 平面在 x、y 及 z 三軸上的截距分別為 $(\vec{a}/h)$、$(\vec{b}/k)$ 及 $(\vec{c}/\ell)$，形成 $(hk\ell)$ 晶體面中的兩個向量 $\vec{V}_{ab}$ 及 $\vec{V}_{bc}$ 乃可寫為

$$\vec{V}_{ab}=\left(\frac{\vec{a}}{h}-\frac{\vec{b}}{k}\right)\;;\;\vec{V}_{bc}=\left(\frac{\vec{b}}{k}-\frac{\vec{c}}{\ell}\right)$$

$$\vec{G}\cdot\vec{V}_{ab}=(h\vec{A}+k\vec{B}+\ell\vec{C})\cdot(\frac{\vec{a}}{h}-\frac{\vec{b}}{k})$$

$$\vec{G}\cdot\vec{V}_{bc}=(h\vec{A}+k\vec{B}+\ell\vec{C})\cdot(\frac{\vec{b}}{k}-\frac{\vec{c}}{\ell})$$

將 (2-2) 式代入計算，可得 $\vec{G}\cdot\vec{V}_{ab}=0$ 及 $\vec{G}\cdot\vec{V}_{bc}=0$，因此 $\vec{G}$ 會與 $(hk\ell)$ 的平面垂直。

(b) 在 x、y 及 z 軸上的任一截距，投影在 ($hk\ell$) 晶體面法線（垂直）方向的量，即為相鄰兩個晶體面間的距離 d [參考圖 2-18(b) 及 (c)]。因此

$$d = \frac{\vec{a}}{h} \cdot \vec{n} = \frac{\vec{b}}{k} \cdot \vec{n} = \frac{\vec{c}}{\ell} \cdot \vec{n}$$

此處 $\vec{n} \equiv \frac{\vec{G}}{|\vec{G}|} =$ 晶體面 ($hk\ell$) 法線方向的單位向量

(c) 對於簡單立方晶格（SC），$\vec{a}$、$\vec{b}$ 及 $\vec{c}$ 與其反晶格向量 $\vec{A}$、$\vec{B}$ 及 $\vec{C}$ 間均互相垂直，此時可得

$$d = (\frac{a}{h})\hat{x} \cdot \frac{\frac{2\pi}{a}(h\hat{x} + k\hat{y} + \ell\hat{z})}{\left|\frac{2\pi}{a}(h\hat{x} + k\hat{y} + \ell\hat{z})\right|} = \frac{2\pi}{\frac{2\pi}{a}(h^2 + k^2 + \ell^2)^{1/2}} = \frac{a}{\sqrt{h^2 + k^2 + \ell^2}}$$

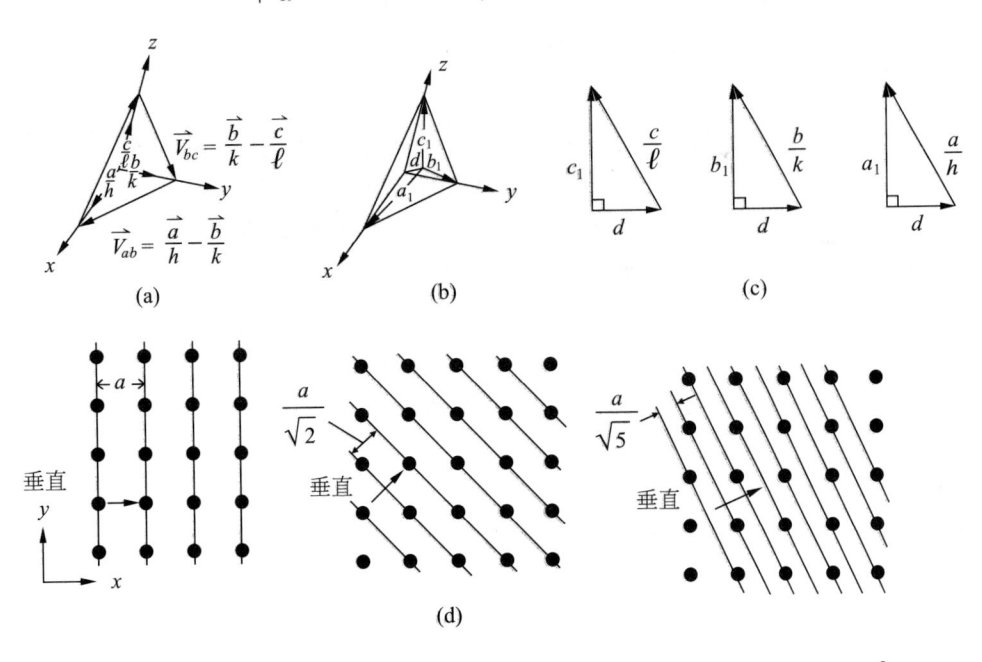

圖 2-18　(a) ($hk\ell$) 晶體面與 x，y 及 z 晶體軸截割情形；(b) 垂直 ($hk\ell$) 晶體面的向量 d；(c) 向量 d 與其他向量的關係；(d) 立方晶格投影在 xy 平面的情形，圖中黑線代表空間中各方向之晶體面。

對於（100）平面，$d_{100} = 1/\sqrt{1} = a$
對於（110）平面，$d_{110} = 1/\sqrt{1+1} = a/\sqrt{2}$
對於（210）平面，$d_{210} = 1/\sqrt{4+1} = a/\sqrt{5}$

其中；a 為簡單立方晶格常數。

由上可知，具有較小密勒指數的晶體面，不但有較寬的晶面間距，在該晶體面上也擁有較高的原子密度。讀者務必切記這個重要的事實（請參考圖 2-18 (d)）

2-5 晶體缺陷及晶格匹配

2-5-1 晶體缺陷

在晶體的生長過程及製造半導體成品的一連串處理步驟中，不可避免的會產生或多或少的**晶體缺陷**（Crystal defects）；這些缺陷對晶體電的、光的、熱的，甚至機械的性質會產生相當大的影響。

晶體的缺陷有很多。但可以區分為兩大類，一種叫作**動態性缺陷**（Dynamic defects），另一種叫作**靜態性缺陷**（Stationary defects）。

晶格在熱的擾動下，會產生簡諧振盪式的**晶格振動波**（Lattice vibration wave），依照量子力學「**波動與質點對偶性**」（Wave-particle duality）的解釋，晶體振動的量子化質點叫「**聲子**」（Phonons），它會干擾或改變晶體中電荷的運行或光、熱等物理特性，於第三章會更詳細的討論它的影響。

以下簡介幾種重要的晶體缺陷，供讀者參考：

1. 點缺陷（Point defect）

空缺陷（Vacancies） 如圖 2-19(a)，在晶格的**正常位置**（Normal sites）沒有晶體原子存在。當晶體生長後急速冷卻會產生很多空缺，如果適當的加以**退火**（Annealing），可以有效地減少空缺的數量。

間置缺陷（Interstitials） 如圖 2-19(b)，在晶格的**異常位置**（Abnormal sites）有晶體原子存在叫間置缺陷，這是因為有異常的晶體原子插置於正常的晶格位置之間的緣故。

雜質（Impurity or foreign atom） 如圖 2-19(c)，外來的原子進入晶格的正常或異常位置叫雜質。

蕭特基缺陷（Schottky defects） 晶體的原子從晶格位置受外力移至晶體表面，並在原位置遺留空缺陷叫蕭特基缺陷，如圖 2-19(d)。

富蘭可缺陷（Frenkel defects） 晶體原子受外力影響，移至正常位置之間形成間置性缺陷，並在原來位置遺留空缺，叫富蘭可缺陷，如圖 2-19(d)。

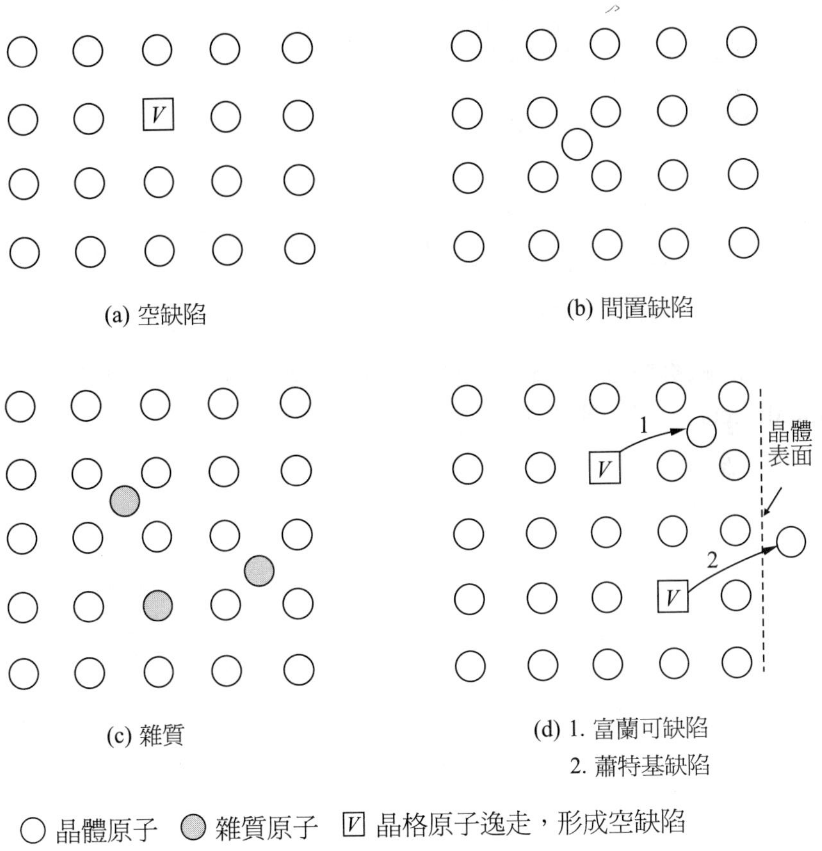

(a) 空缺陷

(b) 間置缺陷

(c) 雜質

(d) 1. 富蘭可缺陷
    2. 蕭特基缺陷

○ 晶體原子　●雜質原子　Ⅴ 晶格原子逸走，形成空缺陷

圖 2-19　晶體的四種缺陷

(a) 在 AB 線上形成的稜線錯位線缺陷

稜線錯位前，晶體受一剪力。此時價鍵關係為 A-2，B-3

稜線錯位形成，晶體原子沿剪力方向移動。此時價鍵關係為 A-1，B-2

(b)

(c) 螺線錯位

(d) 本質性堆積故障

(e) 他質性堆積故障

(f) 本質性堆積故障

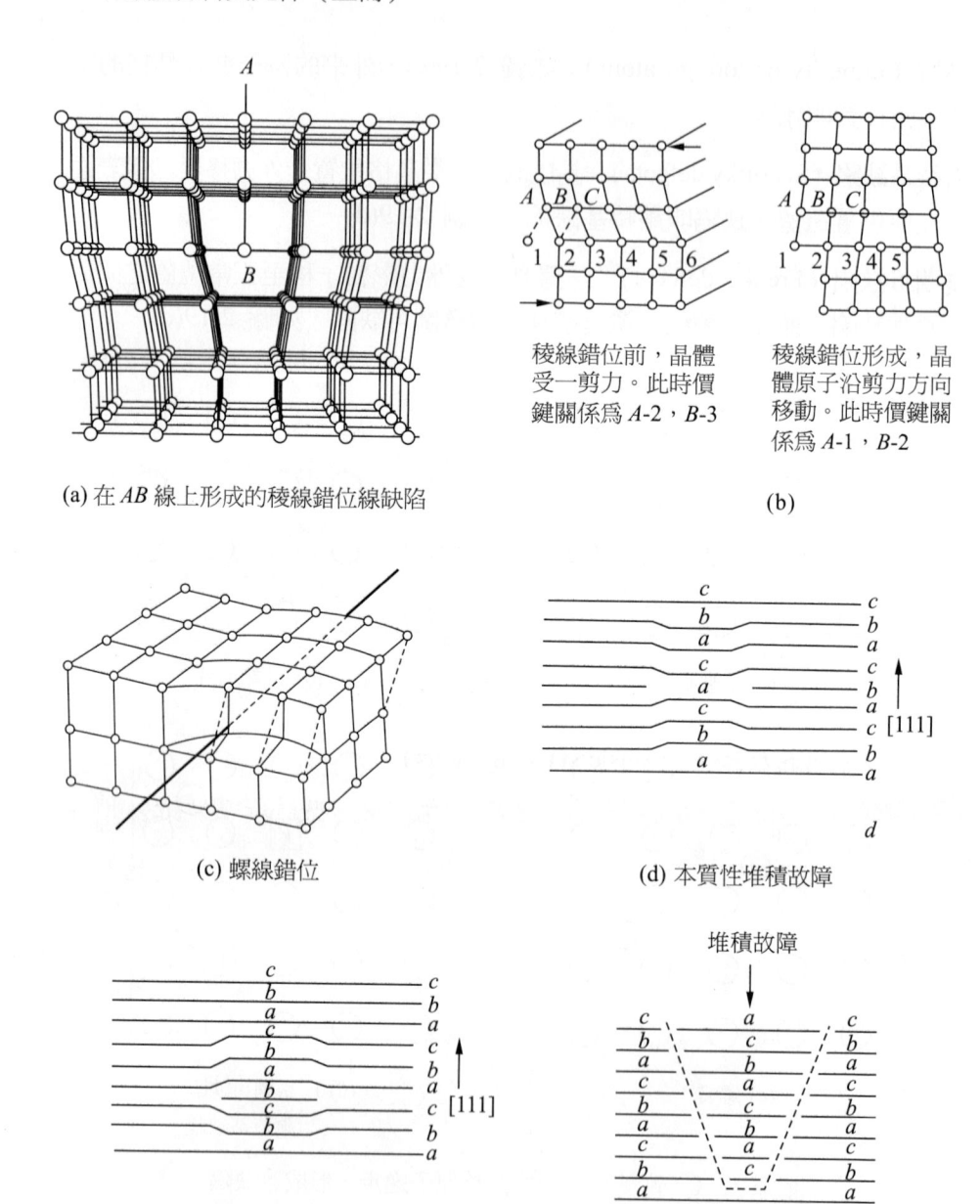

圖 2-20　晶體的線缺陷：稜線錯位，螺線錯位及堆積故障

2. **線缺陷**（Line defects）── 以下簡介三種線性缺陷

稜線錯位（Edge dislocations） 一塊晶體被不均勻的加熱或冷卻，引起局部的膨脹或收縮不一致，在晶體內產生了**剪力**（Shear force）或受外加的機械性剪力，都會使得晶格構造變形，而造成了稜線錯位，如圖 2-20(a) 及 (b)。

圖 2-20(b) 是錯位後晶格的型態，圖中可以發現有一晶體面部分斷落，如一排額外的晶體原子插置其間，是一種最常見的線缺陷。

螺線錯位（Screw dislocations） 晶體塊受到螺旋性的扭力，產生如圖 2-15(c) 的錯位現象。

堆積式故障（Stacking faults） 在晶體層生長時，如相鄰晶體層排列不同，即會產生此類缺陷，最常見於**磊晶生長**（Epitaxial growth）中。

(a)**本質性堆積故障**（Intrinsic stacking faults）

如圖 2-20(d)，晶體生長時，某層原子流失不全，造成了堆積式缺陷。有時晶體內部各層都有原子遺失如圖 2-20(f)，產生了堆積式的故障。

(b)**他質性堆積故障**（Extrinsic stacking faults）

晶體生長時，在異常位置插入一層原子而產生了如圖 2-20(e) 的堆積性缺陷。

3. **面缺陷**（Surface defects）

晶粒邊界（Grain boundary） 如同山脈走向，不同的晶體方向衍合處會產生晶粒邊界。因為在晶體邊界處晶體方向的變動很大，其原子位置移動及價鍵扭曲的結果，必定會在該處產生很多的**錯位**（Dislocations）缺陷，與**馬賽克**（Mosaic）間的接縫相似，請參考圖 2-21。

晶粒邊界處，通常會有很多**受體型**（Acceptor-type）的**陷阱**（Traps）或**施體型**（Donor-type）的陷阱存在。晶粒邊界間平均的距離叫**晶粒大小**（Grain size）d_G。一般**單晶體**（Single crystal）1000Å < d_G < 4000Å；**多晶矽**（Polysilicon）$d_G \ll$ 1000Å；而以**分子束磊晶**（Molecular beam epitaxy; MBE）或 MOCVD（Metallic organic chemical vapor deposition）技術生長的晶體，晶粒遠大於 4000Å，叫**超級晶體**（Super lattice）。表 2-4 是列舉以上各種陷阱的偵測方法。

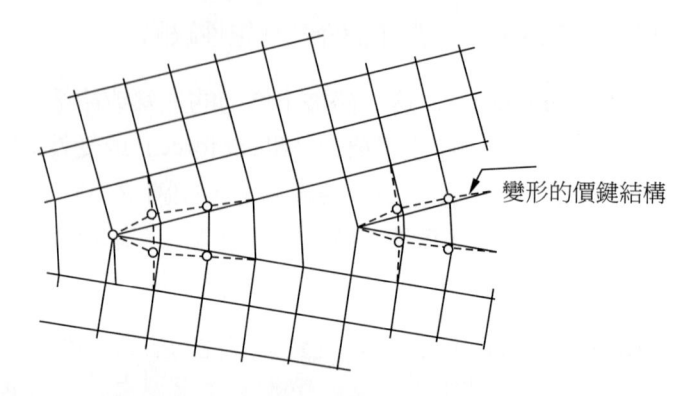

圖 2-21 沿著晶粒邊界的原子位置及價鍵扭曲現象。虛線代表晶格原子受應力擠壓後，形成的原子間結構變化。

表 2-4 晶體缺陷的偵測方法

晶體缺陷	偵測方法
空缺陷	密度測量
間置空缺	電特性測量
外來原子（雜質）	電特性測量，光譜分析
錯位	化學蝕刻，X-射線偵測，電子顯微鏡
堆積故障	化學蝕刻，X-射線偵測，電子顯微鏡
晶粒邊界	化學蝕刻，X-射線偵測，電子顯微鏡
非晶層	電子繞射，原子散射

2-5-2　晶格的匹配與應變

晶圓在製程中常會被加溫或冷卻，各種晶體薄層間因為熱脹冷縮的問題必須嚴予正視。影響脹縮的最關鍵參數是晶格常數 a。在具有 a_0 常數的基板上生長薄層，其晶格常數為 a 的話，晶格不匹配，m，定義為 $m = |a - a_0|/a$，由表 2-2 中可知 GaAs 與 AlAs 的 m 值低於 0.04%，因此，兩者形成之**三元合金半導體**（Ternary alloyed semiconductor） $Al_xGa_{1-x}As$，不論 x 值為何，其晶格匹配情形大多良好，早被業界廣泛應用在近紅外線的發光及檢光的零組件上。

事實上，為了元件設計需求，磊晶層與基板間之 m 值常遠大於 1%，如何使晶格的不匹配，不致於影響元件或材料特性太大，一直是相關業界最主要

(a) $a = a_0$

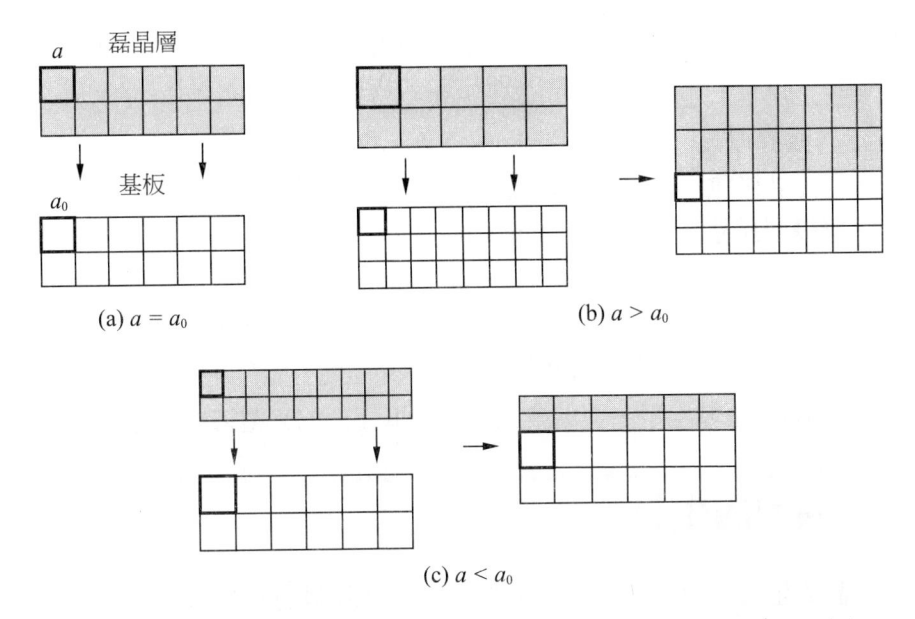

(b) $a > a_0$

(c) $a < a_0$

圖 2-22　磊晶薄層在基板上的幾個不同情況 (a) 晶格匹配生長，(b) 雙軸向壓縮性應變，及 (c) 雙軸向拉伸式應變

的課題。如果 m 值不很大，磊晶層僅會產生內部的應變，不致產生多晶或非晶的缺陷情況[3]。

　　圖 2-22(a) 中即為 $a = a_0$ 的完美晶格匹配情況。圖 2-22(b) 中可見 $a > a_0$ 的情況，因為基板的厚度遠大於磊晶層，磊晶層晶格的彈性會使它在平行於介面的方向產生「**雙軸向壓縮性應變**」(Biaxial compressive strain)；相反地，在圖 2-22(c) 中，$a < a_0$ 時，磊晶層則會產生「**雙軸向伸張性應變**」(Biaxial tensile strain)。

　　上述晶格不匹配的生長情況，其晶格的不匹配完全被晶格的應變所吸收，因此，磊晶層會蓄積應變的能量，蓄積的能量會與磊晶層厚度 d 呈正比。此能量如果因不匹配的 m 值或厚度 d 太大，磊晶儲存的應變能量終會使價鍵破壞而使晶格**鬆弛**（Relaxed），在介面處形成了**網狀的晶格錯置**（Network of dislocations），其情形已如晶體缺陷一節中介紹。一旦在介面附近產生了晶格錯置網，通常它會沿著磊晶生長方向往上蔓延，形成了所謂的「**線脈錯置**」(Threading dislocations)，此種往上蔓延的情況如果惡化，很有可能長

---

[3] 如果 $m = 1\%$，$a = 5\text{Å}$，$h_c \simeq 250\text{Å} = 25$ nm，可見良好的應變型磊晶層厚度通常都非常薄。

成特性不符需求的磊晶層，或者嚴重影響後續薄層的生長特性及品質。

要生長沒有上述線脈錯置的良質應變型磊晶層，其薄層厚度 d 必須小於某一特定的**臨界厚度**（Critical thickness）h_c，即 $d < h_c$；文獻〔10〕記載 $h_c \simeq a/2m$，可見晶格愈不匹配（m 值愈大），或晶格常數愈小，h_c 愈小，表示特性優良的**應變型磊晶層**（Strained epitaxial layer）的生長厚度必須限制得很薄。相反地，如果 $d > h_c$，表示不匹配晶格的晶格介面之應變會獲得釋放，很可能形成高密度的晶格錯置，如果沒有適當措施減少晶格錯置的密度，介面附近產生之缺陷密度會明顯地降低晶體品質，此種介面絕不能存在光電元件的**活動層**（Active layer）區域出現，否則會嚴重地降低元件的光電特性及品質。

2-6　晶體的生長

晶體的生長（Crystal growth）技術是一種基礎而且精密的材料工業。它需要化學工程人員監控各種程序的變化及各種反應進行，也需要機械的冶金技術，在晶體成長的過程中或得到成品後，尚需各種物理特性的測試、材料特性及電的特性分析。所以，要得到品質優良而且特性穩定的晶圓成品，必須藉著各種尖端科技的密集整合，方得以克竟全功。

矽在自然界中是一種很豐富的元素，大約佔 28% 之多。存在於自然界的矽多係以二氧化矽（SiO_2）及其他矽化物出現。本節主要係簡介單晶矽的生長過程，也大概的介紹砷化鎵的單晶生長。

2-6-1　由冶金級矽純化為電子級矽的流程

要製造純度符合工業需求的單晶晶圓，首先要生產純度很高（如表 2-3）的電子級多晶矽（EGS），其大致經過如前所述外，系統流程如圖 2-23 所示。

矽（Si）　首先，先介紹**多晶矽**（Polysilicon）的提煉及純化過程。

目前，被廣泛採取的方式是先得到「**冶金級矽**」（Metallurgical-grade silicon; MGS），它是把碳化矽及二氧化矽固體放入電弧爐中反應生成：

$$SiC_{(固體)} + SiO_{2(固體)} \Rightarrow Si_{(固體)} + SiO_{(氣體)} + CO_{(氣體)} \quad (2\text{-}6)$$

由電弧爐產生的矽純度大約 95～97%。為了提高它的純度，以獲得**電子**

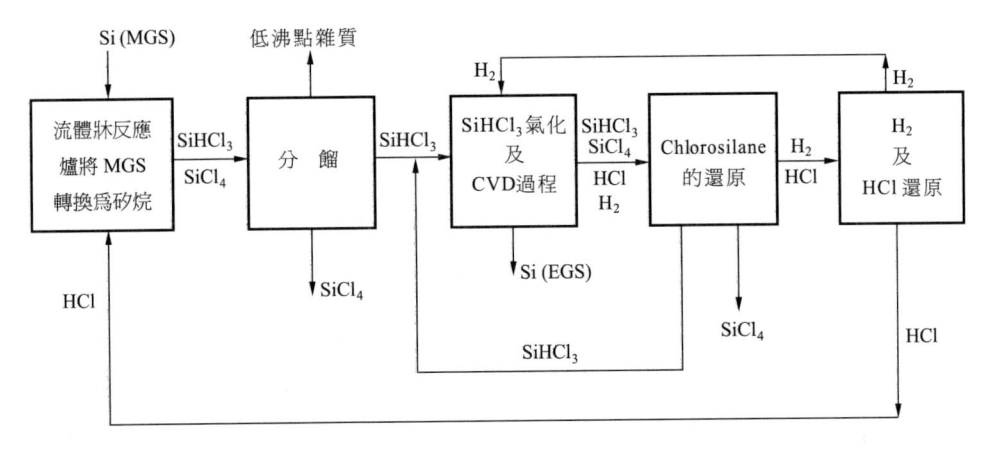

圖 2-23　由 MGS 製成 EGS 的流程及其氣體回收情形

級矽（Electronic-grade silicon; EGS），必須先將（2-6）式生成之固體矽，搗碎後與氯化氫氣體在**反應床**（Reaction bed）進行化學反應，以產生俗稱的矽烷（SiHCl₃）：

$$Si_{(固體)} + 3HCl_{(氣體)} \underset{(\sim 300℃)}{\Longrightarrow} SiHCl_{3(氣體)} + H_{2(氣體)} + (熱) \qquad (2\text{-}7)$$

（2-7）式的反應是在 300℃ 左右進行；除了上述的矽烷及氫氣產生外，並夾雜有四氯化矽（SiCl₄）及其他氯化物產生。在室溫下，矽烷及這些氯化物均呈液態，因此必須更進一步的加以**純化**（Purification）：

$$2\ SiHCl_{3(氣體)} + 2H_{2(氣體)} \underset{CVD}{\overset{(800℃)}{\Longrightarrow}} 2\ Si_{(固體)} + 6\ HCl_{(氣體)} \qquad (2\text{-}8)$$

（2-8）式的反應是在**化學式氣體沉積槽**（Chemical vapor deposition reactor；簡稱 CVD 槽）進行，所得高純度的電子級矽（EGS）是一種多晶材料。

砷化鎵晶體的使用日漸廣泛，諸如快速交換元件、微波元件及各種高效率光電元件中，本節也簡介電子級砷化鎵晶體材料的生產過程。

生產多晶矽的另一方法

工業上生產的 SiH₄，可以做為製造多晶矽的原料，其反應式如下：

$$H_2SiF_6 + H_2SO_4 \Longrightarrow SiF_4 + 2\,HF$$

在 250℃，利用 LiH 可將 SiF$_4$ 還原為 SiH$_4$，如下式

$$4\,LiH + SiF_4 \xrightarrow{250℃} SiH_4 + 4\,LiF$$

在金屬的鐘型罩爐內加溫 SiH$_4$，會分解而產生多晶矽及氫氣

$$SiH_4 \Longrightarrow Si + 2H_2$$

分解產生的 Si 會沉積在晶種或基座上，形成多晶棒或多晶薄層。

必須特別提醒讀者的是 SiH$_4$ 的沸點很低（−111.8℃），在室溫下時已成無色的氣體。它很容易與氧起火燃燒，造成對人員與設備的安全威脅，工作時必須格外小心！

表 2-5　在不同材料內典型的雜質含量（除另有註記外，單位為 ppm）[8]

雜質	石英岩鑛	碳含量	MGS*	EGS†	石英坩堝
Al	620	5500	1570	…	…
B	8	40	44	<1 ppb	…
Cu	<5	14	…	0.4	0.23
Au	…	…	…	0.07 ppb	…
Fe	75	1700	2070	4	5.9
P	10	140	28	<2 ppb	…
Ca	…	…	…	…	…
Cr	…	…	137	1	0.02
Co	…	…	…	0.2	0.01
Mn	…	…	70	0.7	…
Sb	…	…	…	0.001	0.003
Ni	…	…	4	6	0.9
As	…	…	…	0.01	0.005
Ti	…	…	163	…	…
La	…	…	…	1 ppb	…
V	…	…	100	…	…
Mo	…	…	…	1.0	5.1
C	…	…	80	0.6	…
W	…	…	…	0.02	0.048
O	…	…	…	…	…
Na	…	…	…	0.2	3.7

（註）* Metallurgical-grade silicon.（冶金級矽）　　ppm：10^{-6}；ppb：10^{-9}
　　　† Electronic-grade silicon.（電子級矽）

2-6-2 晶棒製成前不純物（雜質）的控制

表 2-5 是在生產晶棒流程中，坩堝、石英、MGS 及 EGS 等不純物（雜質）的典型含量，製程中必須嚴格控制使其含量低於此數，才能產生符合需求的晶圓。

以電子級多晶矽（EGS）為例，最需嚴格控制的雜質為 Au（0.07 ppb）、B（1 ppb）、Sb（1 ppb）、La（1 ppb）、P（2 ppb）。除了 Au 原子在矽晶體內會形成最有效的復合中心（減低載體濃度）外，B 與 P 為製程中被最廣泛採用的摻雜物（Dopants），必須精密控制它們的背景濃度。

砷化鎵（GaAs） 砷化鎵多晶材料係由純砷及鎵元素加溫合成而得。砷化鎵的熔點為 1238°C，如在此溫度進行砷及鎵的化學合成，其化學反應非常猛烈而且不易控制。可採如圖 2-24 的方式進行。

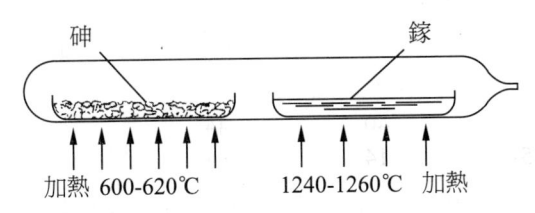

(a) 砷化鎵多晶體的合成（閉管式系統）

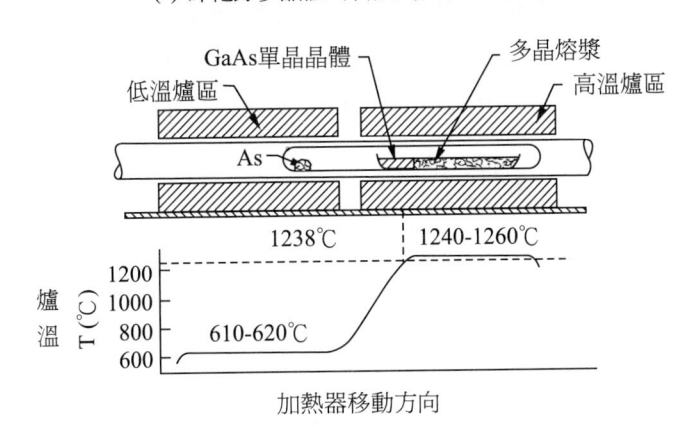

(b) 砷化鎵單晶體的成長系統（布奇曼法）

圖 2-24 砷化鎵晶體的成長

在圖 2-24(a) 中，砷及鎵元素分別置於「**石墨船**」（Graphite boats）上，採用石墨船的原因是因為它與砷化鎵有更相近的熱膨脹係數，成長時可減少很多缺陷。船面尚有塗佈一層碳化矽或氮化硼，以減少砷化鎵對石墨船面的污染。當砷及鎵元素分別裝置於石墨船後，放入封閉的石英管中，將管中氣體抽空後，如圖將砷加熱至 600～620℃，鎵加熱至 1240～1260℃左右，此時砷元素會蒸發成氣體流向呈液態的鎵元素船中，漸漸化學反應而產生砷化鎵多晶體，這種兩段式加溫法，可確保砷化鎵合成物不致產生逆向的分解反應。

砷化鎵單晶體也可以用如圖 2-24(b) 的方式長成。它必須在盛放鎵的石墨船左邊預先置入完美的砷化鎵晶種（Crystal seed），砷化鎵多晶體依照圖 2-24(a) 的方式復合成後，因為高溫（1240～1260℃）加熱而變成熔漿，當石墨船底部的加熱器緩慢往右移動（以 5 微米/秒的速度）時，石墨船左邊的 GaAs 熔漿就漸被冷卻，在此冷卻的過程中，與晶種接觸的多晶熔漿會以單晶晶種的相同方向長成砷化鎵單晶體。

這種水平式的砷化鎵多晶體成長法叫做「布奇曼法」。其砷與鎵複合過程與單晶成長一起完成，比較符合經濟原則。

2-6-3　單晶材料的生長

一般單晶多係由熔融的多晶中緩慢拉伸得到。主要有水平緩降式冷卻的**布奇曼法**（Bridgman method）及直立式的**喬夸爾斯基法**（Czochralski method）兩種；以前砷化鎵的單晶生長多採用布奇曼法，目前則多採用喬夸爾斯基法（簡稱 CZ 法）生長矽及砷化鎵晶體；布奇曼法已如前述簡介，以下介紹 CZ 法生長單晶。

CZ 法生長單晶的設備如圖 2-25 所示。如果以水平船式的生長單晶，矽或砷化鎵熔融液體在船壁會在**冷卻固化的**（Cooling solidification）過程時產生熱應力，以致晶體內部缺陷密度較多。CZ 法則可免除這缺點。

圖 2-25 中，熔融的多晶材料置放在正在加熱中的坩堝內，如果係多晶矽，則採用石英製坩堝；如係生長砷化鎵，則必須採用石墨製坩堝。外圍的加熱設備係電阻式或電感式加熱器。**單晶晶種**（Seed crystal）則選取所需方向及表面完全無缺的單晶塊來使用，它被懸垂在坩堝上方，生長時將晶種放入坩堝中，待其下端熔解後，再往上緩慢拉伸（大約是 10 微米/秒），因為在液體-

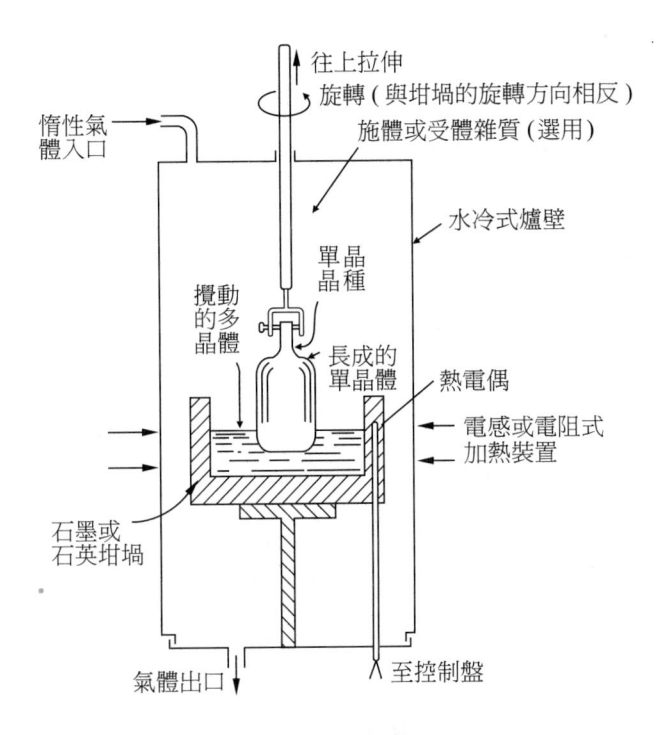

圖 2-25 直立式的單晶成長爐（喬夸爾斯基法；簡稱 CZ 法）；以此法拉晶生長矽或砷化鎵單晶體的典型拉伸率約 10 微米/秒

固體介面受到冷卻的效果，會析出與晶種同樣結構的單晶來。於往上拉伸的同時，也快速的旋轉整個晶棒，如此不但可以減少柱面間的溫度變化以使各處冷卻均勻，也可使整個晶棒的外形接近圓柱形體。

在成長過程中，**冷卻率**（Cooling rate）直接影響著晶體缺陷密度的高低，而它與晶棒的**拉伸率**（Pull rate）及直徑有關。最佳的拉伸率是使它與單晶的線成長率相等。CZ 法的拉伸率與晶棒有如圖 2-26 的關係，為了防止晶棒再次熔入液體中，拉伸率不可太小，圖中可知拉伸率與晶棒直徑呈反比的變化，即要獲得較大直徑的晶棒，拉伸率要小，但也有它的最低限值，以防止長成的單晶棒再度熔解於坩堝中。

假設 H_i 為系統的熱量輸入率，而 H_0 為系統的熱量損失率，則 $(H_i - H_0)$ 可解釋為晶體成長時所需的**潛熱**（Latent heat）L。如 ρ 及 A 分別代表單晶棒的密度及截面積，其**熱量平衡方程式**（Heat-balance equation）可寫為

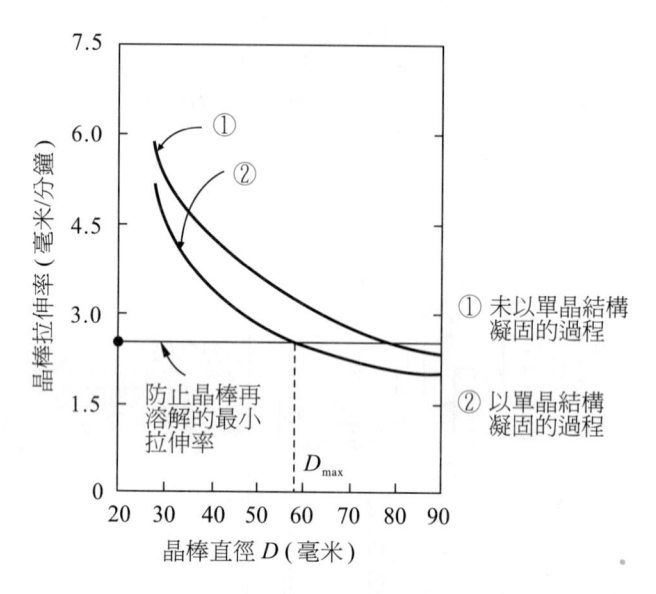

圖 2-26　CZ 法生長矽單晶體時，晶棒拉伸率與晶棒直徑的關係

圖中標示：
① 未以單晶結構凝固的過程
② 以單晶結構凝固的過程
防止晶棒再溶解的最小拉伸率
D_{max}
縱軸：晶棒拉伸率（毫米/分鐘）
橫軸：晶棒直徑 D（毫米）

$$H_i - H_0 = AL\rho \frac{dx}{dt} \tag{2-9}$$

此處 $\frac{dx}{dt}$ 代表晶棒的拉伸率。由 (2-9) 式可知晶棒直徑的大小（即截面積 A），可由拉伸率及熱量輸入率的調整加以控制。一般整個系統的溫度變化均受到精確的控制，其誤差低於 ±0.5℃ 的範圍。

整個生長過程都在封閉的環境下進行；一般都將封閉室抽成真空或充入氬或氦等惰性氣體，兩者均可使封閉室內沒有氧氣存在，如此可防止高熱的石墨配件受到氧氣的侵蝕在單晶矽中變成非晶或晶體缺陷，這是必須注意到的地方。

在生長砷化鎵時，為了防止砷元素由熔解液中蒸發外逸，可在熔漿中加 B_2O_3 於表面形成液體膜，此覆蓋膜密度極高，可防止砷元素的蒸發外逸，這種生長法叫做**液體覆蓋式的 CZ 法生長**（Liquid-encapsulated CZ growth; LEC）。

單晶晶棒長成後，經如圖 2-27(a) 的杯形鑽石砂輪磨光，磨成所需直徑大小再經環式的鑽石刀（圖 2-27(b)）切成圓片，叫做**晶圓**（wafer）。為了易於辨認這些晶圓的晶體結構，通常在切片前，將晶棒部分柱面加以裁平，裁得較長

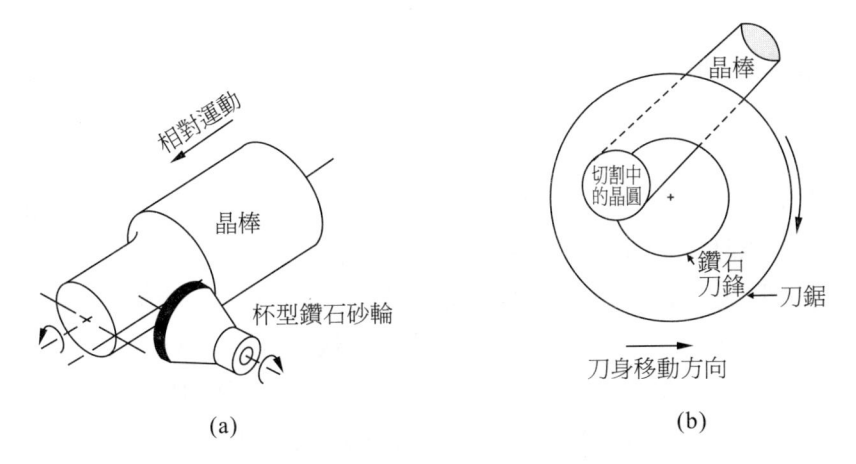

圖 2-27　單晶晶棒的 (a) 柱面磨光；(b) 晶圓切割

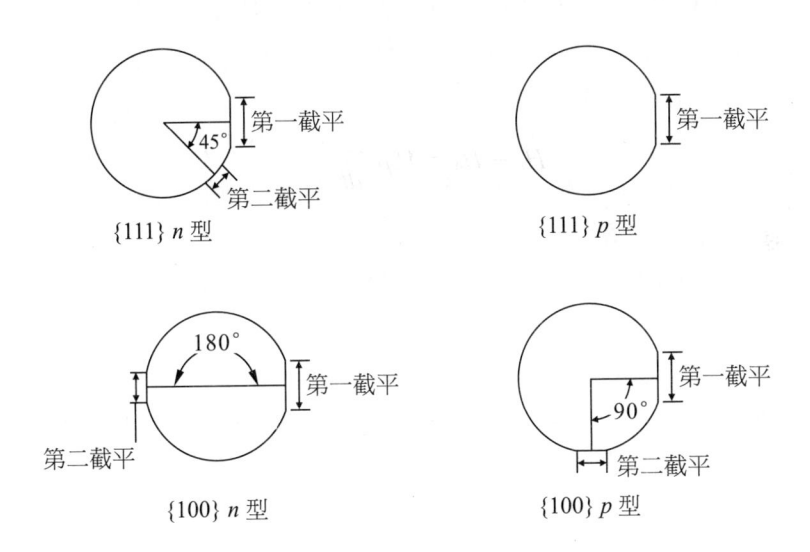

圖 2-28　{111} 及 {100} 晶圓的辨識

者叫「**第一截平**」(Primary flat)，裁得較短者叫「**第二截平**」(Secondary flat)，利用它可以很容易辨識晶圓的種類及晶體方向，如圖 2-28 所示。

　　晶圓切好後，尚需經過兩面**磨平** (Lapping)，並用化學蝕刻法消除表面的污染及傷害，再經**拋光** (Polishing) 後，即成晶圓成品。

2-6-4　磊晶生長

磊晶薄層（Epitaxial layer）在現今的電子元件中應用至廣，雖然本書以材料特性及元件的原理為介紹主題，本節中仍以提綱挈領的方式介紹它的重要性。

通常電子元件並非直接在晶圓上製造。為了提高元件的工作特性，電子元件一般是在以晶圓為基板的磊晶層上製成。磊晶層厚約 10～20 微米（VLSI 內的磊晶層則更薄），視元件的需要及結構的複雜性而定。簡單如太陽電池或電晶體，磊晶層數一般低於三，但如「**垂直諧振腔雷射**」（VCSEL）其磊晶總層數可能近百，複雜性及困難度自然較高。磊晶層間介面的品質是否良好，與兩層的晶格匹配有密切關係，已於「晶體缺陷」壹節中介紹。

磊晶層的生長主要分為物理方式，如 PVD（Physical vapor deposition）及化學方式，如 CVD（Chemical vapor deposition）兩大類，在製造技術方面的專書均有提及；如**濺鍍**（Sputtering）、**蒸鍍**（Evaporation）及**分子束磊晶**（Molecular beam epitary; MBE）的物理方式，磊晶原子的沉積或**固化**（Condensation）過程中，沒有化學成分的改變。化學蒸氣沈積（CVD）在反應槽中，會有氣相的化學變化，然後在基板上沉積凝固，形成與基板相同或相似的晶格，甚至形成具有更高品質的薄層。

以下介紹目前工業上用途最廣的 MOCVD（Metallic-organic CVD）技術（參考圖 2-29）。

在 MOCVD 的系統圖中，有 TMGa（Trimethyl gallium）及 TMAl（Trimethyl aluminum）兩種金屬有機化合物源。其中純化的氫氣（H_2）是用來推動（或攜帶）反應氣體在反應槽中行進；攜帶氣體（H_2）首先把反應物（如 TMGa、TMAl 或 DeZn）引入反應槽，基板則係固定在石墨的基座上，此石墨基座被射頻加熱器加熱到最佳的晶體成長溫度，反應物間的最後生成物會沉積在加熱的基板上面，並逐漸成核固化為高品質磊晶結構，以生長 GaAs 磊晶層為例，其基本反應為

$$\text{Ga}(CH_3)_{3(\ell)} + AsH_{3(g)} + H_{2(g)} \rightarrow GaAs_{(s)} + 3\,CH_{4(g)} + H_{2(g)}$$
$$(\text{TMGa})$$

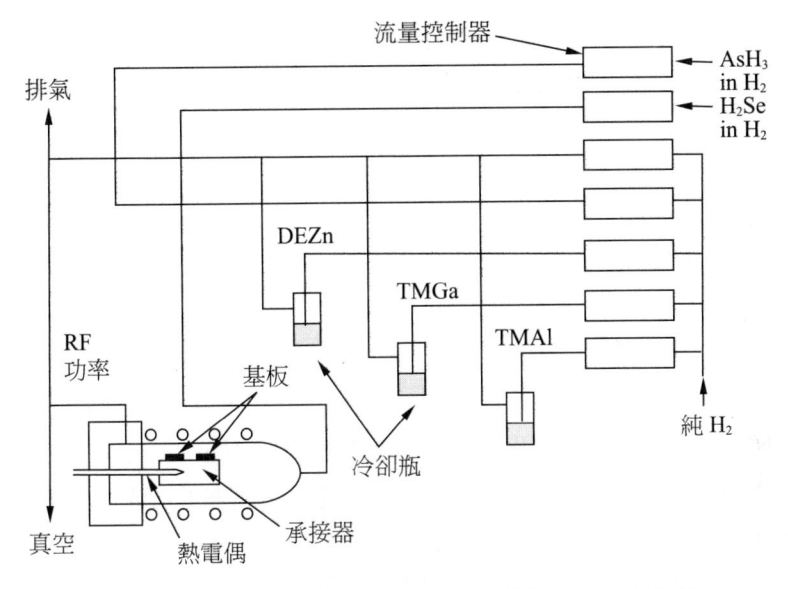

圖 2-29　具有水平式反應槽的 MOCVD 系統示意圖

在 MOCVD 系統中，化學反應的過程及儀器必須慎重選擇，部分反應物具有爆炸或毒性（如 AsH₃），因此，輸送系統必須精密防漏，很多是設計在負壓系統下工作，如果一旦洩漏發生，氣體不致於往系統外逃逸。因為反應物的純度日漸提高，MOCVD 反應生成物的純度日益改善，MOCVD 已被應用在生長超薄（如超級晶格）的磊晶層，或著能準確控制摻雜濃度的突立接面之製成。因為它可以大面積式或選擇性的生長磊晶，在高品質的磊晶元件製造上，扮演著非常重要的角色。

2-7　固體的結合力

固體的內聚力主要是因為電子與正離子相互的庫倫吸引力構成，磁力影響不大而原子間的重力吸引力可以忽略不計。它主要有**范得爾瓦**（Van Der Waals）分子力、**離子鍵力**（Ionic bonding force）、**金屬鍵**（Metallic bonding force）、**共價鍵力**（Covalent bonding force），及這些力的**混合價鍵力**（Mixed bonding force）。

大部分的惰性氣體在極低溫固化後，因為外圍的電子完全佔滿了電子軌

道，分子間的吸引力主要是由內部感應的**電偶極**（Induced dipoles）間的相互作用所提供，即一般所謂的范得爾瓦力為主要的內聚力。

所謂的離子鍵力可以利用氯化鈉（NaCl）晶體來說明；Na 原子的電子組態為 $Na^{11} = [Ne]^{10}3s^1$，Cl 的電子組態為 $Cl^{17} = [Ne]^{10}3s^23p^5$，因為 Na 原子的 $3s^1$ 價電子很容易被游離變成鈉離子 Na+，而 Cl 原子 3p 層很容易接受一個電子變成氯離子 Cl^-，整個氯化鈉晶體主要即是由此正負離子的吸引力凝聚而成，叫作離子鍵力，如圖 2-30(a) 所示。

本章中所介紹的鑽石結構的晶體如矽、鍺及石墨等或者是氫（H_2）原子間的價鍵均係共價鍵力；以矽晶體為例 $Si^{14} = [Ne]^{10}3s^23p^2$，每一矽原子有四個價電子，分別與其最相近的四個矽原子形成共價鍵，這種價鍵力主要是起源於共價鍵內的電子所生的量子作用；每一個共價鍵由兩個電子組成，其中一個**自旋向上**（Spin up），另外一個則**自旋向下**（Spin down），在共價鍵中之電子已不能辨認出是隸屬哪一個原子，而共屬於共價鍵，因此這種晶體係由中性原子形成的價鍵力所凝聚而成，如圖 2-30(b) 所示。

前面所介紹的 Na 原子，其電子組態為 $[Ne]^{10}3s^1$，因為 $3s^1$ 的價電子被原子核鬆弛的束縛著，因此很容易被游離成為導電電子構成所謂的「**電子海**」（Electron sea），Na+ 離子與附近的自由電子相互吸引內聚而成金屬鍵結構；這些離子間距離較大，導電電子的動能也很小，所以其束縛能不大，如圖 2-30(c) 所示。

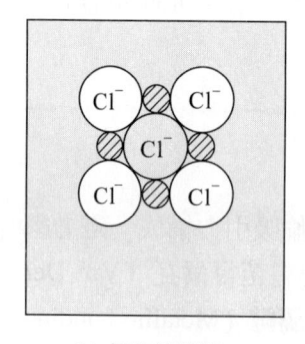

(a) 氯化鈉晶體
　　（離子鍵）

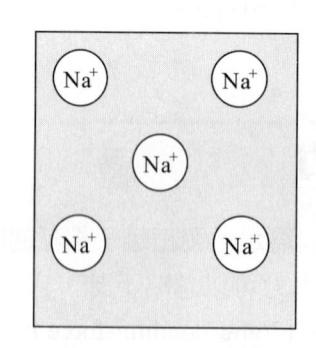

(b) 鈉金屬（金屬鍵）

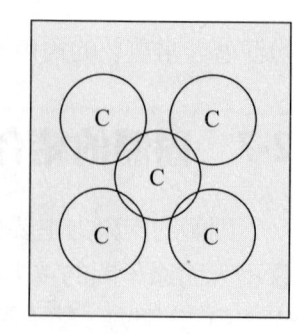

(c) 鑽石（共價鍵）

圖 2-30　幾個主要的晶體結合型式

其他如砷化鎵、硫化鎘等晶體，其原子排列與鑽石結構的晶體相同，因此有共價鍵力，但因為正離子（Ga^{+3}、Cd^{+6}）與負離子（As^{-5}，S^{-2}）間也有離子鍵力，是一種**混合型式的價鍵力**（Mixed bonding force）；一般Ⅱ-Ⅵ族化合物半導體（如硫化鎘晶體）比 Ⅲ-Ⅴ 族的化合物半導體（如砷化鎵晶體）更具有離子鍵的特性，這是因為 Ⅲ 價及 Ⅴ 價的原子具有與 ⅠⅤ 價原子（共價鍵）相近的特性，因此共價鍵特性較顯著。而 Ⅱ-Ⅵ 族化合物半導體會呈現較為明顯的離子鍵特性。

結 論

本章只介紹了半導體中常見的晶體結構，至於特殊結構的晶體組織，讀者可參考固態物理方面的專書，在**晶體學**（Crystallography）的範疇內也有詳細的闡述。此外，對於晶體缺陷、磊晶薄膜及晶體成長方法也作了扼要而深入的描述。

習 題

1. 何謂晶格、基體？它們如何組成晶體？
2. 何謂鑽石結構？如何方可明顯的看出它係由兩個交叉的面心立方所組成？如果以（100）面為底面，試分別標出此結構內各晶體原子距離底面的高度。
3. 試分別繪出下列晶體面：
   （200），（111），（$\bar{1}$00），（234）
4. (a) 鑽石結構的矽晶體中，某矽原子與其最鄰近的矽原子相距多遠？它有多少個最鄰近的矽原子？
   (b) 在上述結構中，於（100）、（110）及（111）各晶體面上，每平方公分各有多少個矽原子？
5. 晶體的堆積比（Packing fraction）定義為

$$堆積比 \equiv \frac{晶元內原子可以最大硬球取代所佔有的總體積}{單位晶元的體積}$$

試求下列晶體結構的堆積比：
(a) 鑽石結構　　(b) 面心立方　　(c) 體心立方
6. 證明面心立方晶格的反晶格為體心立方晶格。
7. (a) 如何構成反晶格的布里路因晶格區？此晶格區對於載體的動量或能量觀察有何貢獻？
   (b) 如何證明載體在反晶格內活動的週期性？
8. (a) 何謂晶體的動態性缺陷、靜態性缺陷？
   (b) 詳細繪圖說明晶體內稜線錯位形成前、後的情形，並說明它形成的原因。
   (c) 何謂晶粒邊界？晶粒大小？一般如何據以區別晶體為非晶或單晶？
9. 繪出由矽化物提煉成多晶矽的流程圖，扼要說明之。
10. 單晶晶體比多晶晶體有哪些優點？試列舉分述之。
11. 在多晶矽以 CZ 法拉成單晶矽的過程中，必須注意哪些要點？晶棒直徑與晶棒拉伸率有何關係？何謂最小拉伸率？試繪圖說明之。
12. CZ 法拉晶比布奇曼水平式晶體生長法有哪些優點？
13. 半導體材料中，價鍵大都係以共價鍵及混合的價鍵力所構成；在化合物半導體（如 GaAs、CdS）中，如何研判它較具離子鍵力或共價鍵力？
14. 扼要解釋下列名詞：
    (a) 堆積式故障　　　　　　(b) 初始晶元與一般晶元
    (c) 密勒指數　　　　　　　(d) 魏格能-謝茲晶元
    (e) RLV　　　　　　　　　(f) EGS
    (g) 基體向量

參考資料

1. C. Kittel, Introduction to solid state physics, 5th edi., John wiley & Sons, Inc., New York, 1976.
2. S. M. Sze, Physics of Semiconductor Devices, 2nd edi., John Wiley & Sons, Inc., New York, 1981.
3. 余合興，光電子學，中央圖書出版社，三版，1985.

4. Streetman, Solid state Electronic Devices, 2nd edi., Prentice-Hall, Inc., Englewood Cliffs, N. J. 1979.
5. Roya A. Colclaser, Materials and Devices for Electrical Engineers and Physicists, McGraw Hill, Inc., 1985.
6. Shyh Wang, Solid state Electronics.
7. W. R. Runyan. Silicon Semiconductor Techndogy, McGraw-Hill Book. Company, New York, 1965.
8. S. M. Sze. VLSI Technology, McGraw-Hill Book Company, New York, 1983.
9. Ghandhi, VLSI Fabrication principles, 1982.
10. P. Bhattacharya, Semiconductor Optoelectronic Devices, 2nd edition, Prentice Hall Inc., New Jersey, 1997.

3 晶格振動
CHAPTER

單原子晶格的振動
    振動方程式與離散關係
    音聲子
雙原子晶格的振動
    振動方程式與離散關係
    光聲子
聲子的能量與動量
    聲子的能量
    聲子的動量
餘光吸收
結　論
習　題
參考資料

假如不是在絕對零度（0 °K）的情況下，在固體裡的原子會作三度空間的振動。晶體內的原子振動，可以用波的方式來描述，而晶體的熱特性跟這些晶格原子的振動有非常密切的關係；如果晶體受到一外加電場的作用，電子會在晶格間飄移，這些電子的運動也會與晶格振動波散射而改變運動時的狀況。

很幸運的是很多晶格振動的特性都可以用一度空間的晶格振動來解釋，尤其可喜的是可以用古典力學的方式來處理這些晶格振動，因為所獲結論與量子力學的結果相同。圖 3-1 是晶格的原子受到晶體**位能井**（Potential well）的限制，在位能井中間振動的示意圖。

按照波動-質點的對偶性，任何物質波都有它的量子對應。如在黑體輻射腔內的電磁輻射，其對應的質點叫光子，而晶格原子的振動波，其對應質點叫「**聲子**」（Phonon）[1]，其他質點與聲子交互作用時交換的能量，應該是聲子能量的整數倍；有關聲子的深入介紹將在本章後段為之。

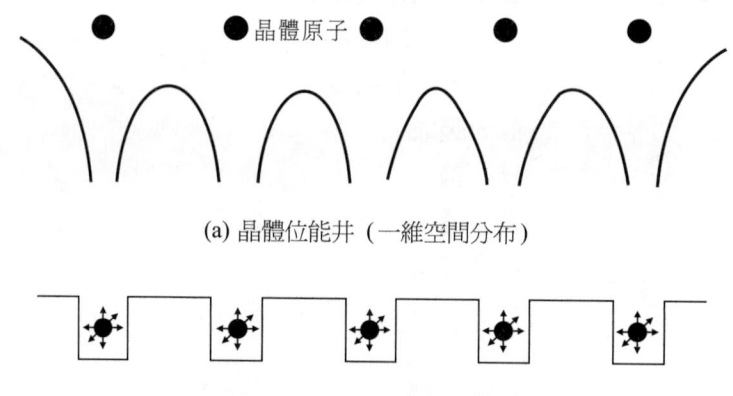

(a) 晶體位能井（一維空間分布）

(b) 晶體原子在方形位能井的振動
（方形位能井是圖 (a) 中位能井分布的近似假設）

圖 3-1　晶體原子的振動（一維分析）

---

[1] 聲子可細分為兩大類，第一類叫作「音聲子」（Acoustic phonons），第二類稱為「光聲子」（Optical phonons）。這兩大類的聲子特性及其產生的情形都在本章中有相當詳盡的介紹。

3-1 單原子晶格的振動

本節要討論一維空間的單原子晶格之振動情形。所謂單原子晶格乃是指**初始晶元**（Primitive cell）內只包含單一原子而言。我們希望利用簡捷的古典力學方式來了解晶格振動波頻率與波數之間的關係；當某一波動在晶體方向 [100]、[110] 或 [111] 方向傳播時，全部的晶體原子所形成的面，均會與波動向量（Wave vector $\vec{K}$）呈垂直或平行的移動，假如 u_n 是代表晶體面 n 離開其平衡位置的位移，則整個晶格的振動乃是一維空間的運動。

3-1-1 振動方程式與離散關係

晶格振動時的位移（u_n）如果與波動向量 $\vec{K}$ 同方向，叫做**縱向的振動**（Longitudinal vibration）；如果振動方向與波動向量 $\vec{K}$ 垂直，叫做**橫向的振動**（Transverse vibration），請參考圖 3-2。

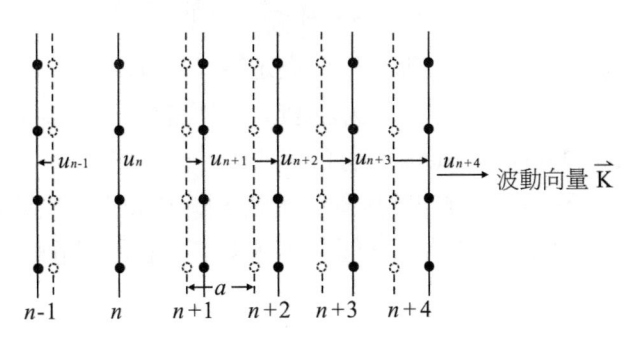

(a) 縱向晶格振動

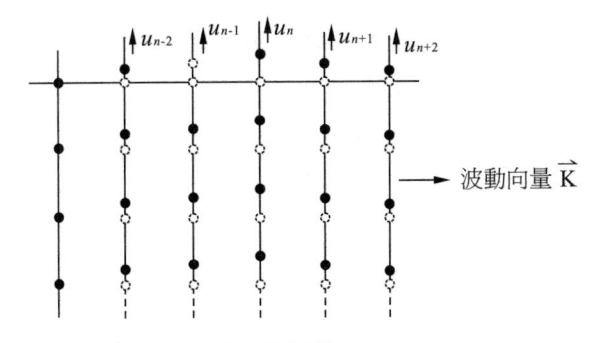

(b) 橫向晶格振動

圖 3-2　晶格振動（虛線表示晶體原子面的平衡位置；實線表示晶格振動時的位置。u_{n+1} 代表第 $(n+1)$ 晶體原子面的位移大小）

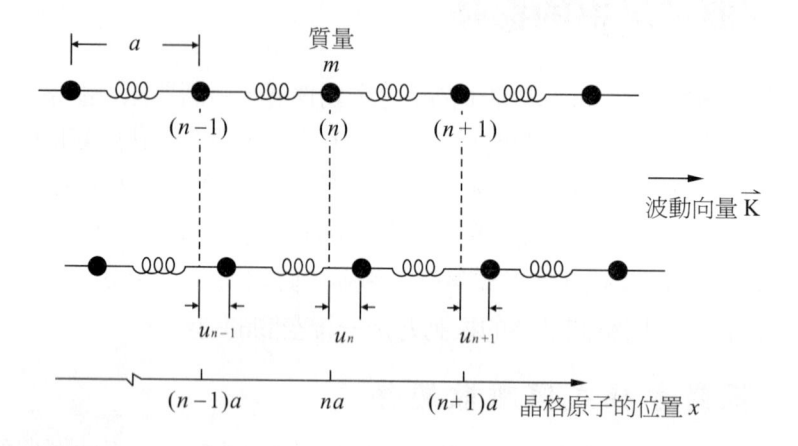

圖 3-3　單原子晶格振動的一維分析（彈簧代表晶格原子呈
　　　　簡諧振動，其力常數為 β）

物理上處理原子的振動，大都將它比擬為簡諧式的振動；換言之，原子以其平衡位置為中點的簡諧式振動可以**虎克定律**（Hooke's law）來描述。縱向與橫向的晶格振動都可以以此定律為出發點加以探討，只是縱向與橫向的晶格原子間**力常數**（Force constant）並不相同。

圖 3-3 是圖 3-2 的一維空間振動簡化圖，圖中原子間以彈簧相連是表示原子呈簡諧振動。假設參考的第 n 個原子僅與其左右最相近的原子有相互作用，則作用於此原子的力，可寫為：

$$F_n = m\frac{d^2 u_n}{dt^2}$$
$$= -\beta(u_n - u_{n+1}) - \beta(u_n - u_{n-1})$$
$$= -\beta(2u_n - u_{n+1} - u_{n-1}) \tag{3-1}$$

上式中，β 代表各原子間相互作用的力常數，m 為晶體原子的質量，而 u_n 則代表第 n 個原子距離平衡點的位移大小。

(3-1) 式二階微分方程式的解為下列型式：

$$u_n = ue^{i(Kx - \omega t)} \tag{3-2a}$$

上述位移函數唯有在晶格原子的位置（即 $x = na$）才有實際的意義。因此可改

寫為

$$u_n = ue^{i(nKa - \omega t)} \qquad \text{(3-2b)}$$

（3-2）式中 K 為波動向量大小，a 為晶格平面間的距離，而 u 為晶格振動波的振幅。（3-2）式代入（3-1）式後可得

$$m\omega^2 = -2\beta(\cos Ka - 1) \qquad \text{(3-3a)}$$

即

$$\omega = 2\left(\frac{\beta}{m}\right)^{1/2}\left|\sin\left(\frac{Ka}{2}\right)\right| \quad (\text{取正值}) \qquad \text{(3-3b)}$$

$$\equiv \omega_m \left|\sin\left(\frac{Ka}{2}\right)\right| \; ; \; \text{此處 } \omega_m \triangleq 2\left(\frac{\beta}{m}\right)^{1/2}$$

（3-3b）式中，ω 代表晶格呈簡諧振動時的頻率，ω_m 則代表晶格振動時所可能出現頻率的最大值。

（3-3b）式表明一維晶格振動時頻率（ω）與波動向量 K 間的關係，叫「**離散關係**」(Dispersion relation)，於圖 3-4 中所示。

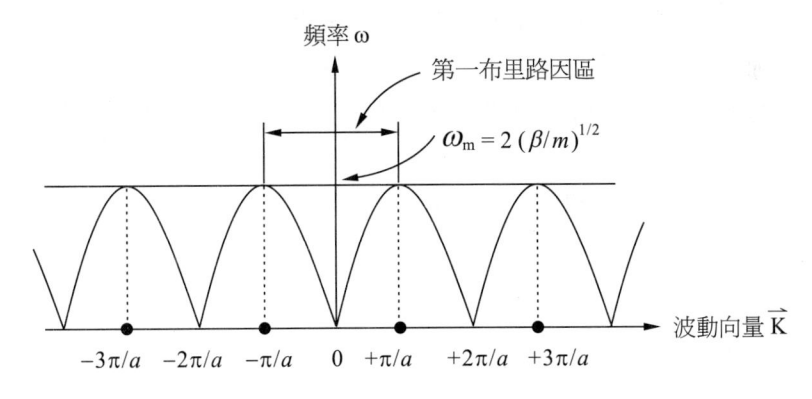

圖 3-4 一維晶格振動的頻率與波動向量間之的關係

假如比較第 $(n+1)$ 與第 n 相鄰平面的位移，可得

$$\frac{u_{n+1}}{u_n} = e^{iKa} \qquad \text{(3-4)}$$

因此 Ka 的值從 $-\pi$ 到 $+\pi$ 可以涵蓋整個指數函數的變化，亦即

$$\frac{-\pi}{a} \le K \le +\frac{\pi}{a} \tag{3-5}$$

上述 K 值的範圍即是在**第一布里路因區**（First Brillouin Zone）的範圍內變化，任何在第一布里路因區外的 K 值及其晶格運動都可以在此第一晶格區重製！換言之，如果 K 值超過（3-5）範圍，K 值可經減去（$2\pi n/a$）後出現在第一晶格區。以式子表示為

$$\begin{aligned}\frac{u_{n+1}}{u_n} &= e^{iKa}\\ &\equiv e^{i2\pi n}e^{i(Ka-2\pi n)}\\ &= e^{iK'a}\end{aligned} \tag{3-6}$$

此處 $K' \triangleq K - \dfrac{2\pi n}{a}$；$n =$ 整數。

由（3-6）式知，晶格振動一定可以用第一晶格區的波動向量（Wave vector K'）來描述，這是一個很重要的結論。

假如不考慮時間因素的變化，在第一布里路因區的**邊界**（Zone boundary），其位移大小為

$$u_n = ue^{inKa}\bigg|_{K=\pm\frac{\pi}{a}} = ue^{\pm in\pi}$$

於晶區邊界 $e^{\pm in\pi} = \pm 1$，究竟是 $+1$ 或 -1，端視 n 是偶數或奇數而定。上述表示相鄰兩原子在邊界處的振動波，其相位正好相反！

由基本定義，振動波的群速度 v_g 為

$$v_g \equiv \frac{\partial \omega}{\partial K} \tag{3-7}$$

（3-3）式代入（3-7）式微分後，可得

$$v_g = \left(\frac{\beta}{m}\right)^{1/2} a \cos\left(\frac{Ka}{2}\right) \tag{3-8}$$

於第一晶格區的邊界處（$K = \pm\dfrac{\pi}{a}$），v_g 值為

$$v_g = \left(\frac{\beta}{m}\right)^{1/2} a \cos\left(\pm\frac{\pi}{2}\right) = 0$$

可見晶格振動波是在晶格區內呈駐波式的振動傳播。

3-1-2 音聲子

其次我們要觀察另外一個重要的現象,看看當振動波波長很長時,頻率 ω 與波動向量 K 有何關係,波長很長即代表 K 值很小,亦即 $Ka \ll 1$ 時,(3-3) 式變成

$$\omega = \omega_m \sin\left(\frac{Ka}{2}\right)$$

$$\simeq \omega_m \left(\frac{Ka}{2}\right)$$

$$= 2\left(\frac{\beta}{m}\right)^{1/2}\left(\frac{Ka}{2}\right) = \left(\frac{\beta}{m}\right)^{1/2} aK \qquad (3\text{-}9)$$

$$\equiv v_s K \qquad 此處\ v_s \triangleq \left(\frac{\beta}{m}\right)^{1/2} a$$

(3-9) 式中,ω 與 K 呈現出線性的關係,這種關係與一般**彈性波**(Elastic wave)在連續能譜時的特性相同;當 K 值很小時,由 (3-9) 式亦知,振動波的群速度與相速度($v_p \equiv \omega/K$)均等於 v_s。一般 v_s 值近於聲波,因此,這種晶格振動波的對應質點乃被稱為「**音聲子**」(Acoustical phonon),請參考圖 3-5。

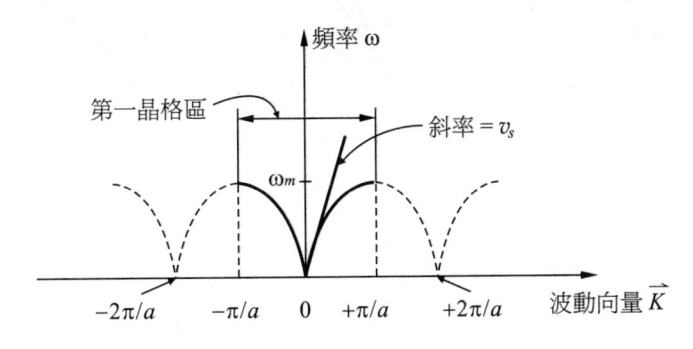

圖 3-5 單原子晶格振動分析(此振動波之群速度即是「音聲子」的速度)

例 3-1

如果晶格振動平面間距 $a \simeq 3\text{Å}$,$(\beta/m) \simeq 1.11 \times 10^{25} H_z^2$,試求此晶格振動可能出現的最大頻率及波動向量很小時的傳播速度。

解 (1) 最大頻率 $\omega_m = 2\left(\dfrac{\beta}{m}\right)^{1/2} = 2 \times (1.11 \times 10^{25})^{1/2} = 6 \times 10^{12}$ 赫

(2) $Ka \ll 1$ 時，振動波的速度為

$$v_s = v_g$$
$$\simeq a\left(\dfrac{\beta}{m}\right)^{1/2}$$
$$= 3 \times 10^{-8} \times (1.11 \times 10^{25})^{1/2}$$
$$\simeq 10^5 \text{ 公分／秒} \simeq 10^3 \text{ 米／秒}$$

由例 (3-1) 知，此一晶格振動波的傳播速度接近於音速，但其振動頻率 ω 卻在紅外線的範圍（$\simeq 10^{12}$ Hz）。

圖 3-6(a)、(b) 及 (c) 分別顯示石墨 C，鈉（Na）及鉛（Pb）三種晶體的晶格振動之「離散關係」；圖中之 L 代表縱向振動，T 則代表橫向振動的結果。

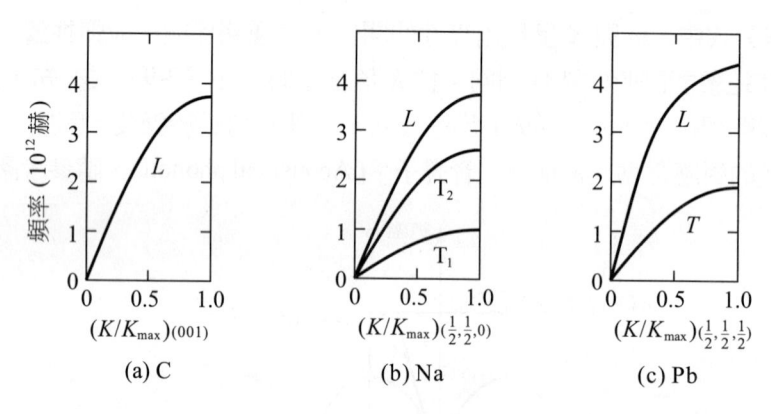

圖 3-6 各種晶體作一維振動的離散關係，K_{max} 為一晶格區邊界上的 K 值大小（L：縱向振動。T：橫向振動）

3-2 雙原子晶格的振動

晶格內的初始晶元如果包含有一個以上的原子時，晶格振動的情形即與單原子晶格有顯著的不同。如氯化鈉（食鹽）及鑽石的晶體結構，每個初始晶元包含有兩個原子，從其「離散關係」可觀察出它不但有單原子晶格的「**音支**

第三章 晶格振動 93

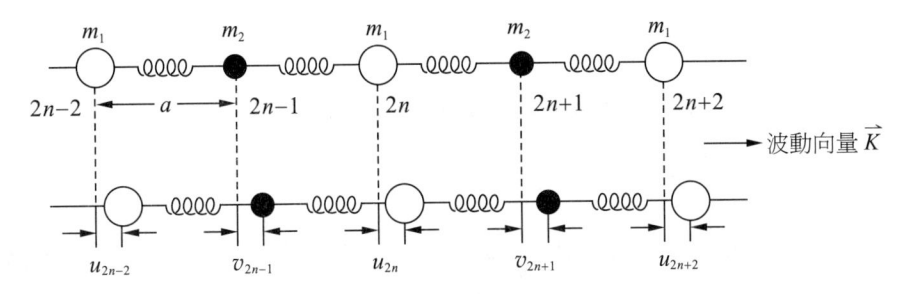

圖 3-7 雙原子晶格振動的一維分析

系」(Acoustical branch)，另外還有所謂的「光支系」(Optical branch) 分布。本節將深入的探討雙原子晶格的振動情形。

3-2-1 振動方程式與離散關係

請參考圖 3-7，假設雙原子的質量分為 m_1 及 m_2，晶格振動時對其平衡位置的位移分別為 u 及 v，第 n 組雙原子的振動方程式可表示為

$$\begin{cases} m_1 \dfrac{d^2 u_{2n}}{dt^2} = \beta (v_{2n+1} + v_{2n-1} - 2u_{2n}) & \text{(3-10a)} \\ m_2 \dfrac{d^2 v_{2n+1}}{dt^2} = \beta (u_{2n+2} + u_{2n} - 2v_{2n+1}) & \text{(3-10b)} \end{cases}$$

與前節相同，u_{2n} 及 v_{2n+1} 有下列型式的解

$$\begin{aligned} u_{2n} &= u e^{i(Kx - \omega t)} \Big|_{x=2na} \\ v_{2n+1} &= v e^{i(Kx - \omega t)} \Big|_{x=(2n+1)a} \end{aligned} \qquad \text{(3-11)}$$

(3-11) 式代入 (3-10) 式後，可得

$$\begin{cases} -\omega^2 m_1 u = \beta v (e^{iKa} + e^{-iKa}) - 2\beta u & \text{(3-12a)} \\ -\omega^2 m_2 v = \beta u (e^{iKa} + e^{-iKa}) - 2\beta v & \text{(3-12b)} \end{cases}$$

(3-12) 式如有唯一解，必須令

$$\begin{vmatrix} 2\beta - m_1 \omega^2 & -2\beta \cos Ka \\ -2\beta \cos Ka & 2\beta - m_2 \omega^2 \end{vmatrix} = 0 \qquad \text{(3-13)}$$

即

$$m_1 m_2 \omega^4 - 2\beta(m_1 + m_2)\omega^2 + 4\beta^2(1 - \cos^2 Ka) = 0 \tag{3-14}$$

其解為

$$\omega_+^2 = \beta\left(\frac{1}{m_1} + \frac{1}{m_2}\right) + \beta\left[\left(\frac{1}{m_1} + \frac{1}{m_2}\right)^2 - \frac{4\sin^2 Ka}{m_1 m_2}\right]^{1/2} \tag{3-15a}$$

或

$$\omega_-^2 = \beta\left(\frac{1}{m_1} + \frac{1}{m_2}\right) - \beta\left[\left(\frac{1}{m_1} + \frac{1}{m_2}\right)^2 - \frac{4\sin^2 Ka}{m_1 m_2}\right]^{1/2} \tag{3-15b}$$

與 3-1 節相同的原理，可允許出現的波動向量邊界值 K 為

$$K = \frac{n\pi}{Na} \tag{3-16}$$

上式中，$N \equiv$ 初始晶元內的原子個數；$n = 0, \pm 1, \pm 2, \cdots$。因此，雙原子晶格（$N = 2$）的第一布里路因區（$n = 1$）應為

$$-\frac{\pi}{2a} \leq K \leq +\frac{\pi}{2a}$$

3-2-2 光聲子

圖 3-8 顯示雙原子晶格之第一晶格區的離散關係（即 ω_+，ω_- 對 K 值的關係）。其中 ω_- 與 K 的函數關係與單原子晶格相同，即為前述的「音支系」；而 ω_+ 與 K 的離散分布稱為「**光支系**」（Optical branch）。

以氯化鈉晶體而言，如有某電磁波其頻率範圍約 $10^{12} \sim 10^{14}$ Hzs（紅外線區），入射到 NaCℓ 晶體後，即可使晶體激起「光支系」的振動模式，此種晶格振動波的對應質點叫做「**光聲子**」（Optical phonon）；如果利用**聲音轉換器**（Acoustic transducer）在晶體內產生壓力波，也會衍生「音支系」的振動模式，其振動波的對應量子被稱為「**音聲子**」（Acoustical phonon）。

為了更深入瞭解上述的晶格振動，我們可以更進一步的分析在 K 值很小的時候，有下列的振動情況：

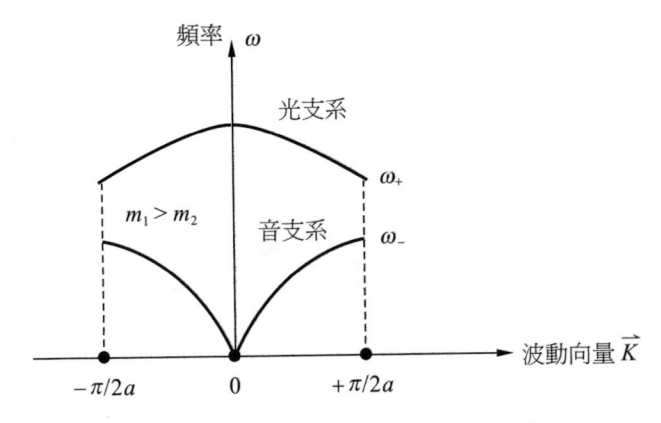

圖 3-8　雙原子晶格振動的離散關係

1. 音支系（Acoustical branch）

(3-15) 式中，當 $ka \ll 1$ 時，$\sin Ka \simeq Ka$
此時

$$\omega_- \simeq \left(\frac{2\beta}{m_1 + m_2}\right)^{1/2} Ka \qquad (3\text{-}17)$$

當 $K \simeq 0$ 時，(3-17) 代入 (3-12) 式可得

$$\frac{u_{2n}}{v_{2n+1}} = \frac{u}{v} = 1$$

比較 (3-9) 式與 (3-17) 式可知，此時音支系的振動模式與單原子晶格相同；如果令 $m = (m_1 + m_2)/2$ 的話，參考圖 3-9(a) 可以同時發現，任何相鄰兩原子振動位移的相位也相同（參考圖 3-9(b)）。

2. 光支系（Optical branch）

當 $Ka \ll 1$ 時，與第 1 部分同理可得光支系的離散關係為

$$\omega_+ = \left[\frac{2\beta(m_1 + m_2)}{m_1 m_2}\right]^{1/2} \qquad (3\text{-}18)$$

(3-18) 式代入 (3-12) 式可得

$$\frac{u_{2n}}{v_{2n+1}} = \frac{u}{v} = \frac{-m_2}{m_1}$$

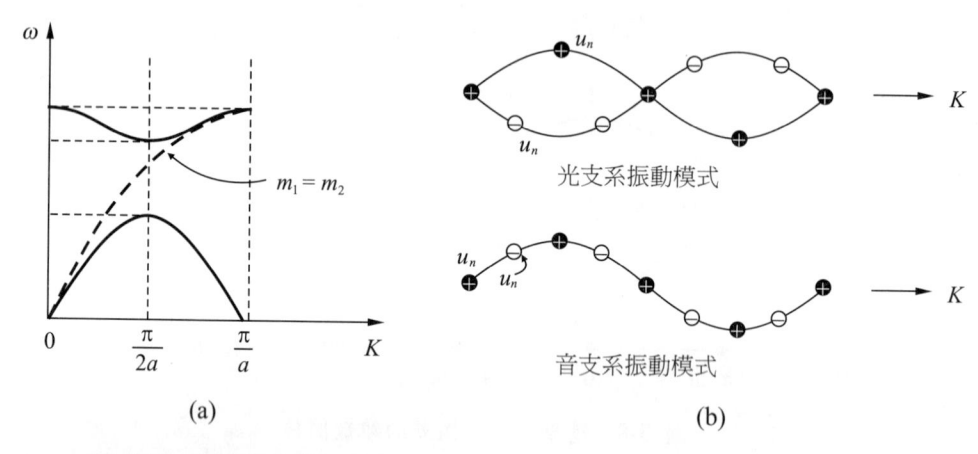

圖 3-9 雙原子晶格振動分析。(a) 當 $m_1 = m_2$ 時，其離散關係與單原子晶格相同（圖 3-4）；(b) 光支系與音支系振動的位移之相位比較

(3-18) 式的離散關係告訴我們 ω 在 $K \simeq 0$ 的附近為一常數，因此其群速度 v_g 為零，所以「光支系」的振動波也是一駐波。此外，雙原子晶格內任何兩相鄰原子的光支系振動位移正好反相，而其大小與其質量呈反比（參考圖 3-9(b)）。

在圖 3-8 中可以發現，於第一晶格區的邊界 $K = \pm \dfrac{\pi}{2a}$，存在著一段「**禁止間隙**」(Forbidden gap)，即晶格振動的頻率不可能出現在 ω_+ 與 ω_- 之間；如果有實數的頻率 ω 出現在 ω_+ 與 ω_- 之間，則滿足 (3-12) 式的 K 值必須是複數，此時 u_{2n} 及 v_{2n+1} 在 (3-11) 式的解會出現一衰減因素，使得晶格振動的大小逐漸衰減終至消失不見。

讀者也許會有疑問：「像矽及鍺晶體的鑽石結構，雖然初始晶元包含有兩個原子，但二者均係同類原子，因此 $m_1 \simeq m_2$，怎會有「光支系」的振動模式呢？假如回顧一下 (3-10) 式不難發現，如果質量 $m_1 = m_2$，但卻具有不同的力常數 ($\beta_1 \neq \beta_2$) 的話，也應當會有光支系的離散關係出現才對！這是讀者必須加以留意的地方。

如果初始晶元包含有 P 個原子的話，實驗發現於離散關係的曲線圖上會出現 3P 個**振動支系** (Vibration branches)，其中 3 個為「音支系」，其餘則係 (3P-3) 個「光支系」；例如鍺晶體、溴化鉀 (KBr) 晶體或矽晶體，都具有 6 個振動支系，即一個**縱向音支系** (Longitudinal acoustic branch; LA)，一

個**縱向光支系**（Longitudinal optical branch; LO）、兩個**橫向音支系**（Transverse acoustic branch; TA），及兩個**橫向光支系**（Transverse optical branch; TO），請參考圖 3-10。

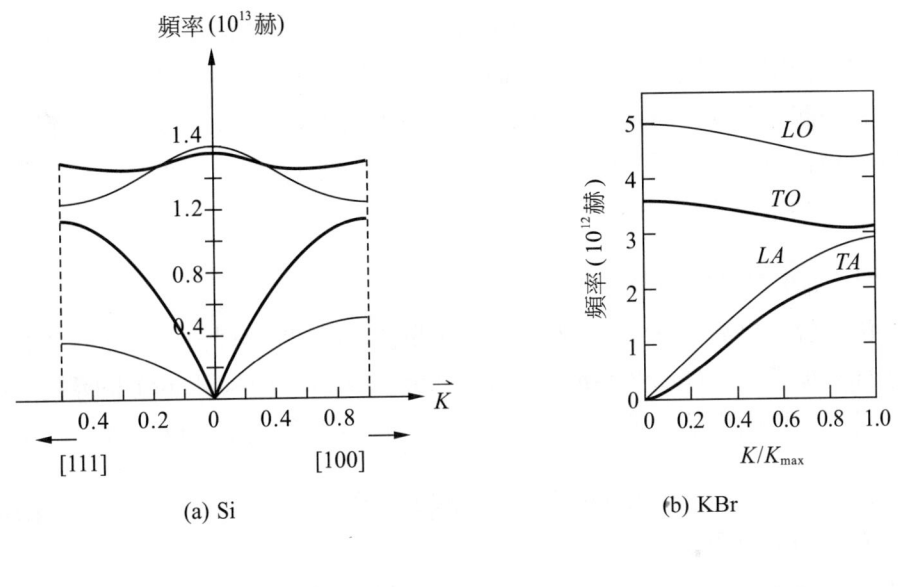

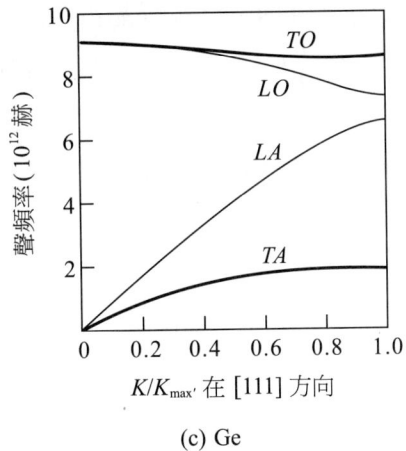

(a) Si

(b) KBr

(c) Ge

圖 3-10　雙原子晶格振動的離散關係

3-3 聲子的能量與動量

在 3-1 及 3-2 節中，「音聲子」及「光聲子」的觀念已經相繼介紹過，我們可以瞭解，所謂的「**聲子**」(Phonons) 即是晶格振動波的對應量子；是否產生「音聲子」或「光聲子」主要是看此振動晶格的初始晶元而定，如果初始晶元只包含單一個原子，晶格振動時只會有「音聲子」的產生；如果初始晶元包含有一個以上的晶體原子，則因為這些原子質量間的不同，除了「音聲子」之外，也會有「光聲子」的產生[2]。本節將以質點（量子）的觀念來討論聲子所具有的動量及能量問題。

3-3-1 聲子的能量

因為聲子係晶格呈簡諧振動波的對應量子，所以它與光子一般都可以視為量子簡諧振盪器（Quantum-mechanical simple harmonic oscillator）的產物，由現代量子力學的理論，可以導出振盪器所具有的能量特徵值（Eigenvalues）為

$$E_n = (n + \frac{1}{2})\hbar\omega \tag{3-19}$$

此處 E_n 是狀態 n 的聲子所具有的能量，ω 係晶格振動的正常頻率（Frequency of normal vibration mode），而 $\frac{1}{2}\hbar\omega$ 則係聲子在基態（Ground state）所擁有的**零點能量**（Zero-point energy）。

假如晶格在溫度 T°K 維持熱平衡，則在振動頻率 ω 可能找到狀態 n 聲子的概率可以用波茲曼函數 $P(E_n)$ 來表示

$$P(E_n) = \frac{e^{-En/ET}}{\sum_{s=0}^{\infty} e^{-Es/KT}} \tag{3-20}$$

因此，晶格振動模式所具有的平均能量 $\overline{E}$ 為

---

[2] 基於原子間的力常數相等的假設才有此結果；如果不相等，音支系及光支系的振動模式也會同時出現。

$$\overline{E} = \sum_{n=0}^{\infty} E_n P(E_n) = \frac{\sum_{n=0}^{\infty} \left(n + \frac{1}{2}\right)\hbar\omega \, \mathrm{Exp}\left[\frac{-\left(n + \frac{1}{2}\right)\hbar\omega}{KT}\right]}{\sum_{s=0}^{\infty} \mathrm{Exp}\left[\frac{-\left(s + \frac{1}{2}\right)\hbar\omega}{KT}\right]}$$

$$= \frac{\hbar\omega}{2} + \frac{\sum_{n=0}^{\infty} n\hbar\omega \, \mathrm{Exp}(-n\hbar\omega\beta)}{\sum_{s=0}^{\infty} \mathrm{Exp}(-s\hbar\omega\beta)} \quad (3\text{-}21)$$

此處 $\beta \equiv 1/KT$；又因 $\hbar\omega \ll KT$，由二項式定理知

$$\sum_{s=0}^{\infty} e^{-s\hbar\omega\beta} = \sum_{s=0}^{\infty} e^{-s\hbar\omega/KT} = \frac{1}{1 - e^{-\hbar\omega\beta}} \quad (3\text{-}22)$$

對 (3-22) 式微分，得

$$\sum_{s=0}^{\infty} s\hbar\omega e^{-s\hbar\omega\beta} = \frac{\hbar\omega e^{-\hbar\omega\beta}}{(1 - e^{-\hbar\omega\beta})^2} \quad (3\text{-}23)$$

(3-22) 式及 (3-23) 式代入 (3-21) 式後，可得

$$\overline{E} = \frac{\hbar\omega}{2} + \frac{\hbar\omega}{e^{\hbar\omega/KT} - 1} \quad (3\text{-}24)$$

上述所得的平均能量 $\overline{E}$ 常被表示為

$$\overline{E} \equiv \left(\overline{n} + \frac{1}{2}\right)\hbar\omega \quad (3\text{-}25)$$

此處 $\overline{n} \triangleq \dfrac{1}{e^{\hbar\omega/KT} - 1} \equiv$ 聲子以頻率 ω 出現的平均量子數。 $\quad$ (3-26)

3-3-2 聲子的動量

聲子的產生是因為它在晶格間原子相對位置的變動（位移），因此整體而言，聲子在晶格裏實不具有動量存在。但是如果電子、光子，或中子等質點進入晶格並且與聲子發生散射，則在考慮它們的交互作用時，作用中的聲子必須賦予對等的動量 $\hbar K$。

聲子在晶體中可能與光子、電子或入射的中子產生散射，可分別為彈性散射及非彈性散射兩種情況：

1. 彈性散射（Elastic scattering）

半導體中導電電子（Conduction electron）與具有大波長的「音聲子」散射時，能量損失微乎其微（參考本章習題第 1 題），是一種彈性散射，它與 2-4 節介紹的「**布雷格反射**」（Brag reflection）情況相同，發生這種散射的「**波動向量選擇原則**」（Wave vector selection rule）為

$$\vec{K}' = \vec{K} + \vec{G} \quad <沒有聲子介入> \tag{3-27}$$

此處 $\vec{K}$ 代表入射的光子（或電子）波動向量，$\vec{K}'$ 代表散射後的光子（或電子）之波動向量，而 $\vec{G}$ 則為反晶格向量。

2. 非彈性散射（Inelastic scattering）

假如光子入射晶體後，損失了相當的能量，這些能量被晶格吸收後，會引起晶格振動而產生「聲子」，造成非彈性散射的波動向量選擇原則為

$$\vec{K}' \pm \vec{K}_\Omega = \vec{K} + \vec{G} \quad <聲子介入> \tag{3-28}$$

此處 $\vec{K}_\Omega$ 代表聲子的波動向量，其餘定義如（3-27）式。「+」號代表晶格產生聲子（Phonon creation or emission），「－」號代表晶格中聲子在散射中被吸收（Phonon absorption）或消失。如果是在第一布里路因區，$\vec{G}$ 可以選擇為零，此時

$$\vec{K}' + \vec{K}_\Omega = \vec{K} \quad <聲子產生> \tag{3-29a}$$

$$\vec{K}' - \vec{K}_\Omega = \vec{K} \quad <聲子吸收> \tag{3-29b}$$

將（3-29）式圖示於圖 3-11，更可加深讀者的印象。

由圖 3-11(a) 可知，光子散射後動量（$\hbar K'$）會增加，意指晶格供給動量後會有一個聲子消失或被吸收；在圖 3-11(b) 中，光子散射後會提供 $\hbar K_\Omega$ 的動量給晶格，而產生了一個聲子。

這種非彈性散射也同樣的會發生在電子與聲子的相互作用之中。

(a) 聲子吸收 $\vec{K}' = \vec{K} + \vec{K}_\Omega$　　　(b) 聲子產生 $\vec{K}' = \vec{K} - \vec{K}_\Omega$

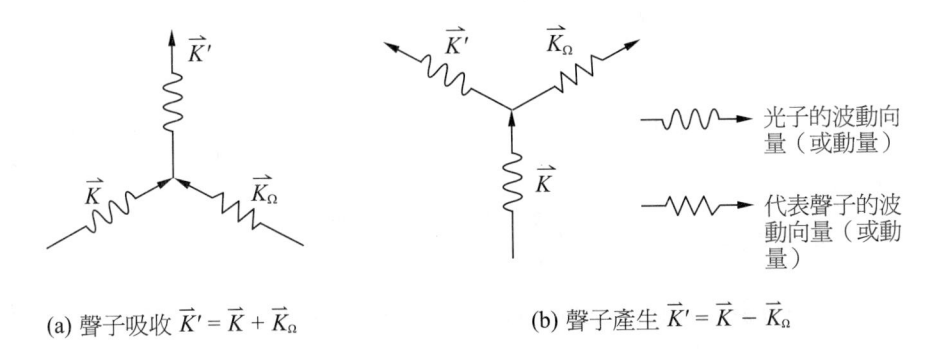

圖 3-11　聲子的吸收與產生

例 3-2

假如在某晶體中，光子入射晶格後，會因非彈性散射而產生一個音聲子。已知此晶格振動波在波長很長時的速度為 v_s，入射光子的頻率為 ω，試分析此聲子所具有的動量及能量。

解　設聲子所具有的振動（角）頻率為 Ω，其振動的波動向量為 $\vec{K}_\Omega$，由能量守恆定律可得

$$\hbar\omega = \hbar\omega' + \hbar\Omega \quad \cdots\cdots\cdots\cdots\cdots\cdots\cdots\cdots\cdots\cdots \text{①}$$

產生聲子的波動向量選擇原則為

$$\vec{K} = \vec{K}_\Omega + \vec{K}' \quad \cdots\cdots\cdots\cdots\cdots\cdots\cdots\cdots\cdots\cdots\cdots \text{②}$$

因為 $\omega = cK$，$\Omega \simeq v_s K_\Omega$，如果 K_Ω 與 K 大小在同一因次，則因 $c \gg v_s$，

$$\omega = cK \gg \Omega = v_s K_\Omega$$

上述結果代入①式可得

$$\omega \simeq \omega'$$

即

$$K \simeq K'$$

由圖 3-12 知

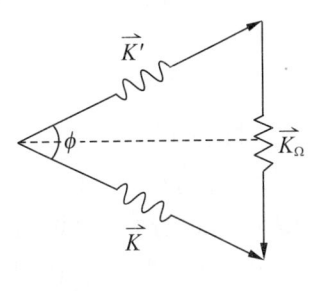

圖 3-12

$$|K_\Omega| \simeq K' \sin\left(\frac{\phi}{2}\right) + K \sin\left(\frac{\phi}{2}\right)$$

$$\simeq 2K \sin\left(\frac{\phi}{2}\right) \cdots\cdots\cdots\cdots\cdots\cdots\cdots\cdots\cdots\cdots\cdots\cdots ③$$

因此

$$\Omega \simeq v_s |K_\Omega| = 2v_s K \sin\left(\frac{\phi}{2}\right) = \frac{2v_s \omega n}{c} \sin\left(\frac{\phi}{2}\right) \cdots\cdots\cdots\cdots ④$$

④式中，n 為晶體的光折射係數，而光在晶體中的波動向量 $K = n\omega/c$。如果能測得光子散射前後的夾角 ϕ，即可估計此聲子具有的動量 $\hbar K_\Omega$ 及能量 $\hbar\Omega$。

3-4 餘光吸收

很早學者即由實驗中發現，當一束具有各種波長的混合光照射某些晶體後，會「剩餘」一束波長範圍很窄的紅外線，這種吸收現象叫做「**餘光吸收**」（Restrahlen absorption）（德語意譯）。

假設晶格吸收入射光後會產生具有 $\vec{K}_\Omega$ 波動向量聲子，而入射光之波動向量為 $\vec{K}$，則由動量守恆律可知 $\vec{K} \simeq \vec{K}_a$，因為紅外線光子的 K 值很小，所以，與此光子產生**諧振吸收**（Resonance absorption）的聲子必定是具有長波長、高頻率（ω_+）的「光聲子」。於實驗中發現，很強的諧振吸收只發生在具有**力偶距**（Dipole moment）的晶格振動，因此它不會發生在矽或鍺晶體中，這是因為唯有在**化合物半導體**（Compound semiconductor），如砷化鎵、銻化銦或砷化鎵晶體中，才會具有一些離子鍵的性質，光子所具有的電場加諸於此類晶體後，會因正、負電荷極性不同而產生力偶距，這種晶體的振動乃形成具有大波長的光支系振動模式，當其振動頻率及波動向量等於入射光的頻率及波動向量時，即會產生上述的「餘光吸收」。

圖 3-13 表明這些極性半導體（如 GaAs）在紅外線區的吸收係數對波長的變化情形；一般砷化鎵（GaAs）在 $\lambda \simeq 38$ 微米、硫化鎘（CdS）在 $\lambda \simeq 37$ 微米、銻化銦（InSb）在 $\lambda \simeq 56$ 微米，或磷化鎵（GaP）在 $\lambda \simeq 27$ 微米左右會發生上所謂的餘光吸收。

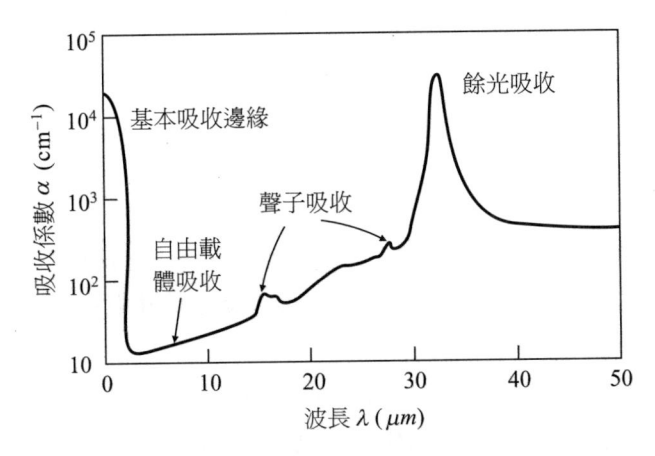

圖 3-13 化合物半導體在紅外線區的典型吸收情形

表 3-1 是在各種化合物半導體中，發生餘光吸收的波長一覽表。

表 3-1 發生餘光吸收的材料及其吸收波長

材料	波長 (um)	材料	波長 (um)	材料	波長 (um)	材料	波長 (um)
SiC	12.5	CaF$_2$	39	LiBr	63	CsCl	100
LiH	17	NaF	42	RbF	65	AgCl	100
MgO	25	ZnSe	47	KCl	70	AgBr	126
LiF	33	LiCl	53	CdTe	70	RbI	135
ZnS	35	BaF$_2$	53	NaBr	76	CsI	158
CdS	37	KF	53	KBr	88	TlCl	158
GaAs	38	NaCl	61	KI	100	TlBr	233

結　論

　　本章闡述了單原子晶格及雙原子晶格的振動情形，其中使我們瞭解了「**音聲子**」(Acoustical phonon) 及「**光聲子**」(Optical phonon) 產生的情況及它們在晶格中的活動特性，也介紹了聲子在與光子、電子等其他質點散射或交互作用時彼此間動量及能量的關係，這些質點在相互作用時動量及能量的轉換，與

半導體光、電及熱的轉移過程有非常密切的關係，讀者可以在第四章得到更清晰的概念。

習 題

1. 假如晶體中的導電電子（Conduction electron）與長波長的音聲子發生散射，已知晶格振動波波速 $v_s \simeq 10^5$ cm/sec，而導電電子的速度 $v_n \simeq 10^7$ cm/sec，試證明此散射為彈性散射。

2. 對於一維空間內的晶格振動，假設原子間有相等的間距 a，試於 $0 \leq K \leq \pi/a$ 區間內繪出群速度 v_g 與相速度 v_p 的比值。

3. 下圖可能是某一 II-VI 化合物晶體（ZnS，ZnSe，ZnTe，CdS，CdSe，CdTe）橫向光支系（TO）及橫向音支系（TA）振動的離散關係，試由此關係判定它是何種晶體？

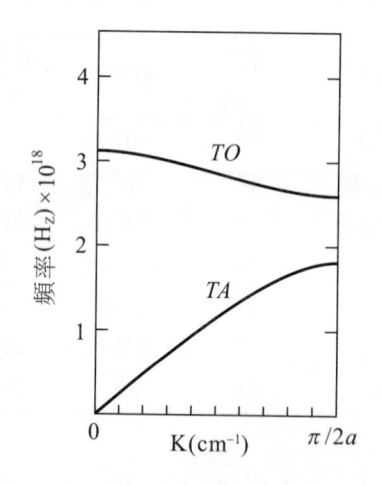

4. 有一一維空間振動的晶體，其原子質量完全相同，但卻具有不同的晶格間距 a 及 b（如下圖），這種情形與元素型晶體（如 Ge，Si）在晶元內有兩個不同質量的原子相似；導出此晶體的音支系及光支系振動情形並與雙原子晶格振動作比較。

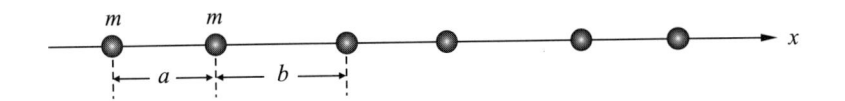

5. 何謂聲子的吸收？聲子的產生？試繪出它們的動量關係圖加以說明。上述過程中何者會從晶體中吸收熱量？
6. (a) 聲子的能量分布曲線可以何種函數來描述？試繪出並加以說明。
   (b) 聲子在狀態 n 的能量為何？如何求出以 ω 頻率振動的聲子之平均能量？

參考資料

1. C. Kittel, Introduction to solid State Physics, 5th ed., John wiley & Sons, Inc., New York, 1976.
2. A. Yariv, Quantum Electronics, 2nd ed., John wiley & Sons, Inc., New York, 1975.
3. G. Dolling, phys. Rev. 128, p.1120, 1962.
4. A. D. B Woods & B. N. Brockhouse, phys Review, 128, P.1099, 1962.
5. B. N. Brockhouse, & T. Arase, phys. Review, 128, p.1099, 1962.
6. G. Dolling, Proc. of Symp. on Inelastic scattering in solids and Liquids, Chalk, River, 1963, p.37.
7. G. Nilsson & G. Nelin, Phys. Review, B3, 364, 1971.
8. A. D. B. Woods & B. N. Brockhouse, phys. Review, 131, p.1025, 1963.
9. Richard H. Bube, Electrons in solids.
10. Modular Series on Solid state physical devices, U. of Florida, Gainesville, 1981.
11. A. Messiah, Quantum Mechanics, North Holland, New York, 1961.
12. R. H. Bube, Electronic properties of Crystalline Solids, Academic Press, New York. 1974.

4 能帶與載體的濃度

CHAPTER

分布函數
  古典的統計函數—波茲曼分布函數
  量子的統計函數
能帶與能階圖
  固體的能階
  能帶的形成
  能階圖
狀態密度
直接與間接半導體
  半導體種類
  能帶間隙 E_g 隨元素摩爾比的變化
載體的濃度
載體的有效質量
  有效質量的計算
  有效質量的測量
載體濃度與溫度的依存關係
習　題
參考資料

為了要瞭解半導體中載體（電子與電洞）和聲子隨能量高低分布的情形，首先介紹了波茲曼-馬克士威爾分布函數 $f_{MB}(E)$、費米-笛拉克分布函數 $f_{FD}(E)$ 及愛因斯坦-伯斯分布函數 $f_{BE}(E)$，由隨後的能帶理論中，可以利用合宜的分布函數來描述載體或聲子在半導體中的活動情形。

本章末段介紹了載體在電場中的移動情形；由**移動率**（Mobility）隨溫度及雜質濃度的變化關係，可以知道半導體導電率改變的原因，這些載體傳輸及電子轉移的基本觀念之建立，有助於以後認識各種半導體元件的工作特性。

4-1 分布函數

對於兩個物體或質點的交互作用，古典及量子力量都有相當完美的描述。但對於眾多質點或物體的交互作用，正確的分析不太可能得到，只能獲得近似的答案。一個大的系統，係由非常多的質點構成，此時如果要正確的分析其質點間的交互作用不但不太可能而且也沒有必要，因為可以藉著**巨觀的**（Macroscopic）系統狀態變數，諸如體積、溫度、壓力及質量等各種變數來敘述此一系統的重要特性。這種從巨觀的觀點來瞭解一個系統的特性，可以用統計力學的方法來完成。

本節將扼要的介紹三種統計分布函數：
1. **波茲曼分布函數**（Boltzmann distribution function）
2. **伯斯-愛因斯坦分布函數**（Bose-Einstein distribution function）
3. **費米-笛拉克分布函數**（Fermi-Dirac distribution function）

其中，波茲曼分布函數是來描述古典的質點分布情形，其餘二者都是討論各種量子的分布情形；討論這些分布函數都是假設系統在熱平衡的狀態下進行。

4-1-1 古典的統計函數──波茲曼分布函數

古典的質點是指系統內的質點間沒有交互作用，而且彼此之間可以相互辨認出來；像理想氣體包含在某一容器內，其中的氣體分子即與古典質點的狀況相似；以波動的方法來說明，係指這些質點的波動函數沒有什麼重疊，我們可以藉著實驗的方法來辨認它們。不僅是氣體，在金屬中的電子，半導體中濃度

很低的載體之分布情形都可以利用波茲曼分布函數來加以說明。

在討論系統內質點的能量分布情形之前，必須假設系統的總能量保持一定，而系統內各組成份子完全相同，彼此間可以互相交換能量，使得系統處於熱平衡的狀態下；如此才能符合統計力學上所謂的「**相等的而且可能的**」(Equally and likely) 的原則。

以上所謂的「古典質點」可以利用波茲曼分布函數 [1] $f_{MB}(E)$ 來討論它對能量的分布情形，即

$$f_{MB}(E) = A\text{Exp}\left(\frac{-E}{K_B T}\right) \tag{4-1}$$

(4-1) 式中，A 為常數，E 為質點所處狀態的能量，T 為系統的絕對溫度，K_B 為波茲曼常數（$K_B = 1.38 \times 10^{-23}$ 焦耳/°K $= 8.62 \times 10^{-5}$ eV/°K）。

如果以 $f_M(v)\,dv$ 代表速度介於 v 與 $(v+dv)$ 之間質點的總數，則

$$f_M(v) = 4\pi A v^2 \text{Exp}\left(\frac{-mv^2}{2KT}\right)$$

經過**規格化**（Normalized）後，$f_M(v)$ 變為

$$f_M(v) = 4\pi v^2 \left(\frac{m}{2\pi KT}\right)^{3/2} \text{Exp}\left(-\frac{mv^2}{2KT}\right) \tag{4-2}$$

(4-2) 式是在**速度空間**（Veloctiy space）中描述質點的速度分布函數叫作「**馬克士威爾速度分布**（Maxwellian velocity distribution）。

4-1-2 量子的統計函數

量子與古典化質點最大的不同在於它的不可區分(辨認)性，這與量子基本的**測不準**（Uncertainty）特性有密切關係。這些質點在系統中運動的波動函數大部分都會重疊，因此，沒辦法利用實驗的技巧加以區分。在此要討論的量子可依其波動函數的自旋量子數 S（Spin number）的不同分為「**伯斯量子**」(Bosons) 與「**費米量子**」(Fermions) 兩大類，其基本特性為：

伯斯量子　伯斯量子的自旋量子數 S 為 0，1，或其他整數，其波動函數呈對

---

[1] 波茲曼分布函數有時亦稱「馬克士威爾-波茲曼分布函數」，請參考 (4-2) 式。

稱性，即兩相同量子互換時，其波動函數不變；在某一能階上可以被很多量子佔據，因此它不受到鮑立不相容原理的規範。

費米量子 費米量子的自旋量子數為 $S = \pm 1/2$，或其他奇數之半，其波動函數呈不對稱性，亦即相同量子在互換後，其波動函數為原有函數的負值；當量子佔據某一狀態後，即排斥其他量子佔據此一狀態，因此必須受到鮑立不相容原理的規範。

表 4-1 即係上述兩種量子的比較情形。

表 4-1 伯斯量子與費米量子之比較

質　點	波動函數對稱性	自旋量子數	通　稱
電子	不對稱	1/2	
質子	不對稱	1/2	費米量子
中子	不對稱	1/2	
光子	對稱	1	
聲子	對稱	0	伯斯量子
α 質點	對稱	0	

因為上述量子特性的差異，描述量子分布情形的函數形式自有不同。伯斯量子對能量分布的情形可以用「伯斯-愛因斯坦分布函數」來描述；費米量子的分布情形必須利用「費米-笛拉克分布函數」來說明。

1. 伯斯-愛因斯坦分布函數

上述提及的伯斯量子其實我們已經介紹過其中之一，即是晶格振動波的對應量子-「聲子」。不論係 α-質點、光子或者聲子都是**簡諧振盪器**（Simple harmonic oscillator；SHO）的產物；以波動力學的觀點來討論簡諧振盪波，其能量的**特徵值**（Eigenvalues）$E_n = \left(n + \dfrac{1}{2}\right)h\nu$，而此振盪波的對應量子通稱為「**伯斯量子**」（Bosons）。

按照伯斯量子不可區分而且不受鮑立不相容原理[2]限制的特性，可以導出此量子對能量的分布函數 $f_{BE}(E)$，

$$f_{BE}(E) = \frac{1}{\text{Exp}\left(\dfrac{h\nu}{K_B T}\right) - 1} , \quad E = h\nu = \hbar\omega \tag{4-3}$$

與 (3-26) 式比較可以發現兩式完全相同。因此，$f_{BE}(E)$ 即代表具有 $h\nu$ 能量的量子可能出現的平均量子數目 ($\bar{n}$)，也就是在能階 E 可能找到此量子的機率。

2. 費米-笛拉克分布函數

費米量子與伯斯量子同時具有量子的不可區分 (辨認) 性以外，最大的不同即是費米量子必須受到鮑立不相容原理的規範。任何量子的波動函數都會受到 n、ℓ、m 及 s 四個量子數的左右，以能階的觀點而言，任何一個能階上最多只能被兩個量子同時佔據，其中一個量子的自旋量子數 $S = +1/2$ (向上自旋)，而另一個量子的自旋量子數 $S = -1/2$ (向下自旋)，假如有十個費米量子與十個伯斯量子在 0 °K 時於各能階的分布情形，可以由圖 4-1 知曉。

圖 4-1 中可以發現，因為伯斯量子在某能階出現的個數沒有限制，在絕對零度 (0 °K) 時，所有的量子均出現在最低的能階 ($E = 0$) 上。因為費米量子在某能階上最多只能出現兩個，所以在絕對零度時，十個量子會出現在最低的五個能階上。

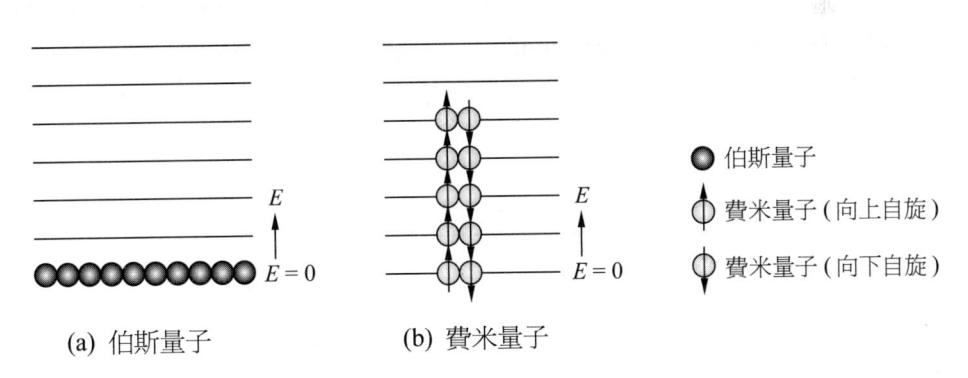

(a) 伯斯量子　　(b) 費米量子

● 伯斯量子
費米量子 (向上自旋)
費米量子 (向下自旋)

圖 4-1　在 $T = 0$ °K 時，十個質點的能階分布。其中費米量子必須受到鮑立不相容原理的規範

2　任何的量子狀態不允許同時被一個以上的量子佔據叫作「鮑立不相容原理」(Pauli exclusion principle)

費米及笛拉克兩位科學家基於上述費米量子的特性，導出了在熱平衡的系統中，於能階 E 找到量子的機率 $f_{FD}(E)$ 為

$$f_{FD}(E) = \frac{1}{1 + \mathrm{Exp}\left(\dfrac{E - E_F}{KT}\right)} \qquad (4\text{-}4)$$

此處　　$T =$ 系統的絕對溫度（$0\,^\circ K$）
　　　　$E_F =$ 費米階
　　　　$K = K_B$（波茲曼常數）

(4-4) 式可繪圖於圖 4-2 中。於 (4-4) 式或圖中可知 $f_{FD}(E_F) = \dfrac{1}{2}$；即不論在任何溫度下，在 $E = E_F$ 能階上找到量子的機率都是 50%！我們也可以發現，在任何溫度下，$f_{FD}(E)$ 函數是對於 $E = E_F$ 線呈對稱性分布。

假如把以上三種分布曲線繪在同一圖上，而把 $f_{FD}(E)$ 的參考能階選為費米階，$f_{MB}(E)$ 及 $f_{BE}(E)$ 的參考能階選為零，可以圖示於圖 4-3 中。從此圖中，可以發現費米-笛拉克分布函數，如 $E \ll E_F$，$f_{FD}(E) \simeq 1$，如 $E = E_F$，$f_{FD}(E) = 1/2$；如 $E \gg E_F$，$f_{FD}(E) \simeq 0$。而伯斯-愛因斯坦分布函數中，如 $E \simeq 0$，$f_{BE}(E) \to \infty$。

當能量 E 值很大時，代表量子數 n 趨近於無窮大，此時量子的分布函數即會趨於古典的極限（Classical limit），它表示 $f_{FD}(E)$ 及 $f_{BE}(E)$ 兩種量子分布函數在 E 值很大時，會趨近於古典的分布函數 $f_{MB}(E)$ 的值。

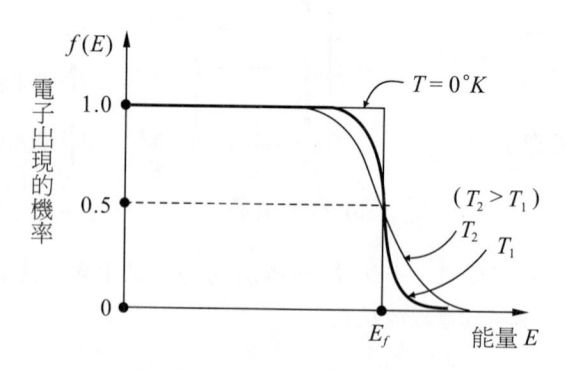

圖 4-2　費米-笛拉克分布曲線 $f_{FD}(E)$

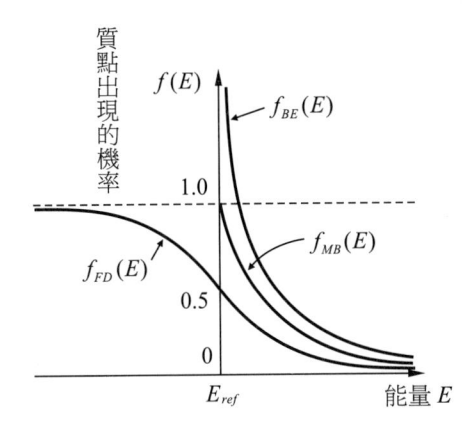

參考能量 $E_{ref} = \begin{cases} E_f & f_{FD}(E) \\ 0 & f_{MB}(E) \text{ 及 } f_{BE}(E) \end{cases}$

當 $(E - E_{ref})$ 很大時,所有的分布曲線都與波茲曼分布曲線相同。

圖 4-3　三種主要的質點分布曲線之比較

為了加深讀者對上述三種分布曲線的瞭解及印象請參考表 4-2。

表 4-2　三種分布函數的比較

項　目	$f_{MB}(E)$	$f_{BE}(E)$	$f_{FD}(E)$
質點特性	應用在可辨認的質點	應用在不可辨認的質點,且不遵守不相容原理	應用在不可辨認的質點,必須遵守不相容原理
適用對象	理想氣體或自由載體濃度低的固體中	黑體輻射腔內的光子或晶格中的聲子	固體中的電子
波動函數特性	不具對稱性	對稱性 (質點交換時)	不對稱性 (質點交換時)
質點通稱	古典質點 (理想氣體分子)	伯斯量子 ($S=0$ 或整體)	費米量子 ($S=\pm\frac{1}{2}$)
分布函數	$Ae^{-E/KT}$	$\dfrac{1}{e^{E/KT}-1}$	$\dfrac{1}{1+e^{(E-E_F)/KT}}$

註:$f_{MB}(E)$:波茲曼分布函數,$f_{BE}(E)$:伯斯-愛因斯坦分布函數,$f_{FD}(E)$:費米-笛拉克分布函數。

例 4-1

有某一半導體，於室溫下，在導電帶邊緣 E_C 以上 $1KT$ 的能階上找到電子的概率為 e^{-11}。

(a) 決定費米階 E_F 的位置。

(b) 討論此時電子在半導體中的分佈情形。

解 (a) 題意所指能階比導電帶最低階 E_C 高出 $1KT$，則 $E = E_C + KT$，代入 $f_{FD}(E)$ 函數後得

$$f(E) = \frac{1}{1 + e^{(E_c + KT - E_F)/KT}} = e^{-11}$$

即 $(E_C - E_F + KT)/KT \simeq 11$

所以 $E_C - E_F = 10KT = 0.26\,\text{eV}$（室溫 $300°K$ 時）

(b) 因為 $E_C - E_F = 10KT$，使得在計算費米－笛拉克分佈概率 $f(E)$ 時之分母中的 1 可以忽略不計而不影響其精確度；此時 $f_{FD}(E)$ 值即與 $f_{MB}(E)$ 所預測的值相近，代表半導體中的電子濃度很低，猶如理想氣體中的氣體分子，可以用波茲曼分佈函數來預估電子在導電帶各能階中出現的概率，不會有大的誤差出現。

例 4-2

假如在寬度為 100Å 的無限高一維量子井內有 11 個電子，

(a) 求在 $0°K$ 時的費米階 E_F；

(b) 在 $300°K$ 時，激發電子到第一受激態的概率有多少？

解 (a) 每一允許的能階，最多可以容納兩個電子，一個自旋向上、一個向下，其分佈如圖 4-4。

依照第一章量子井公式（1-6 節）

$$E_n = \frac{n^2\pi^2\hbar^2}{2mL^2}\bigg|_{n=6} = \frac{36\pi^2\hbar^2}{2mL}\bigg|_{L=100\text{Å}}$$

$= 0.0432\,(\text{eV})$（假設 $m = m_0 = 9.11 \times 10^{-31}\,\text{kg}$）

因此 $E_F = E_6 = 0.0432\,(\text{eV})$（在 $0°K$ 時，被電子佔據的最高能階）。

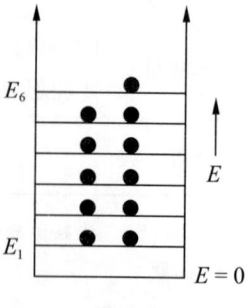

圖 4-4

(b) 第一受激態為 $E_7 = \dfrac{7^2 \pi^2 \hbar^2}{2mL^2} = 0.0588$ (eV)

$$f_{FD}(E) = \dfrac{1}{1 + \text{Exp}\left[\dfrac{E_7 - E_F}{KT}\right]} \bigg|_{KT(300\,°K) = 0.0259\,eV}$$

$$= \dfrac{1}{1 + \text{Exp}\left[\dfrac{0.0588 - 0.0432}{0.0259}\right]} = 35.4\%$$

表示在 300 °K 時，電子被激發到第一受激態（First excited state）的概率為 35.4%。

4-2 能帶與能階圖

　　量子力學的波動方程式（SWE）可以很成功解釋分子與固體內的活動。固體內的原子其電子有何能階？如何形成原子間之價鍵，均可以具體而微地加以說明。以下先用 H 原子的情況來介紹，再以同理來理解固體或晶體內的情形。

　　單一 H 原子僅有 1 個電子（原子序＝1），其 SWE 可由大部分近代物理或相關書本查知。圖 4-5 是兩個 H 原子接近時的情況：

1. 兩原子相近時，A、B 兩氫原子不能有相同的軌道 φ_{1S}，因其軌道相近時，電子的存在/運動必須遵守「**鮑立不相容原理**」（Pauli exclusion principle），當它們分開時，卻沒有這個限制。（如圖 4-5(a)）

2. 當兩 H 原子靠近時，它們外圍之 1S 電子軌道會相互重疊，因而產生兩個新型的波動函數 φ_σ 及 φ_{σ^*}；其中之同相重疊（Overlap）產生之 φ_σ 如圖 4-5(b) 中之分布情形，叫做「**鍵結軌道情形**」（Bonding orbital）；另一反相重疊之情況如圖所示，兩者均是原子軌道「線性組合」的結果，如下式：

鍵結軌道情形（Bonding orbital）：

$$\varphi_\sigma = \varphi_{1S}(r_A) + \varphi_{1S}(r_B) \cdots\cdots \text{（同相重疊）}$$

反鍵結軌道情形（Anti-bonding orbital）：

$$\varphi_{\sigma^*} = \varphi_{1S}(r_A) - \varphi_{1S}(r_B) \cdots\cdots \text{（反相重疊）}$$

(a)

(b)

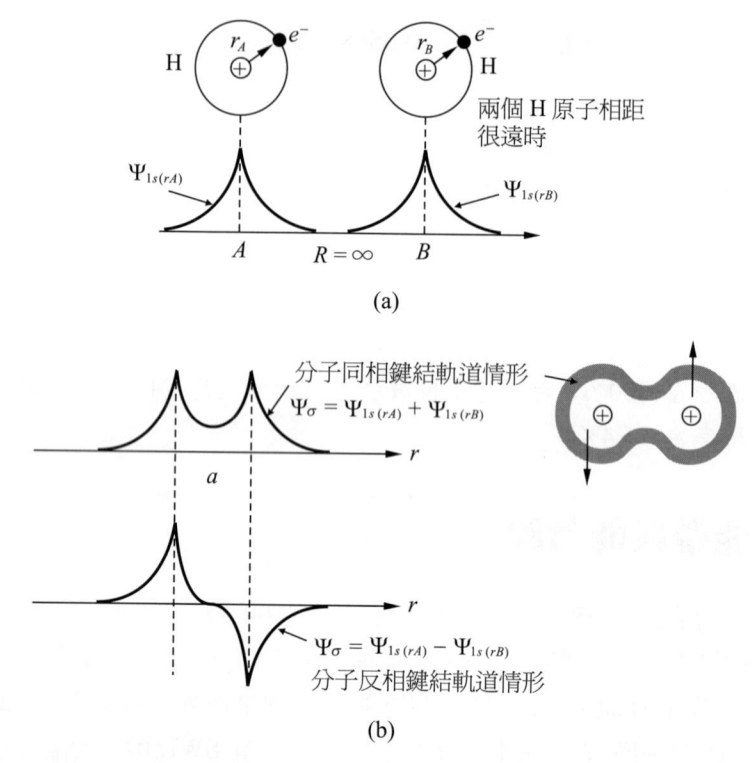

圖 4-5 當兩個 H 原子相互靠近時，分子同相及反相鍵結的軌道情形。(a)兩 H 原子相距很遠時，(b)兩 H 原相近成同相鍵結軌道與兩 H 原子相近成反相鍵結軌道情形。

3. 電子出現的概率

電子的概率與波動函數振幅大小的平方成正比﹝如 (1-28) 式﹞。

(a) 圖 4-6(a) 表示同相鍵結軌道電子出現的概率分布（左圖），因為它是電子與質子相吸的情況，故兩 H 原子中間仍可有發現電子的可能 ($|\varphi_\sigma|^2 \neq 0$)。其右圖之反相鍵結軌道則係電子與電子，或質子與質子排斥的情況，不易在兩原子間找到電子，因此 $|\varphi_{\sigma^*}|^2$ 在兩原子中間幾近為零。

(b) 圖 4-6(b) 是概率的「等高線」分布，其右圖中間不見概率分布表示 φ_{σ^*} 相斥時電子不可能在中間出現。

第四章 能帶與載體的濃度 117

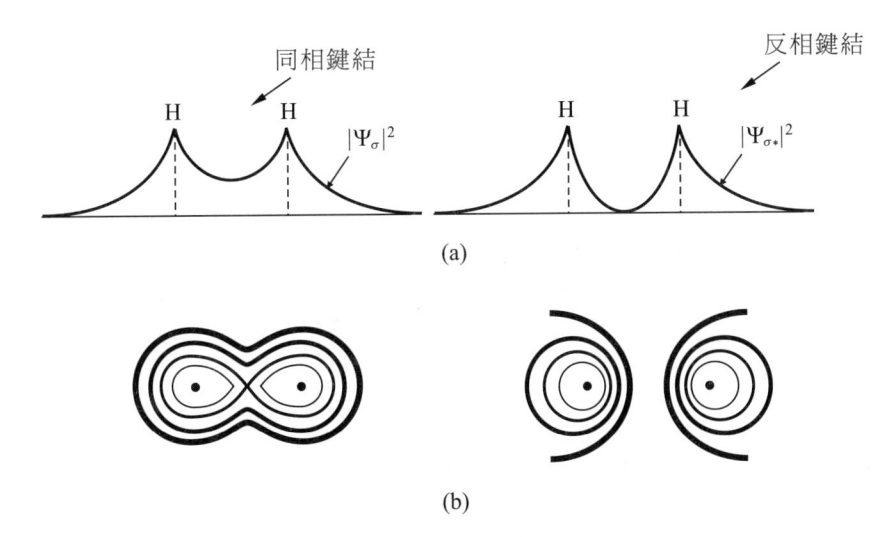

圖 4-6 (a)同相與反相鍵結軌道的電子概率分布；(b)固定概率的輪廓曲線群（愈黑而粗之曲線表示該處概率愈高）

4. 兩原子接近時外圍電子的能階變化
   (a) 同相鍵結軌道上之電子，因係電子與質子相吸之故，其電位能（PE）為負值。因總能量（E）＝動能（恆正）＋位能（負）故 E_σ 較低，如圖 4-7。
   (b) 反相鍵結軌道上電子表示 H-H 外圍電子相斥情況，其電子位能 PE 為正值，故總能量 $E_{\sigma*}$ 較 (E_σ) 為高。
   (c) 圖 4-7(a) 圖中可見兩 H 原子由 $R\to\infty$ 的重疊能階，至 $R=a$（晶格常數）附近能階分裂為 E_σ 與 $E_{\sigma*}$ 的情形。兩獨立 H 原子在 $R=\infty$ 時有重疊之 E_{1s} 能階，兩者之能量差距為 H 分子鍵之束縛能。

5. 電路學上的類比（圖 4-7 及 4-8 對比）
   (a) 圖 4-8(a) 中，電路中只有一 R，L 及 C 串聯諧振情況，故只有一諧振頻率 ω_0（類比於獨立 H 原子情況 E_{1s}）。
   (b) 圖 4-8(b) 中，電路中有兩組 R，L，C 耦合一起，其諧振頻率 ω_2 及 ω_1 會分別高於及低於 ω_0 頻率。兩個 R，L，C 振盪器耦合情況，與二個原子相近時的交互作用類似，其所產生之高、低能量有 $\hbar\omega_2$，$\hbar\omega_1$ 類比於原子相近時之 $E_{\sigma*}$ 及 E_σ。

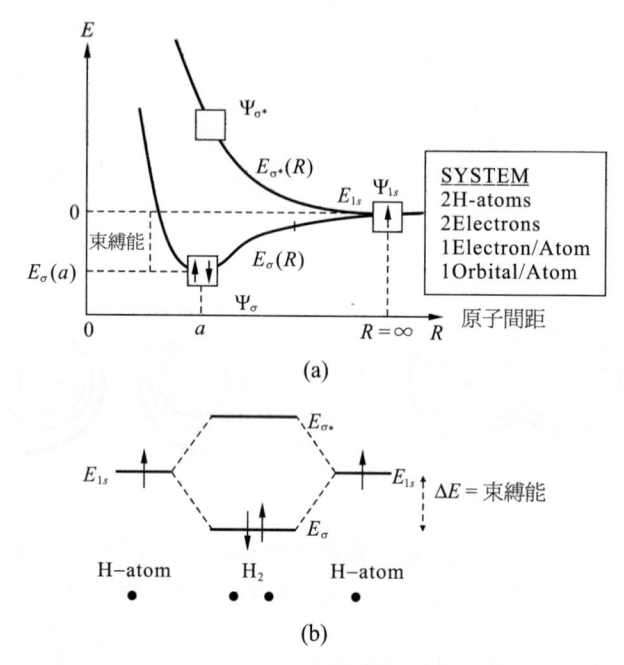

圖 4-7 兩個 H 原子的系統，其電子能量變化情形。(a) 同相與反相鍵結的電子能量對原子間距的變化；(b)兩 H 原子在左及右邊時，可擁有相同電子能階；在中間形成 H_2 分子時，其原子鍵結情形必須如前述分裂。

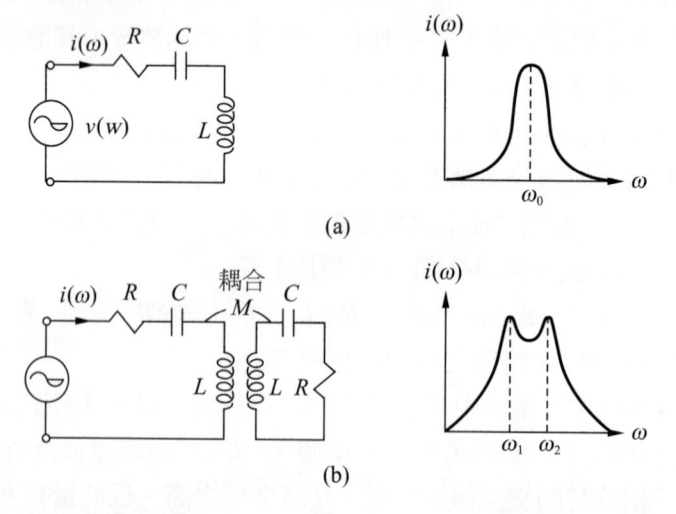

圖 4-8 圖 4-7 的電路類比(a)在獨立的 R, L, C 電路只有一諧振率 ω_o；(b)有兩個 R, L, C 電路相互耦合時，會產生兩個諧振頻率，一個低於，另一個則係高於頻率 ω_o。

4-2-1 固體的能階

在討論能帶以前，首先讓我們瞭解甚麼是核心電子、價電子與導電電子，我們可以利用各元素的**電子組態**（Electronic configuration）來加以闡釋。以下是三種不同性質的元素，其電子組態如下：

氖：$Ne^{10} = 1s^2 2s^2 2p^6$

矽：$Si^{14} = [1s^2 2s^2 2p^6] 3s^2 3p^2$
$= [Ne^{10}] 3s^2 3p^2$

鈉：$Na^{11} = [Ne^{10}] 3s^1$

其中氖（Ne）的原子序是 10，其電子於 1s 及 2s 層各有 2 個，2p 層有 6 個，因此在 1s、2s 及 2p 層電子軌道（狀態）完全被佔滿的情況下，化學性非常不活潑，軌道上之電子也不易被游離，導電率亦低，是一種惰性氣體。

矽的原子序是 14，其 1s 2s 2p 及 3s 層電子軌道都完全被電子佔滿，但 3p 層 6 個軌道中只被佔滿 2 個，剩餘 4 個空的軌道，這種電子組態可以跟其最近的 4 個矽原子組成共價鍵，導電率中等，是一種半導體。

為了方便起見，Si^{14} 也可表示為 $[Ne^{10}] 3s^2 3p^2$，其中 $[Ne^{10}]$ 稱為氖核心，內層之 10 個電子叫做**核心電子**（Core electrons），外圍佔據部分 3s 及 3p 軌道的電子叫做**價電子**（Valence electron），眾多價電子形成的能帶叫**價電帶**（Valence band），價電子如受激發通過**禁止帶**（Forbidden band）進入**導電帶**（Conduction band）後，會形成電流導通的載體，叫**傳導電子**（Conduction electron）；為何會形成所謂的價電帶、禁止帶及導電帶呢？以下會逐一說明。

4-2-2 能帶的形成

在固體裡面，有很多原子都很相近，上述因緊密靠近而造成能階分裂的現象會構成**緻密的能帶**（Energy bands）如圖 4-9。以碳元素（鑽石結構）為例，1s 量子狀態（即電子軌道）完全被佔滿，2s 及 2p 的 8 個量子狀態中，只有 4 個（$2s^2 2p^2$）被佔滿，假設在固體內有 N 個原子，則外圍的價電子有 2N 個 2s 量子狀態及 6N 個 2p 量子狀態。當原子間距變小時，這些原子的能階會分裂成能帶。因為最外圍的 2p 量子狀態（軌道）交互作用的程度愈大，所以最

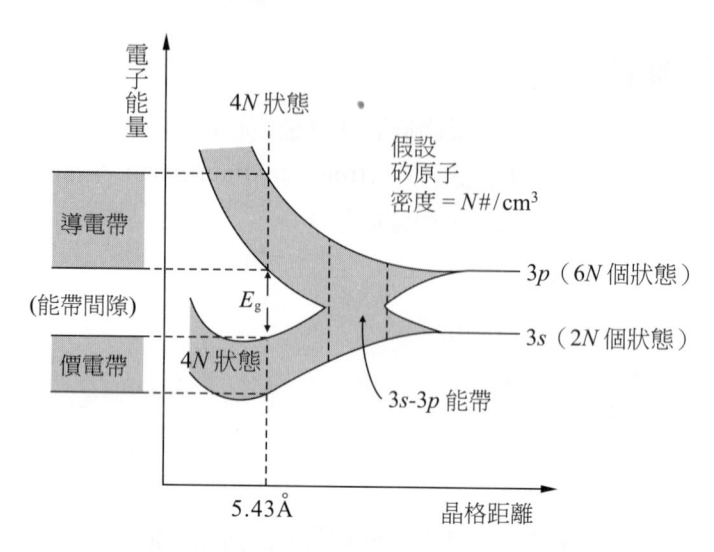

圖中文字：
電子能量
4N 狀態
假設矽原子密度 = N#/cm³
導電帶
(能帶間隙)
E_g
價電帶
4N 狀態
3p（6N 個狀態）
3s（2N 個狀態）
3s-3p 能帶
5.43Å
晶格距離

圖 4-9　鑽石結構的能帶形成。各個分立的矽原子聚集一起構成了上述的能帶結構

先會產生能階分裂，又因 2p 及 2s 分立能階延伸的結果，會形成一個由 2s 與 2p 能階共同形成的能帶（矽晶體則係 3s-3p 能帶），當原子的間距等於鑽石晶體結構平衡時的原子間距時，上述「2s-2p」能帶又分裂為兩個能帶，上面的能帶由 4N 個量子狀態形成具有較高的能量叫做**導電帶**，下面的能帶也由 4N 個量子狀態形成，具有較低的能量叫做**價電帶**。導電帶與價電帶中間沒有任何量子狀態的存在，叫做**禁止帶**，兩能帶間間隙的大小 E_g 叫做「**能帶間隙**」（Energy band gap），簡稱**能隙**。

矽或鍺晶體也是鑽石結構，形成能帶的道理與碳元素相同。在絕對零度（0 °K）時的矽晶體，具有較低能量的價電帶之 4N 個量子狀態會完全被 3s 及 3p 價電子佔滿，其餘 4N 個量子狀態所構成的導電帶則完全空著；如果 $T \neq 0°K$，部分價電子會被熱擾動激發至導電帶形成導電電子，並同時於價帶形成空虛的量子狀態叫做「電洞」，導電電子及電洞的傳輸皆可形成半導體電流，呈現**雙極性導通**（Bipolar conduction）的現象。

至於前述的鈉原子，因其電子組態為 $Na^{11} = [Ne^{10}]3s^1$，所以 3s 的 2N 個量子狀態只有 N 個價電子佔滿，即使在 0 °K 時，價電帶也仍有部分空著，很容易形成電子的流動，因此導電率較高，是一種導體。

(a) 絕緣體　　(b) 本質半導體　　(c) 導體

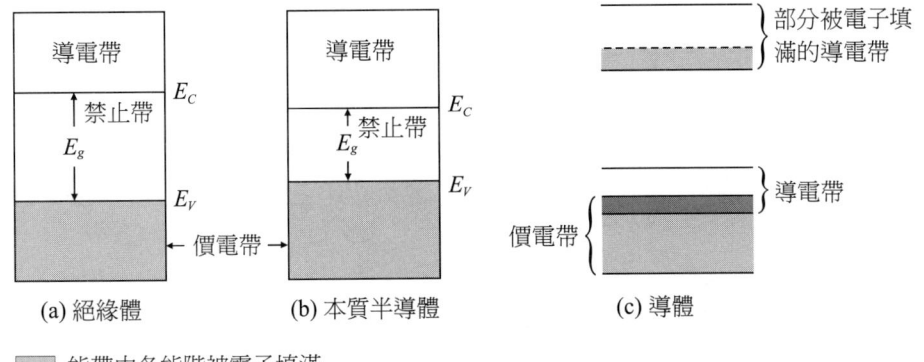

■ 能帶中各能階被電子填滿
□ 能帶中各能階未被電子填滿

圖 4-10　各種材料在 0°K 時的能階圖

　　圖 4-10 是絕緣體、半導體及導體的能帶所繪成的**能階圖**（Energy band diagrams）。由圖可知，半導體與絕緣體能階圖相似，只是絕緣體的禁止帶較寬，而半導體的禁止帶較窄。其能帶間隙 E_g 可表示為

$$E_g = E_C - E_V$$

此處 E_C 為導電帶最低能階叫「**導電帶邊緣**」（Conduction band edge），E_V 為價電帶最高能階，又叫「**價電帶邊緣**」（Valence band edge）。在 0°K 時，半導體之 E_g 大都小於 5 電子伏特（Electron volt），而絕緣體的能帶間隙大多遠大於此值。

　　於圖 4-10(c) 中，導體或金屬的導電帶部分能階被電子填滿，或與價電帶重疊，因此沒有禁止帶的存在；這些電子或價電帶較高能階的價電子，很容易由外加電場獲得動能，於材料中自由活動，導電率較半導體或絕緣體高。

　　未加雜質的本質半導體在 0°K 時之能階圖如圖 4-10(b) 所示。此時全部價電子被**凍結**（Frozen-out），因此導電帶中沒有自由電子移動，而有絕緣體的特性；$T \neq 0°K$ 時，價電子受到熱擾動，部分價電子會被激發到導電帶，使得價電帶中部分能階空虛，而導電帶的部分能階被電子填滿，呈現出雙極性傳導的現象。

(a) N-Si　　　　(b) P-Si

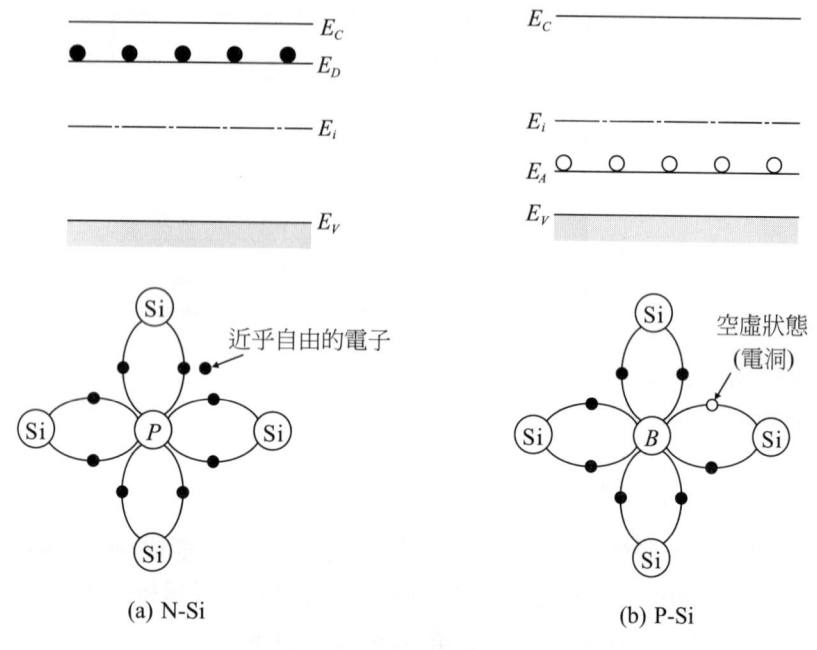

圖 4-11　N 型及 P 型半導體（0°K）

　　本質半導體摻入 5 價雜質後變成 N 型半導體；如摻入 3 價雜質，則變成 P 型半導體。其能階圖如圖 4-11 所示。

　　圖 4-11 的 E_i 叫**本質費米階**（Intrinsic Fermi level）接近禁止帶的中央；E_D 為**施體能階**（Donor level）；在 N 型半導體中，施體原子（5 價）內未與鄰近半導體原子形成共價鍵的外圍第五個電子，只是非常鬆弛的被庫倫力束縛著，很容易被游離成為自由電子，因此施體能階 E_D 與 E_C 相近；$(E_C - E_D)$ 即為 N 型雜質的游離能。

　　圖 4-11(b) 中，E_A 為體能階，在本質矽晶體中，如摻入 3 價雜質，則 3s 及 3p 層有一電子軌道未被電子佔滿，形成**空虛狀態**（Empty state）叫做電洞，它需要外來電子以便填滿空階，故名**受體**（Acceptor）；受體能階與價電帶邊緣 E_V 相近，很容易接受被激發的價電子，因此 $(E_A - E_V)$ 是 P 型雜質的游離能。

　　一般而言，如果施體的游離能 $(E_C - E_D)$ 小於 $3 \sim 5 K_B T$，這種施體叫做**淺佈施體**（Shallow donor）；如果受體雜質的游離能 $(E_A - E_V)$ 小於 $3 \sim 5 K_B T$，這種受體叫**淺佈受體**（Shallow acceptor）。此處 K_B 為波茲曼常數，T

為半導體的絕對溫度（°K），於 300°K 時，$1K_BT$ 的能量約等於 0.0259 電子伏特。

4-2-3 能階圖

要瞭解晶體確實的能帶結構，必須利用薛丁格波動方程式（4-5）式，求出電子在晶體中能量對波動向量的變化，即

$$\frac{-\hbar^2}{2m^*}\nabla^2\phi_K(r) + V(r)\phi_K(r) = E_K\phi_K(r) \tag{4-5}$$

如果晶體位能 $V(r)$ 已知（請參考圖 3-1），由**布洛克定理**（Bloch theorem）可以求出（4-5）式的解為下列型式

$$\phi_K(r) = e^{jK\cdot r}u_n(K,r) \tag{4-6}$$

此處 $u_n(K,r)$ 是對位置向量 r 的一個週期性振幅函數，n 為能帶指數，K 為電子運動的波動向量。求出方程式的解 $\phi_K(r)$ 後，我們可以獲得方程式的**特徵值**（Eigenvalues）E_K 對 K 的變化情形，此即電子在晶體內的能量變動情形。至於詳細的能帶結構可以由數值分析的方法求得，圖 4-12 是常用的晶體能帶結構圖。

由圖 4-12 中 GaAs 的能階圖中，Γ 帶最低點是在**第一布里路因晶格區**（First brillouin zone）中心的能量；在正常情況下，導電帶電子通常會停留在 Γ 帶最低能量點谷。在 L 及 X 帶的最低能量點分別發生在 [111] 及 [100] 方向橢圓形的**定能量體內**（Constant-energy ellipsoids）。如果 Γ 帶電子受激發，很有可能跨越位能障壁到達 L 帶的能量谷，形成所謂的「**轉移電子效應**」（Transferred electron effects），詳情於下一章內介紹。

由 4-6 節可知，在某能階的電子，其有效質量 m_n^* 會與能階的曲率（即 d^2E/dK^2）成反比。圖 4-12 中之 HH 帶會出現較重之電洞（Heavy hole）而 LH 帶則會有較輕的電洞（Light holes），SO 代表**自旋作用**（Spin-off）發生的能帶分布。因為 SO 帶電洞遠離晶格中心之最低能量點，影響**電子轉移**（Electron-ic transition）的作用可予忽略，影響材料之電洞有效質量 m_{dH}^* 可表示為

$$m_{dH}^* = (m_{LH}^{*\,3/2} + m_{HH}^*)^{2/3} \tag{4-7}$$

波動向量

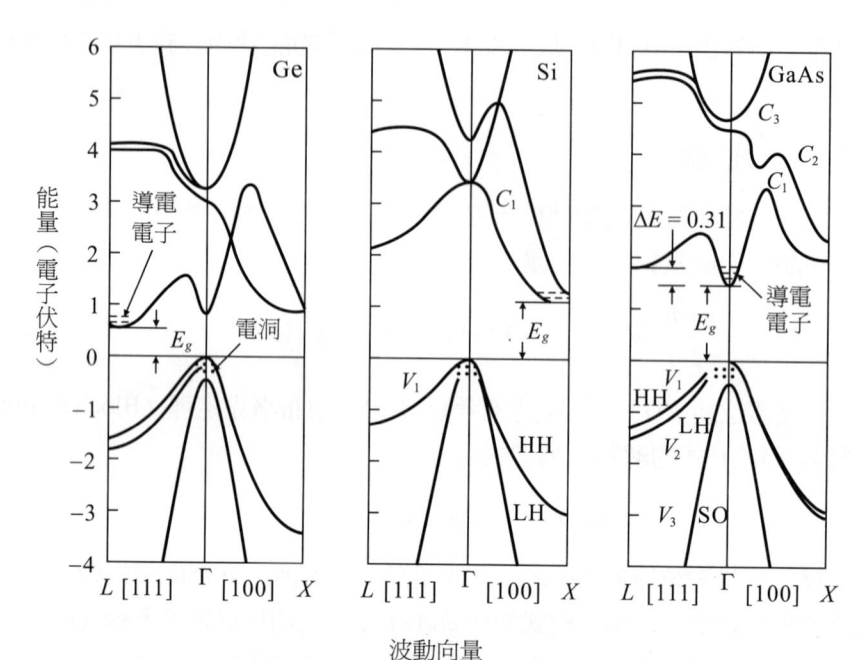

E_g 代表能帶間隙於 300°K，E_g(Ge) = 0.66 eV，
E_g(Si) = 1.12 eV，E_g(GaAs) = 1.42 eV

圖 4-12　鍺、矽及砷化鎵的能帶結構

於 GaAs 晶體中，$m_{HH}^* = 0.48m_0$，$m_{LH}^* = 0.09m_0$，故 $m_{dH}^* = 0.51m_0$；此處 m_{dH}^* 為電洞「**狀態密度有效質量**」(Density of states effective mass)。

至於導電帶的電子，因為 GaAs 之直接能帶最低能量點發生在 Γ 帶，但矽（或鍺）之最低能量點發生在 X 或 L 帶，故其電子有效質量表示為

$$m_{dE}^* = (m_x m_y m_z)^{1/3} \quad \text{GaAs}$$
$$= (m_\ell m_t^2)^{1/3} \quad \text{Si} \tag{4-8}$$

此處 $m_{x,y,z}$ 分別為 x, y, z 方向之有效質量；而 m_ℓ 與 m_t 分別為橢圓能量體縱向與橫向的有效質量。上述 m_d^* 為計算狀態密度時用之。

表 4-2　Si、GaAs 及 InP 的有效質量（m_d^*）

	ε_Γ (eV)	ε_L (eV)	ε_X (eV)	$m_e^{\Gamma*}(m_0)$[a]	$m_e^{L*}(m_0)$[a]	$m_e^{X*}(m_0)$[a]	$m_{hh}^*(m_0)$[b]	$m_{lh}^*(m_0)$[b]	$m_{sh}^*(m_0)$[c]
GaP	2.24	2.75	2.38	0.126	1.493(l) 0.142(t)	1.993(l) 0.250(t)	0.79	0.14	0.24
GaAs	1.42	1.71	1.91	0.063	1.538(l) 0.127(t)	1.987(l) 0.229(t)	0.18	0.09	0.15
AlAs	2.95	2.67	2.20	0.149	1.386(l)	0.813(l)	0.76	0.15	
InAs	0.35	1.45	2.14	0.031	1.565(l) 0.124(t)	3.619(l) 0.271(t)	0.60	0.03	0.089
InP	1.35	2.0	2.3	0.082	1.878(l) 0.153(t)	1.321(l) 0.273(t)	0.85	0.09	0.17

(註) [a] M. V. Fischetti, IEEE Trans. Electron Devices, 38(3), 634-649, 1991.
[b] M. Shur, Physics of Semiconductor Devices, Prentice Hall, Englewood Cliffs, NJ, 1990.
[c] Split-off hole mass, from G. P. Agrawal and N. K. Dutta, Long Wavelength Semiconductor Lasers, Van Nostrand Reinholt, New York, 1986.
(l) and (t) 分別代表縱向及橫向有效質量。

m_d^* 有效質量係應用在狀態密度計算（4-3 節），但在估計材料之導電係數時，必須採用「**導電率有效質量**」（Conductivity effective mass）m_n^*，如下式

$$\frac{1}{m_n^*} = \frac{1}{3}\left(\frac{1}{m_\ell} + \frac{2}{m_t}\right) \tag{4-9}$$

上式的獲得是考慮材料之晶格區最低能量谷的分布而決定。

4-3 狀態密度

於 4-1 節已經簡介了電子在某一量子狀態出現的可能機率，4-2 節中則介紹了電子所容許出現的能階，究竟要如何知曉這些能階分布的密度呢？它就是本節所要探討的主題。

假設有一立方半導體晶塊，其邊長為 L，則載體（如電子）在晶體中的波動方程式如（4-5）式所示，其波動函數 $\phi_n(r)$ 為

$$\phi_n(r) \propto e^{jK \cdot r}$$

$\phi_n(r)$ 是一個週期性函數（駐波），因此它必須符合下列的邊界條件，即

$$e^{j(K_x x + K_y y + K_z z)} = e^{j[K_x(x+L) + K_y(y+L) + K_z(z+L)]} \tag{4-10}$$

（4-10）式中可得 K_x、K_y 及 $K_z = 0$，$\pm \frac{2\pi}{L}$，$\pm \frac{4\pi}{L}$，…，$\pm \frac{2n\pi}{L}$（n 為整數）。

圖 4-13 顯示 K_x、K_y 及 K_z 所可能出現的值及其所構成的「K-空間」，所有 K 分量所可能出現的值繪於圖上某一點後，該點即對應某一可能出現的能階，因此在 K-空間單位體積所可能出現的狀態密度為

$$D_K = \frac{1}{\left(\frac{2\pi}{L}\right)^3} \times 2 = \frac{L^3}{4\pi^3} \tag{4-11}$$

（4-11）式中乘以 2 係指某一可能出現的能階容許有自旋向上及自旋向下兩種量子狀態。另一方面，在導電帶的電子能量為

$$E - E_C = \frac{\hbar^2}{2m_n^*}(K_x^2 + K_y^2 + K_z^2) = \frac{\hbar^2 K^2}{2m_n^*} \tag{4-12}$$

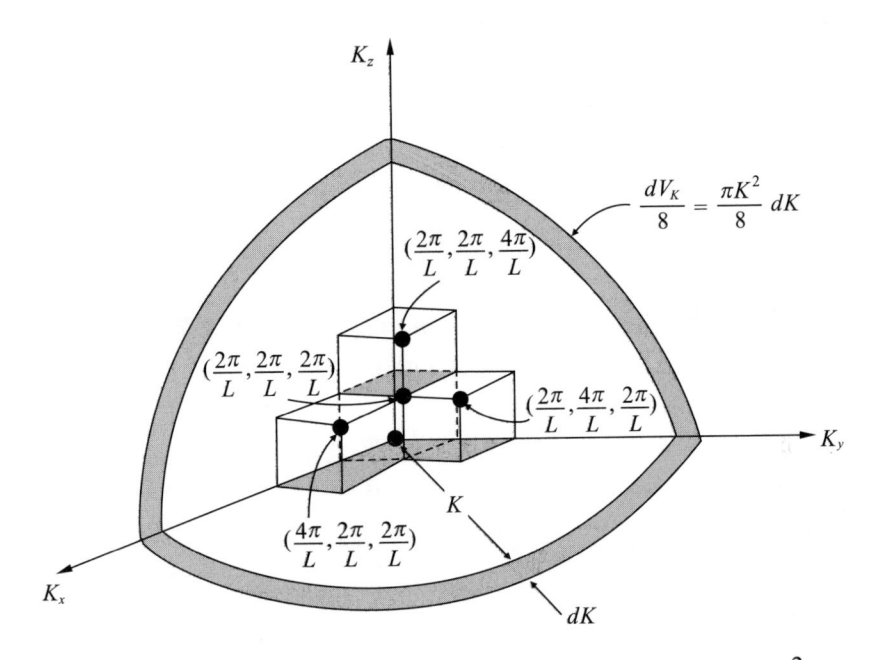

圖 4-13　晶格的 K-空間其中 K_x, K_y 及 K_z 容許出現的值僅為 0, $\pm\dfrac{2\pi}{L}$, $\pm\dfrac{4\pi}{L}$, $\pm\dfrac{6\pi}{L}$……，而每單位體積 $V_K = (\dfrac{2\pi}{L})^3$ 平均會有一能態 (Energy state) 出現。

同理，在價電帶的電洞能量為

$$E_V - E = \frac{\hbar^2}{2m_p^*}(K_x^2 + K_y^2 + K_z^2) = \frac{\hbar^2 K^2}{2m_p^*} \tag{4-13}$$

如果介於能量 E 與 $(E+dE)$ 間的狀態密度為 $N(E)dE$，則

$$N(E)dE = D_K dV_K = D_K(4\pi K^2 dK)$$
$$= \frac{L^3}{4\pi^3}(4\pi K^2 dK) = \frac{L^3 K^2}{\pi^2}dK$$

但

$$dK = \frac{dE}{\left(\dfrac{dE}{dK}\right)} = \frac{dE}{\left(\dfrac{\hbar^2 K}{m^*}\right)} \qquad (E = \hbar^2 K^2/2m^*)$$

$$= \frac{dE}{\left(\frac{\hbar^2 K}{m_n^*}\right)} \quad \text{(導電帶的原子)} \tag{4-14}$$

$$= \frac{dE}{\left(\frac{\hbar^2 K}{m_p^*}\right)} \quad \text{(價電帶的電洞)} \tag{4-15}$$

上述 m_n^* 代表晶體中電子的有效質量，m_p^* 代表電洞的有效質量。

於導電帶中，其狀態密度 $N_{CB}(E)\,dE$ 乃變成

$$N_{CB}(E)\,dE = \frac{(L^3)\,m_n^* K}{\pi^2 \hbar^2}\,dE$$

(4-9) 式及 (4-11) 式代入上式得

$$N_{CB}(E)\,dE = \frac{L^3}{2\pi^2} \left(\frac{2m_n^*}{\hbar^2}\right)^{3/2} (E - E_C)^{1/2}\,dE \tag{4-16a}$$

同理，價電帶的狀態密度 $N_{VB}(E)\,dE$ 為

$$N_{VB}(E)\,dE = \frac{L^3}{2\pi^2} \left(\frac{2m_p^*}{\hbar^2}\right)^{3/2} (E_V - E)^{1/2}\,dE \tag{4-16b}$$

因此單位體積內的狀態密度分別為

$$N_{CB}(E)\,dE = \frac{1}{2\pi^2} \left(\frac{2m_n^*}{\hbar^2}\right)^{3/2} (E - E_C)^{1/2}\,dE \tag{4-17a}$$

$$N_{VB}(E)\,dE = \frac{1}{2\pi^2} \left(\frac{2m_p^*}{\hbar^2}\right)^{3/2} (E_V - E)^{1/2}\,dE \tag{4-17b}$$

此處 $L^3 \equiv V$（晶塊體積）。

　　(4-17) 式的結果稱為能帶的拋物線近似，應用在低濃度雜質的晶體中相當精確。

4-4 直接與間接半導體

4-4-1 半導體種類

1. 直接半導體

於圖 4-12 (c) 中，導電帶的邊緣為 C_1，價電帶的能帶邊緣為 V_1，因為 C_1 與 V_1 的變化，密切關係著電子與光子的活動，茲將 GaAs 之 C_1 與 V_1 線簡繪於圖 4-14 中。

如果砷化鎵半導體受到光的照射，其光子能量：

$$\hbar\omega \geq E_g$$

則光子會被晶體吸收，使價電子被激發至 C_1，而於 V_1 處遺留下電洞，產生了電子-電洞對 (EHP)。於整個光吸收過程中，電子的波動向量 K 沒有改變，即

$$K_{incident} = K_{scattered}$$

此處 $K_{incident}$ 為入射光子的波動向量，$K_{scattered}$ 為散射電子的波動向量，亦即

$$\hbar K_{incident} = \hbar K_{scattered}$$

當半導體吸收光子能量後，電子獲得光子的全部動量，由低能帶 V_1 轉移至高能帶 C_1，其間並無第三者介入，此種轉移過程叫做**直接轉移** (Direct transition)，這種半導體叫做**直接半導體** (Direct semiconductors)。

2. 間接半導體

圖 4-14 中，矽晶體的 C_1 及 V_1 能量圖裡，C_1 的最低點與 V_1 最高點，並非在同一 K 值。

因此光子入射半導體時，必須遵守下列原則：

$$K_{incident} = K_{scattered} + K_{phonon}$$

上式中的 K_{phonon} 是因晶格振動的聲子 (Phonon) 之波動向量。亦即

$$\hbar K_{incident} = \hbar K_{scattered} + \hbar K_{phonon}$$

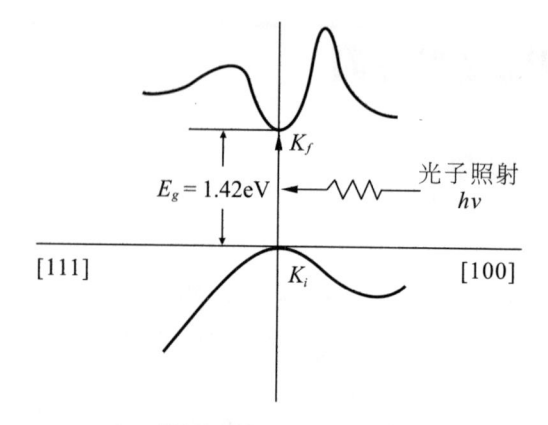

(a) 直接半導體（GaAs） $K_f = K_i$

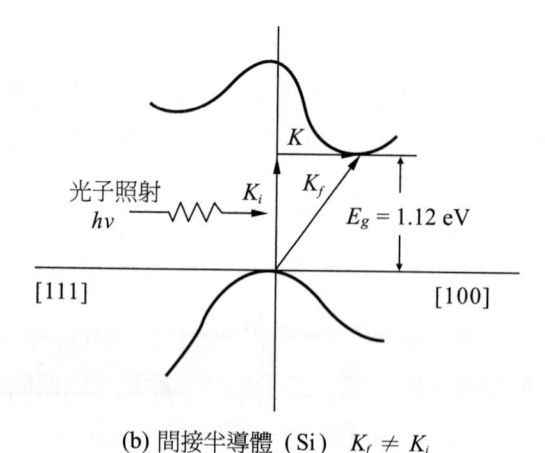

(b) 間接半導體（Si） $K_f \neq K_i$

圖 4-14 半導體受光激發後電子轉移的情形（300°K）

因此，光入射矽晶體後，轉移了部分動量至聲子。以能量的觀點而言，全部光子能量，除了轉移部分至電子以外，其餘能量則變為**晶格熱能**（Lattice heat），並使得晶格振動而產生了**聲子**（Phonon created）[3]。

事實上，上述間接轉移現象，必須遵守動量及能量守恆定律才會發生。有些情況，介入的第三者並非聲子，而是**晶體缺陷**（Crystal defect），電子的間

---

[3] 假如晶體本身溫度很高，以致晶體內已經有受熱激動的聲子，光吸收過程中，也可能吸收（消滅）了晶體內聲子（請參考 3-3 節）。此時它必須遵守下列規則，即：
$K_{scattered} = K_{incident} + K_{phonon}$（phonon absorbed）

接轉移仍舊進行。

假如半導體內的光吸收現象如上所述，如矽或鍺晶體叫做**間接半導體**（Indirect semiconductors）。

4-4-2 能帶間隙 E_g 隨元素摩爾比的變化

各種化合物半導體的能帶會隨其元素所佔摩爾比而變化，以 III-IV 族化合物半導體為例，如 $In_x Ga_{1-x} As$，$Al_x Ga_{1-x} As$，$In_x Ga_{1-x} As_y P_{1-y}$，其元素摩爾比（$x$ 或 y）改變時，都會有不同程度的能帶變化。

以 $Al_x Ga_{1-x} As$ 三元半導體為例，它是由 III 價的 Al 與 Ga 以及 V 價的 As 組成閃鋅礦類立方晶體結構（Zinc Blende Structure），其中的 Al 與 Ga 組成結構內的 III 價面心立方（fcc）次晶格，而 As 獨自構成 V 價的面心立方「**次晶格**」（Sub lattice）。

依照研究結果指出，此三元半導體在 $x = 0.37$ 時，會有截然不同的分野：

$$\begin{aligned} E_g(x) &= [\,1.425 + 1.247x\,] & (x \leq 0.37) & \quad \Gamma \text{ 帶} \\ &= 1.9 + 0.125x + 0.143x^2 & (x > 0.37) & \quad X \text{ 帶} \end{aligned}$$

由圖 4-15 知，當 $x \leq 0.37$ 時，三元半導體特性會近似 GaAs 的直接半導體。當 x 增逾 0.37 後，導電帶的最低點會轉至 X 能帶，形成前述的間接半

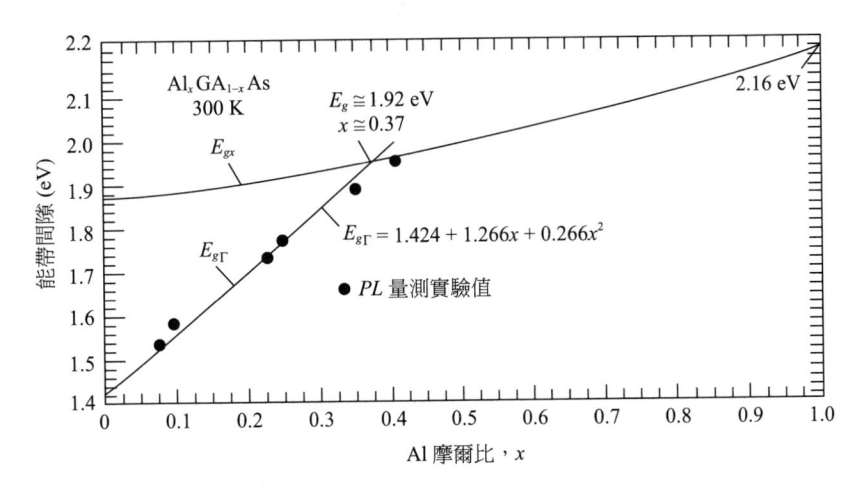

圖 4-15 $Al_x Ga_{1-x} As$ 合金半導體的能隙變化。其中 Al 摩爾比（x）超過 0.37 以後，材料即轉變為間接能隙。

導體，這是因為 AlAs 次晶格主宰了 $Al_xGa_{1-x}As$ 晶體特性的緣故。要獲得較高光電轉換效率的 AlGaAs 元件，Al 摩爾比 x 必須選擇使它小於 0.37。

4-5 載體的濃度

4-3 節中利用近似拋物線的能帶分布，導出了載體（電洞）在價電帶及載體（電子）在導電帶的狀態密度。

在 (4-17) 式中，N_{CB} 代表導電帶某能量區間 dE 內容許出現的量子狀態密度，N_{VB} 則代表價電帶某能量區間 dE 內容許出現的量子狀態密度。

從 4-1 節中知道，在半導體中的電子在某能階出現的機率可以用費米-笛拉克分布函數 f_{FD} 求得，因此，在熱平衡下導電電子濃度 n_0 可以表示為

$$n_0 = \int_{E_c}^{\infty} f_e(E) N_{CB}(E) dE \qquad (4\text{-}18)$$

在**非簡併**（nondegenerate）半導體內，因 $(E - E_F) \gg KT$，所以

$$f_e(E) = \frac{1}{1 + e^{(E-E_F)/KT}} \simeq e^{(E_F-E)/KT} \qquad (4\text{-}19)$$

$$f_e(E_c) \simeq e^{+(E_F-E_c)/KT} \qquad (4\text{-}20)$$

(4-17a) 式及 (4-19) 式代入 (4-18) 式後積分可得

$$n_0 = 2\left(\frac{2\pi m_n^* KT}{h^2}\right)^{3/2} \operatorname{Exp}\left(\frac{E_F - E_C}{KT}\right)$$

$$\equiv N_C f_e(E_C) \qquad (4\text{-}21)$$

此處 $\qquad N_C \triangleq 2\left(\dfrac{2\pi m_n^* KT}{h^2}\right)^{3/2} \qquad (4\text{-}22)$

= 在 E_C 處，有效的量子狀態密度（Effective density of states）。

在價電帶空出的量子狀態密度，即是電洞的密度。換言之，它就是在價電帶電子沒有出現的密度，以機率表示為

$$f_h(E) = 1 - f_e(E)$$

同理，在熱平衡下的電洞濃度 p_0 可以表示為

$$p_0 = \int_{-\infty}^{E_v} f_h(E) N_{VB}(E) dE \qquad (4\text{-}23)$$

在非簡併半導體中，$E_F - E \gg KT$，此時

$$f_h(E) = 1 - f_e(E) \simeq e^{E - E_F/KT}$$

$$\therefore f_h(E_V) \simeq 1 - f_e(E_V) = e^{(E_V - E_F)/KT} \qquad (4\text{-}24)$$

(4-24) 式及 (4-17b) 式代入 (4-23) 式後，可得

$$p_0 = 2\left(\frac{2\pi m_p^* KT}{h^2}\right)^{3/2} \text{Exp}\left(\frac{E_V - E_F}{kT}\right) \qquad (4\text{-}25)$$

$$\equiv N_V f_h(E_V) \qquad (4\text{-}26)$$

此處 $\quad N_V \triangleq 2\left(\dfrac{2\pi m_p^* KT}{h^2}\right)^{3/2} \qquad (4\text{-}27)$

= 在 E_V 處，有效的量子狀態密度。

(4-21) 式與 (4-25) 式的**載體濃度**（Carrier concentrations）公式係分別以 E_C 及 E_V 為參考位階，其中 $E_C - E_V = E_g$。對於本質半導體，$E_F = E_i$ = 本質費米階，其位置接近禁止帶的中央（參考例 4-2），其濃度 $n_0 = n_i$，$p_0 = p_i = n_i$，以前述公式可表示為 $n_i = N_C \text{Exp}[(E_i - E_C)/KT]$，$p_i = n_i = N_V \text{Exp}[(E_V - E_i)/KT]$ 分別代入 (4-21) 式及 (4-25) 式後化簡得

$$n_0 = n_i \text{Exp}\left[\frac{E_F - E_i}{KT}\right] \qquad (4\text{-}28)$$

$$p_0 = n_i \text{Exp}\left[\frac{E_i - E_F}{KT}\right] \qquad (4\text{-}29)$$

上式公式是以 E_i 為參考位階的濃度公式，與 (4-21) 式及 (4-25) 式比較相對簡單，也被廣泛地使用。

電子濃度 n_0 及電洞濃度 p_0 與量子狀態密度及量子出現的機率三者之間的關係可參考圖 4-16。

在常溫（300°K）時，熱電位能 $KT \simeq 0.0259$ 電子伏特，此時

$$N_C(Si) = 2.80 \times 10^{19} \, (\#/\text{cm}^3)$$
$$N_V(Si) = 1.04 \times 10^{19} \, (\#/\text{cm}^3)$$

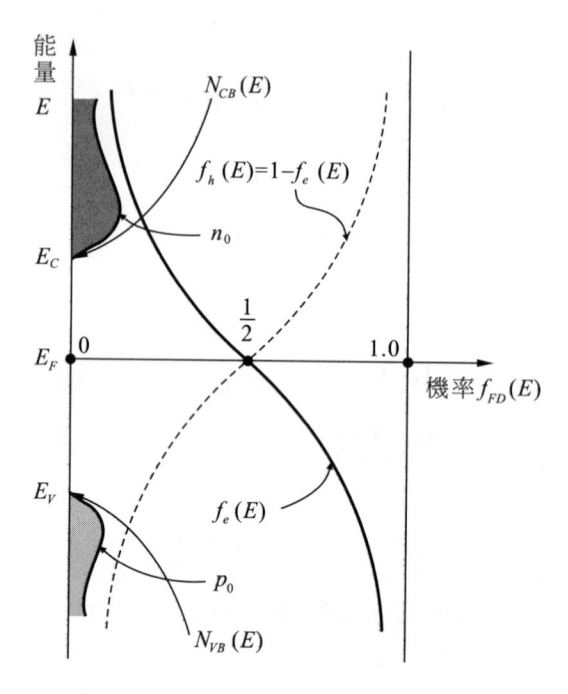

圖 4-16 載體出現的機率與載體濃度及狀態密度三者間的關係

$$N_C(Ge) = 1.04 \times 10^{19}\,(\#/cm^3)$$
$$N_V(Ge) = 6.00 \times 10^{18}\,(\#/cm^3)$$

在 N 型半導體中，如果 $E_C - E_F \geq 3KT\,(0.078\,eV)$，或在 P 型半導體中，$E_F - E \geq 3KT$，則由（4-21）式及（4-25）式可知，$n_0 \ll N_C$ 或 $p_0 \ll N_V$，此時，以上所導出的公式方可保證精確、有效，這是讀者必須注意的地方。

（4-21）式及（4-25）式對**本質**（Intrinsic）及**他質**（Extrinsic）半導體都同樣有效。在本質半導體中的費米階叫**本質費米階** E_i（Intrinsic Fermi level），此時

$$n_0 = n_i = N_C \exp\left[\frac{-(E_C - E_i)}{KT}\right] \qquad (4\text{-}30)$$

$$p_0 = p_i = N_V \exp\left[\frac{-(E_i - E_V)}{KT}\right] \qquad (4\text{-}31)$$

第四章　能帶與載體的濃度　135

$$\begin{aligned} n_i p_i &= N_C N_V e^{-(E_c - E_v)/KT} \\ &= N_C N_V e^{-E_g/KT}\text{；}\qquad\text{此處 } E_g \triangleq E_C - E_V \\ &= n_i^2 \qquad (n_i = p_i) \end{aligned} \qquad (4\text{-}32)$$

在他質半導體中，

$$n_0 p_0 = \left\{ N_C \operatorname{Exp}\left[\frac{-(E_C - E_F)}{KT}\right] \right\} \times \left\{ N_C \operatorname{Exp}\left[\frac{-(E_C - E_F)}{KT}\right] \right\}$$

$$= N_C N_V e^{-(E_c - E_v)/KT} = N_C N_V e^{-E_g/KT} \qquad (4\text{-}33)$$

由 (4-32) 式及 (4-33) 式可得

$$n_0 p_0 = n_i^2 \qquad (4\text{-}34)$$

(4-34) 式即為著名的「**質量作用定律**」(Law of mass action) 由 (4-33) 式及 (4-34) 式可知本質載體濃度 n_i 為

$$n_i = \sqrt{n_0 p_0} = \sqrt{N_C N_V}\, e^{-E_g/2KT} \qquad (4\text{-}35)$$

(4-22) 式及 (4-27) 式代入上式後得，

$$n_i(T) = 2\left(\frac{2\pi KT}{h^2}\right)^{3/2} (m_n^* m_p^*)^{3/4}\, e^{-E_g/2KT} \qquad (4\text{-}36)$$

由 (4-36) 式可知 n_i 深深的受到溫度的影響（載體濃度與溫度的依存關係於後再予詳細討論）。在 300°K 室溫下：

$$n_i(\text{Si}) \simeq 1.45 \times 10^{10}\,(\#/\text{cm}^3)$$
$$n_i(\text{Ge}) \simeq 2.4 \times 10^{13}\,(\#/\text{cm}^3)$$

例 4-3

試證明本質費米階 E_i 在禁止帶中央。假設 $N_C \simeq N_V$

解　$n_i = N_C \operatorname{Exp}\left[\dfrac{E_i - E_C}{KT}\right] = p_i$

$\qquad = N_V \operatorname{Exp}\left[\dfrac{E_V - E_i}{KT}\right]$

由上式可導出

$$E_i = \frac{E_C + E_V}{2} - \frac{KT}{2} \ln \frac{N_C}{N_V} \simeq \frac{E_C + E_V}{2} \quad (\text{假如 } N_C \simeq N_V)$$

例 4-4

有某本質半導體於 300°K 時，有下列特性：

$E_g = 1.4$ eV　　　　　　　　$u_n = 700$ cm^2 / V-sec

$\mu_p = 300$ cm^2 / V-sec　　　$h = 6.62 \times 10^{-34}$ J-sec

$m_n^* = 0.07 m_0$　　　　　　$m_p^* = 0.5 m_0$

$m_0 = 9.1 \times 10^{-31}$ Kg　　　$K_B = 1.38 \times 10^{-23}$ J/°K

(a) 求此本質半導體的導電率。

(b) 假如施體雜質摻入此本質半導體，其濃度為 10^{15} 個/立方厘米，其游離能為 0.01 電子伏特，此時電洞的濃度若干？費米階的位置在何處？

(c) 假如除施體雜質外，又摻入受體雜質，其濃度為 9×10^{14} 個/立方厘米，此時的電洞濃度若干？費米階位置在何處？

解 (a) $n_i = \sqrt{N_C N_V} \operatorname{Exp}(-E_g / 2K_B T)$

$\qquad = 2\left(\dfrac{2\pi K_B T}{h^2}\right)^{3/2} (m_n^* m_p^*)^{3/4} \operatorname{Exp}(-E_g / 2K_B T)$

$\qquad = 2.45 \times 10^6 \, (\#/\text{cm}^3)$

此時導電率為

$\sigma_i = q n_i (u_n + u_p)$

$\quad = 1.6 \times 10^{-19} \times 2.45 \times 10^6 \times (1000)$

$\quad = 3.92 \times 10^{-10} \, (\Omega\text{-cm})^{-1}$

(b) $N_D = 10^{15} / \text{cm}^3$，$\because E_{ion} = 0.01 < K_B T = 0.026$ eV

$\therefore n_0 \simeq N_D = 10^{15} \#/\text{cm}^3$（假設所有雜質原子都被游離）

$p_0 = \dfrac{n_i^2}{N_D} \simeq \dfrac{(2.45 \times 10^6)^2}{10^{15}} = 6 \times 10^{-3} \, (\#/\text{cm}^3)$

$n_0 \simeq N_D = N_C \operatorname{Exp}\left(\dfrac{E_F - E_C}{K_B T}\right)$

$$\therefore E_F - E_C = -K_B T \ln\left(\frac{N_C}{N_D}\right)$$

$$N_C = 2\left(\frac{6.28 m_n^* K_B T}{h^2}\right)^{3/2} = 4.6 \times 10^{17} \,(\#/\text{cm}^2)$$

$$\therefore E_F = E_C - (0.026)\ln\left(\frac{4.6 \times 10^{17}}{10^{15}}\right) = E_C - 0.158 \text{ eV}$$

(c) $N_A = 9 \times 10^{14} \,\#/\text{cm}^3$，$N_D = 10^{15} \,\#/\text{cm}^3$

$n_0 = N_D - N_A = 0.1 \times 10^{15} \,\#/\text{cm}$（假設所有雜質完全被游離）

$$p_0 = \frac{(2.45 \times 10^6)^2}{10^{14}} = 6 \times 10^{-2} \,(\#/\text{cm}^3)$$

同理，$E_F = E_C - K_B T \ln\left(\dfrac{N_C}{N_D - N_A}\right)$

$$= E_C - (0.026)\ln\left(\frac{4.6 \times 10^{17}}{10^{14}}\right)$$

$$= E_C - 0.218 \text{ eV}$$

上述三種情況，其費米階 E_F 的位置分別如圖 4-17 所示。

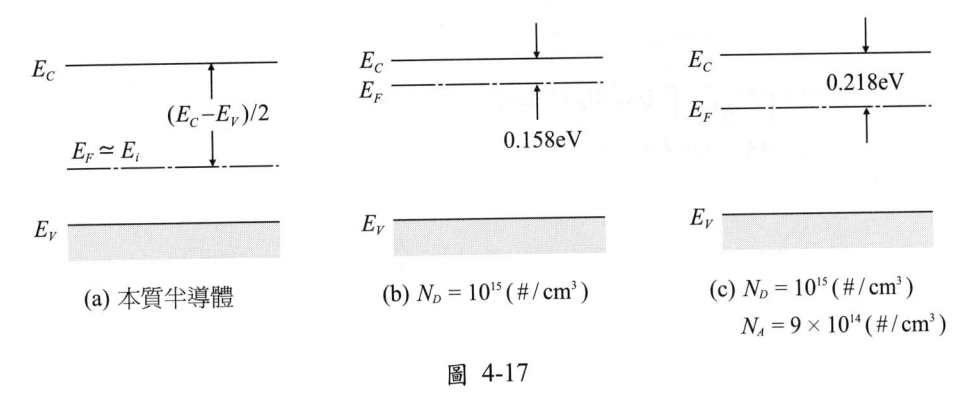

(a) 本質半導體　　(b) $N_D = 10^{15}\,(\#/\text{cm}^3)$　　(c) $N_D = 10^{15}\,(\#/\text{cm}^3)$
$N_A = 9 \times 10^{14}\,(\#/\text{cm}^3)$

圖 4-17

由圖 4-17，可知本質半導體費米階接近禁止帶的中央，當它摻入 N 型雜質後，費米階接近導電帶邊緣 E_C，雜質濃度愈高，愈接近 E_C；可是當此半導體再摻入 P 型雜質後，E_F 往價電帶邊緣 E_V 移動；如果 $N_D = N_A$，其 E_F 接近禁止帶中央，性質與本質半導體相似；如果 $N_A \gg N_D$，則 E_F 接近 E_V，是典型的 P 型半導體性質。

由 n_0 及 p_0 的定義公式可知，如果在 N 型半導體中 E_F 會在禁止帶的上半部，即 $E_C > E_F > (E_C + E_V)/2$，如果增加 N 型的雜質濃度，則 E_F 會向 E_C 接近；在 P 型半導體中，E_F 會在禁止帶的下半部，即 $(E_C + E_V)/2 > E_F > E_V$，如果 P 型的雜質濃度增加，E_F 會向接近 E_V 的方向移動，這種現象也可由（例4-3）得到清楚的說明。

圖 4-18 是利用費米-笛拉克分布函數應用在半導體上以解說其中載體的濃度變化情形。

圖 4-18 (a) 中，對於本質半導體，價電帶電洞（空虛狀態）的濃度相等於導電帶電子的濃度，這是因為**電子-電洞對**（Electron-hole pair；EHP）；受熱擾動產生電子和電洞，是成對產生（Pair production）；所以，此時 E_F 必須位於禁止帶的中央，又叫「**本質費米階 E_i**」。圖中顯示 $f(E_C)$ 非常小，因此

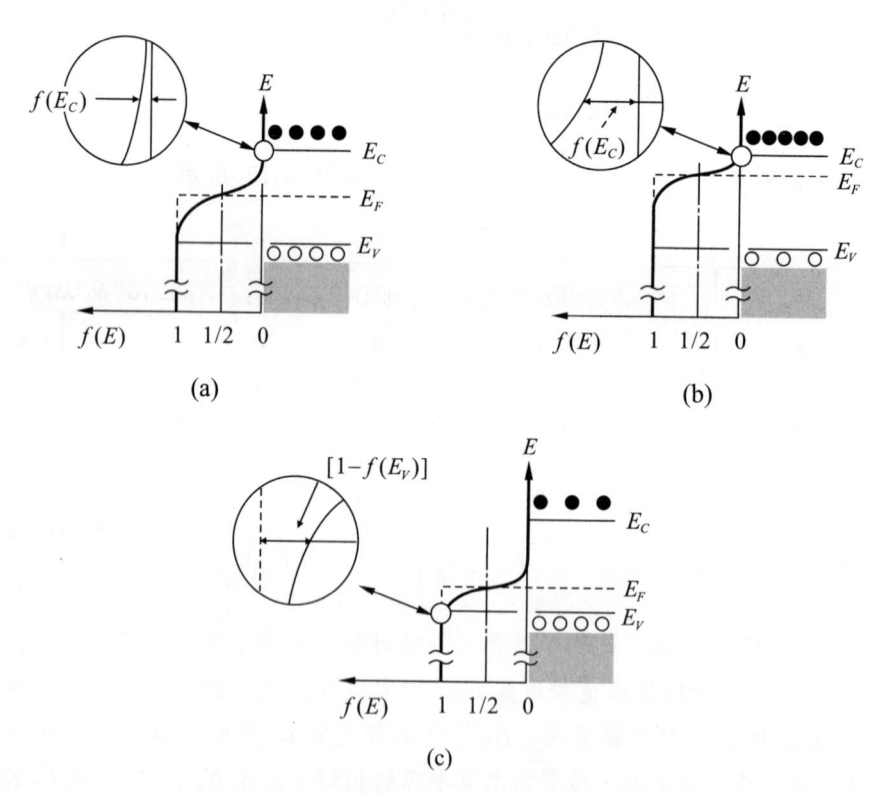

圖 4-18　費米-笛拉克分布函數應用於 (a) 本質，(b) N 型，(c) P 型半導體的情形

導電帶能階只是小部分被電子填滿，大部分仍空著；相反的，在價電帶邊緣 E_V，找到價電子的概率 $f(E_V)$ 接近於 1。換言之，價電帶能階大部分被價電子填滿，只是小部分被激發至導電帶。如半導體的溫度增高，則熱擾動程度加劇，受激至導電帶的電子（在價電帶遺留下等量的電洞）也會大量增加。

請參考圖 4-18(b)，在 N 型半導體中，施體很容易供給導電自由電子，因此導電帶中自由電子的濃度自遠大於價電帶的電洞濃度，因此，此時 $f(E)$ 曲線會往高能階的方向向上分布，E_F 位置乃遠離 E_V 而接近 E_C，由於 $(E_C - E_F)$ 的能量間隙可以衡量電子濃度的大小，所以 E_F 愈近 E_C，表示電子濃度愈高；相反地，電子濃度愈低。

請參考圖 4-18(c)，於 P 型半導體中，受體很容易接受價電帶的電子，因此，價電帶產生的電洞較導電帶中的電子為多；所以，此時 $f(E)$ 曲線會往較低能階的方向向下分布，故 E_F 接近 E_V 而遠離 E_C；於圖中可知 $[1 - f(E_V)]$ 較 $f(E_C)$ 為大，而 $[1 - f(E_V)]$ 代表在 E_V 能階上，電子沒有出現的概率，換言之 $[1 - f(E_V)]$ 代表電洞在 E_V 出現的概率，它遠大於在 E_C 處找到電子的概率 $f(E_C)$。同理，$(E_F - E_V)$ 可衡量電洞濃度的大小，如 E_F 愈近 E_V，電洞的濃度愈高。

本節討論至此，都是假設載體的濃度不很高，使得 $n_0 \ll N_C$ 或 $p_0 \ll N_V$ 的情況；假如半導體中摻入的雜質濃度很高（例如在矽單晶中 $N_D \geq 10^{18}$ #/cm³），以上討論的結果會有那些變更呢？

當 $(E_C - E_F)$ 或 $(E_F - E_V)$ 大於 $3KT$ 時，電子與電洞的分布會近似於波茲曼函數，在此情況下，載體的濃度不很高，類比於理想氣體中的分子濃度一般。一旦 E_F 或 E_V 邊緣的差距小於 $3KT$，此時之半導體載體濃度變高，載體在晶體中的波動函數會重疊，使得其**狀態密度**（Density of states）受到擾動不再呈拋物線函數分布，並呈現**扭曲現象**（Band distortion），甚至形成了「**能帶尾部**（Band tails），使得能帶間隙變小。如圖 4-19(a) 所示。

如果雜質濃度夠高 $(N_D > N_C)$ 或 $(N_A > N_V)$，E_F 就會進入導電帶及價電帶（正如雷射二極體狀況），此時，雜質的游離能為零，所有的雜質均會被游離，此時，自由載體的濃度變化會與溫度無關。

對於光電材料或元件而言，能帶間隙的變窄使得光吸收邊緣改變，**光激光譜峰值**（Photoluminescence peak）也會往較低能量方向移動（稱為紅移）；由

140　半導體材料與元件（上冊）

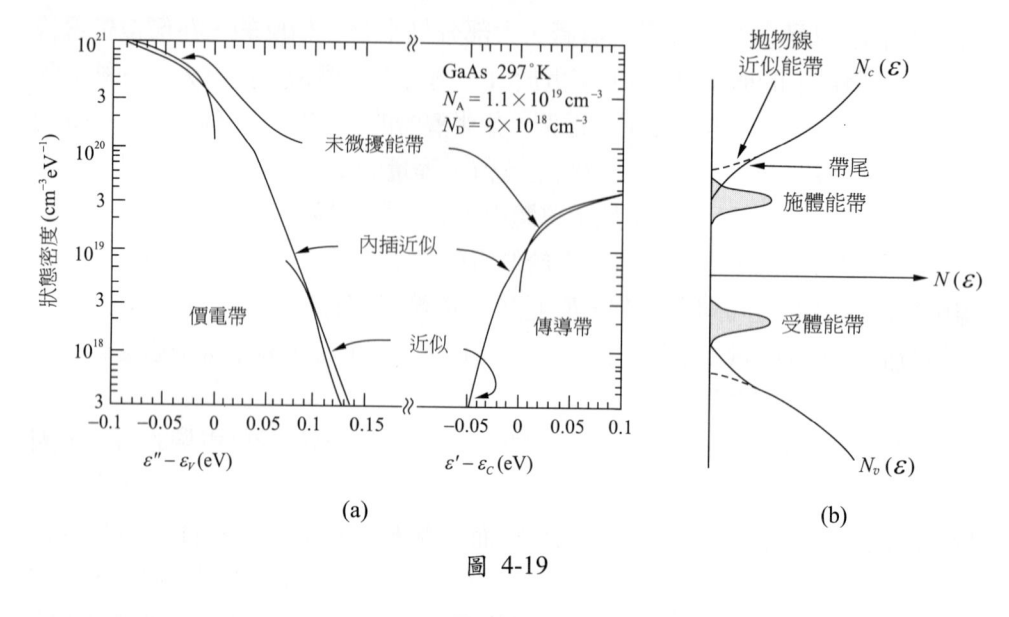

図 4-19

實驗結果得知 GaAs（300°K）能隙隨 p 及 n 值變窄的情形如下：

$$E_g = 1.424 - 1.6 \times 10^{-8}(p^{\frac{1}{3}} + n^{\frac{1}{3}}) \quad \text{(eV)} \tag{4-37}$$

高濃度摻雜（Heavy doping）形成的能帶變化示意圖如圖 4-19(b)。

4-6　載體的有效質量

　　載體在晶體中並非完全自由，因為它會受到週期性的晶格位能的限制，為了更容易瞭解載體在晶體中的傳輸現象，必須考慮載體在 K-空間中各方向的運動情形，然後總其成求出質量的平均值，即是本節所欲討論的**有效質量**（Effective mass）。

4-6-1　有效質量的計算

　　假如加一外力，例如加一電場，於晶體中時，晶體中電子會因此外力而產生的動量改變為

$$dP = \hbar dK = Fdt$$

即
$$F = \hbar \frac{dK}{dt} \tag{4-38a}$$

$$= m^*a = m^* \frac{dv_g}{dt} \tag{4-38b}$$

(4-38b) 式中 v_g 代表電子運動的群速度；而式中利用「質點-波動對偶性」，$\hbar K = m^* v_g$ 的關係。由 (3-7) 式群速度 $v_g \equiv \frac{d\omega}{dK}$

$$\therefore \frac{dv_g}{dt} = \frac{1}{\hbar} \frac{d}{dt}\left(\frac{dE}{dK}\right) = \frac{1}{\hbar} \frac{d}{dK}\left(\frac{dK}{dt} \frac{dE}{dK}\right) = \frac{1}{\hbar} \frac{d^2E}{dK^2} \frac{dK}{dt}$$

因此
$$\frac{dK}{dt} = \frac{\hbar}{(d^2E/dK^2)} \frac{dv_g}{dt} \tag{4-39}$$

(4-39) 式代入 (4-38a) 式得

$$F = \left(\frac{\hbar^2}{d^2E/dK^2}\right) \frac{dv_g}{dt} \tag{4-40}$$

由 (4-40) 式及 (4-38b) 式知

$$m^* = \frac{\hbar^2}{\dfrac{d^2E}{dK^2}} \qquad (\text{一維空間}) \tag{4-41}$$

由上可知電子的群速度係與能量函數對 K 的微分（即斜率）呈正比；而電子的有效質量 m^* 則與 E 函數在 K-空間的**曲率**（curvature）呈反比。

因為由能階圖 E_K 對 K 的關係中知，E_K 對不同 K 方向有不同的分布情形，因此有效質量亦必須由不同方向計算後加總的結果。有效質量的**張量元素**（Tensor element）可寫為

$$m^*_{ij} = \frac{\hbar^2}{\partial^2 E/\partial K_i \partial K_j} \; ; \qquad \frac{dv_i}{dt} = \frac{1}{m_{ij}} F_j \tag{4-42}$$

(4-42) 式中的有效質量 m^*_{ij} 係外力 $\vec{F_j}$ 作用於電子而產生 dv_i/dt 的加速度分量；i 及 j 代表 K-空間中的二座標軸。

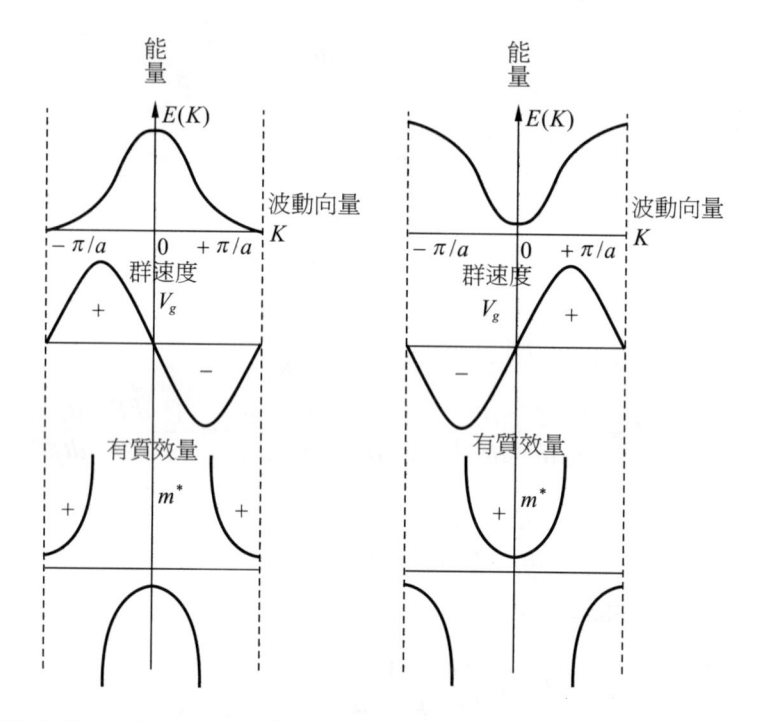

圖 4-20　兩個典型的能帶形狀所對應的有效質量 m^* 及群速度 v_g。

　　圖 4-20 解釋兩種不同的能量分布，其群速度 v_g 及有效質量 m^* 的相關情形。於圖中可以發現有效質量有正值、負值甚至無限大三種。當外力加於某電子後，如果朝作用力的方向加速的話，有效質量為正值；在第三章中已經介紹，於布里路因晶格區的邊界處 $(K = \pm \pi/a)$，$v_g = 0$，其曲率 $d^2E/dK^2 < 0$ 有效質量乃成為負值，它意指電子在此 K 值附近受力後，在晶格邊界受到反射，而使電子朝與力相反的方向加速（即減速）；假如外力加於晶體後，晶體內部會產生一內應力與之相抵消，好像電子無論受多大外力，在此 K 值均無法有加速度的產生，因此有無限大的有效質量。由以上討論可知，有效質量已經考慮了載體在晶體中受到各種不同外力時所生的**集總效應**（Lumping effects），所以說它是一種質量的平均值。

4-6-2　有效質量的測量

　　電子或電洞的有效質量，可以利用迴旋加速以產生諧振的原理測量得到。

受測的材料必須置於 4°K（液態氦）極低溫的環境中，使得載體與聲子的散射非常少，此時加上一靜態的固定磁場 B，並在半導體表面垂直的方向加入射頻的電磁功率，按照普通物理的原理，載體會如圖 4-21(a) 般的作螺管狀迴旋加速運動；圖中的 $E_∥$ 電場分量會使載體在與磁通平行的方向的平面上做圓周運動（此兩分量即形成螺管運動），圖 4-21(b) 即是沿著 B 方向看進去的側面情形，由圓周力等於磁力的關係，可得

$$\frac{m^* v_\perp^2}{r} = q v_\perp B$$

即

$$\omega_0 \equiv \frac{v_\perp}{r} = \frac{qB}{m^*} \qquad (4\text{-}43a)$$

(4-43a) 式中之 $v_\perp$ 為電場 $E_\perp$ 所給予載體的飄移速度分量；ω_0 為載體作迴旋加速「**迴旋頻率**」(Cyclotron frequency)。

高頻電磁場存在的區域是圖中的暗影部分，電子作圓周運動進入表層會面臨電磁場的作用，而對電磁場擷取或釋放能量。

在載體濃度及電磁頻率 ω_{EM} 很高的半導體中，電磁波只能存在於半導體的表層[4]，因此電子的運動軌道中之某一小部分才會進入上述電磁波存在的表層內，如果每次電子係在電磁波同一時相的時刻進入此表層，電子就會由磁場得到淨加速，換言之，電子會從電磁場中擷取能量，繼續保持固定半徑的圓周運動，這種現象叫做「**諧振吸收**」(Resonance absorption)。由上述情況可知，唯有當電子的圓周運動週期 T 是射頻電磁波週期 ($2\pi/\omega_{EM}$) 的整數倍時，才會發生諧振吸收，此時

$$T = n(2\pi/\omega_{EM})\,;\, n:任意整數$$

以頻率而論，當頻率 ω_{EM} 調整到迴旋頻率 ω_0 時，會發生諧振吸收，使得進入半導體中之射頻功率大部分被吸收；由此可測得載體之有效質量為

---

[4] 電磁波只存在於物質表層的效應叫「**集膚效應**」(Skin effect)；衡量電磁波可以穿透材料的深淺程度叫做「**穿透深度**」δ (Penetration depth)。在高頻、高濃度的半導體內，$\delta \equiv \frac{1}{\alpha} \simeq \left[\frac{\epsilon_0 c^2}{2\sigma_0 \omega}\right]^{\frac{1}{2}}$，因此，濃度愈高，導電率 σ_0 愈大，如果電磁波頻率 ω 亦高，穿透深度 δ 值就會很小，所以，電子運動的軌道半徑會遠大於 δ（請參考拙作「光電子學」3-2-1 節 [5]）。

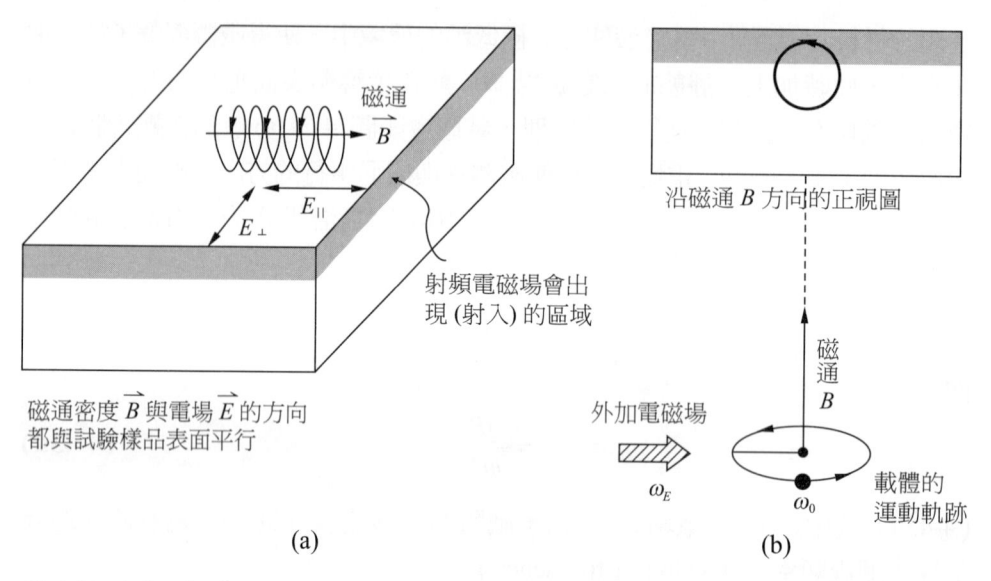

図(a)標註：磁通 $\vec{B}$、$E_\perp$、$E_\parallel$、射頻電磁場會出現(射入)的區域、磁通密度 $\vec{B}$ 與電場 $\vec{E}$ 的方向都與試驗樣品表面平行

圖(b)標註：沿磁通 B 方向的正視圖、外加電磁場、ω_E、磁通 B、ω_0、載體的運動軌跡

圖 4-21　利用載體的迴旋加速以測定有效質量的方法（載體（電子）迴旋進入電磁輻射區域時，會從電場獲得或喪失能量）

$$m^* = \frac{qB}{\omega_0} = \frac{qB}{\omega_{EM}} \tag{4-43b}$$

（4-43b）式所測得之有效質量 m^* 是一個平均值，適用於 4-4 節的「狀態密度」計算，又被稱為「**狀態密度有效質量**」（Density-of-state effective mass）。

矽及鍺晶體在 4°K 所測得的狀態密度有效質量 [11] 分別列舉如下：

鍺：$m_n^* = 0.55 m_0$　　　　　矽：$m_n^* = 1.1 m_0$
　　$m_p^* = 0.37 m_0$　　　　　　　$m_P^* = 0.56 m_0$

其中 m_n^* 及 m_p^* 依序代表電子及電洞的有效質量；m_0 則係自由電子質量。

4-7　載體濃度與溫度的依序關係

於 4-5 節曾經導出 n_i，為了方便列示於下：

$$n_i = \sqrt{N_C N_V}\, e^{-E_e/2KT} = 2\left(\frac{2\pi KT}{h^2}\right)^{3/2} (m_n^* m_p^*)^{3/4} e^{-E_s/2KT} \tag{4-44}$$

(4-44) 式中，m_n^* 或 m_p^* 對溫度的變化較小，能帶間隙 E_g 對溫度的變化則很明顯，可表示為

$$矽：E_g(T) = 1.17 - \frac{(4.73 \times 10^{-4})T^2}{T+636} \tag{4-45a}$$

$$鍺：E_g(T) = 0.74 - \frac{(4.77 \times 10^{-4})T^2}{T+235} \tag{4-45b}$$

$$砷化鎵：E_g(T) = 1.52 - \frac{(5.4 \times 10^{-4})T^2}{T+204} \tag{4-45c}$$

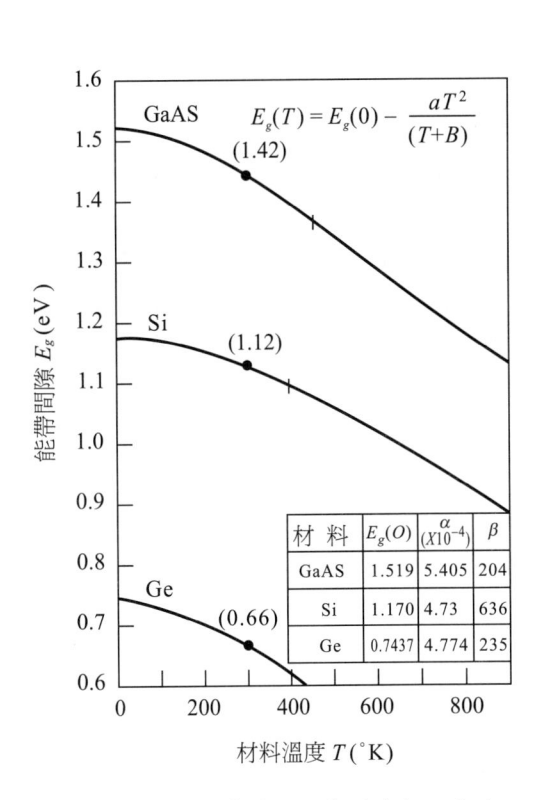

材料	$E_g(O)$	α ($\times 10^{-4}$)	β
GaAS	1.519	5.405	204
Si	1.170	4.73	636
Ge	0.7437	4.774	235

圖 4-22　半導體的能帶間隙與溫度的變化曲線

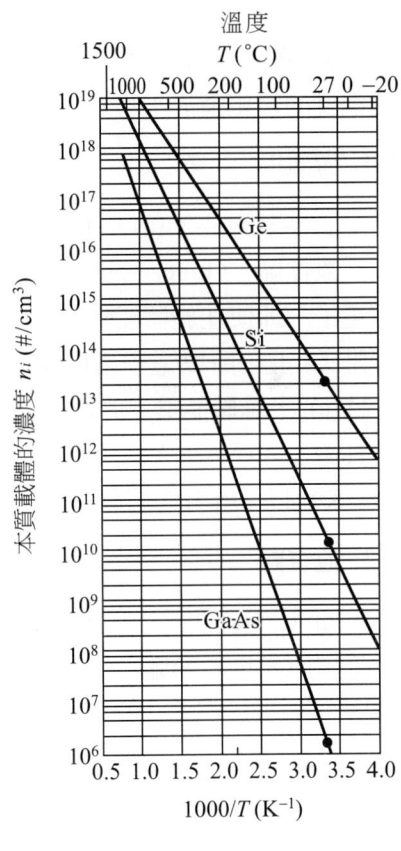

圖 4-23　三種最常用半導體材料的本質載體濃度隨溫度的變化情形

(4-45) 式繪於圖 4-22。而矽、鍺及砷化鎵晶體中載體的本質濃度 n_i 隨溫度 T 變化的情形可於圖 4-23 查知。

至於在他質半導體中，主要載體濃度的多寡有兩個來源，以 N 型半導體為例：

1. 由 N 型的雜質能階上之電子受激進入導電帶。
2. 價電帶電子受激進入導電帶。

假如是 P 型半導體，除了第 2 來源以外，受體能階接受價電子後，會在價電帶產生等量的電洞；不論 P 型或 N 型，主要載體濃度對溫度的變化都與圖 4-24(a) 相似。

圖 4-24(a) 是 N 型（$N_D \simeq 10^{15}$ #/cm^3）他質半導體主要載體（電子）濃度隨溫度的變化情形，可以分三個區域來討論：

1. 游離區

請參考圖 4-24(a)，曲線由原點至 B 點屬於**游離區**（Ionization region），又叫「**凍住區**」（Freeze-out region）。在原點 $T = 0°$K 時（參考圖 4-24(b)），不但價電子，即使在施體能階 E_D 上的電子因無激發能源，完全被冰凍在價電帶或能階 E_D 上，所以電子濃度 n 等於零；溫度漸次上升後（如在 A 點，參考圖 4-24(c)），施體能階上的電子逐漸被游離，而價電子被激發至導電帶的機率微乎其微，因此 $n \simeq N_D^+$，此處 N_D^+ 代表被游離的施體離子濃度。直至 B 點（$T \simeq 150°$K）時，所有的施體原子均被游離，所以 $n \simeq N_D$。

2. 他質區

圖 4-24(a) 曲線中的 BC 段叫「**他質區**」（Extrinsic region）。在此區域所有的施體原子均被游離，而雖然溫度增加的結果，本質濃度 n_i 漸增，但仍遠小於 N_D 值，因此本區域電子濃度 $n \simeq N_D$。

3. 本質區

圖 4-24(a) 曲線中的 CD 線段叫「**本質區**」（Intrinsic region）。溫度加至 480°K 左右（C 點）時，本質濃度 n_i 逐漸有凌駕於 N_D 的趨勢（參考 (4-44) 式），例如在線上的 D 點，本質濃度 n_i 遠大於雜質濃度 N_D，因此 $n \simeq n_i$。

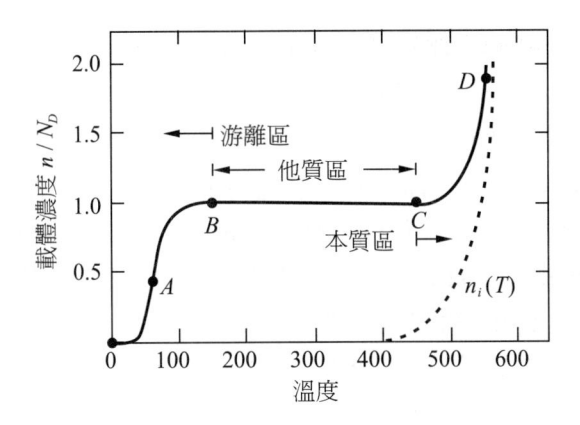

(a) 典型的 $n(T)$ 變化曲線

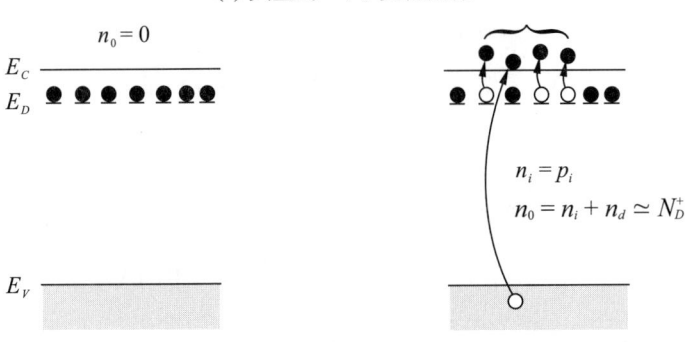

(b) 在原點 O 工作 (0°K)

(c) 在 A 點的低溫區工作

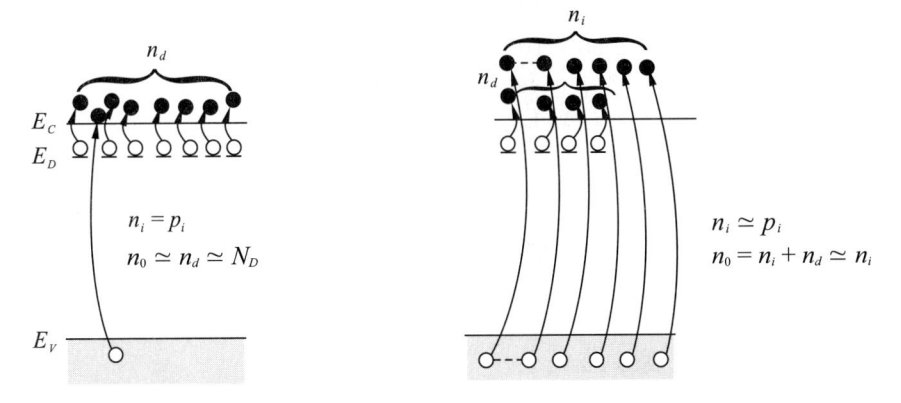

$n_i = p_i$
$n_0 = n_i + n_d \simeq N_D^+$

(d) 在 B 及 C 點的區域（中溫）工作

$n_i = p_i$
$n_0 \simeq n_d \simeq N_D$

(e) 在 D 點的高溫區工作

$n_i \simeq p_i$
$n_0 = n_i + n_d \simeq n_i$

圖 4-24　摻入磷的 N 型矽半導體的多數載體（電子）濃度與溫度的依存關係。
　　　　（$N_D \simeq 10^{15}$ #/cm^3）

半導體元件一般均工作於他質區（$n \simeq N_D$）；如果工作溫度過高（例如矽晶體加溫超過 480°K），他質半導體會具有本質半導體的特性，雜質濃度及本質濃度都會影響他質半導體變為本質半導體的溫度。由（4-44）式中知 E_g 值愈大，n_i 值愈小，因此能帶間隙 E_g 愈寬的半導體允許工作的溫度愈高。矽 [$E_g(300°K) = 1.12$ eV] 的工作溫度較鍺 [$E_g(300°K) = 0.66$ eV] 為高，砷化鎵晶體 [$E_g(300°K) = 1.42$ eV] 較矽晶體的工作溫度為高，因此太空站上的太陽電池很多是採用砷化鎵晶體製作的。

例 4-5

試用（4-35）式及（4-45）式計算 N 型半導體矽 [$N_D = 10^{15}(\#/\text{cm}^3)$] 在 667°K 時的電子及電洞濃度，並判定它是處在圖 4-24 中的哪一區段中？

假設計算 N_C 及 N_V 值所需數據完全與（例 4-4）相同。

解 $T = 667°K$ 時

$$E_g(T) = 1.17 - \frac{4.73 \times 10^{-4} T^2}{T + 636}$$

$$= 1.17 - \frac{4.73 \times 10^{-4} \times 667^2}{667 + 636} \simeq 1.01 \text{ eV}$$

利用（4-22）式與（4-27）式可求得

$$N_C = 1.35 \times 10^{19} \ (\#/\text{cm}^3)$$
$$N_V = 2.80 \times 10^{19} \ (\#/\text{cm}^3)$$

因此

$$n_i = \sqrt{N_C N_V} \operatorname{Exp}\left(\frac{-E_g(T)}{2KT}\right)$$

$$= (1.35 \times 2.8 \times 10^{38})^{1/2} \times \operatorname{Exp}\left[\frac{-1.01}{2 \times 0.026 \times (667/300)}\right]$$

$$\simeq 3.20 \times 10^{15} \ (\#/\text{cm}^3)$$

$$n_d = 10^{15} \ (\#/\text{cm}^3)$$

故總電子濃度

$$n_0 = n_d + n_i \simeq 4.20 \times 10^{15} \ (\#/\text{cm}^3)$$

電洞濃度 p_0 為

$$p_0 = n_i^2/n_0 = (3.2 \times 10^{15})^2/4.2 \times 10^{15} \simeq 2.44 \times 10^{15} \ (\#/\text{cm}^3)$$

在此高溫度下，半導體中的本質濃度 n_i 超過施體雜質所能貢獻給導電帶的電子濃度 n_d，因此它是處於圖 4-24 中的「本質區」內。

習 題

1. 波茲曼分布函數 $f_{MB}(E)$ 可應用在哪一種質點上面？這些質點有哪些基本特性？
2. 費米-笛拉克分布函數 $f_{FD}(E)$ 可應用在哪一類質點的預測？這些質點有哪些基本特性？
3. 愛因斯坦-伯斯分布函數 $f_{EB}(E)$ 可應用在哪一類質點的預測？這些質點有哪些基本特性？
4. 上述三種質點有哪些異同之處？列舉比較之。
5. 波茲曼分布函數 $f_{MB}(E) = A \operatorname{Exp}(-\beta E)$ 可以應用到理想氣體的預測上，此時假設 $E = mv^2/2$，即氣體分子幾近自由，不受位能的束縛。
   (a) 試計算在速度空間 v 與 $(v + dv)$ 區間內分子的總數。
   (b) 計算這些氣體分子所具有的總能量。
   (c) 求出經過規格化（Normalized）後的馬克士威爾-波茲曼速度分布函數 $f_{MB}(v)$。
   提示：$\int_0^\infty e^{-Ax} x^{1/2} dx = \dfrac{1}{2A}\sqrt{\dfrac{\pi}{A}}$；$\int_0^\infty e^{-Ax} x^{3/2} dx = \dfrac{3\sqrt{\pi}}{4A^{5/2}}$
   (d) 求出這些氣體分子所可能擁有的平均能量 (E)。
6. (a) 在何情況可以將 $f_{BE}(E)$ 應用在半導體內載體活動的預測上面？詳細說明它適用的原因。
   (b) 對於某半導體在室溫下，於高出 E_C 一個 KT 的能階上找得到電子的概率為 e^{-11}，請問此時費米階 E_F 離開 E_C 多遠？
7. 以光子來激發電子的轉移過程中，可以辨別何者為直接或間接半導體，繪出 E_K 對 K 的能帶圖相互比較「第三質點」的介入情形；為何在間接半導體內的電子轉移過程中會有晶格熱（Lattice heat）的授受關係？
8. (a) 計算矽單晶體在室溫（300°K）下的電子，電洞濃度及 $(E_C - E_F)$ 的值（即 E_F 的位置）。
   (1) 摻入 10^{15}（#/cm³）的硼（B）原子；
   (2) 同時摻入 3×10^{16}（#/cm³）的硼原子及 2.9×10^{16}（#/cm³）的砷（As）原子。
   (b) 以載體傳輸的觀點而言上述兩種他質半導體有何不同？

9. (a) 計算矽單晶體在 77°K（液態氮溫度）、室溫（300°K）及 100°C 時本質費米階 E_i 的位置；檢視 E_i 接近禁止帶中央的說法是否合理？假設 $m_p^* = 0.5m_0$，$m_n^* = 0.3m_0$ 而 $m_0 = 9.1 \times 10^{-31}$ 公斤。

(b) 已知在矽半導體中，$N_D = 10^{15}$ (#/cm^3)，$E_g(T) = 1.17 - \dfrac{4.73 \times 10^{-4} T^2}{T+636}$ (eV)，此處 T 為絕對溫度（°K）；試驗算在 $T = 667$°K 時，此 N 型半導體是否會變為本質半導體？扼要說明其原因。

10. 藉著費米-笛拉克分布函數的幫助：

(a) 說明為何在絕對零度（0°K）時的半導體為一絕緣體？

(b) 分別說明在 $T \neq 0$°K 時，於本質、N 型及 P 型半導體內，導電帶電子及價電帶電洞佔有能態的情形。

(c) 在室溫的本質矽半導體中，為何 n_0 及 p_0 不為零，即使此時的熱擾動 (KT) 只有 0.026 電子伏特？請注意禁止帶寬度 $E_g \equiv E_C - E_V = 1.12$ 電子伏特。

11. 電子的有效質量可以在迴旋加速的諧振試驗中求到：

(a) 導出電子在迴旋加速時的角頻率。

(b) 如果諧振頻率是 $5GH_z$，而磁通 $B = 2000$ 高斯，求電子的有效質量 m_n^*。

12. 以 N 型半導體為例，繪出 $n(T)$ 對溫度的變化情形；並分析在此曲線的三個區段中，載體濃度的消長情況，請以簡單的能階圖來加以說明。

13. 扼要的敘述下列名詞：

(a) 費米量子
(b) 伯斯量子
(c) 鮑立不相容原理
(d) 費米階
(e) 價電子與傳道電子
(f) 禁止帶與能隙 E_g
(g) 量子狀態
(h) N_C 與 N_V
(i) 聲子與晶格熱
(j) 質量作用定律
(k) 本質濃度 n_i
(l) 凍住的載體
(m) 非簡併半導體

參考資料

1. Eisberg & Resnick Quantum Physics, 1976.（儒林）
2. R. H. Bube, Electrons in Solids（歐亞）
3. R. A. Smith. Semiconductors, 2nd ed., Cambridge University Press. London, 1978.
4. W. Shockley, Electrons & Holes in Semiconductor, Van Reinhold company, Inc., 1950.
5. 余合興，光電子學，中央圖書出版社，1985。
6. J. R. Chelikowsky and Cohen, "Nonlocal Pseudopotential Calculations for the Electronic Structure of Eleven Diamond and Zinc-Blende Semiconductors" Physical Review, B14, 566, 1976.
7. C. D. Thurmond, "The Standard Thermodynamic Function of the Formation of Electrons and Holes in Ge, Si, GaAs and GaP", J. Electrochem. Soc., 122, 1133, 1975.
8. C. Kittel, Introduction to Solid State Physics, 5th ed., John Wiley & Sons, Inc., New York.
9. Streetman, Solid State Electronic Devices, 2nd ed., Prentice-Hall, Inc., Englewood, N. J. 1980.
10. R. H. Bube, Electronic Properties of Crystalline Solid, Academic Press, New York, 1974.
11. E. M. Conwell, "Properties of silicon and Germanium: II", Proceedings of the IRE, V. 46, No. 6, P.1281-1300, June, 1958.
12. Pierret, Modular Series on Solid State Devices, Purdue University 亞東, 1983.
13. A. Van Der Ziel, Solid State Physical Electronics, 3rd ed., 1968. 美亞
14. S. M. Sze, Physics of Semiconductor Devices, 2nd ed, John wiley & Sons, Inc., New York, 1981.

5 CHAPTER

半導體內的載體傳輸現象

半導體的發光現象
　　直接發光
　　間接發光
載體的存活時間與準費米階
　　載體的存活時間
　　準費米階
光激光譜的量測
載體的漂移
　　移動率、導電係數與電阻係數
　　溫度與雜質濃度對移動率的影響
　　高電場效應
　　霍爾效應
載體擴散
　　擴散過程
　　愛因斯坦關係式
　　總電流密度
連續方程式
載體的復合與產生
　　發光的復合過程
　　歐傑伊復合過程
　　藉著單一缺陷中心的載體產生與復合
　　載體的產生
表面復合
赫尼-蕭克萊實驗
習　題
參考資料

本書第四章已經介紹在熱平衡時載體濃度的變化情形，本章將繼續對半導體在不平衡狀態時載體的各種傳輸現象深入探討，也就是分析半導體在受外來的激發，如光照射、施加電場等影響之下，載體在半導體內的消長及其活動情形。

5-1 及 5-2 節以分解的過程，說明半導體受外來的擾源產生超額載體，然後以直接及間接發光的方式重行復合的過程，利用此過程介紹了重要的「少數載體存活時間」的觀念；5-4 節探討載體電場產生漂移的各種現象，也分析了高電場及霍爾效應；5-5 至 5-9 節說明載體因不均匀的空間分布所產生的擴散現象，並細究擴散時發生各種復合的過程，也介紹了它的逆過程──載體的產生，其中，5-5 節闡述了電荷不滅關係的連續方程式，藉著它可以瞭解載體在半導體內的時間及空間的變化情形，對於瞭解各種元件的基本特性，不可或缺。

5-1 半導體的發光現象

本節將給各位讀者簡介半導體內最常見也是最重要的發光現象，其中一種是直接發光，另外一種叫做間接發光現象。

5-1-1 直接發光

這種發光現象不經過第三質點的介入，當導電帶內的傳導電子與價電帶的電洞復合時，電子位能即轉換為光能射出。這種發光過程大部分在直接的化合物半導體內發生。

全部的發光過程如圖 5-1，分析如下：

過程(a)：價電子受外來的擾源**激發**（Excitation），進入導電帶成為**傳導電子**（Conduction electron），並同時於價電帶遺留一個電洞，產生了**電子-電洞對**（Electron-hole pair; EHP）。

過程(b)：受激的電子與晶體原子或其他質點碰撞、散射，損失部分能量，使得電子的總能量接近於導電帶邊緣 E_c。

過程(c)：一旦導電帶內的電子於價電帶內覓得空虛狀態（即電洞），電子即從導電帶移至價電帶，並釋放出光能，射出光子。此過程為自發性，因為電子是從高位能狀態自然轉移至低位能狀態。

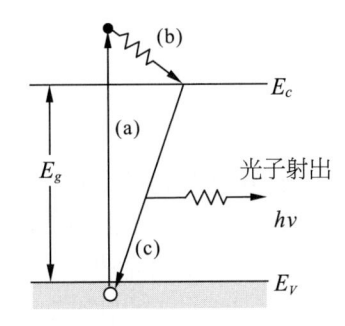

第五章　半導體內的載體傳輸現象　155

圖 5-1　半導體的直接發光過程

過程 (c) 中，電子與電洞再結合的現象叫**直接復合**（Direct recombination），因為復合時無聲子或其他**陷阱中心**（Trapping center）介入，所以電子由過程 (a) 中產生至過程 (c)，再與電洞復合而消失，所經過的**平均存活時間**（Mean lifetime）很短，一般是近於或小於 10^{-8} 秒因次，意指在擾動被移除後，平均於 10^{-8} 秒內，半導體就會停止光子的射出。

5-1-2　間接發光

這種發光現象與直接發光不同，因為電子由產生，再與電洞復合的中間，會有第三種質點的介入，詳細情形圖示於圖 5-2 中，分析如後：

過程(a)：能量大於 E_g 的外來擾動，在半導體內形成了電子－電洞對。

過程(b)：導電帶中的受激電子與晶格原子碰撞，損失部分能量，終至導電帶底部 E_c。

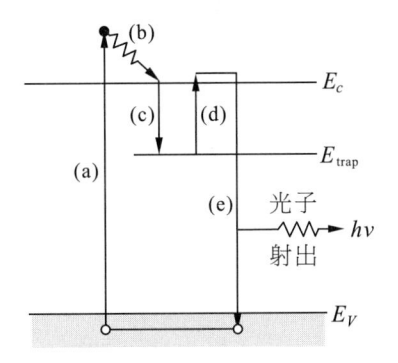

圖 5-2　半導體的間接發光過程

過程(c)：導電帶電子被陷阱中心捕捉。
過程(d)：陷阱中心內電子受熱擾動，再度被激發到導電帶。
過程(e)：電子終於與價電帶之電洞復合，而釋放出光能 $h\nu$。

　　假如電子於過程 (c) 後，被再激發至導電帶的機率很小，則電子由產生而至復合的存活時間將相對地加長。如果電子於過程 (d) 後，再被陷阱中心捕捉的機率遠大於過程 (e) 復合的機率，則電子在復合前，可能在陷阱中心 E_r 與導電帶 E_c 間往返多次，使得電子的平均存活時間延長很久，有時會長達數秒甚至數分鐘之久；彩色電視的螢光幕大都係採用這種存活期長的螢光劑 (如磷)，惟須妥慎選擇它發光的顏色範圍。圖 5-3 顯示另一有趣的復合現象。

　　圖中半導體的缺陷中心 E_r 遠低於費米階 E_F，由費米-笛拉克函數 $f_{FD}(E)$ 可知：

$$f(E_r) = \frac{1}{1+e^{(E_r-E_F)/KT}} \simeq 1 \quad (如\ E_r \ll E_F)$$

亦即缺陷中心幾乎完全被電子填滿；此時分析這個間接復合過程如下：

過程(a)：半導體受外來的擾動，產生了電子-電洞時（ *EHP* ）。
過程(b)：受激電子與晶格原子碰撞並損失部分能量。
過程(c)：**缺陷中心** (Defect center) E_r 電子降落至價電帶的空狀態；此過程相等於在 E_r 處遺留一空狀態，好像價電帶的電洞被捕捉至 E_r，叫做**電洞捕捉** (Hole capture)。

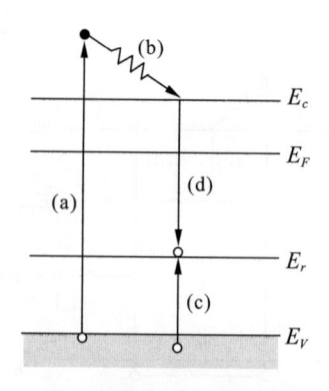

圖 5-3　電子經過復合中心的間接復合過程

過程(d)：導電帶子即時進入 E_r 內的空狀態與之復合，電子-電洞對消失；它猶如 E_r 的空狀態從導電帶捕捉一個電子，叫做**電子捕捉**(Electron capture)。

過程 (c) 與過程 (d) 都會釋放出熱或光能，視材料類型及雜質而定；如純的磷化鎵 (GaP) 為間接半導體，如摻入氮原子 (N) 雜質，受激後可釋放出綠色光；其他類似例子在討論發光二極體 (LED) 時會深入介紹。電子由產生至復合消失的存活時間，端視缺陷中心於捕捉到某種載體後，是否可以即時的捕捉到相反極性的載體來復合；假如無法即時捕捉到另一相反極性的載體，則原被捕捉之載體很可能又被激發至原來的狀態；以圖 5-3 為例，如 E_r 捕捉到電洞後，無法即時從導電帶捕捉到電子，則 E_r 上的電洞很可能被再激發至原來的價電帶內。

假如缺陷中心捕捉了載體後，再激發至原來狀態的機率遠大於捕捉相反極性載體復合的機率，此缺陷中心叫做**陷阱中心**(Trapping center)。相反地，如

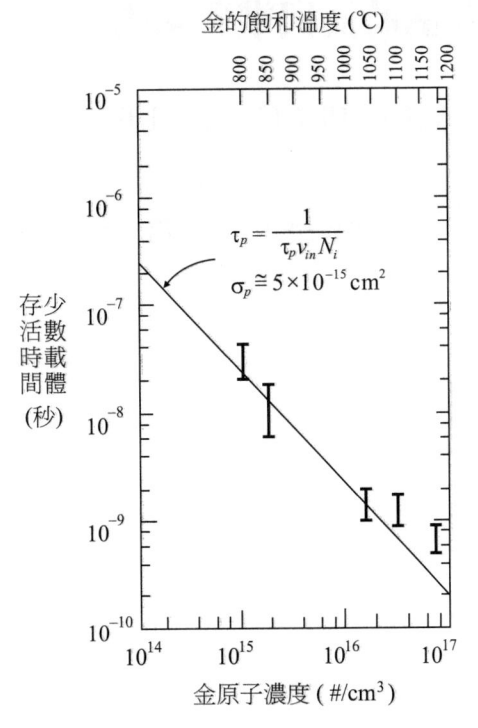

$$\tau_p = \frac{1}{\tau_p v_{in} N_i}$$

$$\sigma_p \cong 5 \times 10^{-15} \, cm^2$$

圖 5-4　在 N 型矽晶體中，電洞存活時間與金原子濃度的關係〔1〕

果缺陷中心捕捉載體後，下一個最可能的步驟是捕捉相反極性的載體以進行復合，則此缺陷中心叫**復合中心**（Recombination center）。因此，如果間接復合係經過陷阱中心的介入，其載體存活期較長；若復合係經過有效的復合中心幫助完成，則載體存活期較短。

依照**蕭克萊-李德-霍爾理論**（Shockley-Read-Hall theory）（詳見 5-6 節）推算，有效的復合中心接近禁止帶的中央，即 $(E_c+E_v)/2$ 附近。在矽晶體中摻入**金原子**（Gold doping），即可締造有效的復合中心，它可相當有效的減少少數載體的存活期。

圖 5-4 顯示，在 N 型的矽晶體中，金原子濃度增加時，電洞存活時間逐漸遞減的情形。

本節所述的只是半導體內發光的物理現象，至於引起發光或發熱的各種復合過程，留待本書 5-6 節再一一介紹。

5-2 載體的存活時間與準費米階

5-2-1 載體的存活時間（Carrier lifetime）

於 5-1 節，我們已討論過超額的電子-電洞對之變化情形，本節要更深入的分析半導體在**光脈波**（Light pulse）的激發後，少數的超額載體之衰減情形。

假設有一 P 型直接半導體，在熱平衡時的電子濃度為 n_0，在價電帶平衡

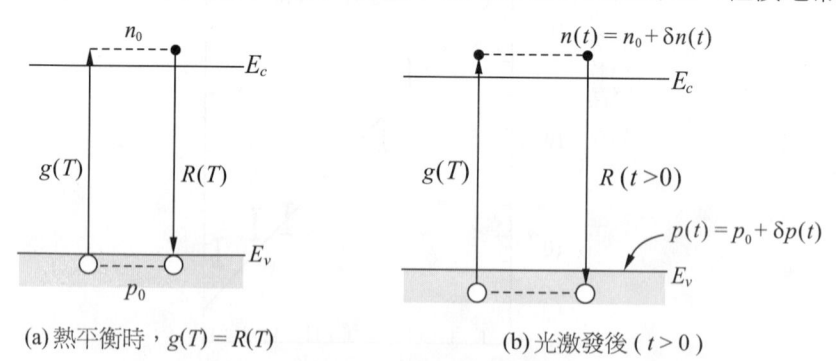

(a) 熱平衡時，$g(T) = R(T)$

(b) 光激發後（$t>0$）

圖 5-5　(a)熱平衡狀況下之載體產生與復合情形
　　　　(b)光脈波於 $t = 0^+$ 後移走，材料內超額載體衰減情形

的電洞濃度是 p_0，則任何時間，造成載體衰減的復合率 R 係正比於當時半導體內的電子及電洞濃度 n_0 及 p_0，則

$$R(T) = \alpha_r n_0 p_0 = \alpha_r n_i^2 \qquad (5\text{-}1)$$

此處 α_r 為復合比率係數。在熱平衡時，**載體產生率**（Carrier generation rate）$g(T)$ 必須等於載體復合率 $R(T)$，即

$$g(T) = R(T) = \alpha_r n_i^2 \qquad (5\text{-}2)$$

上式所指之載體產生，包括了由雜質或缺陷中心及由價電帶至導電帶所產生的所有電荷。

假如有一 P 型直接半導體在 $t = 0$ 的瞬間受到光脈波的照射，此**光激發**（Optical excitation）在半導體內產生了 Δn 濃度的超額電子，此光脈波隨後在 $t = 0^+$ 時消失，則半導體內的超額電子會與電洞復合而逐漸衰減，而終於回復到熱平衡時的濃度 n_0（請參考圖 5-6）。

因為在半導體內發生的復合是一種自發性的過程，超額電子與電洞復合的衰減率可以下式表示為

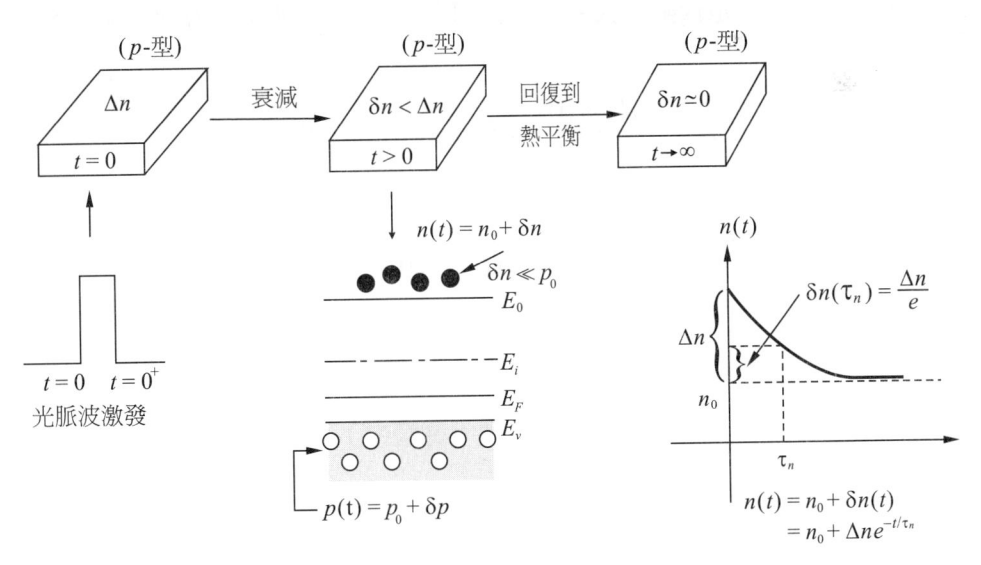

(a) p 型半導體在短暫光激發後少數載體的變化情況

(b) 超額電子濃度 $\delta n(t)$ 的衰減情形

圖 5-6　少數載體在半導體內的存活時間

$$\frac{-dn}{dt} = \alpha_r n(t)p(t) - g(T) \qquad (5\text{-}3)$$

（5-3）式中等號右邊的第一項代表在時間 t 的復合率；第二項為載體的**熱產生率**（Thermal generation rate）；$n(t)$ 及 $p(t)$ 分別為光激發後的電子總濃度[1]，它可以表示為 $n(t) = n_0 + \delta n(t)$，$p(t) = p_0 + \delta p(t)$，其中 $\delta n(t)$ 及 $\delta p(t)$ 分別為時間 t 在材料內所存在的超額電子及電洞濃度。如果半導體內沒有陷阱中心捕捉載體，則熱力學的「**細部平衡原理**」（Detailed-balance principle）恆成立，即

$$\delta n(t) \simeq \delta p(t)$$

此時（5-3）式可化簡為

$$\begin{aligned}\frac{-dn(t)}{dt} &= -\frac{d[\delta n(t)]}{dt}\\ &= \alpha_r[n_0 + \delta n(t)][p_0 + \delta p(t)] - \alpha_r n_i^2\\ &= \alpha_r n_0 p_0 + \alpha_r[(n_0 + p_0)\delta n(t) + \delta n^2(t)] - \alpha_r n_i^2\\ &= \alpha_r[(n_0 + p_0)\delta n(t) + \delta n^2(t)]\end{aligned} \qquad (5\text{-}4)$$

如果此光激發是**低階注入**（Low-level injection），則 $\delta n = \delta p \ll p_0$，（5-4）式乃變為

$$\frac{-dn}{dt} = \frac{-d[\delta n(t)]}{dt} \simeq \alpha_r[(n_0 + p_0)\delta n(t)] \qquad (5\text{-}5)$$

（5-5）式的解是一種指數衰減的函數，即

$$\begin{aligned}\delta n(t) &= \delta n(0) \operatorname{Exp}[-\alpha_r(n_0 + p_0)t]\\ &\equiv \Delta n e^{-t/\tau_n}\end{aligned} \qquad (5\text{-}6)$$

此處 $\tau_n \equiv$ 少數載體（電子）的存活時間

$$= \frac{1}{\alpha_r(n_0 + p_0)} \simeq \frac{1}{\alpha_r p_0} \text{（在 } p \text{ 型半導體中）}$$

$\Delta n \equiv$ 超額電子濃度之起始值 $= \delta n(0)$

1　載體的熱產生率與材料的絕對溫度 T 有密不可分的關係，所以記為 $g(T)$；此時 $n(t) \equiv n_0 + \delta n(t)$，$n_0$ 為熱產生電子平衡濃度，而 $\delta n(t)$ 為光激發所生之超額電子濃度。

少數載體(電子)在多數載體(電洞)的環伺之下所能生存的平均時間即為 τ_n，也就是超額的少數載體由產生，因復合而恢復平衡所經過的平均時間。在 (5-7) 式中可以瞭解，半導體多數載體濃度（$p_0 \simeq N_A$）增高，則少數載體的存活時間減少，這是因為雜質濃度增加後，電子與電洞散射的機會增大，復合率增加的緣故。

也可以由 (5-6) 式知悉，τ_n 是在 $t = 0$ 光激發產生 Δn 的超額電子後，其超額濃度 δn 衰減至初始值 ($1/e$) 倍所需的時間。圖 5-6 是上述載體衰減的整體情況及少數載體濃度對時間的變化情形。

5-2-2 準費米階

在熱平衡狀態下，電子與電洞濃度可分別(請參考 4-5 節)表示為

$$n_0 = n_i \operatorname{Exp}\left[\frac{E_F - E_i}{KT}\right] ; \; p_0 = n_i \operatorname{Exp}\left[\frac{E_i - E_F}{KT}\right]$$

其中 E_F 為熱平衡時材料的費米階。相對地，在不平衡狀態下，電子及電洞濃度 n 及 p 可表示為

$$n = n_0 + \delta n \equiv n_i \operatorname{Exp}\left[\frac{F_n - E_i}{KT}\right] \tag{5-7a}$$

$$p = p_0 + \delta p \equiv n_i \operatorname{Exp}\left[\frac{E_i - F_p}{KT}\right] \tag{5-7b}$$

上式中，δn 及 δp 為電子及電洞注入的超額濃度。F_n 及 F_p 分別為電子及電洞在不平衡狀態下的費米階，稱為「**準費米階**」(Quasi Fermi levels)。有些教科書稱它為「IMREF」，是以「Fermi」的相反順序大寫來註記它，以它來**類比** (Analog) 平衡狀態時的費米階，解釋如例 5-1。

例 5-1

有一矽晶圓摻雜有 $N_D = 10^{15} \text{ cm}^{-3}$，在 300°K 時 $n_i = 1.45 \times 10^{10} \text{ cm}^{-3}$。
(a) 以 E_i 為參考位階，計算 n_0、p_0 及 E_F 的位置。
(b) 有穩定光源入射此晶體，產生穩態的 $\Delta n = \Delta p = 10^{12} \text{ cm}^{-3}$。假設此樣品很薄，光激發產生之載體在材料內會呈均勻分布，求材料內的 n, p 及 F_n 與 F_p 的位置。

(c) 假設 $\Delta n = \Delta p = 10^{18}$ cm^{-3}，重做 (b)。

解 (a) $n_0 \fallingdotseq N_D$（室溫時完全游離）
$= 10^{15}$ (cm^{-3})
$p_0 = n_i^2 / N_D = 2.1 \times 10^5$ (cm^{-3})
$E_F - E_i = KT \ln(n_0 / n_i) = 0.0259 \ln[10^{15} / 1.45 \times 10^{10}] = 0.29$ (eV)

(b) $n = n_0 + \Delta n = 10^{15} + 10^{12} \simeq 10^{15}$ (cm^{-3})
$p = p_0 + \Delta p = 2.1 \times 10^5 + 10^{12} \simeq 10^{12}$ (cm^{-3})

代入（5-7）式，可解得 IMREF 為

$F_n - E_i = KT \ln[n / n_i] = 0.0259 \ln[10^{15} / 1.45 \times 10^{10}] = 0.29$ (eV)
$E_i - F_p = KT \ln[p / n_i] = 0.0259 \ln[10^{12} / 1.45 \times 10^{10}] = 0.11$ (eV)

(c) $n = n_0 + \Delta n = 10^{15} + 10^{18} \simeq 10^{18}$ (cm^{-3})
$p = p_0 + \Delta p = 2.1 \times 10^5 + 10^{18} = 10^{18}$ (cm^{-3})
$F_n - E_i = KT \ln[n / n_i] = 0.47$ (eV)
$E_i - F_p = KT \ln[p / n_i] = 0.47$ (eV)

將 (a) 及 (c) 圖示於圖 5-7 可發現，當外來的激發產生不平衡的程度愈大時，$(F_n - F_p)$ 差距愈大。在熱平衡時，$F_n = F_p \equiv E_F$；在情況(b) 的低階注入（$\Delta n < n_0$）情況，多數載體濃度變化比例不大，故 F_n 的位置與 E_F 相同；但少數載體（電洞）濃度由 10^5 遽變到 10^{12} (cm^{-3})，因此，其準費米階 F_p 會遠離熱平衡 E_F 有 0.40 eV 之差距；在情況(c) 的高階注入情況，此差距擴大為 0.76 eV，

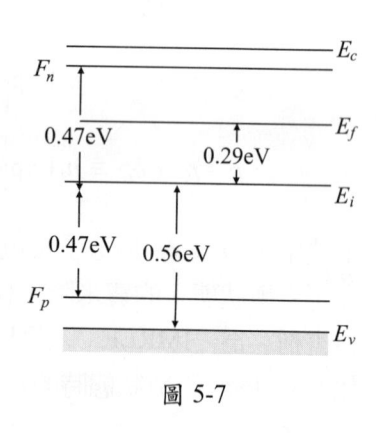

圖 5-7

由上結論可知，準費米階離開熱平衡 E_F 的差距，可充分反映不平衡狀態下載體注入幅度的大小。

例 5-2

量測少數載體存活時間（τ）的一種方法。

解 圖 5-8 是一種實驗技巧以估計光電材料內存活時間 τ 的系統安排。待測

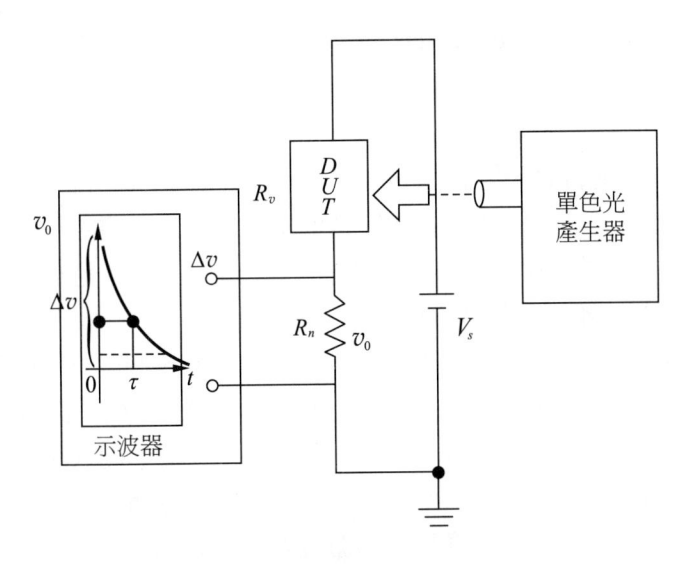

圖 5-8　以高靈敏度（＞1GHz）示波器測量少數載體存活時間的系統佈置圖。

樣品（DUT）受單色光光脈波的激發後，於 $t = 0^+$ 移走（熄滅）。此時材料之導電係數 $\sigma(t) = q[\mu_n n(t) + \mu_p p(t)]$

輸出電壓訊號 $v_0(t) = V_s \times \left[\dfrac{R_n}{R_n + R_v}\right]$，而 $R_v(t) = \dfrac{1}{\sigma(t)}\dfrac{l}{A}$。

當 $t = 0^+$ 後，$n(t)$ 及 $p(t)$ 因復合而下降，$\sigma(t)$ 隨之降低，使得 $R_v(t)$ 上升，$v_0(t)$ 之波形變化會如圖般衰減，掃描 v_0 後予以儲存。因為 $v_0(t)$ 事實上反映了導電率 $\sigma(t)$ 與少數載體濃度的變化，我們即可據以估計出 τ 值的大小（τ 值為電壓 v_0 衰減至其 (1/e) 的時間）。

5-3　光激光譜的量測

材料或元件光電特性是否良好，必須事先加以測量或觀測，使用的方法視材料的種類、材料或元件的規格，以及設備的投資成本等不一而足。基本的光電特性通常可由**光激光譜**（Photoluminescence spectrum）、光電流或**電激光譜**（Electroluminescence spectrum）觀測獲得。後兩者的量測因為必須

事先製成**歐姆接觸**（Ohmic contacts），以加逆向偏壓或激發電流，使得光激光譜之量測相對簡單；此外，因為電效應的加入，常會產生溫度變化或折射指數改變等效應，也會使量測結果更加複雜。

Ⅲ-Ⅴ族或其他**合金半導體**（Alloyed semiconductors）的特性分析，以光激光譜（PL）的技巧較廣泛被採用；PL 量測除可知悉半導體內基本的復合過程外，也可利用它來瞭解材料的其他特性。它是一種非破壞性過程，可用以瞭解整塊或磊晶薄層因不同生長技術所生的特性差異。

本章第一節中，扼要介紹了材料內發光性復合的幾個現象，在不平衡的**光泵激**（Optical pumping）情況下，材料內會因光激發而產生超額載體，並藉著復合而恢復平衡或達到**穩態**（Steady state），此一由光激發而逐漸經發光性復合的現象稱為「**光激發光**」（Photoluminescence；PL）。相對地，由電流注入以產生電激發而產生發光性復合的現象叫「**電激發光**」（Electroluminescence；EL）。雖然激發方式不同，發光的基本原理卻相當一致。必須特別提醒讀者，光或電激發的結果，其超額載體也會藉著**非發光性復合**（Nonradiative recombination），即發熱性復合，而衰減；材料內發光與不發光的復合過程相互競逐，決定了它的整個復合機制。在光電的應用中，如何有效地抑制發熱性復合過程是每位研發者必須面對的重要課題，因為非發光性復合率的減低意味著光電轉換效率的直接提升，對元件的光電特性改善會有明顯的助益。

圖 5-9 中，光源是**泵激雷射**（Pump laser），常用的有氬離子（Argon）雷射，氦-鎘（He-Cd）或摻鈦的藍寶石（Al_2O_3：Ti）雷射，視需用的功率大小及泵激波長而選定。經過 N.D 濾波器後，注入樣品的光功率大小獲得調整。固定的光訊號經過**切碎器**（Chopper）後變成光脈波訊號，頻率約在 200～500 Hz 之間，光脈波除引入樣品外，也被用來當做**相鎖放大器**（Lock-in amp）的參考光源。

量測的樣品通常置放在低溫（如 77°K）的**冷凝器**（Dewar）中，以移除量測時的熱效應干擾。樣品座也可設計在 X-Y 工作檯上，如此 PL 量測可因 X-Y 座標的調整，觀察到樣品不同位置的特性，以得到 PL 的空間分布情形，是一種用途廣泛的設計。

光訊號經過解析度約 1～2Å 的**光譜儀**（Spectrometer）或單色光產生器（Monochromator）內的光柵作用，會輸出不同波長不同強度的單色光，經

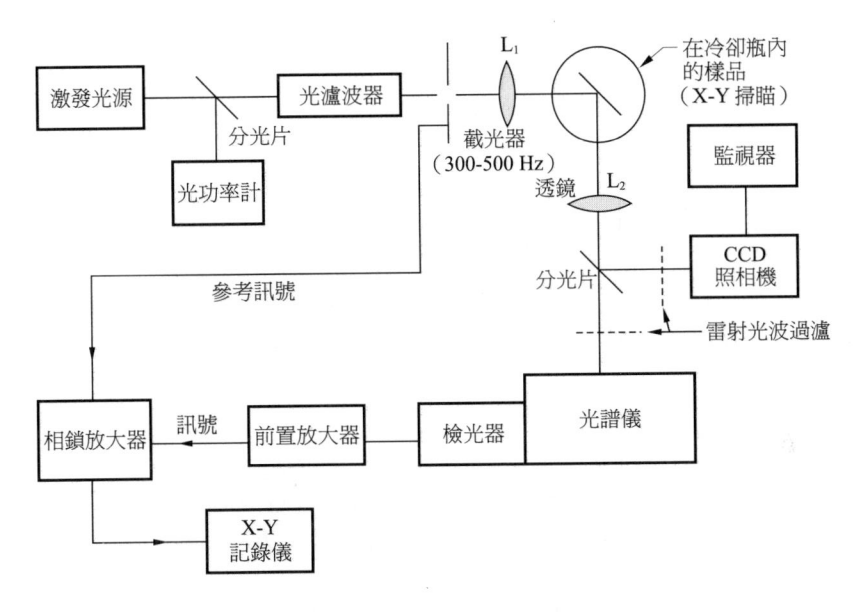

第五章　半導體內的載體傳輸現象　165

圖 5-9　PL 量測系統的構成

過 Ge 或 InGaAs 等高靈敏度檢光器檢出光電流，輸入相鎖放大器做精密量測後，可利用自動讀取系統，擷取光強度對不同的波長的光譜分布，也可利用**繪圖儀**(Plotter) 輸出其 PL 曲線。

如果要觀測材料極細微的變化，樣品必須置放在低溫的 77°K (液態氮) 或液態氦 (4°K) 的環境下測試，以抑低熱效應的影響。泵激雷射光功率通常介於 10～50 mW 之間，雷射光點之直徑大小約介於 100～500 μm 之間，其泵激波長如果小於PL峰值波長很多，會形成過多的**熱電子-鬆弛效應**(Thermal relaxation)[2]，必須加以考慮及防止。

圖 5-10 是 GaAs 量子井材料在 77°K 量取到的 PL 分布。其 PL 峰值的不同波長位置表示此GaAs量子井結構之能隙已經被「**能隙工程**」(Bandgap engineering) 技術所微調，每一峰值波長可反映出此量子井結構最強的發光性復合之能階位置及屬性。

2　簡稱熱鬆弛效應—它是傳導電子在導電帶內因其動能與晶格原子散射逐漸釋放能量的情形。

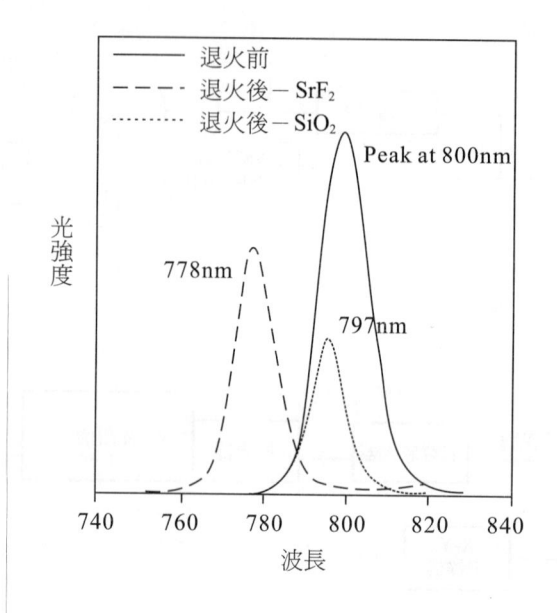

圖 5-10　不同能隙結構的 GaAs 量子井 PL 分布（77°K）〔2〕

5-4　載體的漂移

　　本節主要在探討載體在電場內的活動情形，除了介紹**移動率**（mobility）的基本定義外，也分析它與電場、溫度及雜質濃度間的相互關係，最後再介紹載體在電場與磁場同時出現的活動情形。

5-4-1　移動率、導電係數與電阻係數

　　假設半導體內每單位體積（cm³）內有 n 個電子，則電場 ε_x 所加給這些電子的力為

$$\vec{F}_x = \frac{dP_x}{dt} = -nq\varepsilon_x \tag{5-8}$$

　　這些電子受電場的作用後，並非全然的產生加速運動，因為在電子的旅行過程中，會受到晶格原子，雜質離子或其他電子的不斷散射而產生減速作用，在穩定的狀態下，這些加速運動會與散射的減速作用平衡，使得這些載體的動量沒有甚麼改變而有穩定的電流通過。

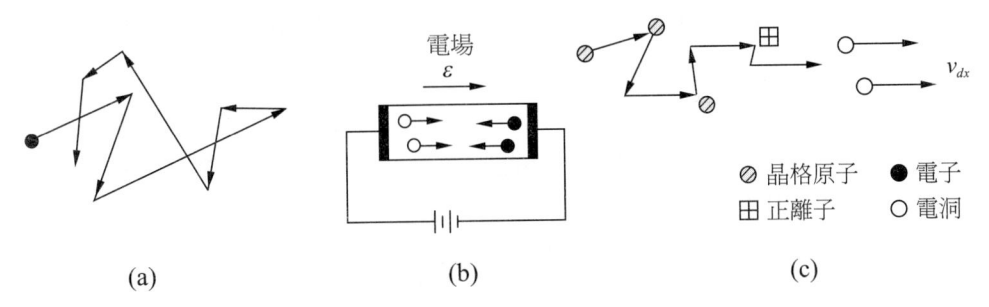

圖 5-11 (a)載體在熱平衡時的隨機運動情形（Random motion）
(b)載體在電場下的漂移現象

　　如果電子在各種的散射過程是純然的漫無目的式的進行，則電子在任何時刻與其他質點散射的機率恆保持一定。假設 $t = 0$ 時有 N_0 個電子，而在時間 t 時仍有 $N(t)$ 個電子未與其他質點散射，$N(t)$ 隨時間的遞減率會正比於在時間 t 時未與其他質點散射的電子數 $N(t)$，即

$$\frac{-dN}{dt} = \frac{1}{\tau} N(t) \qquad (5\text{-}9)$$

(5-9) 式中 $(1/\tau)$ 代表比例係數；(5-9) 式的解為

$$N(t) = N_0 e^{-t/\tau} \qquad (5\text{-}10)$$

τ 代表各散射過程間平均所需的時間，叫做「**平均自由時間**」（Mean free time）。在 dt 的時間內，任何電子產生散射的機率為 (dt/τ)，因此在 dt 的時間內，因半導體內的載體在沒有外加電場或磁場作用的熱平衡狀態時，載體活動的原因主要是由於**熱擾動**（Thermal excitation）；載體受到熱擾動時，其活動的途徑會受到與其他質點散射的影響，而呈現**漫無目的式的活動**（Random motion），圖 5-11(a) 表示載體在熱擾動時的活動情形，此時**載體的熱速率**（Thermal speed）可由下式得到

$$\frac{1}{2} m_0^* v_{th}^2 = \frac{3}{2} KT \qquad (5\text{-}10b)$$

在 300°K 的矽晶體中，電子的熱速率 $v_{th}^2 \simeq 10^7$ cm/sec；雖然電子在熱擾動中有相當大的速率，但因為運動方向沒有規律，整體而言，其平均運動速率 v_d 接近於零，因此不會有**淨電荷的流動**（Net charge flow），所以電流為零。

載體在外加電場的作用下引起的移動叫做**漂移**（Drift）；如圖 5-11(b)，電子在半導體塊中受到 ε_x 的影響向左漂移，而電洞則向右漂移，圖 5-11(c) 係以微觀的觀點描繪電洞在受到電場 ε_x 的作用，因它與晶格原子、雜質離子或其他載體產生散射，仍會有迂迴曲折的運動途徑，整體而言，載體有淨位移或淨速度產生，所以內部會有淨電流的流通。因為散射而產生的動量改變為

$$dP_{xs} = -P_x \left(\frac{dt}{\tau} \right)$$

即

$$\frac{dP_{xs}}{dt} = -\frac{P_x}{\tau} \tag{5-11}$$

在穩定狀態下，載體的加速大小恆等於減速大小，即

$$F_x = \frac{dP_x}{dt} = -nq\varepsilon_x = -\left(\frac{dP_{xs}}{dt}\right) = \frac{P_x}{\tau}$$

電子在穩態時的平均動量乃為

$$\langle P_x \rangle = \frac{P_x}{n} = -q\tau\varepsilon_x \tag{5-12}$$

電子在負 $\hat{x}$ 方向的平均漂移速度 v_{dx} 為

$$\langle v_{dx} \rangle = \frac{\langle P_x \rangle}{m_n^*} = \frac{-q\tau}{m_n^*}\varepsilon_x \tag{5-13}$$

此時之漂移電流密度 $J_{nx}|_{\text{drift}}$ 為

$$J_{nx}|_{\text{drift}} = -qn \langle v_x \rangle = \frac{nq^2\tau}{m_n^*}\varepsilon_x = \sigma_n\varepsilon_x \tag{5-14a}$$

（5-14a）式又被稱為「**微觀的歐姆定律**」（Microscopic Ohm's Law）。

此處

$$\sigma_n \triangleq \frac{nq^2\tau}{m_n^*} \equiv qnu_n \tag{5-14b}$$

$$\mu_n \triangleq \frac{q\tau}{m_n^*}$$

σ_n 為導電係數，μ_n 則係**電子的移動率**（Electron mobility）。移動率是載體在半導體中是否容易漂移的衡量標準。由（5-14a）式及（5-14b）式可得

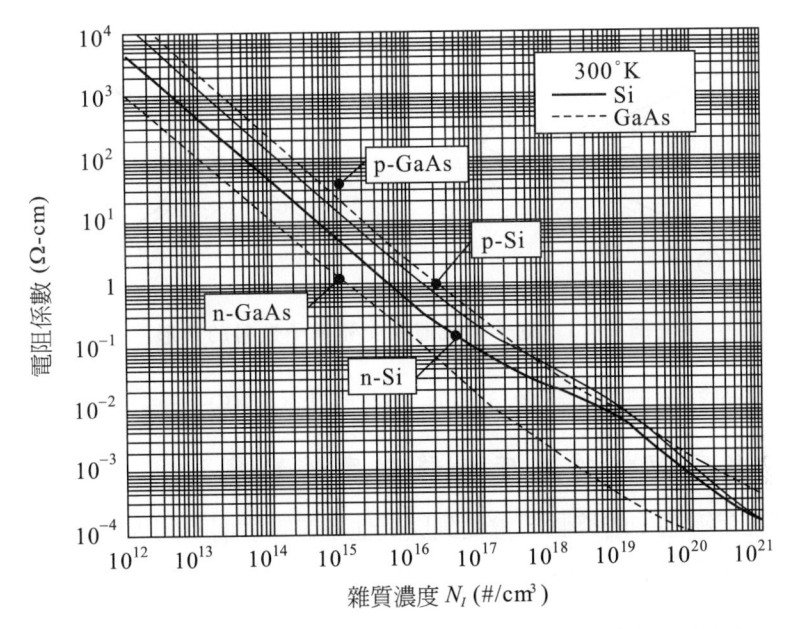

圖 5-12 矽與砷化鎵晶體的電阻係數隨摻入雜質之濃度的變化情形

$$\mu_n = -\frac{\langle v_{dx} \rangle}{\varepsilon_x} \tag{5-15}$$

在矽單晶中，$\mu_n \simeq 1350 \text{ cm}^2/\text{V-sec}$，如 $\varepsilon_x = 10 \text{ V/cm}$，則 $v_{dx} \simeq 1.35 \times 10^4 \text{ cm/sec}$，可見它遠小於電子的熱速率 v_{th} ($\sim 10^7 \text{ cm/sec}$)。

同理，因為電洞漂移所產生的電流密度 $J_{px}|_{\text{drift}} = q\mu_p p\varepsilon_x$，其中 μ_p 為電洞的移動率。總漂移電流密度 J_x 乃為

$$\begin{aligned} J_x|_{\text{drift}} &= J_{nx}|_{\text{drift}} + J_{px}|_{\text{drift}} \\ &= q(n\mu_n + p\mu_p)\varepsilon_x \equiv \sigma\varepsilon_x \end{aligned} \tag{5-16}$$

此處 $\sigma \triangleq q(n\mu_n + p\mu_p)$。

所謂的**電阻係數**（Resistivity）ρ 乃是導電係數 σ 的倒數，

即

$$\rho \equiv \frac{1}{\sigma} = \frac{1}{q(\mu_n n + \mu_p p)} \tag{5-17}$$

圖 5-12 是在砷化鎵及矽晶體中所測之電阻係數 ρ 與雜質濃度 N_I 的變化情形；在室溫（300°K）及低濃度的情況下，所有的雜質都會被游離，所以載

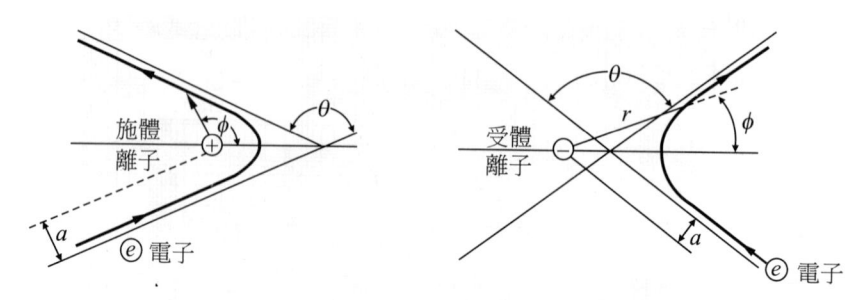

圖 5-13　電子與施體及受體離子散射的情形

體濃度近於雜質的濃度，因此 ρ 與 N_I 乃有反比的關係出現。

5-4-2　溫度與雜質濃度對移動率的影響

載體在半導體中的移動，會受到與其他各質點散射不同程度的影響，其中最普遍而且重要的有兩種：

1. 雜質散射（Impurity scattering）

在低溫時（如 100°K 的矽晶體中），晶格因振動所生的**聲子**（Phonon）對載體的運動較不重要。而由 4-7 節可知矽晶體內的雜質在 150°K 左右幾乎完全被游離，這些雜質離子對載體產生散射的情形可由**拉塞福散射**（Rutherfold Scattering）理論（請參考 1-7 節）得知其梗概；圖 5-13 是電子經過施體離子及受體離子的散射前後的旅行軌跡，因為在低溫時電子的平均速度較慢，所以產生的散射程度較大 [請參考 (1-54) 式]，因雜質離子所生的散射對載體移動的影響更形重要。

假如雜質的濃度不很高時 [$N_D < 10^{18}$ (#/cm^3)]，晶體內的載體猶如經過**稀釋後的電子氣體**（Diluted electron gas），其活動情形可由波茲曼分布函數來描述；經過**波茲曼方程式**（Boltzmann Transport Equation；BTE）的推導，電子的移動率在雜質散射的情況有下列關係 [3]，即

$$\mu_i \propto (N_I)^{-1} (T)^{3/2} (m_n^*)^{-1/2} \tag{5-18}$$

(5-18) 式中，μ_i = 只考慮雜質散射的載體移動率

　　　　　T = 晶體的絕對溫度

　　　　　m_n^* = 電子（載體）的傳導有效質量（Conductivity effective mass）

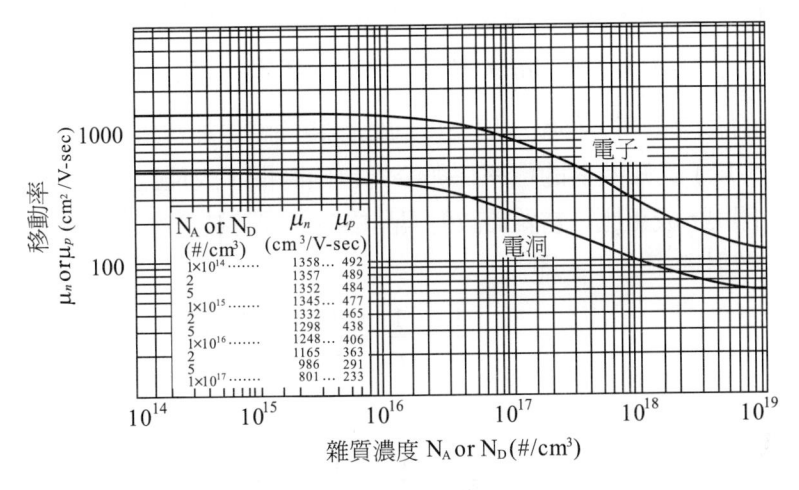

圖 5-14 矽晶體內載體移動率對雜質濃度的變化情形（300°K）[4]

如果晶體的溫度較高，則電子速度較快，它可較快通過散射中心（即離子），其移動方向比較不會偏折（即受散射程度較小），會有較大的移動率。

圖 5-14 是矽晶體在 300°K 時 μ_n 及 μ_p 對雜質濃度的變化；在濃度很低 [$N_D < 10^{14}$（#/cm³）] 時，移動率幾乎與雜質濃度大小無關。當 $N_D > 10^{14}$（#/cm³）後，移動率與 N_D 或 N_A 就有呈反比的關係變化。這是因為在雜質的濃度非常低時，雜質散射與晶格散射比較結果幾乎可以忽略不計的緣故。

在 300°K 的鍺晶體中，如 $N_I \simeq 10^{18}$（#/cm³），$m^* \simeq 0.13 m_0$，$\epsilon_r \simeq 16$，則 $\mu_i \simeq 1.5 \times 10^5$ cm²/V-sec，但測量結果，$\mu_n \simeq 3900$ cm²/V-sec；因此，可以推論知道，必定另有其他散射，如晶格散射，限制著電子的移動。

2. 晶格散射（Lattice scattering）

晶體在較高的溫度時，載體與受熱激動而振動的聲子發生散射的頻率增加，因此載體移動率會因溫度升高而減小。依照蕭克萊（Shockley）與巴定（Bardeen）兩位科學家的推導 [5]，只考慮晶格散射的載體移動率 μ_ℓ 為：

$$\mu_\ell \propto (m^*)^{-5/2}(T)^{-3/2} \qquad (5\text{-}19)$$

上述的分析結果事實上只考慮了較大波長的**音聲子**（Acoustic phonon）之散射；但是具有較短波長的**光聲子**（Optical phonon）與載體的散射也同樣重要

不能忽略，晚近科學家推導出更精確的結果，在 $150°K < T < 400°K$ 的範圍

$$\mu_p \propto T^{-2.5 \pm 0.2}, \mu_n \propto T^{-2.4}$$

假如雜質的濃度更高，移動率與溫度的依存關係將更加複雜。

由 (5-11) 式知散射的機率係與平均自由時間 τ 成反比，而移動率 ($\mu = q\tau/m^*$) 卻與 τ 成正比。當雜質散射與晶格散射同時被考慮時，總散射機率為兩個個別散射機率之和，即

$$\frac{1}{\tau} = \frac{1}{\tau_i} + \frac{1}{\tau_\ell}$$

所以，載體的總移動率 μ 為

$$\frac{1}{\mu} = \frac{1}{\mu_i} + \frac{1}{\mu_\ell}$$

由上式可知，具有較小移動率的散射結構會主宰載體的總移動率 μ。

例 5-3

在室溫下 (300°K) 某晶體內載體與晶格散射的平均自由時間 τ_ℓ 為 10^{-12} 秒，載體與雜質的平均自由時間 τ_i 為 10^{-13} 秒，在甚麼溫度載體會有最大的移動率？已知：$m^* = 0.5 m_0$，$m_0 = 9 \times 10^{-28}$ 公克。

假設 (5-18) 式及 (5-19) 式中，溫度對有效質量 m^* 的影響可以忽略不計。

解 由 (5-18) 式、(5-19) 式及 (5-20) 式可得

$$\frac{1}{\mu} = \frac{1}{AT^{-3/2}} + \frac{1}{BT^{+3/2}}$$

將上式微分，發現當 $T = \left(\frac{A}{B}\right)^{1/3}$ 時，$\mu = \mu_{max}$

而比例係數 A，B 可如下求得：

$$\mu_\ell = \frac{q\tau_\ell}{m^*} = \frac{1.6 \times 10^{-19} \times 10^{-12}}{0.5 \times 9 \times 10^{-31}}$$

$$= 0.356 \, m^2 / V\text{-sec}$$

$$= 3.56 \times 10^3 \, cm^2 / V\text{-sec}$$

圖 5-15

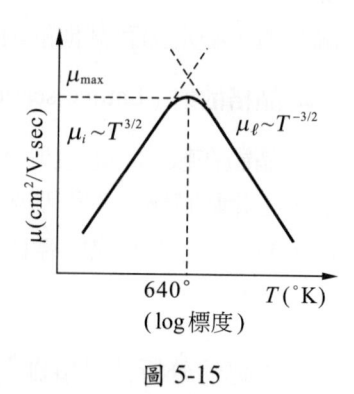

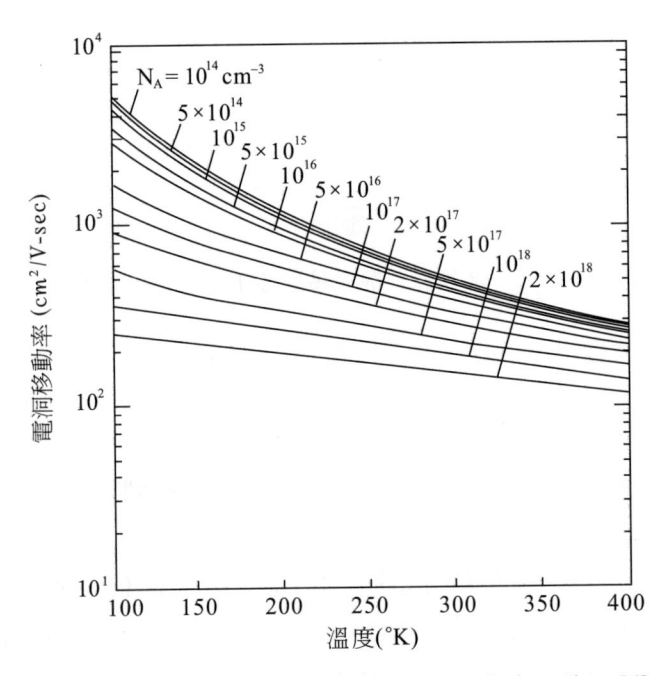

第五章 半導體內的載體傳輸現象 173

圖 5-16 摻入硼的 P 型矽晶體內電洞移動率的變化 [6]

$$\mu_i = \frac{q\tau_i}{m^*} = \frac{1.6 \times 10^{-19} \times 10^{-13}}{0.5 \times 9 \times 10^{-31}}$$
$$= 3.56 \times 10^2 \text{ cm}^2/\text{V-sec}$$

於 300°K 時

$$\mu_\ell = 3.56 \times 10^3 = A(300)^{-3/2}, A = 1.8 \times 10^7$$
$$\mu_i = 3.56 \times 10^2 = B(300)^{+3/2}, B = 6.8 \times 10^{-2}$$

因此當 $T = (A/B)^{1/3} \simeq 640°K$ 時載體會有最大的移動率出現,請參考圖 5-16。

5-4-3　高電場效應

於 (5-16) 式中已經導出半導體在外加電場作用下所產生的飄移電流密度 J_d 為

$$J_d = q[n\mu_n(T) + p\mu_p(T)]\varepsilon$$

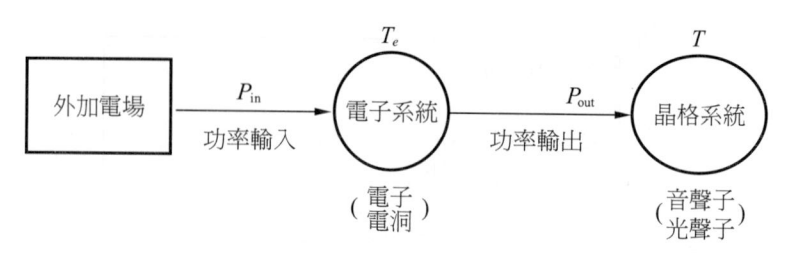

```
                          T_e                            T
   ┌──────┐   P_in    ╭─────────╮   P_out    ╭─────────╮
   │外加電場│ ────────→│ 電子系統 │ ────────→ │ 晶格系統 │
   └──────┘  功率輸入  ╰─────────╯  功率輸出   ╰─────────╯
                          電子                   音聲子
                         （電洞）                 光聲子
```

圖 5-17　晶體在外加電場影響下的功率流程圖

上式中可以發現，只要溫度 T 與電場 ε 無關，則電流密度 J_d 恆與電場 ε 有線性的關係；可是當外加電場的強度超過某個定值後，上述線性關係會變為「**次線性相關**」（Sublinear dependence）的關係，進而有定電流區域的出現，以下即在討論這種高電場所產生的效應（又名**熱載體效應**，Hot carrier effect）。

圖 5-17 是表示晶體在外加電場作用下的功率流程（Power flow）圖。

因為雜質離子與載體的散射只有在極低溫（低於 100°K）的時刻比較重要，而且因為它是彈性散射，所以在電場的加入後，只需考慮晶格的散射情形。當電場的能量加入晶體後，賦予電子（或電洞）相當的動能，如果它與晶格振動的聲子散射，必會有能量的授受關係，當電子（或電洞）給予晶格的能量恰與晶格釋放出來的能量相等時，電子的有效溫度 T_e 會等於晶格溫度 T_ℓ，假如電子溫度 T_e 高於晶格溫度 T_ℓ 時，必定會有部分的電子能量傳送到晶格（聲子）系統。

圖 5-18 是矽晶體內載體飄移速度 v_d 與外加電場 ε 的關係圖。在區域 a，電子的平均速度 v_d 小於音速時，電子溫度與晶格溫度相等，v_d 與電場 ε 有線性的關係。當電場增大進入區域 b 後，部分的電場能量會激發晶體內的「**光聲子**」（Optical phonon）而損失電場能量，因此電子的漂移速度的增加率有減緩的現象；電場持續增加至區域 c 時，幾乎全部的電場能量都會激發光聲子，所以電子的漂移速度 v_d 保持定值；區域 d 時，電子的能量很高，會撞擊共價鍵，而產生電子-電洞對，如果整個過程產生連鎖反應，會有很大的電流產生而形成累崩**崩潰的過程**（Avalanche process）。換言之，於圖 5-18 中的區域 a 內，載體與音聲子的散射溫度保持平衡 $T_e = T_\ell$；區域 b 以後 $T_e > T_\ell$，載體會有能量傳給晶格。在區域 b 中，電場的能量給予電子後，部分能量會因非彈性

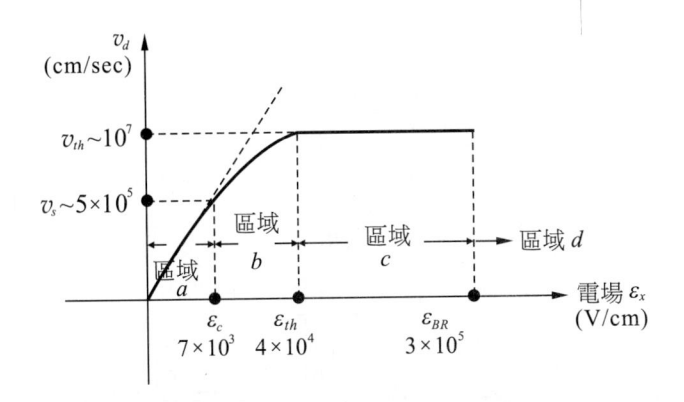

圖 5-18　純矽晶體內載體漂移速度與外加電場的關係。v_s 為音速，即音聲子在晶格振動的速度；v_{th} 為熱速率是載體在晶格散射的速度極限 [4]

散射的關係傳給光聲子，當電子的能量完全傳送給光聲子時，即進入區域 c，此時載體與音聲子的散射可以忽略不予考慮。如果電子的速度 v_d 達到 v_{th}，這些電子又叫**熱電子**（Hot electron），這是高電場效應又被稱為「**熱電子效應**」（Hot electron effect）的原因。

圖 5-19 是砷化鎵及矽晶體在 300°K 受外加電場之後，載體的速度變化情形。圖中的砷化鎵曲線特性與矽晶體大不相同，即漂移速度達到峰值後，會有微分**負電阻區**（Negative resistance region）的出現，因為它與上述介紹的現象顯著不同，有再予詳細闡釋的必要。

砷化鎵（GaAs）詳細的能階圖如圖 4-11 所示；為了方便起見，草繪此圖於 5-20(a) 中，而圖 5-20(b) 是 GaAs 晶體 v_d 與 ε 的關係圖。

假設 n_1，μ_1 為**中央能量谷**（Central energy valley）內電子的濃度及移動率；n_2，μ_2 為**較高能量谷**（Higher energy valley）（又叫衛星能量谷）內電子的濃度及移動率。

則總電流密度 J_d 可寫為

$$J_d = q(n_1\mu_1 + n_2\mu_2)\varepsilon = nqv_d \qquad (5\text{-}21)$$

此處 $n = n_1 + n_2$（電子總濃度）。

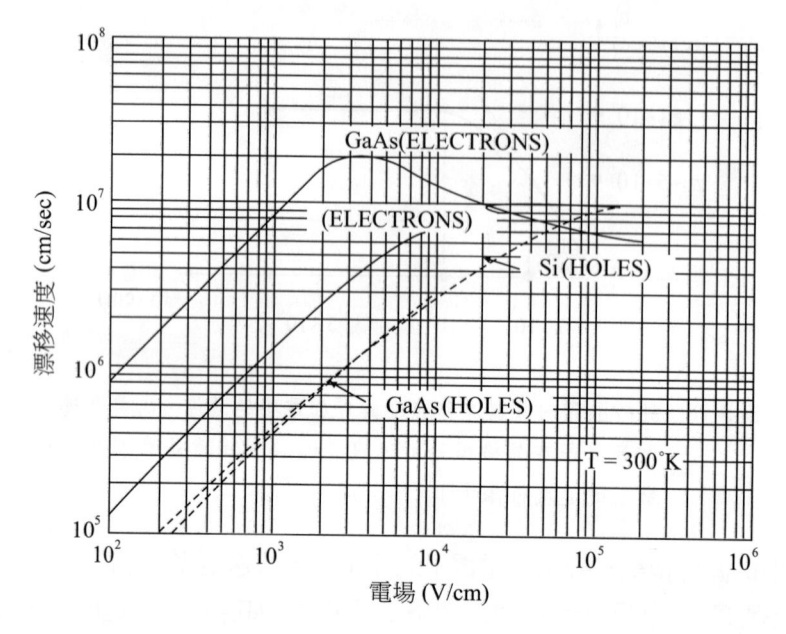

图 5-19 矽與砷化鎵半導體中載體漂移速度與外加電場的關係

因此載體的總移動率 μ 為

$$\mu \equiv \frac{v_d}{\varepsilon} = (n_1\mu_1 + n_2\mu_2)/(n_1 + n_2) \tag{5-22}$$

當電場不很大（$\varepsilon \leq \varepsilon_a$）時，電子沒有足夠的動能轉移至「衛星谷」，因此 $n_1 \simeq n$，$n_2 \simeq 0$，此時 $J_d \simeq n\mu_1\varepsilon q$；當電場稍大（$\varepsilon_a < \varepsilon < \varepsilon_b$）時，部分中央能量谷的電子有足夠能量轉移至衛星谷，因此 $n = n_1 + n_2$；當電場很高（$\varepsilon \geq \varepsilon_b$）時，較低能量谷的電子完全轉移至衛星谷，因此 $n_1 \simeq 0$，$n_2 \simeq n$，因此 $J_d \simeq n\mu_2\varepsilon q$ 它可在圖 5-20 中清楚的顯示出來；前述電子的轉移現象，被稱為「**電子轉移效應**」(Transferred electron effect)。

因為負微分電阻區的出現，在電路中可以平衡正電阻的變化，因此這種材料常被用來製造固態的微波振盪器。

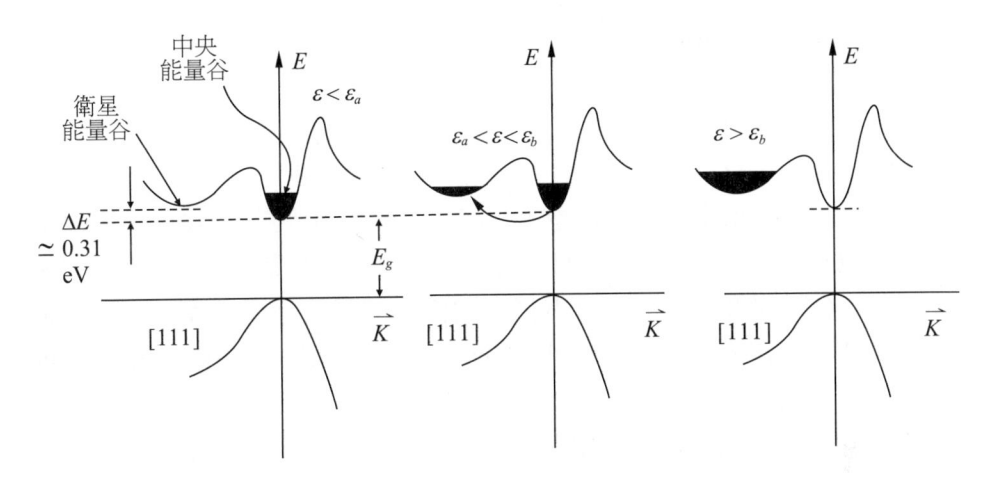

(a) 雙能量谷的半導體 (如 GaAs) 在高電場作用下的電子轉移情形

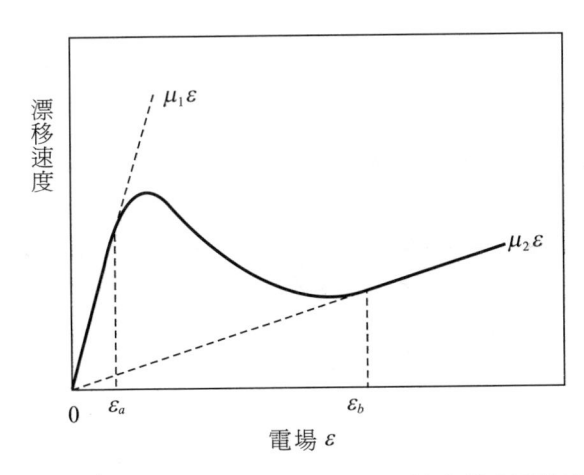

(b) 典型的 $\vec{v}$ 與 $\vec{\varepsilon}$ 之變化曲線在 $\varepsilon_a < \varepsilon < \varepsilon_b$ 間有負微分電阻區出現

圖 5-20　砷化鎵晶體的高電場效應 [7]

5-4-4　霍爾效應

在某導體 (或半導體) 內通電流，並在垂直電流的方向加一磁場，則在垂直此電流及磁場的方向會產生一電動勢，這種現象叫做**霍爾效應** (Hall effect)。這個現象係由霍爾 (E. H. Hall) 於西元 1879 年發現，利用這種效應，可研究半導體很多特性。

請參考圖 5-21 測量霍爾效應的簡圖。於 $\hat{x}$ 方向加電壓，以產生電流 J_x，而在 $\hat{z}$ 方向加一磁場，其磁通密度為 B_z。當磁場作用於漂移電子（或電洞）後，必定會於 $\hat{y}$ 方向建立一電場，以平衡載體所受的磁力 F_m。

於圖 5-21(b) 及 5-21(c) 中發現，無論電子或電洞所受磁力的方向均往負 $\hat{y}$ 方向，因此，如果半導體是 P 型，則在 P 點聚集有大量的電洞，所以 P 點電位會比 Q 點電位高；同理，如果是 N 型半導體，P 點電位會比 Q 點電位低，由 P、Q 點間電位的高低，即可分辨出半導體是 P 型或 Q 型。P、Q 點間所測的電壓叫做**霍爾電壓** V_H（Hall voltage），其間電場叫做**霍爾電場** ε_H（Hall field）。

當內建的霍爾電場所生電力與磁力正好平衡時，漂移中的載體即不再受 $\hat{y}$ 方向的分力，因此不再會有 $\hat{y}$ 方向的偏移，此時

$$q\varepsilon_y = qv_xB_z \; ; \; \varepsilon_y = \varepsilon_H$$

(a)

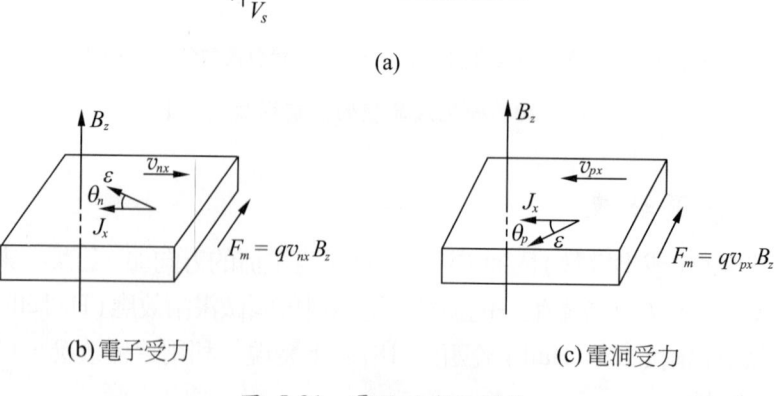

(b) 電子受力　　　　　　　　　(c) 電洞受力

圖 5-21　霍爾效應的測量

即
$$\varepsilon_y = v_x B_z = \left(\frac{J_x}{qp}\right) B_z \equiv R_{Hp} J_x B_z \tag{5-23a}$$

此處 $R_{Hp} \triangleq \dfrac{1}{qp}$

同理，如果係 N 型半導體

$$\varepsilon_y = v_x B_z = \left(\frac{J_x}{qp}\right) B_z \equiv R_{Hp} J_x B_z \tag{5-23b}$$

此處 $R_H \triangleq \dfrac{1}{-qn}$

上述 R_{Hp} 及 R_{Hn} 分別是 P 型及 N 型半導體內的**霍爾係數**（Hall coefficient）。事實上，上述係數唯有在 $\tau \neq \tau(E)$ 的時候才正確，即載體的平均自由時間 τ 與其能量 E 無關的時候才有上述結果，精確的計算霍爾係數必須考慮載體在半導體中的散射狀況及能帶中的**簡併程度**（Degeneracy）。

在 P 型半導體中，電洞的濃度 P 為

$$P = \frac{1}{qR_{Hp}} = \frac{J_x B_z}{qE_y} = \frac{(I_x/wt)B_z}{q(V_H/w)} = \frac{I_x B_z}{qtV_H} \tag{5-24}$$

如果半導體的電阻已經測得，則電阻係數 ρ 為

$$\rho = \frac{RA}{l} = \frac{R(wt)}{l} = \frac{(V_s/I_x)(wt)}{l} \tag{5-25}$$

此時電洞的移動率 μ_p 可表示為

$$\mu_p \simeq \frac{\sigma}{qp} = \frac{1/\rho}{q(1/qR_{Hp})} = \frac{R_{Hp}}{\rho} \tag{5-26}$$

由（5-24）式及（5-26）式，可以曉得，利用霍爾效應可以精確測量出電洞的濃度及移動率。當然它也可應用於 N 型半導體的測量。

當半導體的特性很接近本質半導體時，電洞及電子濃度大小相近都必須加以考慮，在導出霍爾係數時必須格外慎重。

先求出 ε_y 及 ε_x 分量的角度 θ

$$\tan\theta_n = \frac{\varepsilon_y}{\varepsilon_x} = \frac{B_z v_x}{\varepsilon_x} = -\mu_n B_z \quad (N型) \tag{5-27a}$$

$$\tan\theta_p = \frac{\varepsilon_y}{\varepsilon_x} = \frac{B_z v_x}{\varepsilon_x} = +\mu_p B_z \quad (P\text{型})\tag{5-27b}$$

（5-27）式中 θ_n 及 θ_p 分別為電子及電洞漂移時電場與電流密度的夾角 [請參考圖 5-21(b) 及 5-21(c)] 叫做**霍爾角**（Hall angle）。當外加磁場強度很小時：

$$\theta_n \simeq \tan\theta_n \simeq -\mu_n B_z$$
$$\theta_p \simeq \tan\theta_p \simeq \mu_p B_z \tag{5-28}$$

此時 $\hat{y}$ 方向的電流分量為

$$J_{ny} = qn_0\mu_n\varepsilon_y = qn_0\mu_n\theta_n\varepsilon_x$$
$$J_{py} = qp_0\mu_p\varepsilon_y = qp_0\mu_p\theta_p\varepsilon_x \tag{5-29}$$

（5-28）式代入（5-29）式得

$$J_y = J_{py} + J_{ny} = (-qn_0\mu_n^2 + qp_0\mu_p^2)B_z\varepsilon_x \tag{5-30}$$

要使 J_y 降為零的霍爾電場 ε_y 為

$$\varepsilon_y = \frac{J_y}{\sigma} = \frac{(p_0 q\mu_p^2 - n_0 q\mu_n^2)B_z\varepsilon_x}{\sigma} \tag{5-31}$$

此處

$$\sigma = \sigma_n + \sigma_p = qn_0\mu_n + qp_0\mu_p \tag{5-32}$$

$\hat{x}$ 方向的電流分量 J_x 為

$$J_x = J_{nx} + J_{px} = (qn_0\mu_n + qp_0\mu_p)\varepsilon_x = \sigma\varepsilon_x \tag{5-33}$$

利用（5-31）式及（5-33）式，可得霍爾係數 R_H 為

$$R_H \equiv \frac{\varepsilon_y}{B_z J_x} = \frac{(p_0\mu_p^2 - n_0\mu_n^2)}{q(p_0\mu_p + n_0\mu_n)^2} \tag{5-34}$$

在 N 型半導體中，如果

$$P_0 \ll n_0, R_H = R_{Hn} \simeq -\frac{1}{qn_0} ;$$

在 P 型半導體中，如果

$$P_0 \gg n_0 , R_H = R_{Hp} \simeq -\frac{1}{qp_0} 。$$

至於在本質半導體中，$P_0 = n_0 = n_i$，（5-34）式變為

$$R_{H_i} = \left(\frac{1}{qn_i}\right)\left(\frac{\mu_p - \mu_n}{\mu_p + \mu_n}\right) = \left(\frac{-1}{qn_i}\right)\left(\frac{b-1}{b+1}\right) \tag{5-35}$$

此處 $b \equiv \mu_n / \mu_p$。大部分的半導體中，$\mu_n > \mu_p$，則 $b > 1$，因此 R_{H_i} 為負值，所以在本質半導體中係電子的傳導在主宰著整個霍爾效應。

例 5-4

於圖 5-21 中半導體塊如係 N 型鍺晶體，假設 $w = 1$ cm，$t = 1$ mm，$n = 5 \times 10^{14}$ #/cm^3，$I_x = 1$ mA，$B_z = 10^3$ Gauss，試計算霍爾電壓 V_H 值。

解
$$R_{H_n} = -\frac{1}{nq} = \frac{-1}{5 \times 10^{14} \times 1.6 \times 10^{-19}}$$
$$= -1.25 \times 10^4 \text{ cm}^3 / \text{coul}$$
$$= -1.25 \times 10^{-2} \text{ m}^3 / \text{coul}$$

$\varepsilon_y = R_{H_n} B_z J_x$
$$= -1.25 \times 10^{-2} \times \left(\frac{10^3}{10^4}\right) \times \left(\frac{1 \times 10^{-3}}{10^{-2} \times 10^{-3}}\right)$$
$$= -0.125 \text{V/m}$$

霍爾電壓：$V_H = V_y = \varepsilon_y w$
$$= -0.125 \times 10^{-2} = -1.25 \text{ mV}$$

5-5 載體擴散

5-5-1 擴散過程

假設教室門窗緊密，室內各點的溫度維持一定，此時如果室內某一角落有一香水瓶破碎，經過短暫時間後，室內其他角落也可聞到香水味道，這是一種氣體的擴散現象；又假如有某玻璃杯盛滿清水，由水面輕輕的點滴一些濃的紅糖水，可以發現此紅糖水會由表面緩緩的往杯底分散移動，這也是一種物質在液體的擴散現象。在石英爐中，晶片的雜質或爐中的氣體也會漸漸

往**基座**(Substrate)方向擴散,因此「擴散」也是半導體中一種很重要的載體傳輸現象。

如果半導體中的各點溫度一定,而電子濃度 n 隨位置 x 有所不同,則電子會在半導體中呈**漫無目的式的運動**(Random motion),其熱速率為 v_{th},平均自由路徑為 ℓ_n,所對應的平均自由時間為 τ_c,則 $\ell_n = v_{th}\tau_c$;我們以 $x = 0$ 為參考位置,探討距離參考位置 $\Delta x = \ell_n$ 範圍內的擴散現象(請參考圖 5-22)。

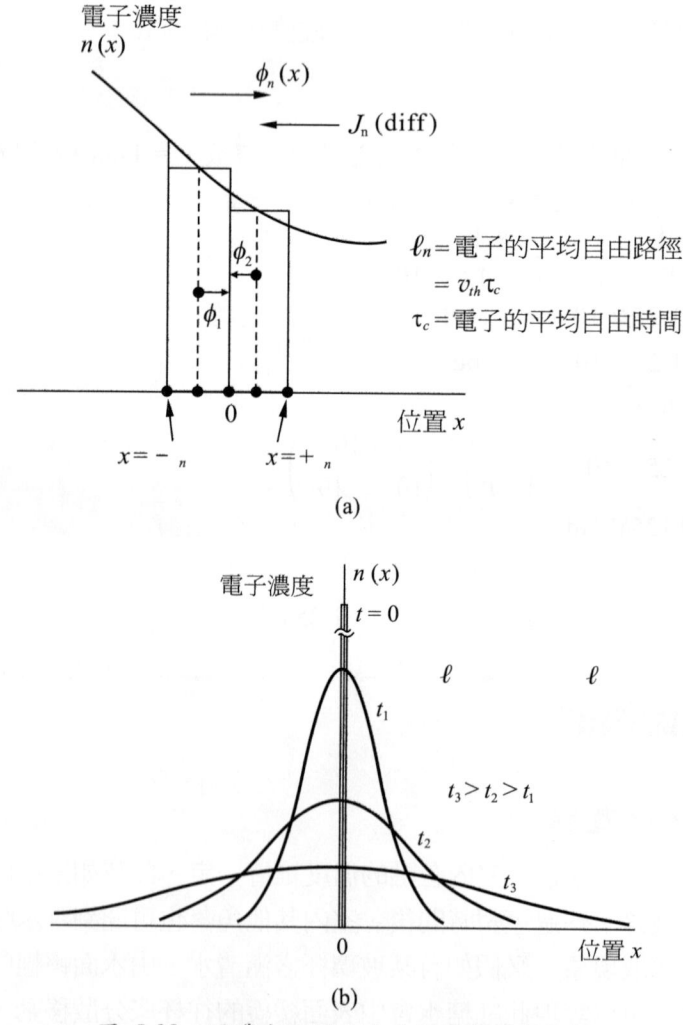

圖 5-22 因濃度不同而產生的載體擴散分析

因為它係一種漫無方向的載體活動，因此載體往右或往左運動的機率相等。單位時間內，由左向右通過 $x = 0$ 單位面積平面的電子平均通量為 ϕ_1

$$\phi_1 \equiv \frac{\Delta N}{\Delta t A} = \frac{n(-\ell_n)A\left(\frac{\ell_n}{2}\right)}{\tau_c A} = \frac{1}{2}n(-\ell_n)v_{th} \tag{5-36}$$

此處 A = 通過電子之垂直面積，$n(-\ell_n)$ = 電子在 $x = -\ell_n$ 的濃度。

同理，單位時間內，由右向左通過 $x = 0$ 單位面積平面的電子平均通量為 ϕ_2

$$\phi_2 = \frac{n(\ell_n)\left(\frac{\ell_n}{2}\right)}{\tau_c} = \frac{1}{2}n(\ell_n)v_{th} \tag{5-37}$$

因此，由左向右的載體（電子）淨通量 ϕ_n 為

$$\phi_n = \phi_1 - \phi_2 = \frac{v_{th}}{2}[n(-\ell_n) - n(\ell_n)] \tag{5-38}$$

因為 ℓ_n 為非常微小的量（即 $dx = \ell_n$），(5-38) 式可用泰勒級數展開得（只取前兩項）

$$\phi_n \simeq \frac{v_{th}}{2}\left[n(0) - \ell_n\frac{dn}{dx}\right] - \left[n(0) + \ell_n\frac{dn}{dx}\right]$$

$$\simeq -v_{th}\ell_n\frac{dn}{dx} \equiv -D_n\frac{dn}{dx} \tag{5-39}$$

此處 $D_n \triangleq v_{th}\ell_n$ 為**電子擴散係數**（Electron diffusivity）。(5-39) 式即為著名的 Fick's First Law。由電子擴散形成的擴散電流密度 $J_{n(\text{diff})}$ 為

$$J_{n(\text{diff})} = (-q)\phi_n = qD_n\frac{dn}{dx} \tag{5-40a}$$

同理，由電洞擴散所生之電流密度 $J_{p(\text{diff})}$ 為

$$J_{p(\text{diff})} = (+q)\phi_p$$

$$= (q)\left(-D_p\frac{dp}{dx}\right) = -qD_p\frac{dp}{dx} \tag{5-40b}$$

由（5-39）式知，唯有電子(載體)有濃度梯度存在的時候才會有載體往濃度遞減的方向擴散。圖 5-22(b) 係電子於 t_1 及 t_2 測量到的脈波，在 t_2 ($t_2 > t_1$) 測得的脈波，因為擴散的結果，在 $x = 0$ 處有明顯的濃度降低，其濃度梯度值也較小(斜率趨緩)。

5-5-2　愛因斯坦關係式

由熱力學的能量**等分定律**(Equipartition law)，可得

$$\frac{1}{2}m_n^* v_{th}^2 = \frac{1}{2}KT \quad (一維空間)$$

由（5-14b）式知

$$\mu_n = \frac{q\tau_c}{m_n^*}$$

及

$$\ell_n = v_{th}\tau_c$$

上述關係代入（5-40a）式得

$$J_n = qD_n\frac{dn}{dx} = q\left[\frac{KT}{q}\mu_n\right]\frac{dn}{dx}$$

因此

$$\frac{D_n}{\mu_n} = \frac{KT}{q} \qquad\qquad (5\text{-}41\text{a})$$

同理可得

$$\frac{D_p}{\mu_p} = \frac{KT}{q} \qquad\qquad (5\text{-}41\text{b})$$

（5-41）式即為著名的「愛因斯坦關係式」，此關係式說明漂移的移動率 μ 與擴散係數 D 有 (KT/q) 的關係。此關係式僅對**非簡併半導體**(Nondegenerate semiconductors) 有效。特別提醒讀者，因為移動率 μ 與溫度及電場強度有很深的依存關係，所以擴散係數也必定是溫度和電場的函數。

5-5-3 總電流密度

假如半導體內載體有濃度梯度的存在，加上電場 ε 後，其總電流為漂移電流及擴散電流之和，即

$$J_n = J_{n(\text{drift})} + J_{n(\text{diff})} = q\mu_n n\varepsilon + qD_n \frac{dn}{dx} \tag{5-42a}$$

$$J_p = J_{p(\text{drift})} + J_{p(\text{diff})} = q\mu_p p\varepsilon - qD_p \frac{dp}{dx} \tag{5-42b}$$

可知**總電流密度**（Total current density）J_{total} 為

$$J_{\text{total}} = J_n + J_p$$

例 5-5

有一 N 型鍺半導體，其電子濃度分布 [參考圖 5-23(a)] 為

$$n(x) = n_0\left(1 - \frac{ax}{w}\right) \text{；} a \text{ 為常數（} a < 1 \text{）}$$

(a) 求半導體中的內建電場大小 E_{bi}。
(b) 如果 $N_D(0) = 10^{16}$（#/cm³），$N_D(w) = 10^{15}$（#/cm³），$w = 10^{-3}$ cm，$a = 0.9$，$\epsilon_s = 16$，試驗證空間電荷保持中性的真實性。
(c) 繪出它的能帶圖並解釋它。

解 (a) 假設 $n(x) \gg n_i$（$0 \leq x \leq w$），則電洞濃度可以忽略，平衡時 $J_n = 0$，即

$$q\mu_n n\varepsilon + qD_n \frac{\partial n}{\partial x} = 0$$

可得內建電場大小為

$$\varepsilon = \varepsilon_{bi} = \frac{-D_n}{\mu_n} \frac{1}{n} \frac{\partial n}{\partial x} = \frac{KT}{q} \frac{(a/w)}{1 - ax/w} \quad \cdots\cdots ①$$

(b) 由高斯定律得

$$\nabla \cdot \vec{\varepsilon} = \frac{q}{\epsilon_s}(N_D + p - n) \simeq \frac{q}{\epsilon_s}(N_D - n) \quad (\because p \ll n)$$

$$= \frac{d\varepsilon}{dx} \quad (\text{一維空間}) \cdots\cdots ②$$

圖 5-23

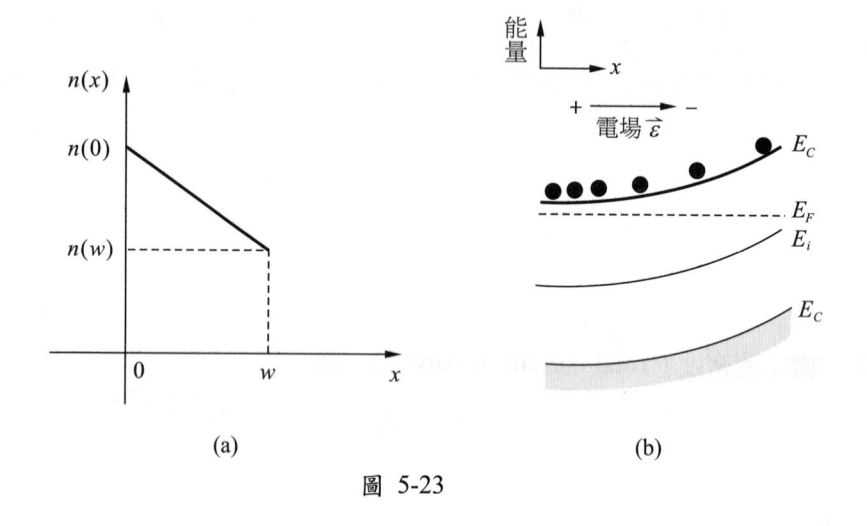

①式代入②式後解得

$$N_D - n = \frac{\epsilon_s}{q}\frac{d\varepsilon}{dx} = \frac{\epsilon_s KT}{q^2}\frac{(a^2/w^2)}{(1-ax/w)^2} \quad \cdots\cdots\cdots ③$$

已知各值代入③式後，得

$$N_D - n = \frac{16 \times 8.85 \times 10^{-12} \times 1.38 \times 10^{-23} \times 300}{(1.6 \times 10^{-19})^2} \times \frac{0.81 \times 10^{10}}{10^{-2}} \text{（MKS 制）}$$
$$= 1.85 \times 10^{19} \text{ (\#/m}^3\text{)} = 1.85 \times 10^{13} \text{ (\#/cm}^3\text{)} \ll n(x)\text{；}$$

此處 $n(w) = 10^{15}$ (#/cm^3) $< n(x) < n(0) = 10^{16}$ (#/cm^3)

可見 $N_D(x) \simeq n(x)$，因此半導體中可以維持電荷中性的原則。

(c) 得能帶圖如圖 5-23(b) 所示，由 $n_0 = N_c \text{Exp}\left[\frac{-(E_C - E_F)}{KT}\right]$ 可知，半導體左側 ($x = 0$) 附近仍有較大的濃度分布。這是因為半導體並非是理想的無限延伸塊（Infinite slab），電子在擴散的過程中同時建立了內部電場 ε_{bi}，它會產生一漂移電流分量，使得 $J_n = 0$。

5-6 連續方程式

連續方程式（Continuity equations）可以描述半導體內電荷不滅的現象。今以長方形半導體塊說明它的增減情況（參考圖 5-24）。

假如 P 型半導體塊在 x 方向有擴散電流，其電流密度為 $J_p(x)$，考慮載體在擴散時，有載體復合現象，其單位時間內的平均復合率為 $(\delta p/\tau_p)$，則

$$\begin{bmatrix} \text{單位時間內電} \\ \text{洞的增加數} \end{bmatrix} = \begin{bmatrix} \text{在 } \Delta V \text{ 的小體積} \\ \text{內電洞的增加數} \end{bmatrix} - \begin{bmatrix} \text{單位時間內因復} \\ \text{合消失的電洞數} \end{bmatrix}$$

以公式表示上述的關係如下：

$$\frac{\partial p}{\partial t} = \frac{\Delta Q_p}{q\Delta V_t} - \frac{\delta p}{\tau_p} = \frac{\Delta I_p}{qA\Delta x} - \frac{\delta p}{\tau_p} = \frac{1}{q}\frac{\Delta J_p}{\Delta x} - \frac{\delta p}{\tau_p}$$

亦即

$$\frac{\partial p}{\partial t} = \frac{1}{q}\frac{[J_p(x) - J_p(x+\Delta x)]}{\Delta x} - \frac{\delta p}{\tau_p}$$

當 $\Delta x \to 0$ 時，泰勒展開得 $J_p(x+\Delta x) \simeq J_p(x) + (\partial J_p/\partial x)\Delta x + \cdots$ 代入上式得

$$\frac{\partial p(x,t)}{\partial t} = -\frac{1}{q}\frac{\partial J_p}{\partial x} - \frac{\delta p}{\tau_p} \tag{5-43}$$

任何時間的電洞濃度是平衡電洞濃度與超額電洞濃度之和，即

$$p = p_0 + \delta p$$

代入（5-43）式，可得

$$\frac{\partial p(x,t)}{\partial t} = \frac{\partial(\delta p)}{\partial t} = -\frac{1}{q}\frac{\partial J_p}{\partial x} - \frac{\delta p}{\tau_p} \tag{5-44a}$$

對於電子，同理可得

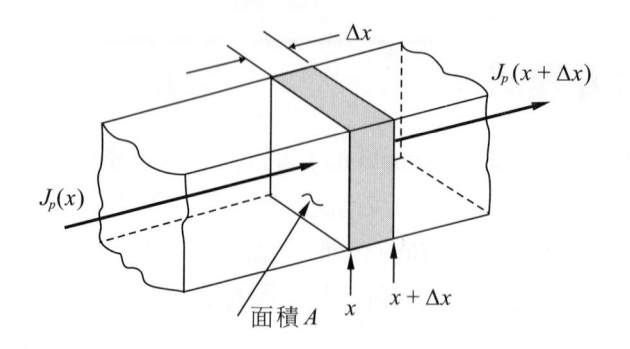

[圖 5-24 電流流出及流入小體積 $\Delta V = A\Delta x$ 的情形]

$$\frac{\partial n(x,t)}{\partial t} = \frac{\partial (\delta n)}{\partial t} = \frac{1}{q}\frac{\partial J_n}{\partial x} - \frac{\delta n}{\tau_n} \quad (5\text{-}44b)$$

(5-44)式與(5-45)式是一維空間的電荷連續方程式；於三維空間中，連續方程式可寫成

$$\frac{\partial p(r,t)}{\partial t} = -\frac{1}{q}\nabla \cdot J_p - \frac{\delta p}{\tau_p} + G_p \quad (5\text{-}45a)$$

$$\frac{\partial n(r,t)}{\partial t} = \frac{1}{q}\nabla \cdot J_n - \frac{\delta n}{\tau_n} + G_n \quad (5\text{-}45b)$$

此處的 r 為位置向量，定義為 $r \equiv xi + yi + zk$

(5-44a)式與(5-45a)式考慮了由外激發的電洞產生率 G_p 及電子產生率 G_n。假如只有擴散電流分量，則

$$J_p = -qD_p\frac{\partial(\delta p)}{\partial x} \; ; \; J_n = qD_n\frac{\partial(\delta n)}{\partial x}$$

代入(5-44a)式及(5-45a)式可得

$$\frac{\partial(\delta p)}{\partial t} = D_p\frac{\partial^2(\delta p)}{\partial x^2} - \frac{\delta p}{\tau_p} + G_p \quad (5\text{-}46)$$

$$\frac{\partial(\delta n)}{\partial t} = D_n\frac{\partial^2(\delta n)}{\partial x^2} - \frac{\delta n}{\tau_n} + G_n \quad (5\text{-}47)$$

如果電流包括擴散電流及漂移電流分量，則

$$J_p = q\mu_p p\varepsilon - qD_p\frac{\partial p}{\partial x} \;;\; J_n = q\mu_n n\varepsilon + qD_n\frac{\partial n}{\partial x}$$

代入 (5-44) 式及 (5-45) 式可得

$$\frac{\partial(\delta p)}{\partial t} = G_p - \frac{\delta p}{\tau_p} - p\mu_p\frac{\partial\varepsilon}{\partial x} - \mu_p\varepsilon\frac{\partial p}{\partial x} + D_p\frac{\partial^2 p}{\partial x^2} \qquad (5\text{-}48)$$

$$\frac{\partial(\delta n)}{\partial t} = G_n - \frac{\delta n}{\tau_n} + n\mu_n\frac{\partial\varepsilon}{\partial x} + \mu_n\varepsilon\frac{\partial n}{\partial x} + D_n\frac{\partial^2 n}{\partial x^2} \qquad (5\text{-}49)$$

以下介紹兩個連續方程式的應用實例：

例 5-6

有一 N 型矽晶塊受光脈波均勻的照射，並在晶體各處均勻的激發產生電子-電洞對，其產生率為 G；如果在 $t=0$ 的瞬間，光脈波突然熄滅，求此晶塊內少數超額載體的變化情形。

解 在上述情況時 $\varepsilon = 0$，$\partial p_n / \partial x = 0$

(1) 當 $t < 0$ 時，由 (5-48) 式知

$$\frac{\partial p_n}{\partial t} = G - \frac{p_n - p_{n0}}{\tau_p}$$

在穩態時，$\partial p_n / \partial t = 0$ 所以 $p_n(0) = p_{n0} + \tau_p G$ $\qquad (t \leq 0)$

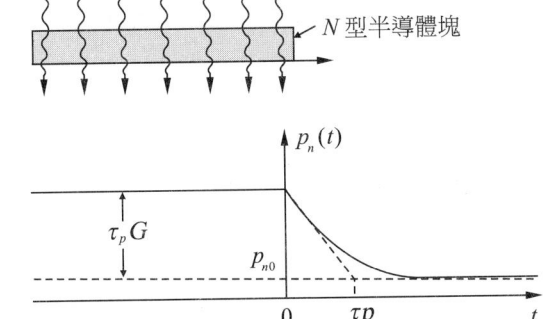

圖 5-25　在晶體塊中，光激發的載體衰減情形
　　　　　（$t = 0$ 時，光脈波突然移走）

(2) 當 $t \geq 0$ 時，$p_n(0) = p_{n0} + \tau_p G$，$p_n(\infty) = p_{n0}$，(5-48) 式變為

$$\frac{\partial p_n}{\partial t} = -\frac{p_n - p_{n0}}{\tau_p}$$

上式的解為

$$p_n(t) = p_{n0} + \tau_p G e^{-t/\tau_p} \qquad (t \geq 0)$$

將 (1)，(2) 的結果繪如圖 5-25。

因為少數載體的變化，使得晶體內導電率增加，用示波器測量結果，顯示電壓降減少，可利用此電壓降的變化來決定少數載體的存活期 τ_p。

例 5-7

有一 N 型晶體塊如圖 5-26，只有在矽塊表面受光激發，產生的超額電洞的矽棒深處擴散，求此電洞濃度的變化情形。假如邊界條件為：

(a) $\delta p(0) = p_n(0) - p_{n0}$，$\delta p(\infty) = 0$
(b) $\delta p(0) = p_n(0) - p_{n0}$，$\delta p(w) = 0$

解 在擴散時，必須考慮載體的復合。於穩態時的連續方程式為

$$\frac{\partial(\delta p)}{\partial t} = 0 = \frac{-\delta p}{\tau_p} + D_p \frac{\partial^2 p}{\partial x^2}$$

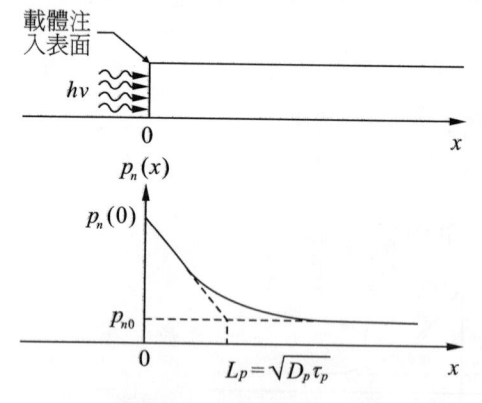

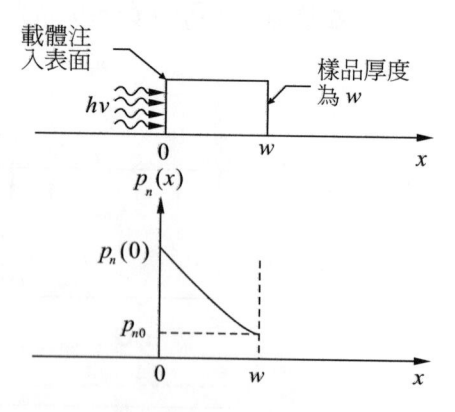

(a) 半導體在注入方向的長度很長

(b) 半導體在注入方向的長度為 w

圖 5-26 N 型矽塊受穩定的光激發，其超額電洞濃度的變化情形

即

$$\frac{\partial^2(\delta p)}{\partial x^2} - \frac{1}{L_p^2}\delta p = 0 \; ; \; L_p^2 \equiv D_p \tau_p$$

其解為

$$\delta p(x) = c_1 e^{x/Lp} + c_2 e^{-x/Lp}$$

(a) $\left.\begin{array}{l}\delta p(0) = c_1 + c_2 \\ \qquad = p_n(0) - p_{n0} \\ \delta p(\infty) = c_1 \cdot \infty + c_2 \cdot 0\end{array}\right\}$ 可得 $c_1 = 0$; $c_2 = p_n(0) - p_{n0}$

因此，$\delta p(x) = [p_n(0) - p_{n0}]e^{-x/Lp}$
總電洞濃度為 (圖示於圖 5-26(a))

$$p_n(x) = p_{n0} + \delta p(x) = p_{n0} + [p_n(0) - p_{n0}]e^{-x/Lp}$$

(b) $\delta p(w) = 0$，表示在 $x = w$ 處可供給無限多的電子與擴散進來的電洞復合，如歐姆接觸等，此時

$$\begin{cases}\delta p(0) = p_n(0) - p_{n0} \equiv \Delta p = c_1 + c_2 \\ \delta p(w) = 0 = c_1 e^{w/Lp} + c_2 e^{-w/Lp}\end{cases}$$

兩式聯立，由 Cramer's rule 可得

$$c_1 = \frac{-\Delta p e^{-w/Lp}}{e^{w/Lp} - e^{-w/Lp}}, \qquad c_2 = \frac{\Delta p e^{w/Lp}}{e^{w/Lp} - e^{-w/Lp}}$$

因此

$$\delta p(x) = c_1 e^{x/Lp} + c_2 e^{-x/Lp} = \Delta p \left[\frac{e^{w/Lp}e^{-x/Lp} - e^{-w/Lp}e^{x/Lp}}{e^{w/Lp} - e^{-w/Lp}}\right]$$

此時的總電洞濃度 (圖示於圖 5-26(b))

$$p_n(x) = p_{n0} + \delta p(x)$$

5-7　載體的復合與產生

半導體中超額載體的產生可由電場加壓或光激發的方式得到，在 5-2 節中我們利用光激發的方式使價電子脫離價電帶進入導電帶，產生了很多的超額載體，這些超額載體在外加的激發源 (電場、光源……) 移除後，會藉著各種的復合方式恢復到熱平衡的狀態；在 PN 接面兩側如果加上順向偏壓，**載體的注入** (Carrier injection) 也可形成上述的超額轉體；如果 PN 接面兩側接上逆向偏壓，則電洞與電子濃度的乘積 pn 值會低於熱平衡狀態的平衡值 n_i^2，此時偏壓會使空間電荷區附近部分的共價鍵破壞以**載體產生** (Carrier generation)，俾恢復到熱平衡的狀態。可將上述情況列舉如後：

半導體狀態	電洞與電子濃度乘積（pn）	由不平衡恢復到熱平衡的過程
熱平衡	$pn = n_i^2$	——
不平衡	$\begin{bmatrix} pn > n_i^2 \\ （載體注入） \end{bmatrix}$	載體復合
不平衡	$\begin{bmatrix} pn < n_i^2 \\ （載體抽取） \end{bmatrix}$	載體產生

載體的復合過程主要有下列三種方式進行：

1. 發光的復合過程

導電帶的電子與價電帶的電洞復合後產生一個光子放射出來，是一種直接發光的過程。介入此過程的質點是電子、電洞及光子，這種過程大都在直接半導體 (如砷化鎵) 內發生。

2. 不發光的復合過程

導電帶電子在往價電帶復合前，其能量可能轉移到好幾個「**聲子**」(Multiphonons) 上面，整個復合過程幾乎 (或完全) 不發光，介入這種過程的質點有電子、電洞及聲子，大都發生在間接半導體中。

3. 歐傑伊復合過程 [3]

載體復合後,會把部分的能量傳送至第三個同類型的載體,這種過程大都發生在**窄能隙** (Narrow bandgap) 的材料或高雜質濃度摻入的半導體中。在 N^+ 型 (N_D 非常高) 半導體中,介入此過程的質點是高能量電子,低能量電子及電洞;在 P^+ 型 (N_A 非常高) 半導體中,介入此過程的質點是高能量電洞,低能量電洞及電子。

本節前段先介紹上述三種復合過程,於最後小節再介紹載體的產生。

5-7-1 發光的復合過程

發光的復合過程 (Radiative recombination process) 已經於 5-2 節相當詳細的描述,本節再簡潔的導出復合率及存活時間。

在熱平衡時,載體產生率與復合率必須相等,即

$$R_0 = G_0 = \alpha_r n_0 p_0 = \alpha_r n_i^2 \tag{5-50}$$

電場注入或光激發後,半導體於不平衡的復合率仍與電洞、電子濃度乘積呈正比,即

$$R = \alpha_r np \tag{5-51}$$

因此,載體的淨復合率 U 為

$$U = R - G_0 = \alpha_r (np - n_i^2)$$

設 $n = n_0 + \delta n$,$p = p_0 + \delta p$;如果 P 型半導體係低階注入,則

$$\delta n \doteq \delta p \ll p_0$$

此時

$$U \simeq \alpha_r (n_0 + p_0) \delta n \equiv \frac{\delta n}{\tau_n} \tag{5-52}$$

此處

$$\tau_n \triangleq \frac{1}{\alpha_r (n_0 + p_0)} \simeq \frac{1}{\alpha_r p_0} \quad (P \text{ 型}) \tag{5-53}$$

3　此過程係以發現這個效應的法國物理學家 Auger (西元 1899 年生) 的名字來命名。

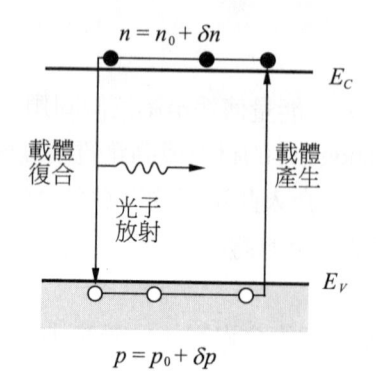

圖 5-27 發光的復合過程

此處 τ_n 為少數載體（電子）於激發後，與電洞復合平均所需的時間（即存活時間）；而電子-電洞對係以（$\delta n / \tau_n$）這個平均時間率進行復合、消失（請參考圖 5-27）。

5-7-2 歐傑伊復合過程

發光的復合過程係光吸收過程的**逆過程**（Inverse process），而**歐傑伊復合過程**（Auger recombination process）卻是**衝擊游離**（Impact ionization）的逆過程：

在 N^+ 型材料中，電子除了與電洞復合外，還牽涉有電子的碰撞。

在 P^+ 型材料中，電洞除了與電子復合外，還牽涉有電洞與電洞的碰撞。

圖 5-28 係聲子介入的歐傑伊復合過程；它大都發生在 N^+ 或 P^+ 型的間接半導體內，可以用以下簡單式子表示為：

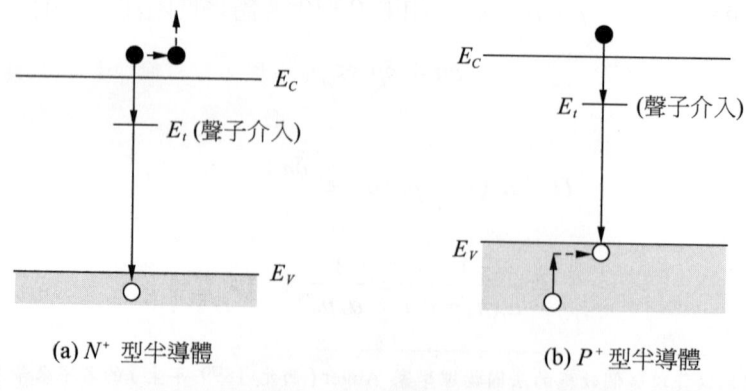

(a) N^+ 型半導體　　　　(b) P^+ 型半導體

圖 5-28 歐傑伊復合過程

第五章 半導體內的載體傳輸現象

$$e^- + e^- + h^+ \longrightarrow e^-_{hot} \quad (N^+ 型)$$
（電子）（電子）（電洞）　　　　（熱電子）
　　（碰撞）（復合）
(5-54)

$$h^+ + h^+ + e^- \longrightarrow h^+_{hot} \quad (P^+ 型)$$
（電洞）（電洞）（電子）　　　　（熱電洞）
　　（碰撞）（復合）
(5-55)

試舉 N^+ 型的間接半導體（如矽）為例，電子與電洞復合時因有聲子的幫助，因此復合時的能量大部分釋放給聲子而使晶體加熱；在未復合前電子與電子碰撞，致使未復合的電子擁有相當動能，其運動速度很大，叫熱電子。

依照熱力學的質量作用定律來推論，(5-54) 式的復合過程可寫為

$$R_A = C_{AN} n^2 p \tag{5-56}$$

於熱平衡時，

$$R_{A_0} = C_{AN} n_0^2 p_0 = C_{AN} n_0 (n_0 p_0) = C_{AN} n_0^2 n_i^2 = G_{A_0} \tag{5-57}[4]$$

因此，不平衡時之淨復合率 U_A 為

$$U_A = R_A - G_{A_0} \simeq C_{AN} n_0 (p n_0 - n_i^2) \tag{5-58}$$

此時

$n \simeq n_0$（低階注入）

$\delta p = p - p_0 = p - \dfrac{n_i^2}{n_0}$，代入上式化簡得

$$U_A \simeq C_{AN} n_0^2 \delta p \equiv \dfrac{\delta p}{\tau_{pA}} \tag{5-59}$$

---

[4] 在高濃度雜質摻入的 N^+ 型半導內，

$$F_{\frac{1}{2}}(\eta) \equiv \dfrac{2}{\sqrt{\pi}} \int_0^\infty \dfrac{\eta^{1/2} d\eta}{1 + \mathrm{Exp}(\eta - \eta_F)}, \quad \eta \triangleq \dfrac{E - E_C}{KT}, \quad \eta_F = \dfrac{E_F - E_C}{KT}$$

$$p_0 n_0 = n_{ie}^2 = N_V N_C \, \mathrm{Exp}\!\left(\dfrac{E_V - E_F}{KT}\right) \times F_{\frac{1}{2}}\!\left(\dfrac{E_F - E_C}{KT}\right)$$

此處
$$\tau_{pA} \triangleq \frac{1}{C_{An} n_0^2} \quad (5\text{-}60)$$

同理，於 P^+ 型半導中可導得

$$\tau_{nA} \triangleq \frac{1}{C_{Ap} p_0^2} \quad (5\text{-}61)$$

τ_{PA} 及 τ_{nA} 依序為電子-電洞對在 P^+ 型及 N^+ 型半導體內進行歐傑伊復合過程平均所需的復合時間；由實驗獲悉，復合比率係數（對矽晶體而言），$C_{AP} \simeq 1.0 \times 10^{-31}$ cm^6/sec，$C_{An} \simeq 2.8 \times 10^{-31}$ cm^6/sec。因此，如果 P^+ 型的受體雜質濃度 N_A 與 N^+ 型的施體雜質濃度 N_D 相等，則 τ_{nA} 值會大於 τ_{PA}。

5-7-3　藉著單一缺陷中心的載體產生與復合

　　本書第二章曾經介紹過多種的晶體缺陷，這些晶體的缺陷不但破壞了晶體的完美，也會干擾或打破晶格在空間分布的規則性及週期性，並且會像施體或受體雜質一般，在禁止帶內存在有代表此缺陷中心的能階。電子與電洞在導電帶與價電帶的轉移過程中，缺陷中心扮演著墊腳石的重要角色，缺陷中心的是否存在，密切關係著帶間轉移率的高低，對載體的存活時間也產生了莫大的影響。

　　事實上，**缺陷中心**（Defect center）只是一個總稱，它主要有兩種型式：

1. 受體型（Acceptor-type）**缺陷中心**

　　這些缺陷中心被填滿時帶負電，空著時呈**中性**（Neutral）。

2. 施體型（Donor-type）**缺陷中心**

　　這些缺陷中心被填滿時呈中性，空著時帶正電。

以捕捉載體的方式也可區分為兩種：

1. 陷阱中心（Trapping Center）

　　這種缺陷中心捕捉到某種載體後，間隔很短的時間後，又會把此載體再度激發至原來的能帶中。

2. 復合中心（Recombination Center）

　　這種缺陷中心捕捉到一種載體後，在很短的時間內會捕捉一相反極性的載

第五章　半導體內的載體傳輸現象　197

體進行復合，而使電子-電洞對消失。

　　本節主要是針對單一缺陷中心在半導內的載體復合或產生提供一堅實理論，這個理論可以解釋很多半導體材料及元件的重要現象或特性。首先由蕭克萊、李德、霍爾 (W. Shockley, W. T. Read & R. N. Hall) 三位著名科學家完成、公布，因此又叫做「**蕭克萊-李德-霍爾**」**理論** (Shockley-Read-Hall theory，簡稱 SRH theory)。

　　在單一缺陷中心的介入之下，會有四種基本的過程可能發生，如圖 5-29 所示。

　　分別討論上述過程於後：

過程(a)：電子捕捉 (Electron capture)

　　係缺陷中心從導電帶捕捉一個電子，它的逆過程是由缺陷中心放射一個電子進入導電帶中 (叫電子放射)，即過程 (b)。

　　過程 (a) 的發生率會與導電帶的電子濃度和未被電子佔據的缺陷中心濃度呈正比，這是因為每一缺陷中心只能被一個電子填滿的緣故，因此一旦缺陷中心被電子佔據，它就不可能捕捉另外一個。假設缺陷中心濃 (密) 度為 N_t，則未被電子佔據 (空著) 的缺陷中心濃度為 $(1-f)N_t$。此處 f 為缺陷中心可能被電子佔據的機率，由費米-笛拉克分布函數可知：

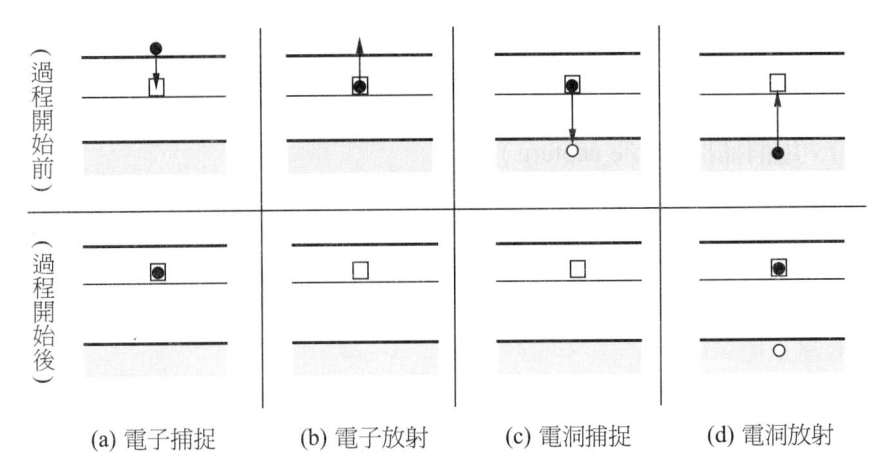

(a) 電子捕捉	(b) 電子放射	(c) 電洞捕捉	(d) 電洞放射

圖 5-29　在熱平衡狀態，單一缺陷中心所可能產生的四個基本過程。E_t 為缺陷中心的能階；N_t 為缺陷中心密度　　●：電子，□：空狀態或電洞

$$f(E) = f(E_t) = \frac{1}{1 + e^{(E_t - E_F)/RT}} \qquad (5\text{-}62)$$

電子捕捉的發生率可表示為：

$$R_a = C_n n N_T [(1 - f(E_T))]$$
$$\equiv v_{th} \sigma_n n N_T [(1 - f(E_T))] \qquad (5\text{-}63)$$

（5-63）式中的比例係數（電子捕捉係數）C_n 經上述三位科學家證明為 $C_n = v_{th} \sigma_n$，此處 v_{th} 為電子的熱速率（Thermal speed），而 σ_n 定義如下：

σ_n = 電子的捕捉截面（Capture cross-section），它是測量電子要多接近缺陷中心才會被捕捉的程度。其物理意義與本書第一節的「散射截面」非常相近，其單位為 cm^2。

過程(b)：電子放射（Electron emission）

因為電子係由缺陷中心放射進入導電帶中，所以其發生率與缺陷中心的電子濃度 $N_t f$ 呈正比 [5]，即

$$R_b = e_n N_T f(E_t) \qquad (5\text{-}64)$$

e_n 稱為**放射機率**（Emission probability），是量度電子由缺陷中心進入導電帶的可能率。它與導電的空狀態濃度及缺陷中心在禁止帶內的位置有密切關係。假如缺陷中心的位置很接近導電帶邊緣 E_c，電子放射的機率很大，e_n 值也較高。

過程(c)：電洞捕捉（Hole capture）

所謂的電洞捕捉是缺陷中心從價電帶捕捉一電洞，它正等於缺陷中心的電子轉移至價電帶「空狀態」-電洞，而使缺陷中心留下一個空缺（電洞），因此本過程與過程 (a) 類似，其發生率會與電洞濃度 p 和缺陷中心的電子濃度 $f(E_t)N_t$ 呈正比，即

$$R_C = C_P f(E_t) N_T p$$
$$\equiv v_{th} \sigma_P f(E_t) N_T p \qquad (5\text{-}65)$$

---

5   與過程 b 相似的道理，價電子密度比 E_t 上空缺陷密度大得很多，不虞匱乏。

此處 σ_P 為電洞捕捉截面，C_P 為電洞捕捉係數；

$$C_P \triangleq v_{th}\sigma_P$$

過程(d)：電洞放射（Hole emission）

由缺陷中心將電洞放射進入價電帶，正等於價電子由價電帶被激發至缺陷中心，其發生率與空著的缺陷中心密度呈正比[6]，

$$R_d = e_p N_T[1 - f(E_t)] \tag{5-66}$$

此處 e_p 為電洞放射機率，它與缺陷中心的位置也是息息相關，當 E_t 接近價電帶邊緣 E_V 時，電洞放射的可能性較高，所以 e_p 值較大。

首先，可以由熱平衡狀態來分析 e_n 及 e_p 值；因為在熱平衡狀態下，沒有任何的外在激發源產生載體，此時電子放射進入導電帶或由導電帶捕捉到電子的發生率必須相等，即 $R_a = R_b$，由第四章電子濃度 n 的公式，

$$e_n = v_{th}\sigma_n N_C \mathrm{Exp}\left[\frac{-(E_C - E_t)}{KT}\right] = v_{th}\sigma_n n_i \mathrm{Exp}\left[\frac{(E_t - E_i)}{KT}\right] \tag{5-67}$$

由（5-67）式可以確認前述的推論，當缺陷中心能階 E_t 遠離 E_i（即愈近 E_C），電子放射的機率對（$E_t - E_i$）呈指數函數的增加。

上述推論，也同理可應用在價電帶上。在熱平衡時，由缺陷中心放射電洞進入價電帶的發生率正等於從價電帶離開的電洞發生率，即 $R_c = R_d$，由電洞的濃度公式可得，

$$e_p = v_{th}\sigma_p N_V \mathrm{Exp}\left[\frac{-(E_t - E_V)}{KT}\right] = v_{th}\sigma_p n_i \mathrm{Exp}\left[\frac{(E_i - E_t)}{KT}\right] \tag{5-68}$$

由（5-68）式亦可確認，當 E_t 愈往 E_V 接近，即 E_t 遠離 E_i 時，電洞的放射率愈大。

假如在不平衡的狀態下，因外加激發源產生的電子-電洞對產生率為 G_{ex}，此時電子的時間變化率為，

$$\frac{dn}{dt} = G_{ex} - R_a + R_b \tag{5-69a}$$

6　與過程 (b) 相似的道理，價電子密度比 E_t 上空缺陷密度大得很多，不虞匱乏。

同理，電洞的濃度變化為

$$\frac{dp}{dt} = G_{ex} - R_c + R_d \qquad (5\text{-}69\text{b})$$

在穩定的狀態下，電子進入導電帶與離開導電帶的比率必須相等，即

$$\frac{dn}{dt} = G_{ex} - R_a + R_b = 0 \qquad (5\text{-}70\text{a})$$

同理，也可應用在價電帶，所以

$$\frac{dp}{dt} = G_{ex} - R_c + R_d = 0 \qquad (5\text{-}70\text{b})$$

由 (5-70) 式可以消去載體產生率 G_{ex}，得

$$R_a - R_b = R_c - R_d \qquad (5\text{-}71)$$

將 (5-62) 式 ~ (5-68) 式代入 (5-71) 式得

$$v_{th}\sigma_n N_T \left[n(1 - f(E_t)) - n_i \operatorname{Exp}\left(\frac{E_t - E_i}{KT}\right) f(E_t) \right]$$

$$= v_{th}\sigma_p N_T \left[pf(E_t) - n_i \operatorname{Exp}\left(\frac{E_i - E_t}{KT}\right)(1 - f(E_t)) \right]$$

化簡得

$$f(E_t) = \frac{\sigma_n n + \sigma_p n_i \operatorname{Exp}\left(\frac{E_i - E_t}{KT}\right)}{\sigma_n \left[n + n_i \operatorname{Exp}\left(\frac{E_t - E_i}{KT}\right) \right] + \sigma_p \left[p + n_i \operatorname{Exp}\left(\frac{E_i - E_t}{KT}\right) \right]}$$

$f(E_t)$ 代入得**淨復合率** U (Net recombination rate) 為

$$\begin{aligned}
U &= R_a - R_b \\
&= R_c - R_d \\
&= \frac{\sigma_p \sigma_n v_{th} N_T [pn - n_i^2]}{\sigma_n \left[n + n_i \operatorname{Exp}\left(\frac{E_t - E_i}{KT}\right) \right] + \sigma_p \left[p + n_i \operatorname{Exp}\left(\frac{E_i - E_t}{KT}\right) \right]}
\end{aligned} \qquad (5\text{-}72)$$

如果 $\sigma_p \simeq \sigma_n \equiv \sigma$，(5-72) 式化簡為

$$U = \sigma v_{th} N_T \frac{pn - n_i^2}{n + p + 2n_i \cosh\left(\dfrac{E_t - E_i}{KT}\right)} \qquad (5\text{-}73)$$

以低階注入的 N 型半導體為例，$n \gg p$，如果 E_t 接近禁止帶的中央，則 $n \gg n_i \operatorname{Exp}\left(\dfrac{E_t - E_i}{KT}\right)$，上式可變為

$$U \simeq v_{th} \sigma_p N_T (p_n - p_{n0}) \equiv \frac{p_n - p_{n0}}{\tau_p} \qquad (5\text{-}74)$$

此處

$$\tau_p \triangleq \frac{1}{C_P N_T} = \frac{1}{v_{th} \sigma_P N_T} \qquad (5\text{-}75)$$

當缺陷中心 E_t 接近禁止帶的中央時，少數載體的存活時間 τ_p 與多數載體的濃度 [全式與 (5-53) 式比較] 無關，而與缺陷中心的密度呈反比。

在低階注入的情況

$$pn - n_i^2 \simeq (n_{n0} + p_{n0}) \delta p , \qquad (\delta n \simeq \delta p)$$

$p + n \simeq p_{n0} + n_{n0}$，(5-73) 式可再簡化為

$$U \simeq \frac{(v_{th} \sigma N_T)(p_n - p_{n0})}{1 + \left[\dfrac{2n_i}{n_{n0} + p_{n0}}\right] \cosh\left(\dfrac{E_t - E_i}{KT}\right)} \equiv \frac{p_n - p_{n0}}{\tau_r} \qquad (5\text{-}76)$$

此處 $\tau_r \equiv$ 載體復合平均所需的時間

$$\tau_r \triangleq \frac{1 + \left[\dfrac{2n_i}{n_{n0} + p_{n0}}\right] \cosh\left(\dfrac{E_t - E_i}{KT}\right)}{v_{th} \sigma N_T} \qquad (5\text{-}77)$$

由 (5-63) 式中，可以知曉復合的原動力端視半導體偏離平衡狀態的程度，以濃度乘積來衡量，即是 $(pn - n_i^2)$ 的大小，復合的阻力則來自濃度 n 與 p 之和；至於第三項 cosh 函數可知當 $E_t = E_i$ 時最小，當 E_t 遠離禁止帶中央向 E_C 或 E_V 移動時，cosh 函數值均漸次增加，促使電子或電洞的放射率增大，而使載體的復合率相對降低，這是因為一旦缺陷中心捕捉電子後，必須在短暫

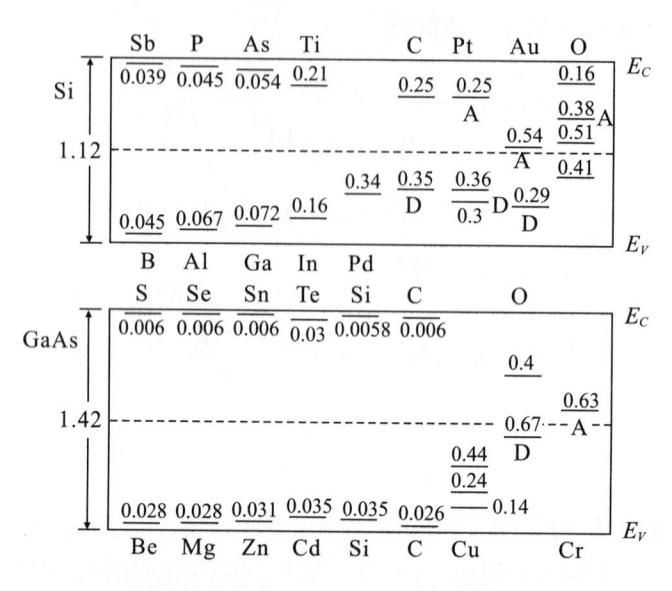

圖 5-30　矽與砷化鎵晶體內雜質的游離能（在禁止帶下半部的值為受體游離能 $E_{ion} \equiv E_A - E_V$；在禁止帶上半部的值為施體游離能 $E_{ion} \equiv E_C - E_D$。有特別加註的例外，$A =$ 受體；$D =$ 施體）

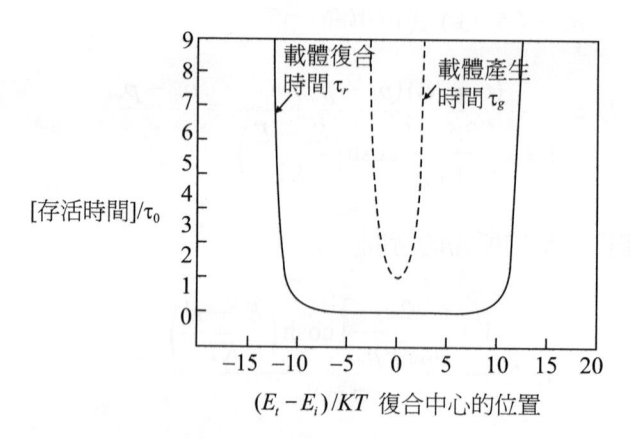

圖 5-31　載體存活時間與復合中心位置的變化
$\tau_0 \equiv 1/(\sigma_0 v_{th} N_T)$

的瞬間捕捉一個相反極性的電洞以完成復合，假如 E_t 很接近 E_c，缺陷中心捕捉電子後，很容易再度激發此電子回導電帶中，而阻滯了復合過程的完成；由

此推論可知，唯有當電子及電洞放射率相等時，才會使缺陷中心的復合率最高，此時 E_t 必定接近 E_i，即禁止帶的中央。

圖 5-30 係各種雜質摻入在矽及砷化鎵晶體內的能階位置，在矽晶體中如佈值入金（Au）原子，會在禁止帶中間地帶（$(E_c - E_t) \simeq 0.54\,\text{e.V}$）產生一受體型的缺陷中心，此中心很容易使載體復合，是有效的復合中心，因此金原子濃度如果增加，會大大的縮短復合時間 τ_r。在電晶體的基極區內，如金原子濃度過高，會增大基極的復合電流，減少電流放大參數（β）值。

圖 5-31 中的實線是以 τ_r 的最小值**規格化**（Normalized）後的 τ_r 曲線；在 $n_{n0} \simeq 10^{15}$（#/cm³）時，τ_r 在 $|E_t - E_i| < 10\,KT$ 的範圍內都接近最小值，假如多數載體濃度提高，τ_r 最小值範圍也隨之增大。

圖 5-32 是鍺晶體在 300°K 時上述三種復合過程的比較。在半導體內如果這些復合過程都可能發生而且不可忽略的話，少數載體的總復合時間可由下列求出，即

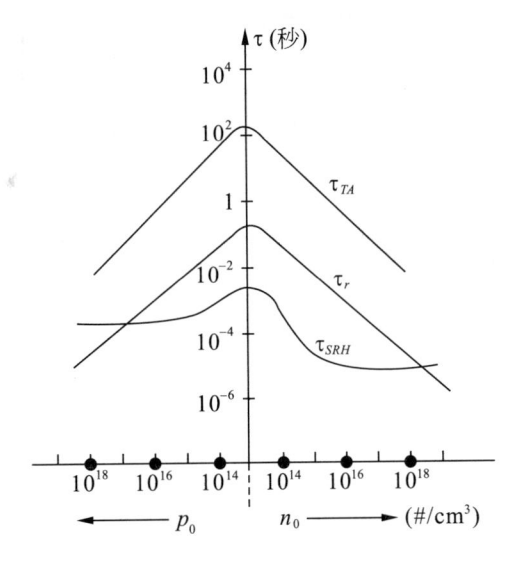

$$\frac{1}{\tau} = \frac{1}{\tau_r} + \frac{1}{\tau_{TA}} + \frac{1}{\tau_{SRH}} + \cdots\cdots \tag{5-78}$$

圖 5-32　鍺晶體在室溫（300°K）時各種復合過程的比較。

　　　　τ_{TA}：有缺陷中心幫助（Trap-assisted）的歐傑伊復合時間

　　　　τ_r：直接的帶間復合時間

　　　　τ_{SRH}：單一缺陷中心的復合時間

上式中 τ：載體的總復合時間；τ_{TA}：歐傑伊復合時間；τ_r：發光的復合時間，τ_{SRH}；單一缺陷中心的載體復合時間。

在低雜質濃度的矽或鍺晶體中，經單一缺陷中心幫助的復合過程（τ_{SRH}）是主宰的（Dominant）復合過程；在窄能隙（E_g 值小）或高雜質濃度的晶體中，歐傑伊（τ_{TA}）及直接的發光（τ_r）復合過程比較重要。

例 5-8

半導體內多數載體在 $t=0$ 時有低階注入，試分析它的濃度隨時間的變化情形。

解 以 N 型半導體為例，平衡時多數載體濃度為 n_0，在 $t=0$ 時，有低階的多數載體 Δn 注入；因為 $\Delta n \ll n_0$，注入的載體形成的空間電荷密度 $\rho_n(0) = -q\Delta n$，由高斯定律可知，此電荷會形成電場 ε，又由於是多數載體，載體的復合量可以忽略不計。此時

$$\nabla^2 V = \frac{\partial^2 V}{\partial x^2} + \frac{\partial^2 V}{\partial y^2} + \frac{\partial^2 V}{\partial z^2} = -\frac{\rho_n}{\epsilon_s} \text{（伯桑方程式）}$$

$$\nabla \cdot J_n = -\frac{\partial \rho_n}{\partial t} \text{（連續方程式）}$$

其中，$J_n = qu_n n\varepsilon + qD_n \nabla n$

⋯⋯⋯⋯⋯⋯①

上式中 $n = n_0 + \Delta n$（$\Delta n \ll n_0$）

其中，因為 $\Delta n \ll n_0$，$J_n \cong qu_n n_0 \varepsilon + qD_n \nabla n$，代入上二方程式後，可得

$$\frac{\partial \rho_n}{\partial t} = \frac{-\sigma_n}{\epsilon_s}\rho_n - qD_n \nabla^2 n \equiv \frac{-\rho_n}{\tau_d} + D_n \nabla^2 \rho_n \quad \cdots\cdots\cdots\cdots ②$$

此處 $\tau_d \equiv \epsilon_s / \sigma_n$

假設注入的超額載體會均勻的分布於整個半導體塊，則 $\nabla^2 \rho_n = 0$，式變為

$$\frac{\partial \rho_n}{\partial t} = \frac{-\rho_n}{\tau_d} \quad \cdots\cdots\cdots\cdots ③$$

③ 式的解為

$$\rho_n(t) = \rho_{no} \text{Exp}(-t/\tau_d) \quad \cdots\cdots\cdots\cdots ④$$

此處 $\rho_{no} \equiv \rho_n(0) = -q\Delta n$。

假如 ρ_{no} 隨 x, y, z 而變，②式的最後一項不為零，其解即不與④式相同，但多數載體濃度的變化仍會以 τ_d 為衰減的時間常數；τ_d 被稱為「**介質鬆弛時間**」（Dielectric relaxation time），多數載體的電荷再分布，終又恢復平衡的整個過程叫「**介質鬆弛**」。

以鍺晶體為例，介電係數為 $\epsilon_s = 16$，如果電阻係數為 $1\ \Omega\text{-cm}$，則 $\sigma_n = 1\ (\Omega\text{-cm})^{-1}$。此時 $\tau_d = 8.85 \times 10^{-14} \times 16/1 = 1.4 \times 10^{-12}$ 秒，可見介質鬆弛時間非常小（遠比少數載體復合時間短），因此，唯有在較高電阻係數的半導體中，才容易觀察到上述的介質鬆弛現象。

5-7-4 載體的產生

本節曾經提及，當超額載體的注入，使得 pn 乘積大於平衡值 n_i^2 時，會經復合過程使半導體恢復到平衡狀態。

但如果 pn 乘積低於平衡值（n_i^2），「**載體抽取**」（Carrier extraction）的現象會發生；當 PN 接面加上逆向偏壓後，為恢復至平衡狀態，在空間電荷區附近必須有相當多的載體產生。載體產生是載體復合的逆過程，在 (5-73) 式中，設定 $p_n < n_i$，$n_n < n_i$，此時

$$G = -U \simeq \frac{(v_{th}\sigma N_T)n_i}{2\cosh\left(\dfrac{E_t - E_i}{KT}\right)} \equiv \frac{n_i}{\tau_g} \tag{5-79}$$

此處 $\tau_g \equiv$ 載體產生平均所需的時間（Carrier generation lifetime），

$$\tau_g \triangleq \frac{2\cosh\left(\dfrac{E_t - E_i}{KT}\right)}{v_{th}\sigma N_T} \tag{5-80}$$

圖 5-31 的虛線即代表規格化後的 τ_g 曲線變化。可知 τ_g 的最小值範圍不很大；當 $E_t \neq E_i$ 時，τ_g 迅速上升，表示載體產生的平均時間與 E_t 位置有更密切的關係。當 $E_t \neq E_i$ 時，比較 (5-80) 式與 (5-77) 式可得

$$\frac{\tau_g}{\tau_r} \simeq 2\cosh\left(\frac{E_t - E_i}{KT}\right) \tag{5-81}$$

因此，如果 $|E_t - E_i| = 4KT$，$\tau_g \simeq 50\tau_r$，可見 τ_g 比 τ_r 值大得很多。一般 τ_r 值與 PN 接面的**截斷時間**（Turn-off time）呈正比；如果 PN 接面的 τ_g 值很小，則因 n_i 所生之載體洩漏電流（熱電流）I_0 會增大很多。詳情請參閱隨後介紹之 PN 接面理論。

5-8 表面復合

半導體表面的原子無法像內部原子一般形成共價鍵而在表面會產生很多**晃盪的價鍵**（Dangling bonds）（如圖 5-33）；除此之外，晶體表面因物理的或化學的處理造成的部分損傷，都會使得表面產生缺陷中心或復合中心，這些表面層的復合中心會增加表面的載體復合率，使得表面的超額載體濃度降低，為了平衡半導體表面與內部超額載體的濃度，載體會由內部往表面擴散。

單位時間內，於半導體表面單位面積上的總載體復合率可由 (5-72) 式類推為

$$U_s = \frac{v_{th}\sigma_n\sigma_p N_{st}(p_s n_s - n_i^2)}{\sigma_p\left[p_s + n_i \operatorname{Exp}\left(\frac{E_i - E_t}{KT}\right)\right] + \sigma_n\left[n_s + n_i \operatorname{Exp}\left(\frac{E_t - E_i}{KT}\right)\right]} \tag{5-82}$$

上式中 $p_s = p_n(0) = $ 表面的電洞濃度

$n_s = n_n(0) = $ 表面的電子濃度

$N_{st} = N_t^* x = $ 單位面積內表面的復合中心數目（#/cm²）

$N_t^* = $ 表面的復合中心濃度（#/cm²）

$x_1 = $ 表面復合區的厚度

在低階注入的 N 型半導體表面，$n_s \simeq N_D \gg p_s$，而且 $n_s \gg n_i \operatorname{Exp}\left(\frac{E_t - E_i}{KT}\right)$，(5-82) 式可化簡為

$$\begin{aligned} U_s &= v_{th}\sigma_p N_{st}(p_s - p_{n0}) \\ &\equiv S_p(p_s - p_{n0})\text{；此處 } S_p \triangleq v_{th}\sigma_p N_{st} \end{aligned} \tag{5-83}$$

(5-83) 式中，S_p 是**電洞的表面復合速率**（Surface recombination velocity）。

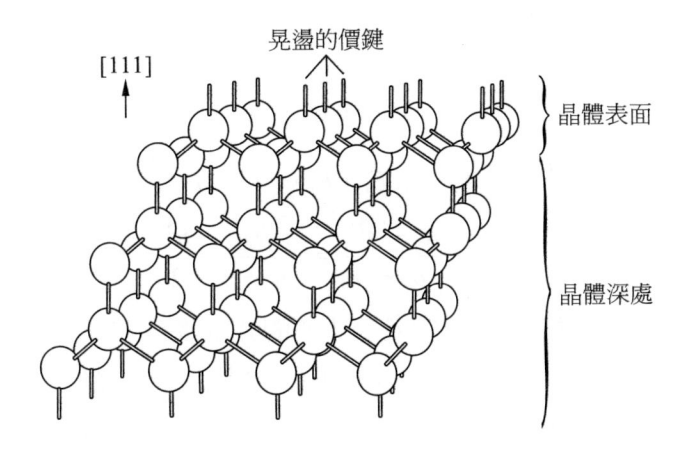

圖 5-33　半導體表面的價鍵情況

假設電洞捕捉截面 σ_p 等於電子的捕捉截面 σ_n，在低階注入的 N 型半導體內，與 (5-76) 式與 (5-77) 式類似的處理過程可導出

$$S_r = \frac{v_{th}\sigma N_{st}}{1 + \left[\dfrac{2n_i}{n_{n0}+p_s}\right]\cosh\left(\dfrac{E_t - E_i}{KT}\right)} \qquad (5\text{-}84)$$

$$S_g \simeq \frac{v_{th}\sigma N_{st}}{2\cosh\left(\dfrac{E_t - E_i}{KT}\right)} \qquad (5\text{-}85)$$

此處 S_r 為表面復合速率；S_g 為表面的載體產生速度。

可見 S_r 與 τ_r 及 S_g 與 τ_g 正好呈反比的關係，所以 $S_r > S_g$，在矽晶體表面 $S_r \simeq 80$ cm/sec 而 $S_g \simeq 0.1$ cm/sec。

如圖 5-34，光入射某半導體中，在其內部均勻的產生電子-電洞對，這些超額載體會往表面擴散。在穩態時，擴散載體的流量正等於表面的載體復合率，即

$$D_p \frac{\partial p_n}{\partial x}\bigg|_{x=0} = U_s = S_p(p_s - p_{n0}) \qquad (5\text{-}86)$$

如果在 N 型的半導體表面有帶負電的離子存在，電子便會被推離而電洞會被吸引到表面附近，而在表面形成空間電荷區，其厚度為 x_d，此時上述的邊

界條件必須修正為

$$D_p \frac{\partial p}{\partial x}\bigg|_{x=x_s} = U_s = S_p(p_s - p_{n0}) \tag{5-87}$$

如果復合中心非常有效率，即 $E_t \simeq E_i$，(5-82) 式可化簡為

$$U_s \simeq \sigma v_{th} N_{st} \frac{p_s n_s - n_i^2}{n_s + p_s + 2n_i} = S_p \frac{p_s n_s - n_i^2}{n_s + p_s + 2n_i} \tag{5-88}$$

圖 5-34 是表面的少數載體分布及復合中心的分布情形。

上述的表面復合現象在很多半導元件（如太陽電池、光偵檢器等）中不可忽視，對蕭特基元件尤其重要。此時，(5-86) 式及 (5-87) 式乃成為計算少數載體濃度及電流密度最主要的邊界條件。

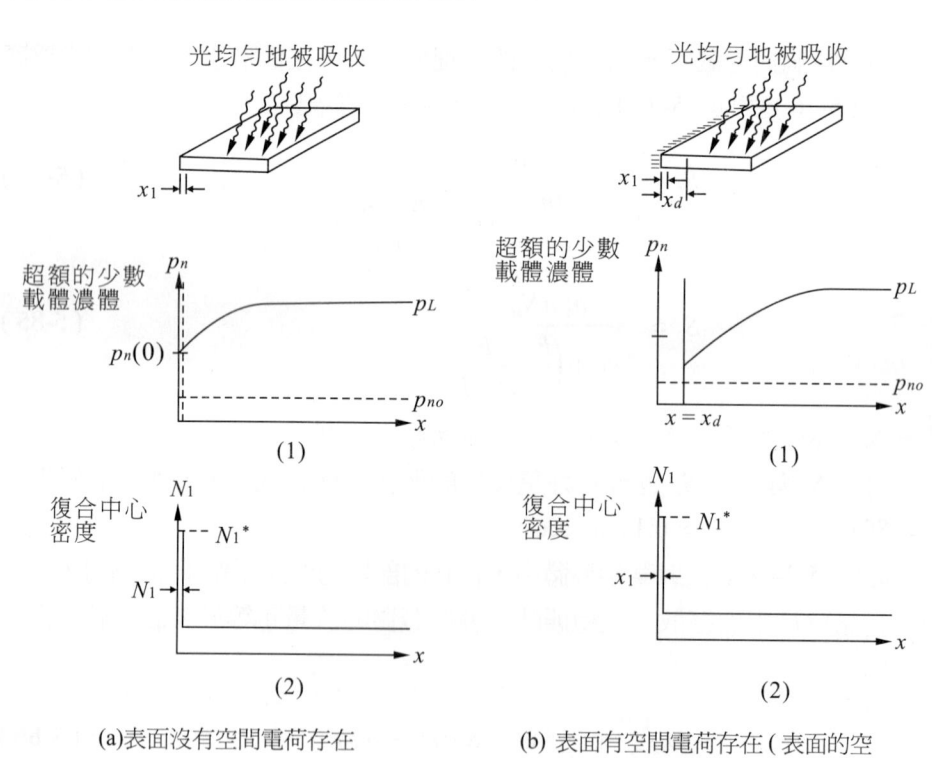

(a) 表面沒有空間電荷存在　　(b) 表面有空間電荷存在（表面的空間電荷係由負離子感應產生）

圖 5-34　因表面中心密度很高而引起的表面復合率

5-9　赫尼-蕭克萊實驗

　　1951 年貝爾實驗室的赫尼（J. R. Haynes）與蕭克萊（W. Shockley）兩位科學家設立了一套設備來瞭解少數載體在半導體中飄移及擴散的情形；這套設備可分別測量少數載體的移動率及擴散係數，如圖 5-35 所示，某光脈波在 N 型半導體塊 $x = 0$ 處激發產生電洞脈波，此電洞脈波因電場的作用會往負極漂移，因為擴散作用會使**脈波變寬**（Spread out），由某段距離內電洞漂移所需時間可測得電洞的移動率；而在某段時間內，電洞脈波變寬的大小可以測量其擴散係數。

1. 移動率 μ 的測量

　　在 5-4 節中，利用測量霍爾效應的設備，可以測得多數載體的移動率。本節實驗所測量到的卻是少數載體的移動率。

　　參考圖 5-35(a)，N 型半導體塊中，$x = 0$ 處有光脈波激發產生電洞脈波，電洞順著電場的方向漂移至 $x = L$ 處，測量電洞在此兩點間漂移所需的時間 t_d，可以計算電洞的漂移速度 v_d，

$$v_d = \frac{L}{t_d} \tag{5-89}$$

其移動率 μ_p 為

$$\mu_p = \frac{v_d}{\varepsilon} \tag{5-90}$$

其中 ε 為半導體塊內所加之均勻電場，其大小必須遠低於高電場效應的臨界值。

2. 擴散係數 D 的測量

　　電洞脈波在電場中漂移時，也同時會因擴散而使脈波變寬，測量脈波變寬的程度即可測量電洞的擴散係數 D。在圖 5-35(a) 中，N 型半導體塊於 $t = 0$ 激發產生電洞脈波後，電洞濃度的變化可由連續方程式（5-48）式知曉，此時 $G_p = 0$，$\partial E / \partial x = 0$，

$$\frac{\partial p_n}{\partial t} = -\mu_p \varepsilon \frac{\partial p_n}{\partial x} + D_p \frac{\partial^2 p_n}{\partial x^2} - \frac{p_n - p_0}{\tau_p} \qquad (5\text{-}91)$$

如果沒有電場 ($\varepsilon = 0$) 加入，上式的解為

$$p_n(x, t) = \frac{N}{\sqrt{4\pi D_p t}} \operatorname{Exp}\left(-\frac{x^2}{4D_p t} - \frac{t}{\tau_p}\right) + p_{n0} \qquad (5\text{-}92)$$

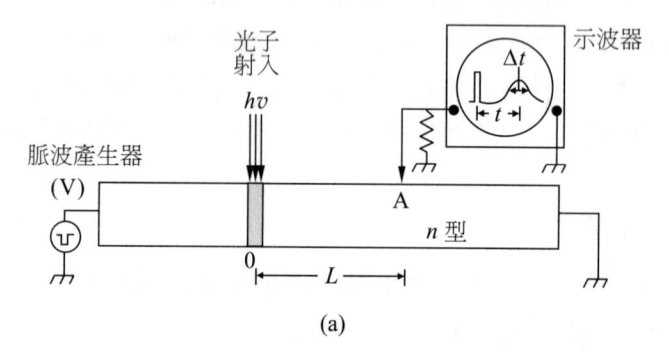

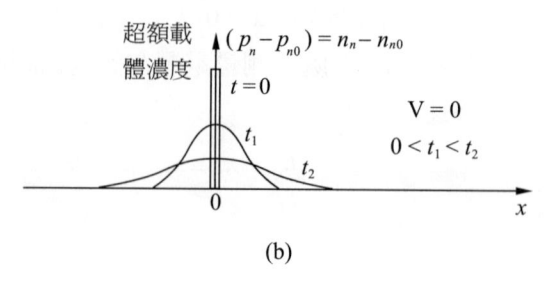

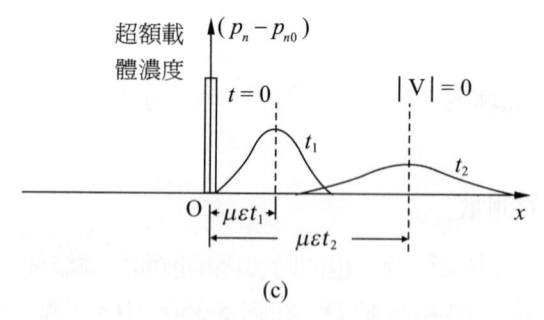

圖 5-35　赫尼-蕭克萊實驗
(a) 實驗設備簡圖
(b) 未加電場時的超額載體分布
(c) 加了電場時的超額載體分布

(5-92)式的脈波隨 x 的變化情形圖示於 5-35(b)中。如果電場 $\varepsilon \neq 0$，(5-91)式的解仍為 (5-92) 式，只是 x 座標必須平移，即 $x_{\text{New}} = x - \mu_p \varepsilon t$，如圖 5-35(c)所示。

圖 5-36 為超額電洞脈在沒有電場 ($\varepsilon = 0$) 時的空間變化情形。在 $t = t_d$ 時，電洞脈波的峰值定義為 Δp，則 (5-92) 式可改變為

$$\delta p(x) = p_n(x) - p_{n0} = \frac{N}{\sqrt{4\pi D_p t}} \text{Exp}\left(-\frac{t_d}{\tau_p}\right) \text{Exp}\left(\frac{-x^2}{4D_p t_d}\right)$$

$$\equiv \Delta p \, \text{Exp}\left(\frac{-x^2}{4D_p t_d}\right) ;$$

此處 $\Delta p \triangleq \frac{N}{\sqrt{4\pi D_p t}} e^{-t_d/\tau_p}$

假如脈波衰減至其峰值 (1 / e) 的位置定為 ($\Delta x / 2$)，則當 $x = \Delta x / 2$ 時，

$$\frac{\Delta p}{e} = \Delta p \, \text{Exp}\left(\frac{-(\Delta x / 2)^2}{4D_p t_d}\right) \tag{5-93}$$

上式可化簡得

$$D_p = \frac{(\Delta x)^2}{16 t_d} \tag{5-94}$$

在示波器銀幕上無法直接測得 Δx 的密度大小，我們只可測得 Δx 的對應時間 Δt，此時 $\Delta x = v_d \Delta t$，將此關係代入 (5-94) 式即可計算出擴散係數 D_p 的大小。

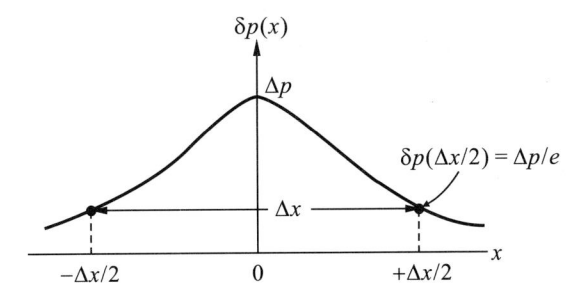

圖 5-36　沒有外加電場時的超額電洞之空間分布

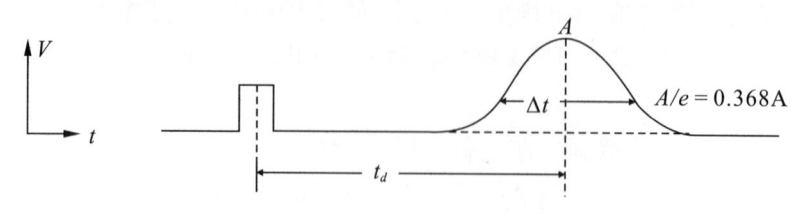

圖 5-37 示波器中所測得的脈波圖形

圖 5-37 為示波器所測電洞所生的脈波變化情形，此時拾取之脈波信號係與電洞脈波成正比的電壓訊號。

習 題

1. 半導體受外來的激發產生電子-電洞對後，可能經直接或間接過程復合消失；試分析如果間接過程增多，則發光效率隨之降低。

2. 在 P 型半導體受光脈波照射（$t = 0$）後，少數載體會如（5-6）式衰減；試以（5-6）式為根據，用統計學的觀點證明少數載體在復合前平均的存活時間為 τ_n。

3. 載體移動率深受半導體溫度及雜質濃度的影響，詳細分析：
   (a) 在低溫時，載體受到雜質離子散射的情形；
   (b) 在高溫時，載體與聲子散射的情形。

4. 在 N 型砷化鎵半導體中逐漸增大外加電場 ε_a 的大小，試以能階圖中電子能量的轉移說明 $v_n - \varepsilon_a$ 曲線中的各種變化。

5. (a) 何謂霍爾效應？霍爾電場 ε_H 與外加電場有何不同？
   (b) 利用霍爾效應可進行那些測量？扼要說明之。

6. 某半導體摻入受體，其濃度為 $N_A = N_A(x)$（參考下圖）
   (a) 求出半導體內建電場的大小。
   (b) 繪出此時的能帶圖，註明 E_C，E_F，E_i 及 E_V 並標出電場的方向。
   (c) 用濃度公式說明此時載體聚集的情形。

```
        N_A(x)
          ↑
        A ●
          |\
          | \
          |  \
          |   \
          |    \
          |     \
          |      \
        0 |_____●_____→ x
                  1
```

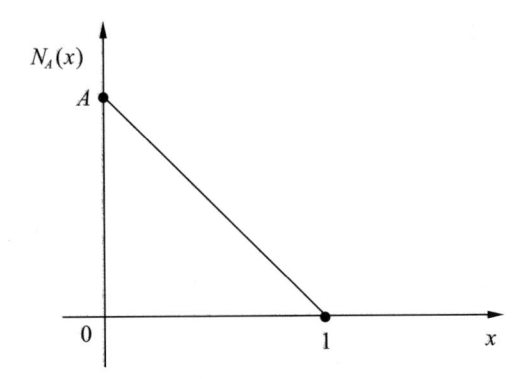

7. 某直接半導體中的一小部分受到穩定光源的照射，其光激發的載體產生率 $g_{op} = 5 \times 10^{23}$ EHP/cm^3-sec；此半導體摻入兩種雜質 $N_D = 9 \times 10^{16}$ (#/cm^3) 及 $N_A = 10^{16}$ (#/cm^3)，$E_g = 1.2$ e.V，$\mu_n = 8500$ cm^2/V-sec，$\mu_p = 400$ cm^2/V-sec。

   (a) 求半導體於熱平衡時的載體濃度。
   (b) 求出超額載體的濃度，判定它是低階或高階注入。
   (c) 求出載體的擴散長度 L_n 及 L_p。
   (d) 繪出少數載體於不平衡時隨 x 的衰減情形。
   (e) 繪出電子與電洞的準費米階 (IMREF) 在受光區及未受光區的變化情形。
   (f) 當超額的電子與電洞復合時，大部分放出光子或釋放出熱能出來？解釋您的答案。

8. 對於某半導體藉著單一位階的缺陷中心進行復合，

   (a) 求出電子、電洞的捕捉及放射係數 e_n & c_n 與 e_p & c_p 的關係。
   (b) 如果 $\sigma_p = \sigma_n \equiv \sigma$，證明載體的淨復合率 U 為

   $$U = (\sigma v_{th} N_T) \frac{pn - n_i^2}{n + p + 2n_i \cosh\left(\frac{E_t - E_i}{KT}\right)}$$

   (c) 利用 (b) 的結果說明矽半導體摻入金 (Au) 原子的原因；摻入金原子有何效果？

9. 假設某半導體各摻入下列三種雜質，其能階圖如下圖所示，依照順序在此圖中繪明半導體在電子-電洞對產生後最可能發生的各連續過程。

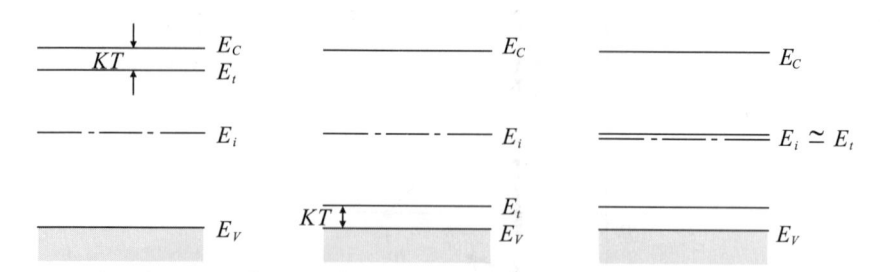

```
   ↓
———— E_c        ———————— E_c        ———————— E_c
  KT
———— E_t
   ↑

—·—·— E_i       —·—·—·— E_i        ═══════ E_i ≃ E_t

                    KT ↕ E_t
▓▓▓▓ E_v       ▓▓▓▓▓▓▓ E_v         ▓▓▓▓▓▓▓ E_v
```

10. (a) 為什麼在半導體元件中，表面的復合現象非常重要必須詳加考慮？
    (b) 分別寫出在半導體表面求得載體濃度的邊界條件，並說明它的物理意義：
    (1) 表面沒有空間電荷區存在時；
    (2) 表面有空間電荷區存在時。

11. 扼要解釋下列名詞：
    (a) 散射中心   (b) 直接與間接復合
    (c) 熱載體效應   (d) 擴散係數
    (e) 平均自由路徑   (f) 歐傑伊復合
    (g) SRH 復合理論   (h) 表面復合速度

參考資料

1. W. F. Beadle, R. D. Plummer & J. C. C. Tsai, Quick Reference Manual for Semiconductor Engineers.
2. H. H. Yee, PhD Thesis, Glasgow University, 1996, Glasgow, UK.
3. S. WANG, Solid state Electronics, McGraw-Hill Book Company, New York, 1966.
4. D. M. Caughey & R. F. Thomas Proc. IEEE 55, 2192, 1967.
5. W. Shockley and J. Bardeen, Phys. Review, V. 80. p. 72, 1950.
6. S. S. Li, NBS special publication, 400-47, page 16, Nov. 1979.

7. S. M. Sze, Physics of Semiconductor Devices, 2nd edi., Wiley, New York, 1981.
8. Robert F. Pierret, and G. W. Neudeck, Modular series on solid state Devices, purdue University, U. S. A.
9. S. M. Sze, Semiconductor devices, Bell Lab., 1985.
10. A. S. Grove, Physics and Technology of Semiconductor Devices, Wiley, New York, 1967.
11. 余合興，光電子學原理與應用，第三版，中央圖書出版社 1985。

6 CHAPTER

半導體的光特性及光電效應

固體的光常數
  折射指數與吸收係數
  光波在不同物質介面的傳播現象

光的吸收現象
  自由載體吸收
  自由載體吸收引起的折射指數變化
  基本吸收
  先吸收試驗
  先吸收係數的測量——回切法
  富蘭茲-卡迪西效應

光導電效應
  光導電率
  他質光導電過程
  本質光導電過程
  靈敏因素與光導電增益

光伏效應
習　題
參考資料

為了介紹各種光電元件的基本特性,本章第一節首先介紹了光波在不同物質介面間的傳播情形,也定義了各種**光常數**(Optical constants)及其衍生的物理意義;6-2 節介紹了兩種最重要的光吸收過程,說明光吸收係數與入射光波波長的關係;6-3 節以後,逐一說明了發生在半導體內的各種光電效應,並介紹了靈敏因素及光導電增益的基本意義。

6-1 固體的光常數

6-1-1 折射指數與吸收係數

固體中光的特性,可以藉由電磁波在物體中的傳播情形而獲得瞭解。有些物體表面會強烈的反射電磁波,有些卻會大量的吸收電磁輻射,這個現象不但跟物體的表面情形息息相關,而且跟入射的電磁輻射之波長有關;舉個例說:有很多半導體在紫外線(UV)與紅色光之間有很強的吸收特性,但卻可以被紅外線區(IR)的電磁輻射穿透過去。

由**馬克士威爾方程式**(Maxwell's equations)可知,

$$\begin{cases} \nabla \times E = -\dfrac{\partial B}{\partial t} & \text{(6-1a)} \\ \nabla \times H = J + \dfrac{\partial D}{\partial t} & \text{(6-1b)} \\ \nabla \cdot B = 0 & \text{(6-1c)} \\ \nabla \cdot D = \rho_f & \text{(6-1d)} \end{cases}$$

因為在大部分物質中,在光波的範圍內 $\mu_r \approx 1$,同時假設在固體中沒有自由電荷存在,即 $\rho_f = 0$。此時

$$\begin{cases} J = \sigma E \\ B = \mu_r \mu_0 H = \mu_0 H \\ D = \epsilon_r \epsilon_0 E = \epsilon_0 E + P \end{cases} \quad \text{(6-2)}$$

上式中 P 為**電的偏極**(Polarization)大小。(6-2)式代入(6-1)式,可得

第六章　半導體的光特性及光電效應　219

$$\nabla \times E = -\mu_0 \frac{\partial H}{\partial t}$$

$$\nabla \times H = \sigma E + \epsilon_r \epsilon_0 \frac{\partial E}{\partial t}$$

$$\nabla \cdot H = 0$$

$$\nabla \cdot E = 0$$

因此

$$\nabla \times (\nabla \times E) = \nabla(\nabla \cdot E) - \nabla^2 E$$
$$= -\mu_0 \left(\sigma \frac{\partial E}{\partial t} + \epsilon_r \epsilon_0 \frac{\partial^2 E}{\partial t^2} \right)$$

上式可簡化為

$$\nabla^2 E = \sigma \mu_0 \frac{\partial E}{\partial t} + \mu_0 \epsilon_0 \epsilon_r \frac{\partial^2 E}{\partial t^2} \tag{6-3}$$

(6-3) 式中等號右邊第一項代表一個電磁場加於固體後，由傳導電流所生的 $\nabla^2 E$ 分量，右邊第二項表示由位移電流所生的 $\nabla^2 E$ 分量。

頻率為 ω，在 $\hat{Z}$ 方向傳播，而在 $\hat{x}$ 方向極化的電磁波為

$$E_x = E_0 \operatorname{Exp} i\omega \left(\frac{Z}{v} - t \right)$$
$$= E_0 \operatorname{Exp} [i(K^* \cdot Z - \omega t)] \tag{6-4}$$

此處 K^* 為**波動向量** (Wave vector)，v 為電磁波在固體中的傳播速率，$K^* = \omega/v$。

(6-4) 式代入 (6-3) 式中，可得

$$K^{*2} = \frac{\omega^2}{v^2} = \mu_0 \epsilon_0 \epsilon_r \omega^2 + i\mu_0 \sigma \omega$$

即

$$K^* = \frac{\omega}{v} = \left(\frac{\omega}{c}\right)\left(\epsilon_r + i\frac{\sigma}{\omega \epsilon_0}\right)^{1/2} = \left(\frac{\omega}{c}\right) n^* \tag{6-5a}$$

此處

$$n^* \equiv \left(\epsilon_r + i\frac{\sigma}{\omega\epsilon_0}\right)^{1/2} = \epsilon_r^{*1/2} \quad (6\text{-}5b)$$

n^*：固體折射係數（複數）

ϵ_r^*：固體的複數介電係數

而光速

$$c \equiv \frac{1}{\sqrt{\mu_0 \epsilon_0}}$$

更進一步的定義折射指數

$$n^* \equiv n + ik \quad (6\text{-}6)$$

可得

$$n^{*2} = (n^2 - k^2) + i\,2nk = \epsilon_r^*$$
$$= \epsilon_r + i\frac{\sigma}{\omega\epsilon_0}$$

故

$$\epsilon_r = n^2 - k^2 \; ; \; \frac{\sigma}{\omega\epsilon_0} = 2nk$$

此處　n：電磁波在自由空間的**折射指數**（Refractive index）

　　　k：電磁波在物體中的**消失係數**（Extinction coefficient）

（6-5a）式及（6-6）式代入（6-4）式，可得

$$E_x = E_0 \operatorname{Exp}\left(-\frac{k\omega z}{c}\right) \operatorname{Exp}\left[i\omega\left(\frac{nz}{c} - t\right)\right] \quad (6\text{-}7)$$

（6-7）式中，清楚的指出「在物體中電場的大小，隨著距離 z 呈指數函數式的衰減」，這種衰減是因為電磁波在通過物體時，部分能量被吸收的緣故。（6-7）式中也告訴我們材料中的電磁波速度降低至（c/n）。

　　由電磁理論可知，單位面積、單位時間內某物體所具有的電磁能量可以由**波以亭向量**（Poynting vector）來表示，即

$$S = E \times H$$
$$\sim E_m^2 = E_0^2 \operatorname{Exp}\left(-\frac{2k\omega z}{c}\right) \quad (6\text{-}8)$$

此處 $E_m \equiv$ 電場強度在時間 t 的大小(振幅)。

物體的**吸收係數**(Absorption coefficient) α 的定義為當電磁波透入物體的距離($1/\alpha$)後,其能量衰減為原有能量的($1/e$)。以波以亭向量表示為

$$S(z) \equiv S_0 e^{-\alpha z} \tag{6-9}$$

比較(6-8)式及(6-9)式可得

$$\alpha = \frac{2k\omega}{C} = \frac{4\pi k}{\lambda_0} \tag{6-10}$$

此處 λ_0 是電磁波在自由空間的波長。

對於不同厚度的物體,測量其電磁波能量穿透的情形可以決定 α 及 k 值。但用此法測量 α 及 k 值時,能量吸收不可太多,因此試驗樣品的厚度必須限定在少數倍的($1/\alpha$)厚度範圍內,對於強力吸收的物體,我們必須運用下面一節介紹的反射測驗分析其光的特性。

6-1-2 光波在不同物質介面的傳播現象

1. 光波垂直入射(Normal incidence)不同物質介面的情況

在此情況,分兩種物質及三種物質介面的情形來分析:

(a) 光波垂直入射兩種物質的介面現象

參考圖(圖 6-1),E_i 代表入射電波,E_r 代表反射電波,E_t 代表透過介面($z>0$)的電波分量。

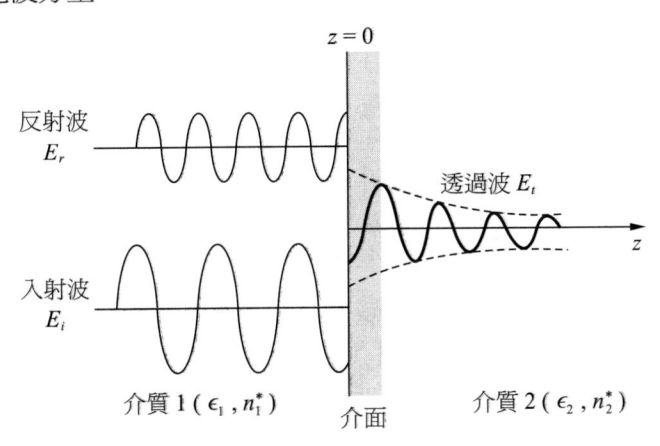

圖 6-1 電磁波垂直入射物質介面的情況

電波 E_i 由介質 1 向介面垂直入射，能夠透過介面而在介質 2 ($z>0$) 中傳播的電波 E_t 分量可以表示為

$$E_x = E_t \operatorname{Exp}[i\omega(n_2^* z/c - t)] \qquad (6\text{-}11)$$

而電磁波由介質 1 ($z<0$) 垂直入射介面時

$$E_x = E_i \operatorname{Exp}[i\omega(n_1^* z/c - t)] + E_r \operatorname{Exp}[-i\omega(n_1^* z/c + t)] \qquad (6\text{-}12)$$

此時

$$n_1^* \equiv n_1 + ik_1 \ ; \ n_2^* \equiv n_2 + ik_2 \text{。}$$

電場在 $z = 0$ 的邊界條件為

$$E_t = E_i - E_r \qquad (6\text{-}13a)$$

由馬克士威爾方程式的關係，磁場的邊界條件為

$$n_2^* E_t = (E_r + E_i) n_1^* \qquad (6\text{-}13b)$$

由 (6-13) 式可解得

$$\frac{E_r}{E_i} = \frac{n_1^* - n_2^*}{n_1^* + n_2^*} \qquad (6\text{-}14)$$

而反射係數 R 定義為

$$R \equiv \frac{|E_r|^2}{|E_i|^2} = \frac{(n_1^* - n_2^*)^2}{(n_1^* + n_2^*)^2} = \frac{(n_2 - n_1)^2 + (k_2 - k_1)^2}{(n_2 + n_1)^2 + (k_2 + k_1)^2} \qquad (6\text{-}15)$$

假如介質 1 為自由空間 (真空)，則 $n_1^* \simeq 1$，此時 (6-14) 及 (6-15) 變為

$$\frac{E_r}{E_i} = \frac{1 - n_2^*}{1 + n_2^*} \qquad (6\text{-}16)$$

$$R = \frac{|E_r|^2}{|E_i|^2} = \frac{(n_2 - 1)^2 + k_2^2}{(n_2 + 1)^2 + k_2^2} \qquad (6\text{-}17)$$

由上可知，當電磁波入射到不同物質的介面時，因為折射指數 n^* 的不同，有部分功率會反射，部分功率會透過介面；而反射係數 R 的大小與兩種物質的折射指數差的平方呈正比，這種情況與電路中的**阻抗不匹配** (Impedance mismatch) 相似。換言之，如果介面兩側物質之折射指數相近，則光波在介面被反射回去的比率就會很小，此時大部分的入射波功率都可以穿過介面繼續朝 $z > 0$ 的方向傳播。

(b) 光波垂直射入於三種不同物質的介面現象

光波射入於多層不同物質的介面會如何傳播呢？其吸收係數的大小有何變化都是很值得令人探討的地方。圖 6-2 是表示光波 (電磁波) 垂直射入三種物質的介面情形。

圖 6-2 中，假設有一平面電磁 (光) 波在介質 1 中往正 $\hat{z}$ 方向運行，而且垂直入射於 $z = 0$ 的平面。因為折射指數的不同，會在 $z = 0$ 及 $z = d$ 處的介面上有部分功率會反射回去。如果此時電場極化的方向為 a_x，磁場的方向為正或負 a_y 方向，以**相量 (Phasor)** 的觀念來表示，在介質 1 中的總電場強度 E_1 為

$$E_1 = a_x(E_{io}e^{-ik_1z} + E_{ro}e^{+ik_1z}) \qquad (6\text{-}18a)$$

磁場強度 H_1 可由馬克士威爾方程式中求得

$$H_1 = a_y\left(\frac{1}{\eta_1}\right)(E_{io}e^{-ik_1z} - E_{ro}e^{+ik_1z}) \qquad (6\text{-}18b)$$

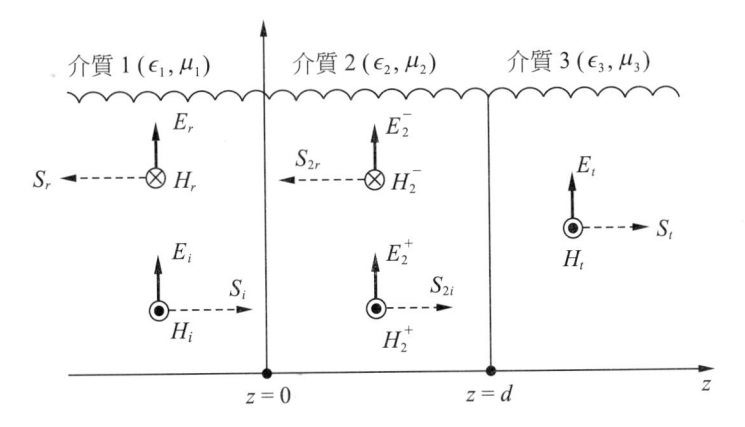

圖 6-2　光波垂直入射到三種不同物質介面的情形。各 S 向量代表各個介質中電磁功率分量的傳播，可由波以亭定理 (Poynting Theorem) $\vec{S} = \vec{E} \times \vec{H}$ 來決定。

此處 $\eta_1 \equiv$ 介質 1 的**本質阻抗**（Intrinsic impedance）

$$\equiv \sqrt{\frac{\mu_1}{\epsilon_1}}$$

E_{io} 及 E_{ro} 分別代表入射波及反射波之振幅大小。
在介質 2 中的電場及磁場強度為

$$E_2 = a_x(E_2^+ e^{-ik_2z} + E_2^- e^{+ik_2z}) \tag{6-19a}$$

$$H_2 = a_y\left(\frac{1}{\eta_2}\right)(E_2^+ e^{-ik_2z} - E_2^- e^{+ik_2z}) \tag{6-19b}$$

(6-19) 式中，E_2^+ 及 E_2^- 分別代表往正 z 及往負 z 方向傳播的電場大小。在介質 3 中的電場及磁場強度為

$$E_3 = a_x E_3^+ e^{-ik_3z} \tag{6-20a}$$

$$H_3 = a_y\left(\frac{1}{\eta_3}\right)E_3^+ e^{-ik_3z} \tag{6-20b}$$

(6-20) 式中，E_3^+ 代表往正 z 方向傳播的電磁波之電場強度大小。在介質 3 中，光波透過 $z = d$ 介面，只有往正 z 方向傳播。(6-18) 式～(6-20) 式中，有 E_{ro}、E_2^+、E_2^- 及 E_3^+ 四個振幅未知，代入 $z = 0$ 及 $z = d$ 的邊界條件，即可求出它們與 E_{io} 間的大小關係。

在 $z = 0$ 的邊界條件為

$$\begin{aligned} E_1(0) &= E_2(0) \\ H_1(0) &= H_2(0) \end{aligned} \tag{6-21}$$

在 $z = d$ 的邊界條件為

$$\begin{aligned} E_2(d) &= E_3(d) \\ H_2(d) &= H_3(d) \end{aligned} \tag{6-22}$$

我們要更進一步的求出在介面 $z = 0$ 的反射係數 R 為

$$R \equiv \frac{E_{ro}^2}{E_{io}^2} = \frac{Z_2(0) - \eta_1}{Z_2(0) + \eta_1} \tag{6-23}$$

上式中，

$$Z_2(0) = \eta_2 \frac{\eta_3 \cos k_2 d + i\eta_2 \sin k_2 d}{\eta_2 \cos k_2 d + i\eta_3 \sin k_2 d} \tag{6-24}$$

$\equiv$ 介質 2 中的總電磁場在 $z = 0$ 介面所面臨的**波動阻抗**（Wave Impedance）

其中

$$\eta_2 \equiv \sqrt{\frac{u_2}{\epsilon_2}} \; ; \; \eta_3 \equiv \sqrt{\frac{u_3}{\epsilon_3}} \; 。$$

如果欲使反射係數降為零，必須使 $Z_2(0) = \eta_1$，由 (6-24) 式可得

$$\eta_2(\eta_3 \cos k_2 d + i\eta_2 \sin k_2 d) = \eta_1(\eta_2 \cos k_2 d + i\eta_3 \sin k_2 d)$$

亦即

$$\eta_3 \cos k_2 d = \eta_1 \cos k_2 d \tag{6-25}$$
$$\eta_2^2 \sin k_2 d = \eta_1 \eta_2 \sin k_2 d \tag{6-26}$$

要符合 (6-25) 式的要求，必須 $\eta_1 = \eta_3$ 或 $\cos k_2 d = 0$。即

$$k_2 d = (2n+1)\frac{\pi}{2}$$

因

$$k_2 = \frac{2\pi}{\lambda_2}$$

故

$$d = (2n+1)\frac{\lambda_2}{4}, \; n = 0, 1, 2, \cdots \cdots \tag{6-27}$$

假如 $\eta_1 \neq \eta_3$，則 (6-27) 式的厚度選擇原則必須遵守，而且為了滿足 (6-26) 式的要求，必須選擇 $\eta_2 = \sqrt{\eta_1 \eta_3}$；綜合而論，欲使光波在 $z = 0$ 的介面沒有反射（完全透射），除了必須選擇材料使 $\eta_2 = \sqrt{\eta_1 \eta_3}$ 以外，介質 2 的厚度 d 也必須同時滿足 (6-27) 式的要求。

如果 $\eta_2 \neq \sqrt{\eta_1 \eta_3}$，而吾人選擇介質 2 厚度 d 符合上述要求的話，反射係數 R 變為

$$R = \frac{(\eta_2^2 - \eta_1\eta_3)^2}{(\eta_2^2 + \eta_1\eta_3)^2} \quad (6\text{-}28)$$

假如三種介質的導磁係數均接近於 1，則 $u_1 \simeq u_2 \simeq u_3 \simeq 1$，由 (6-5b) 式的定義知 $\epsilon_r = n^2$，(6-28) 式變成

$$R = \frac{(n_2^2 - n_1n_3)^2}{(n_2^2 + n_1n_3)^2} \quad (6\text{-}29)$$

再參考圖 6-2，在介質 1 的反射波分量，係由介面 1 ($z = 0$) 的反射波及介面 2 ($z = d$) 處，朝 $z < 0$ 反射回到介質 1 的反射波，或經 $z = d$ 介面反射多次後再透過介面 1 的反射波所構成；介質 2 的加入，假如能夠符合 $\eta_2 = \sqrt{\eta_1\eta_3}$ 及 (6-27) 式的要求，會造成這些反射波分量的「**破壞性干涉**」(Destructive interference) 條件，而使得在介面 1 的總 (合成) 反射波幾近消失無蹤，而大大的提高了光波透過率。

減少光波在介面反射的應用有很多生活上的例子，如眼鏡鏡片的多層膜處理，照相機鏡頭的多層膜處理，光電元件如太陽電池，光偵測器為了增加介面的透光率，大都沉積 (Deposit) 或磊晶生長一層 (或多層) 所謂的「**抗反射薄層**」(Antireflection coating)。球形的**雷達遮蔽物** (Radome) 也必須有抗反射層的設計，以允許大部分的電磁波能很容易的傳播及通過。

例 6-1

有一光電元件是由 GaAlAs 三元化合物半導體製成，波長 $\lambda_o = 0.9$ 微米時，其折射指數為 3.5；為了減低光線入射介面的反射係數，擬塗佈抗反射薄層。

(a) 試計算此薄層之厚度及造成零反射率的薄層所必須具有的折射指數。
(b) 如薄層之折射指數為 2.2，介面的反射係數變為多少？

解 請參考圖 6-3。

(a) 由 (6-29) 式知，可形成零反射率的薄膜折射指數 n_2 為

$$n_2 = \sqrt{n_1n_3} = \sqrt{1 \times 3.5} = 1.87$$

要使 $\lambda_o = 0.9$ 微米光波零反射的薄膜厚度 d 應選擇為 (6-27) 式

$$d = \frac{\lambda_o}{4} = \frac{9000\text{Å}}{4} = 2250\text{Å}$$

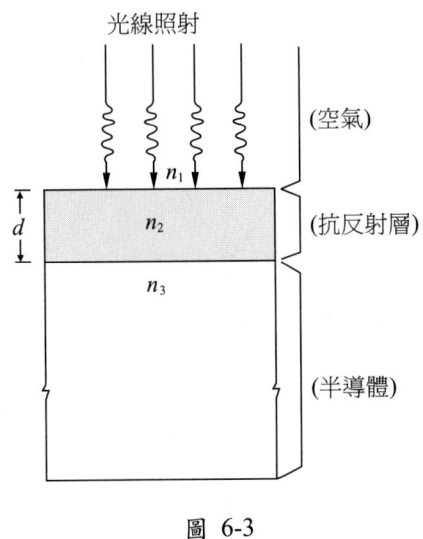

第六章 半導體的光特性及光電效應 227

光線照射

(空氣)

(抗反射層)

n_1
n_2
d
n_3

(半導體)

圖 6-3

(b) 如果 $n_2 = 2.20$，則介面反射係數 R 變為

$$R = \frac{(n_2^2 - n_1 n_3)^2}{(n_2^2 + n_1 n_3)^2} = \frac{(2.2^2 - 3.5)^2}{(2.2^2 + 3.5)^2} = \frac{(4.84 - 3.5)^2}{(4.84 + 3.5)^2} \doteqdot 2.6\%$$

可見即使薄膜的折射指數不是最合適的 1.87，上述情況的介面反射係數仍只有 2.6% 而已。

2. 光波斜射 (Oblique incidence) 進入兩種物質的介面情況

有一介質材料其折射指數 n_1^* 與另一導電材料折射指數為 n_2^*，介面處 $z = 0$；假設有一電磁平面波在介質 1 中運行，而且向介面射入，如圖 6-4 所示。此時仍假設 $u_1 \simeq u_2 \simeq 1$，入射波是在 xz 平面，假如分解電磁強度 E_0 為兩個分量 E_n 及 E_p，此處 E_n 是垂直於此**入射面** (Plane of incidence) 的分量，而 E_p 是平行於此入射面的分量，因此 E_n 乃是在 $\hat{y}$ 方向。

要求得入射波、反射波，及折射波間的大小關係，必須仍如前述利用電場、磁場強度在介面的切線分量必須連續的邊界條件，即

$$E_p \cos \phi + E_p' \cos \phi' = E_p'' \cos \phi'' = (E_p - E_p') \cos \phi \qquad (6\text{-}30\text{a})$$

$$E_n + E_n' = E_n'' \qquad (6\text{-}30\text{b})$$

228 半導體材料與元件（上冊）

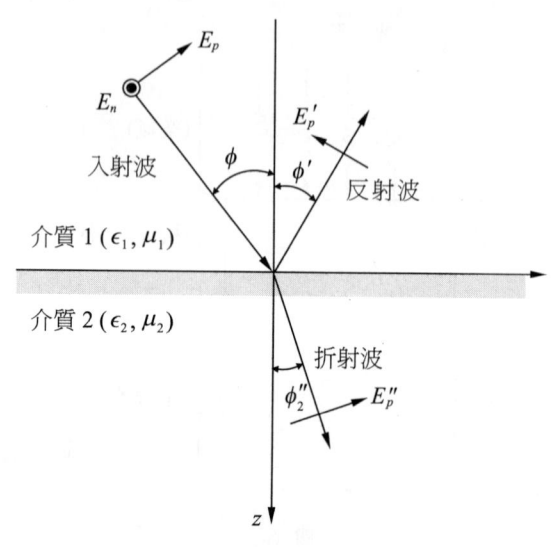

圖 6-4　電磁波在物質介面的反射及折射

同理，對於磁場強度必須遵守：

$$(E_n - E_n') n_1^* \cos\phi = E_n'' n_2^* \cos\phi'' \tag{6-31a}$$

$$(E_p + E_p') n_1^* = E_p'' n_2^* \tag{6-31b}$$

除此之外，在介面也必須遵守**史奈爾定律**（Snell's laws），即

$$n_1^* \sin\phi = n_1^* \sin\phi' \quad（反射定律） \tag{6-32a}$$

$$n_1^* \sin\phi = n_2^* \sin\phi'' \quad（折射定律） \tag{6-32b}$$

讀者請注意（6-30a）式是利用（6-32a）式的關係化簡而得；（6-31）式中磁場強度 H 與電場強度 E 的關係是利用馬克士威爾方程式而獲得。解（6-30）式及（6-31）式四個方程式，並經化簡後可得 [1] 反射波為

$$E_p' = E_p \frac{\tan(\phi - \phi'')}{\tan(\phi + \phi'')} \tag{6-33a}$$

$$E_n' = E_n \frac{\sin(\phi'' - \phi)}{\sin(\phi'' + \phi)} \tag{6-33b}$$

1　如欲知曉（6-33）式及（6-34）式的詳細經過，可參考拙作「光電子學」第 81 頁及第 82 頁。

折射波為

$$E_p'' = E_p \frac{2\sin\phi''\cos\phi}{\sin(\phi+\phi'')\cos(\phi-\phi'')} \qquad (6\text{-}34a)$$

$$E_n'' = E_n \frac{2\sin\phi''\cos\phi}{\sin(\phi+\phi'')} \qquad (6\text{-}34b)$$

當電場方向平行於入射面時，反射係數 R_p 為

$$R_p = \frac{|E_p'|^2}{|E_p|^2} = \left|\frac{\tan(\phi-\phi'')}{\tan(\phi+\phi'')}\right|^2 \qquad (6\text{-}35a)$$

當電場方向垂直於入射面時，反射係數 R_n 為

$$R_n = \frac{|E_n'|^2}{|E_n|^2} = \left|\frac{\sin(\phi''-\phi)}{\sin(\phi''+\phi)}\right|^2 \qquad (6\text{-}35b)$$

如果兩種介質材料均不吸收電磁能量，ϕ 及 ϕ'' 是實數，$n_1^* = n_1$，$n_2^* = n_2$，在電磁波垂直入射物質介面時，$\phi = \phi' = \phi'' = 0$，此時

$$R = R_p = R_n = \frac{(n_2-n_1)^2}{(n_2+n_1)^2} \qquad (6\text{-}36a)$$

$$T = T_p = T_n = \frac{4n_1n_2}{(n_2+n_1)^2} \qquad (6\text{-}36b)$$

此處 T 為穿透係數，(6-36a) 式與 (6-36b) 式相加，得 $T + R = 1$，這是表示在介面處，能量仍然遵守守恆定律。

當 $\phi + \phi'' = 90°$ 時，$R_p = 0$，它表示物質在不吸收電磁波的情形下，有一實數角 ϕ，使得所有電磁分量 R_p 均可通過介面，這個角度叫做**布魯斯特角** (Brewster angle)。

又假設介質 1 是空氣 $n_1^* = 1$，介質 2 的折射指數 $n_2^* = n_2 - ik_2$，由 (6-36a) 式可得

$$R = \left|\frac{n_2 - ik_2 - 1}{n_2 - ik_2 + 1}\right|$$

可化簡為

$$R = \frac{(n_2-1)^2 + k_2^2}{(n_2+1)^2 + k_2^2}$$ (6-37)

讀者請注意，(6-37) 式的結果恰好吻合了 (6-17) 式導出結果。如果介質 2 的 k_2 值很小，反射係數只比**純介質材料**(Pure dielectric) 稍大；但如果 k_2 值很大，則介質 2 的特性與金屬相近，其反射係數趨近於 1。

從 (6-10) 式及 (6-37) 式中可知，只要測量出吸收係數 α 及反射係數 R，即可以決定 n 及 k 值；一旦決定了 n 和 k 值後，我們即可瞭解電磁 (光) 波在物質中衰減的程度和運行速度 (請參考 (6-7) 式)。我們也可以同時求得物質的介電係數 ϵ_r^*。於高頻時，$\epsilon_r^*|_{\omega\to\infty} = \epsilon_r^*(\infty) = n^2$，表 6-1 是半導體的折射指數及介電係數。

表 6-1　半導體材料的折射指數及介電係數

材料	n	ε_r^s	$\epsilon_r^*(\infty)$
Si	3.44	11.8	11.6
Ge	4.00	16	15.8
InSb	3.96	17	15.9
InAs	3.42	14.5	11.7
GaAs	3.30	12.5	10.9
GaP	2.91	10	8.4
CdS	2.30	8.64	5.24
CdSe	2.55	9.25	6.4
CdTe	2.67	9.65	7.13
ZnS	2.26	8.1	5.13
ZnSe	2.43	8.66	5.90

註：$\varepsilon_r^s = \varepsilon_r^*(\infty)(\omega_\ell/\omega_0)^2$，$\omega_\ell$：晶格縱向的光聲子振動頻率 (LO)

ω_0 = 晶格橫向的光聲子振動頻率 (TO)

6-2 光的吸收現象

在半導體內，光的吸收過程可以大略分為六大類 (參考圖 6-5)：

過程 1：光子被吸收後，激發價電子進入導電帶內遠高於 E_c 的能階上。

過程 2：光子被吸收後，激發 E_v 附近的價電子至 E_c 附近的能階上。

過程 3：光子被吸收後，僅形成**束縛的電子-電洞對** (Bound electron-hole pairs) 叫做「**激子**」(Exciton)。

過程 4：光子被吸收後，由缺陷中心 E_t 激發電子進入導電帶。

過程 5：光子被吸收後，僅使導電帶的電子或價電帶的電洞轉移至它原來能帶的受激態而已，即所謂的「**自由載體吸收**」(Free carrier absorption)。

過程 6：光子被吸收後，僅引致晶格的光聲子振動，叫作「**餘光吸收**」(Reststrahlen absorption)，已經在本書 3-4 節介紹過，因為這種光吸收過程未導致電子能階間的轉移，故未圖示於圖 6-5 中。

其中過程 1 及過程 2 所引致價電帶至導電帶間的電子轉移叫**帶間吸收** (Interband absorption)，又叫做**基本吸收** (Fundamental absorption)，將於 6-2-2 節介紹；過程 3 的光吸收現象將於 6-3 節述及；過程 5 的吸收現象於 6-2-1 節會有敘述。

至於過程 3 的光子吸收，因為激發能量之不足，不會產生價電帶與導電帶間的自由電子-電洞對，只能產生束縛的電子-電洞對，叫做「激子」；假如要分離這種束縛的電子-電洞對所需能量很少，則此**分離能** (Dissociating energy) 可利用波爾的氫原子模型估計，請特別注意在圖 6-5 中，$E_{ex,n}$ 僅象徵性地代表第 n 個容許狀態的激子分離能，而不是代表此激子內電子的能階。

激子可能受到熱擾動而分離成自由的正、負載體，也可能復合而放出光或熱；它在材料內也會因擴散而傳輸能量，但卻不會形成淨電荷的傳輸，這是因為它係以一整個束縛電子-電洞對運動的緣故。

6-2-1 自由載體吸收

於圖 6-5 中可以發現，如果入射的光子能量低於半導體的**能隙** (Energy gap；Eg)，則帶間的電子轉移將不會發生；此時入射的光子或被晶體吸收，

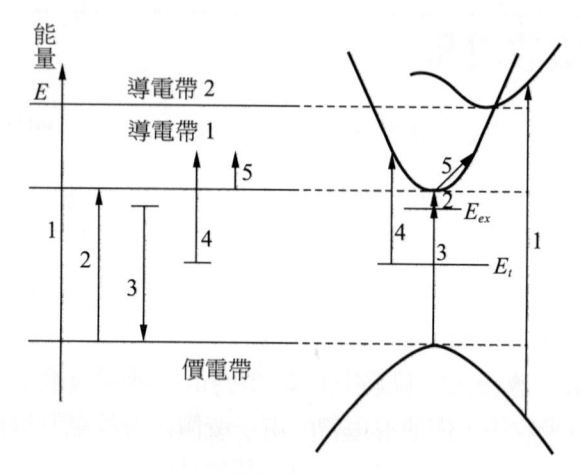

圖 6-5　半導體內主要的六大吸收過程
E_t 為缺陷中心，E_{ex} 為激子的能階

造成晶格的振動 (即產生聲子)，或使得導電帶內電子 (或價電帶電洞) 激發到原有能帶內的受激態，叫做**自由載體吸收** (Free carrier absorption) 又叫**帶內吸收** (Intraband absorption)，因為這種光吸收，不但牽涉到光子也同時涉及到聲子，所以它是一種間接的光吸收過程。

利用古典的運動方程式來描述此自由載體的吸收過程，可求得光吸收係數 α 為 [2]

$$\alpha \equiv \frac{4\pi k}{\lambda_0} = \frac{\sigma_0}{nc\epsilon_0(1+\omega^2\tau^2)} \qquad (6\text{-}38)$$

(6-38) 式中，$\lambda_0 \equiv$ 入射的光波波長

　　　　$\sigma_0 \equiv$ 半導體的直流 (低頻) 導電率 ($=\dfrac{Ne^2\tau}{m^*}$)

　　　　$n \equiv$ 半導體的折射指數

　　　　$\omega \equiv$ 光波角頻率

　　　　$\tau \equiv$ 電子散射時的平均**鬆弛時間** (Relaxation time)

　　　　$c =$ 光速

---

[2]　請參照拙著「光電子學」3-2-1 節。

(6-38)式中可細分為兩種情況來討論：

(a)在低頻時($\omega\tau \ll 1$)

$$\alpha \simeq \frac{\sigma_0}{nc\epsilon_0} \simeq \left(\frac{2\sigma_0\omega}{\epsilon_0 c^2}\right)^{1/2} \qquad (6\text{-}39)$$

光波(電磁波)在物體中的穿透深度 δ 定義為

$$\delta \equiv \frac{1}{\alpha} = \left(\frac{\epsilon_0 c^2}{2\sigma_0\omega}\right)^{1/2} \qquad (6\text{-}40)$$

因此，在高階注入(電子密度 N 很大)的半導體中，入射光波頻率 ω 及導電率 σ_0 很高的情況下，光波所能穿透的深度愈淺，即電磁波(光波)被拘限在表面薄層，這種現象即是電磁波的「**集膚效應**」(Skin effect)。

(b)在高頻時($\omega\tau \gg 1$)

通常這類光吸收的頻率範圍從紅外線(IR)到光子能量接近 E_g 附近為止。此時

$$\alpha \simeq \frac{4k\pi}{\lambda_0} = \frac{\sigma_0}{Nc\epsilon_0\omega^2\tau^2}$$

$$= \frac{e^3 N\lambda_0^2}{4\pi^2 c^3 m^{*2} u_n n} \qquad (6\text{-}41)$$

(6-41)式中 $u_n \equiv e\tau/m^*$ 是傳導電子的移動率。

在 GaAs 吸收邊緣附近，即 $h\nu \simeq E_g = 1.42$ eV，其自由載體吸收 α_{fc} 近於

$$\alpha_{fc}(\text{cm}^{-1}) = 3 \times 10^{-18} n + 7 \times 10^{-18} p \qquad (6\text{-}42)$$

上式中，n 及 p 分別為 GaAs 晶體內的自由電子及電洞濃度(cm^{-3})。

在此高頻的情況下，半導體的吸收係數 α 與電子密度 N 及光波波長 λ_0 的平方呈正比，而與電子移動率 u_n 及折射指數 n 呈反比。圖 6-6 顯示銻化銦 InSb 的自由載體吸收係數與 λ_0 平方呈正比的情形。

在高頻光波激發下，往往會有群集的電子受到電磁場的作用，而形成整體的自由電子(載體)位移，這些電子會形成簡諧式的**電漿諧振**(Plasma resonance)，

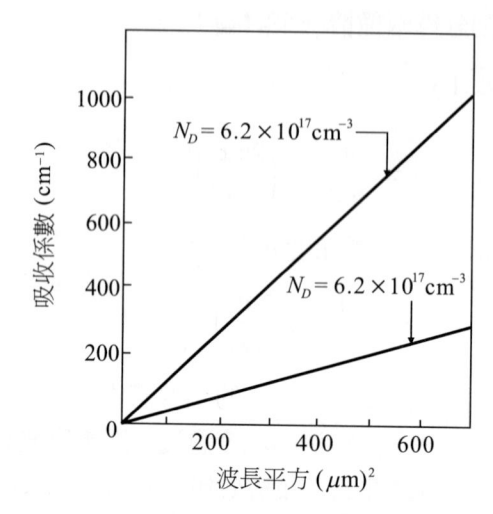

圖 6-6　銻化銦（InSb）自由電荷載體與波長平方的關係

假如這些電子的淨位移是在 $\hat{z}$ 方向，則其振動方程式的形式為

$$\frac{d^2z}{dt^2} + \omega_p^2 z = 0 \tag{6-43}$$

此處 $\omega_p \equiv \left[\dfrac{Ne^2}{m^*\epsilon_0\epsilon_r}\right]^{1/2} \equiv$ 電漿諧振頻率。

如果入射光波 $\omega = \omega_p$，則光波能量會被上述自由電子吸收而形成電漿諧振。如果 $\omega < \omega_p$，它會使半導體的介電係數 $\epsilon_r < 0$，電磁輻射在物體中部分會衰減，大部分會被反射回去；如果 $\omega > \omega_p$，表示光波可以在半導體中傳播進行，因此整個物體的特性好像是一個**高通濾波器**（High-pass filter）。

6-2-2　自由載體吸收引起的折射指數變化

濃度為 N 的自由載體在材料中產生的折射指數減少 Δn，可以類比於介電材料內建立起**電漿電荷**（Plasma loading）所產生的效應 [7]，它可表示為

$$\Delta n = \frac{-Nq^2}{2n\epsilon m_n^* \omega^2} \tag{6-44}$$

此處 n 為波導的折射指數，q 為電荷單位，ϵ 為介電係數，m_n^* 為電子之有效質量，而 $\omega = 2\pi v$，$v = c/\lambda_0$，λ_0 為自由載體光吸收的波長。

在主動性的光波導內，如雷射二極體的活動區，注入的自由載體濃度(N)很高，除了會造成很大的光吸收損失(α_{fc})外，同時也會使波導區的折射指數減小(Δn 為負值)。

6-2-3 基本吸收

當入射光波的光子能量 $h\nu$ 大於或接近能隙 E_g 時，價電子便很有可能會吸收光子能量而被激發至導電帶內，叫做「**基本吸收**」(Fundamental absorption)，因為這種光吸收現象發生於價電帶與導電帶之間，又被稱為「**帶間吸收**」(Interband absorption)。

因為能量大於 E_g 的光子最有可能被吸收，假如有一寬頻帶的光源(如日光)射入某半導體，只有部分顏色(低頻)的光波會透過半導體，而具有較高頻率(能量 $h\nu \geq E_g$)的光波則被吸收。

圖 6-7 中可以發現這種光吸收現象又可分為兩種：第一種的電子轉移只跟入射的光子有關，電子的起始動量與最終動量沒有甚麼改變叫做**直接轉移**(Direct transition)，這種轉移發生率相當大，因此它對應的吸收係數 α 值也相當高，大都發生在直接半導體內；第二種光吸收的電子轉移，除了跟入射的光子有關外，還跟晶格振動的聲子相關，因此，電子的起始動量與最終動量因有第三者(聲子)的介入而有不同，叫做間接轉移，這種吸收過程大都發生於間接半導體內。

直接轉移 光子入射於半導體後，半導體內價電子轉移至導電帶時，沒有 K 值(即動量)的變化 [參考圖 6-7(a)]；半導體的光吸收係數 α 與單位時間內價電子轉移至導電帶內的機率呈正比，在直接轉移時，電子轉移的機率可經由量子力學的微擾(Perturbation)理論求得；詳細分析這種轉移，發現它由兩大可能的轉移組成，其中一種轉移跟最終的波動向量 K_f 無關，叫做直接容許轉移(Direct allowed transition)，另外一種轉移卻與 K_f 相關，叫做直接禁止轉移(Direct forbidden transition)。研究結果顯示，直接容許轉移的吸收係數 α_{da} 可表示為

$$\alpha_{da} = K_{da}(\hbar\omega - E_g)^{1/2} \text{ (cm}^{-1}\text{)} \tag{6-45}$$

(a) 直接轉移

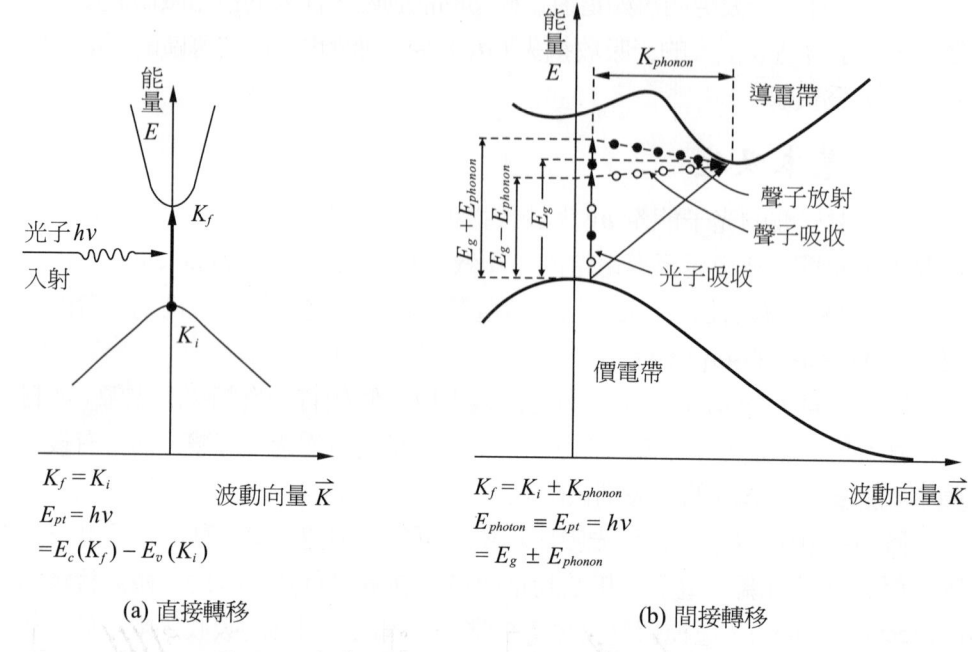

$K_f = K_i$
$E_{pt} = h\nu$
$= E_c(K_f) - E_v(K_i)$

(b) 間接轉移

$K_f = K_i \pm K_{phonon}$
$E_{photon} \equiv E_{pt} = h\nu$
$= E_g \pm E_{phonon}$

圖 6-7 半導體吸收光子所導致的直接及間接轉移

上式中，$\hbar\omega$ 為入射光子能量（eV），E_g 為半導體能隙（eV），K_{da} 為比例係數。

由光吸收試驗繪出 α_{da}^2 與 $(\hbar\omega - E_g)$ 的曲線圖，它是決定半導體能帶間隙 E_g 的一個經常使用的辦法。圖 6-8(a) 是一種 P 型砷化鎵半導體的光吸收特性圖。

由實驗中可以發現直接禁止轉移的吸收係數 α_{df} 比 α_{da} 小得很多，本節中不擬介紹。

間接轉移　請參考圖 6-7(b)，電子由價電帶最高點轉移至導電帶最低點，除了光子以外，而且還有聲子的涉入，造成了起始點 K_i 與終止點 K_f 值的不同，再以公式陳述於下：

$$\hbar K_f = \hbar(K_i \pm K_{pn}) \qquad (6\text{-}46a)$$

$$E_{pt} = \hbar\omega = E_n - E_p \pm \hbar\omega_{pn} \qquad (6\text{-}46b)$$

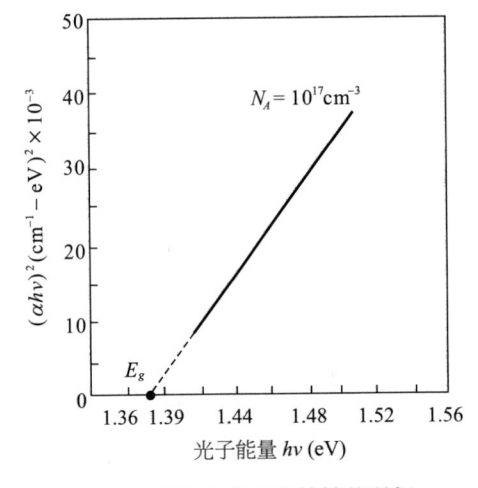

(a) P 型砷化鎵的直接轉移過程

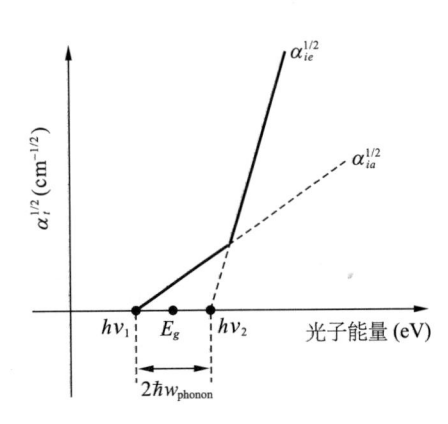

(b) 利用光吸收的特性曲線，可求得間接半導體的 E_g 值及聲子能量 $\hbar\omega_{phonon}$

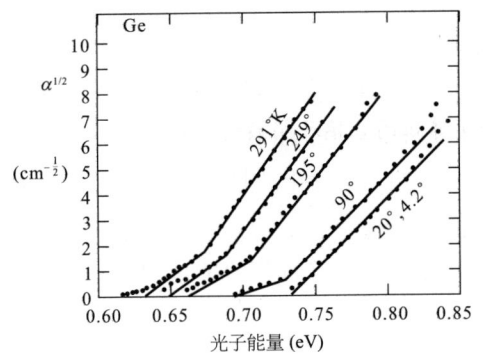

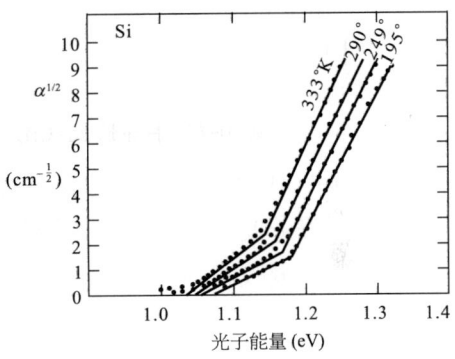

(c) 間接半導體內，光吸收係數 α 與光子能量的關係（實線為理論預測，點（·）分布為實驗結果）

圖 6-8　直接與間接半導體的光吸收特性

(6-46b) 式中 $\hbar K_{pn}$ 及 $\hbar\omega_{pn}$ 分別代表介入的聲子動量及能量；"＋"號代表**聲子放射**（Phonon emission），"－"號代表**聲子吸收**（Phonon absorption）。(6-46a) 式代表動量守恆定律，(6-46b) 式則係能量守恆律。

在此間接轉移的光吸收過程中，只要光子能量 $h\nu$ 在 E_g 值附近，均可能協同聲子的吸收或放射之幫助，而使價電子被激發至導電帶內，利用量子力學的計算結果，其吸收係數 α_i，可表示為

$$\alpha_i = \alpha_{ia} + \alpha_{ie}$$

$$= K_{ia} <n_{pn}> (\hbar\omega - E_g + \hbar\omega_{pn})^2 + K_{ie} <n_{pn}+1> (\hbar\omega - E_g - \hbar\omega_{pn})^2$$

$$= K_{ia}\frac{(\hbar\omega - E_g + \hbar\omega_{pn})^2}{(e^{\hbar\omega_{pn}/KT}-1)} + K_{ie}\frac{(\hbar\omega - E_g - \hbar\omega_{pn})^2}{1 - e^{-\hbar\omega_{pn}/KT}} \quad (6\text{-}47)$$

（6-47）式中，K_{ia} 及 K_{ie} 為比例係數。

α_{ia} = 有聲子吸收的光吸收係數。

α_{ie} = 有聲子放射的光吸收係數。

$<n_{pn}>$ = **伯斯-愛因斯坦分布函數**（Bose-Einstein distribution function）；它可描述具有 $\hbar\omega_{pn}$ 能量的聲子平均出現的機率。

$$= \frac{1}{e^{\hbar\omega_{pn}/KT}-1} \quad (6\text{-}48)$$

由（6-48）式中可以發現，聲子吸收的機率與 $<n_{pn}>$ 呈正比，而聲子放射的機率卻是 $<n_{pn}+1>$ 呈正比，這是因為聲子除了**自發性放射**（Spontaneous emission）以外，也有「**激勵放射**」（Stimulated emission）的可能。

在圖 6-8(b) 中，表示 α_{ie} 與 α_{ia} 隨光子能量 $\hbar\omega$ 變化的情形，可知當光子能量較低時，聲子吸收的過程較為重要，而光子能量較高時，聲子放射的機率較大，此時光子吸收的過程中，牽涉到聲子放射的可能性很高（試與圖 6-7(a) 比較）。在此圖中，不但可以求得能隙 E_g 的值，也可以算出聲子能量 $\hbar\omega_{pn}$ 的大小，即

$$E_g = \frac{h\nu_1 + h\nu_2}{2} \quad (6\text{-}49)$$

$$\hbar\omega_{pn} = \frac{h\nu_2 - h\nu_1}{2}$$

圖 6-8(c) 是矽半導體在光吸收試驗所繪得的 $\alpha_i^{1/2}$ 隨著光子能量 $h\nu$ 的曲線變化。

6-2-4　光吸收試驗

由 6-2-1 及 6-2-2 節可知，半導體材料的光吸收係數 α 是隨著光子能量

(或光波波長)的變化而改變,要測量材料的光吸收係數隨光波波長及距離的變化情形,可由**光吸收試驗**(Optical absorption experiment)得到。

圖 6-9(a) 中,光源是一種**單色光產生器**(Monochromator),此光源所輸出之光波為單一波長,其射入試驗樣品表面之光強度為 I_0,在通過厚度為 l 的材料後,透過材料的光強度變為 I_t,經過另側光**偵檢器**(Detector)的檢出,即可知 I_t 的大小。

圖 6-9(b) 是此試驗樣品受光照射後的**微觀分析**(Microscopic analysis)。假設光子在樣品內的各片段 (Δx) 內被吸收的概率幾近相等,而且被吸收的量與入射至 x 處的光子量呈正比,可表示成

$$I(x+\Delta x)-I(x)\equiv -\alpha I(x)\Delta x \qquad (6\text{-}50)$$

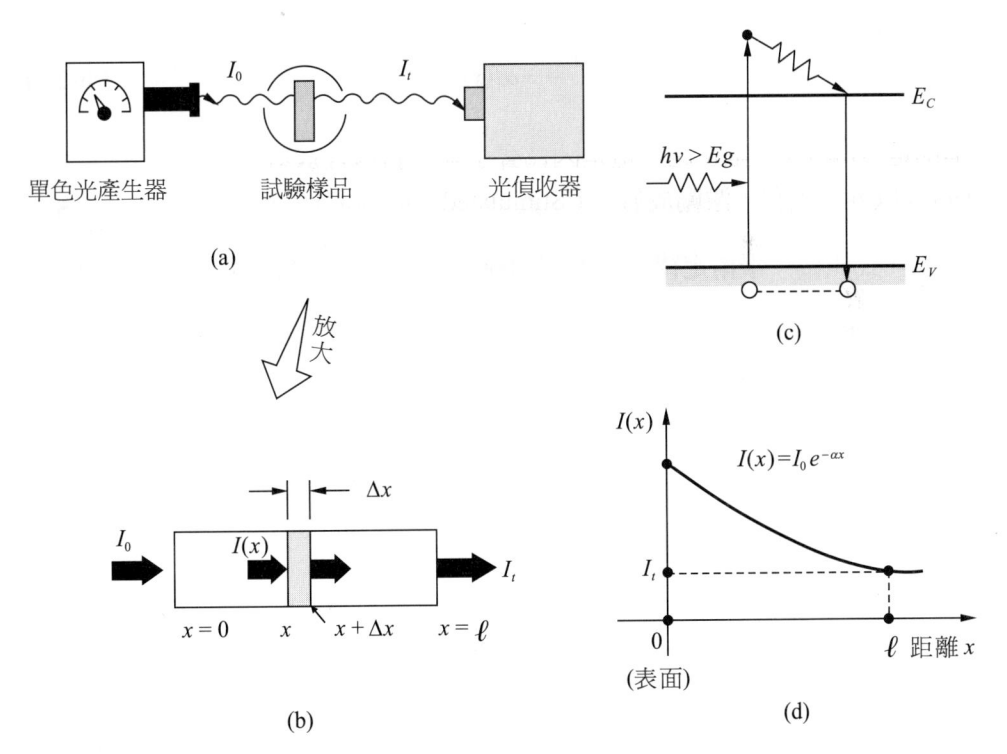

圖 6-9 光吸收試驗:(a)試驗配置;(b)內部光吸收分析;(c)光吸收循環;(d)光強度的衰減分布(畢爾定律)

參考圖 6-9(c)，材料內的帶間光吸收發生的前提是入射光子的能量 $h\nu$ 必須大於能隙 E_g，(6-50)式材料Δx區間內的光強度衰減（吸收）$\Delta I = I(x+\Delta x) - I(x)$ 必正比於此區間的入射光強度 $I(x)$，因為 $I(x)$ 代表單位面積每秒入射此區間的光子數，愈多光子入射，自然衍生更多如圖中的光吸收過程；表示光子進入此區間被吸收得愈多。

(6-50)中負號是代表光子通量因在 Δx 內被吸收而呈衰減的變化，其中 α 為光吸收（比例）係數；由泰勒級數展開，忽略第二階後的項數，(6-50)式變成

$$I(x+\Delta x) - I(x) \simeq \frac{dI(x)}{dx}\Delta x = -\alpha I(x)\Delta x \qquad (6\text{-}51)$$

可得

$$\frac{dI(x)}{dx} = -\alpha I(x) \qquad (6\text{-}52)$$

(6-52)式的解為

$$I(x) = I_0 e^{-\alpha x} \qquad (6\text{-}53)$$

(6-53)式叫做「**畢爾定律**」（Beer's law），圖示於 6-9(d) 中。當 $x = \ell$ 時，$I(\ell) = I_t$，即

$$I_t = I(\ell) = I_0 e^{-\alpha \ell} \qquad (6\text{-}54)$$

因此，光吸收係數 α 為

$$\alpha = \frac{1}{\ell}\ell n \frac{I_0}{I_t} \qquad (6\text{-}55)$$

6-2-5　光吸收係數的測量──回切法

理論上，如果能精確地量測入射及透過光電材料的光強度 I_0 及 I_t，依 (6-55) 式即可求得此材料每公分的光吸收係數 α（又稱光損失）。在實驗時，精確地量取耦合進入輸入端面（$x = 0$）的光強度 I_0 卻很困難。除了端面必定會有部分的光反射以外，也有部分光會散射外逸，綜合起來稱為**端面耦合損失**（End-face coupling loss）。為了消除它對量取 α 的關鍵性影響，常使用「**回切法**」（Cut-back method）來測量 α 值。

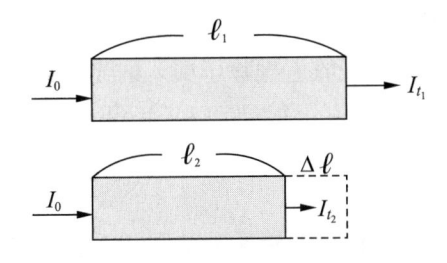

第六章 半導體的光特性及光電效應 241

圖 6-10 以回切法量測光吸收係數 α

「回切法」必須注意的是近似光學鏡面之垂直切割面的獲得，如果是單晶光電材料，通常採取「**剝裂**」(Cleaving) 的技術來進行；因此，回切法又被稱爲「**連續剝裂法**」(Sequential-cleaving method)，因爲精確地 α 值必須經多次的連續切割，再求其平均值獲得。

圖 6-10 中可發現，如果切割 (或剝裂) 前後之光電材料的量測位置不變，其輸入端面的光強度 I_0 應當相同，此時，剝裂後之輸出光強度 I_{t_2} 事實上正是切斷材料 ($\Delta \ell$) 的輸入光強度，依 (6-53) 式可知，

$$\alpha = \frac{1}{\Delta \ell} \ln \left[\frac{I_{t_2}}{I_{t_1}} \right] \tag{6-56}$$

只要每一次回切 (或剝裂) 後之材料在量測時，其輸入端面與光源的耦合條件不變，究竟有多少比例的光源會散射出光電材料外已經不會影響 α 量測準確度的問題。

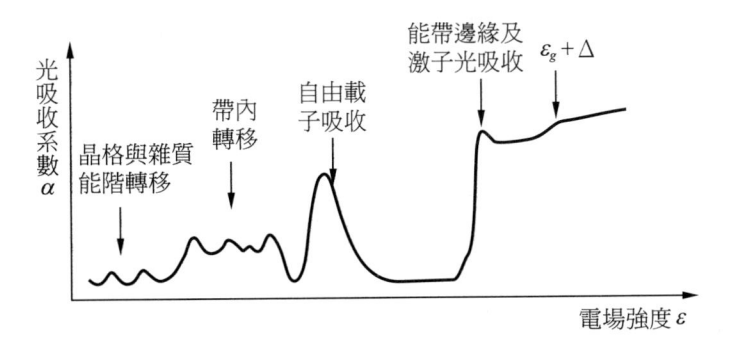

圖 6-11 半導體內吸收光譜內可能出現的轉移

242 半導體材料與元件（上冊）

圖 6-11 繪出半導體內可能可發生的光吸收過程。並非這些過程一定會發生在每一半導體內，因為光吸收過程除了與入射光子和作用粒子的動量或能量有關外，還與晶格、晶體缺陷的種類及密度有關。

例 6-2

有一 0.46 微米厚之砷化鎵試驗樣品受到 0.555 微米波長之單（綠）色光照射；照射此樣品的入射功率為 10 毫瓦，砷化鎵之吸收係數如圖 6-12 所示。試求：

(a) 每秒被此樣品吸收的總能量有多少焦耳？
(b) 因此光激發產生之傳導電子的最大動能有多少？
(c) 電子在復合前，釋放給晶格多少焦耳的熱能？
(d) 假設材料吸收一光子後，隨後都能因復合再放射出一個光子，求此試驗樣品每秒所射出的光子數目。

解 (a) 0.555 微米的綠色光所具有之光子能量為

$$E = h\nu = \frac{hc}{\lambda} = \frac{1.24}{\lambda(\mu m)} \text{（eV）}$$

$$= \frac{1.24}{0.555} = 2.23 \text{（eV）}$$

查圖 6-12，此時 GaAs 之光吸收係數 α 近於 6×10^4（cm^{-1}），由 (6-54) 式可得

$$\frac{I_t}{I_0} = e^{-\alpha\ell} = e^{-6 \times 10^4 \times 0.46 \times 10^{-4}} = e^{-2.76} \simeq 6.3\%$$

因此，被樣品吸收掉之功率為

$$p_{ab} = p_{in}\left(1 - \frac{I_t}{I_0}\right) = 10 \times (1 - 0.063)$$

$$\simeq 9.37 \text{ 毫瓦} = 9.37 \times 10^{-3} \text{（焦耳／秒）}$$

(b) 具有最高動能的傳導電子係由 E_V 附近的價電子受激產生，其動能 E_K 為

$$E_K = h\nu - E_g$$

$$\simeq 2.23 - 1.42 = 0.81 \text{（eV）}$$

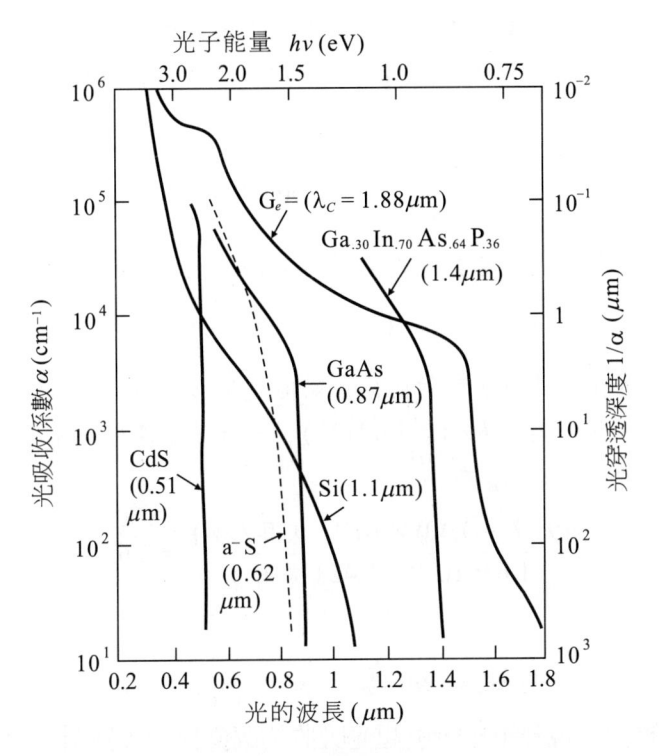

圖 6-12　各種半導體的光吸收係數 [2]
（括弧中為截止波長　$\lambda_C \equiv 1.24/E_g$）

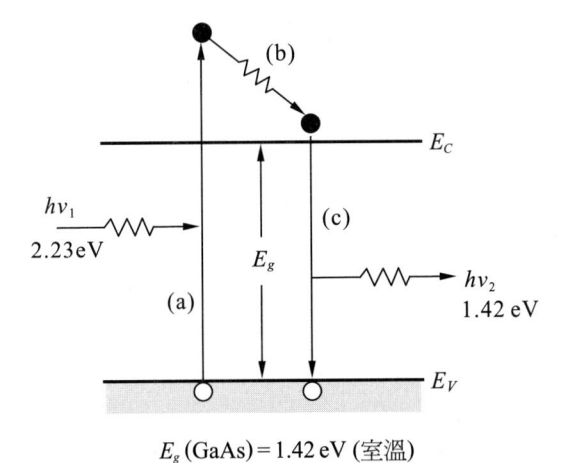

E_g (GaAs) = 1.42 eV (室溫)

圖 6-13　例 6-2 內電子經光激發至復合所經的過程圖示

(c) 這些傳導電子會與 GaAs 晶格中原子或其他雜質散射（碰撞）而放出熱能，終於達到 E_C 附近 [過程(b)]。因此，吸收光子能量而轉換為熱能的比率為

$$r_{th} = \frac{2.23 - 1.42}{2.23} \times 100\ (\%) = 36.3\%$$

可知，轉換為晶格熱能的熱功率 p_{th} 為

$$p_{th} = p_{ab} \times 0.363 = 9.37 \times 10^{-3} \times 0.363 = 3.40 \times 10^{-3}\ (\text{焦耳}/\text{秒})$$

(d) 電子因與其他粒子散射而失去動能達到 E_C 附近，再與 E_V 附近的電洞復合，放出具有 $h\nu_2\ (\simeq 1.42\ \text{eV})$ 的光子來 [過程(c)]；此時，每秒放射出的光子數 N_{pt} 為

$$N_{pt} = \frac{(9.37 - 3.40) \times 10^{-3}\ (\text{焦耳}/\text{秒})}{1.6 \times 10^{-19} \times 1.42\ (\text{焦耳})} = 2.63 \times 10^{16}\ (\text{個}/\text{秒})$$

6-2-6 富蘭茲-卡迪西效應

在半導體內出現強電場所引起光吸收的改變稱為「**富蘭茲-卡迪西效應**」（Franz-Keldysh effect）。由於此效應的產生，光子能量即使比 E_g 還低仍會有發生帶間吸收的可能。

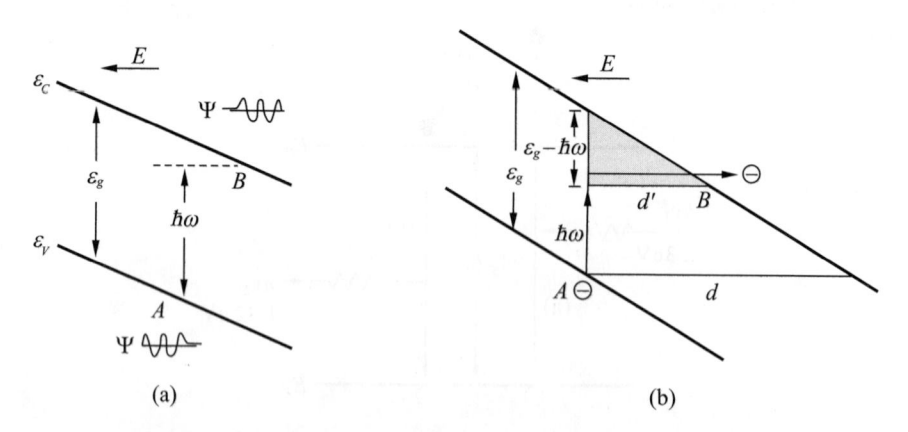

圖 6-14 (a) 因外加電場 ε 所產生的能帶傾斜現象；(b) 光子入射後，價電子穿透厚度減少，引起障壁穿透的概率大增

由第一章 SWE 的例子可知，電子在障壁內的波動函數為衰減函數，$U_k e^{jkx}$，此處 K 為虛數；圖 6-14(a) 可發現如由 A 至 B，必須穿透禁止帶障壁（因 $\hbar\omega < E_g$），故其函數形式是由振盪轉為衰減函數，進入傳導帶後再轉為振盪函數。圖 6-14(b) 明白顯示，如果沒有光子 ($\hbar\omega$) 入射，價電子所面臨的三角形障壁厚度 $d = E_g/q\varepsilon$，當 $\hbar\omega$ 能量 ($\hbar\omega < E_g$) 的光子入射後，障壁厚度 $d' = (E_g - \hbar\omega)/q\varepsilon$，依照穿透效應原理，後者的穿透概率會大增，使得此光子終於被吸收，促使價電子進入傳導帶。當然除了能量以外，光子與電子的動量也必須守恆，此一帶間轉移才能順利完成。

$$\alpha_{FK} = K(\varepsilon')^{1/2}(8\beta)^{-1} \mathrm{Exp}[-4\beta^{3/2}/3] \qquad (6\text{-}57)$$

(6-57) 式表示上述光吸收係數 α_{FK} 隨電場的變化情形。$\varepsilon' = (q^2\varepsilon^2\hbar^2/m_r^*)^{1/3}$，$\beta = (E_g - \hbar\omega)/\varepsilon'$，$K$ 為材料係數 [K(GaAs) $= 5 \times 10^4$ cm^{-1} (eV)$^{-1/2}$]。其中的 Exp 函數項表示價電子當時之穿透係數。以 GaAs 晶體為例，研究發現，當 $\varepsilon = 10^4$ V/cm，$\hbar\omega = E_g - 20$ meV 時，$\alpha_{FK} = 4$ cm^{-1}，此值遠小於 $\varepsilon = 0$ 時，在光吸收邊緣（即 $\hbar\omega \simeq E_g$）的光吸收係數。如果 $\varepsilon > 10^5$ V/cm，GaAs 內因外加電場所產生的光吸收 (α_{FK})，才會有明顯的增加。

6-3　光導電效應

6-3-1　光導電率

如果半導體沒有受到光的照射，半導體所具有的導電率叫**暗導電率**（Dark conductivity），被定義為

$$\sigma_0 = q(n_0\mu_n + p_0\mu_p) \qquad (6\text{-}58)$$

此處　　$n_0 =$ 半導體內熱平衡時的電子濃度

$p_0 =$ 半導體內熱平衡時的電洞濃度

$\mu_n =$ 電子的移動率

$\mu_p =$ 電洞的移動率

$q\ =$ 電荷單位 $= 1.6 \times 10^{-19}$ 庫倫

當半導體被照射後，吸收了入射光子，使得 n 與 p 濃度超過其熱平衡時的濃度 n_0 及 p_0，此時 n 及 p 可表示為

$$n = n_0 + \delta n, \; p = p_0 + \delta p$$

光導電率（Photoconductivity）是指因為光子入射後，所生**超額載體**（Excess carriers）所增加的導電率，因此被定義為

$$\Delta\sigma = q(\delta n \mu_n + \delta p \mu_p) \qquad (6\text{-}59)$$

一般而言，在入射光照射後，如果半導體沒有建立空間電荷或沒有**載體的陷阱**（Carrier traps）存在的話，$\delta n = \delta p$ 恆成立。

詳細分析光的導電過程，可區分為兩種型式的導電過程。第一種情況叫做光的**本質光導電過程**（Intrinsic photoconduction），此時光子的能量大於能隙 E_g，有等量的電子及電洞產生，而增加導電率。

另外一種導電過程叫做**他質光導電過程**（Extrinsic photoconduction），此時入射光子使得電子（或電洞）被激發至導電帶（或價電帶），而增加導電率。我們首先來探討一下他質光導電過程。

6-3-2　他質光導電過程

如果晶體內摻入雜質或其他缺陷中心存在，這些缺陷或雜質的電子位階即存在於禁止帶內。這種導電過程是因為光子能量大於雜質的游離能而使電荷進入導電帶（N-型）或進入價電帶（P-型）而增加導電率。詳細情形參考圖 6-15。

此時光導電率可以表示為

$$\Delta\sigma_n = g\mu_n \delta n_d$$
$$\Delta\sigma_p = g\mu_p \delta p_A \qquad (6\text{-}60)$$

此處 δn_d 是由施體能階 E_D 游離至導電帶的超額電子濃度。δp_A 是電子由價電帶游離至受體能階 E_A 所生的超額電洞濃度。

他質光導電過程一般均在較低溫的時候進行，因為此時電子尚被束縛於施體能階 E_D（N-型）而暗導電率也很低的緣故。紅外線偵檢器的導電過程就是這種低溫的他質導電過程。

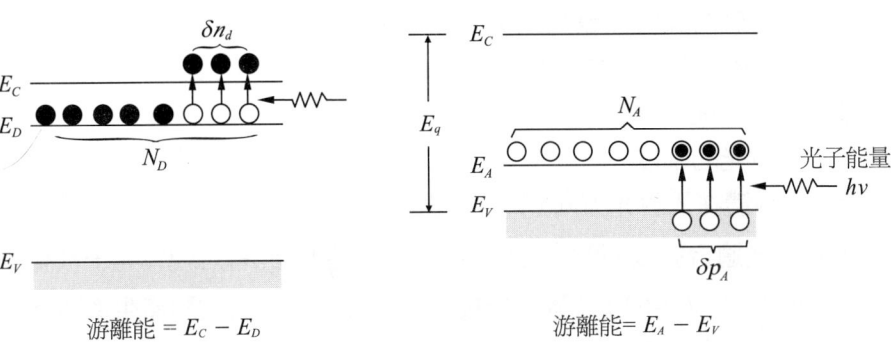

第六章 半導體的光特性及光電效應　247

(a) N-型

游離能 = $E_C - E_D$
$(E_C - E_D) < hv < E_g$

(b) P-型

游離能 = $E_A - E_V$
$(E_A - E_V) < hv < E_g$

圖 6-15　他質光導電過程

6-3-3　本質光導電過程

圖 6-16 表示，當光子能量 hv 大於 (或等於) 能隙 E_g，可以把價電帶的價電子激發 (即游離) 至導電帶，而形成很多導電的**電子電洞對** (Electron-hole pairs)，此時光導電率為

$$\Delta\sigma = q(\mu_n \delta n + \mu_p \delta p)$$

單位時間在單位體積的半導體內，電子電洞對產生率 g_E 可以寫成

$$g_E = \alpha\phi_0(1-R) \quad \text{for} \quad d \ll \frac{1}{\alpha} \tag{6-61}$$

$$g_E = \alpha\phi_0(1-R)e^{-\alpha y} \quad \text{for} \quad d \gg \frac{1}{\alpha} \tag{6-62}$$

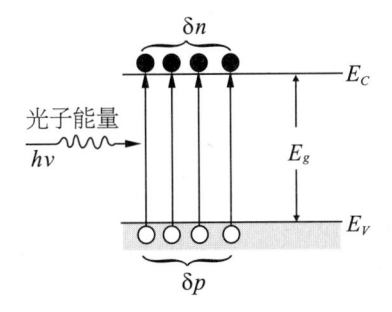

圖 6-16　本質光導電過程 ($hv \geq E_g$)

此處 R = 半導體的反射係數（6-1-2 節已定義）

　　　α = 半導體的吸收係數

　　　ϕ_0 = 光子的通量密度（$= I_0/h\nu$）

　　　I_0 = 入射光的強度

　　　d = 半導體在入射光方向（$\hat{y}$）的厚度

（6-61）式適合於較薄的半導體樣品 $\left(d \ll \dfrac{1}{\alpha}\right)$，此時可視為光子被整塊半導體均勻地吸收。（6-62）式適合於較厚的半導體，此時載體產生率隨著穿透距離 y 呈指數式的衰減。

圖 6-17 是表示如何測量半導體的光導電率。分兩種情況來討論：

(a) 在薄的半導體內，$d \ll \dfrac{1}{\alpha}$

$$g_E \equiv \frac{n-n_0}{\tau_n} = \frac{\delta n}{\tau_n} \quad \therefore \delta n = g_E \tau_n \tag{6-63a}$$

$$g_E \equiv \frac{p-p_0}{\tau_p} = \frac{\delta p}{\tau_p} \quad \therefore \delta p = g_E \tau_p \tag{6-63b}$$

在上式中，τ_n 代表**電子的存活時間**（Electron life time），τ_p 代表**電洞的存活時間**（Hole life time）。

此時由入射光而改變（增加）的電導 ΔG 可表示為

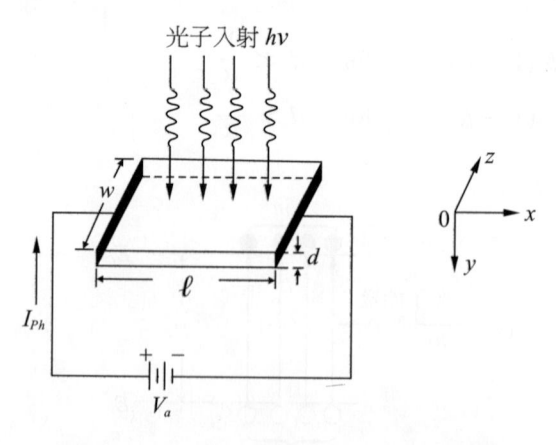

圖 6-17　測量半導體光導電率的結線圖

第六章 半導體的光特性及光電效應 249

$$\Delta G = \Delta \sigma (\frac{A}{\ell}) \quad 此處 A \equiv Wd$$

$$= q(\delta n \mu_n + \delta p \mu_p)\left(\frac{Wd}{\ell}\right) \tag{6-64}$$

$$= q g_E (\tau_n \mu_n + \tau_p \mu_p)\left(\frac{Wd}{\ell}\right)$$

$$\triangleq q G_E \frac{(\tau_n \mu_n + \tau_p \mu_p)}{\ell^2} \tag{6-65}$$

此處 $G_E \equiv g_E (Wd\ell)$ 是半導體整體的電荷產生率。假如半導體外加電壓 V_a，則所生的**光電流**（Photocurrent）I_{ph} 為

$$I_{ph} = \Delta G V_a = \Delta \sigma V_a (\frac{A}{\ell}) \tag{6-66}$$

量取 I_{ph}，V_a 及幾何形狀 A，ℓ 的大小，即可求出此材料的導電率。

例 6-2

在某矽半導體樣品中，入射光波波長 $\lambda = 0.5$ 微米，吸收係數 $\alpha = 10^4$ cm^{-1}，$\tau_n = 100$ 微秒，$R = 0.3$，$\phi_0 = 10^{14}$ #/cm^2，$d = 0.1$ 微米，試算其超額的電子濃度。

解 因為 $d = 0.1$ μm $\ll \dfrac{1}{\alpha}$

$$\therefore \delta n = g_E \tau_n = \alpha \phi_0 (1-R) \tau_n$$
$$= 10^4 \times 10^{14} \times (1-0.3) \times 100 \times 10^{-6}$$
$$= 0.7 \times 10^{14} \ (\#/cm^3)$$

(b) 在厚的半導體內，$d \gg \dfrac{1}{\alpha}$

在厚的半導體內，因入射光而產生的超額載體在入射方向（$\hat{y}$）的擴散變成很重要。在擴散過程中的載體復合現象必須加以考慮，此時我們必須引用連續方程式以求得超額載體 δn 的變化情形。

$$D_n \frac{\partial^2 (\delta n)}{\partial y^2} - \frac{\delta n}{\tau_n} = -g_E = -\alpha \phi_0 (1-R) e^{-\alpha y} \tag{6-67}$$

為了獲得 δn 的**特殊解**（Particular solution），可以假設邊界條件為

〔半導體深處擴散到表面的電流〕＝〔半導體表面的復合電流〕

即
$$qD_n\left(\frac{\partial \delta n}{\partial y}\right)\bigg|_{y=0} = qS\delta n\bigg|_{y=0} \quad (6\text{-}68)$$

如果擴散長度 $L_n = \sqrt{D_n \tau_n} \gg d$，則

$$\delta n(y) = \frac{g_E \tau_n}{(\alpha^2 L_n^2 - 1)} \left[\left(\frac{\alpha L_n^2 + S\tau_n}{L_n + S\tau_n}\right) e^{-y/L_n} - e^{-\alpha y}\right] \quad (6\text{-}69)$$

設 $\delta n = \delta p$，則

$$\Delta \sigma = q(\mu_n + \mu_p) \int_0^\infty \delta n \, dy$$

光電流 I_{ph} 為

$$I_{ph} = \left(\frac{W}{\ell}\right) \Delta \sigma V_a$$

$$= \left(\frac{W}{\ell}\right) V_a q (1+b) \mu_p \int_0^\infty \delta n(y) \, dy$$

$$= \left[\frac{q\alpha I_0 W L_n \tau_n (1+b) \mu_p (1-R) V_a}{\ell (L_n + S\tau_n) h\nu}\right] \times \left[1 \times \frac{S\tau_n}{L_n(1+\alpha L_n)}\right] \quad (6\text{-}70)$$

上式中 S 為電荷在表面的復合速度，ℓ 為半導體樣品長度，q 為電荷單位。

在圖 6-18 中清楚顯示，當表面載體的復合速度愈大，愈小的超額載體被兩邊電極收集，自然光電流就愈小。此外，也可發現光電流在吸收邊緣（Absorption edge，$h\nu \simeq E_g$），快速降低，這是因為吸收係數在吸收邊緣快速的呈指數函數衰減之故。

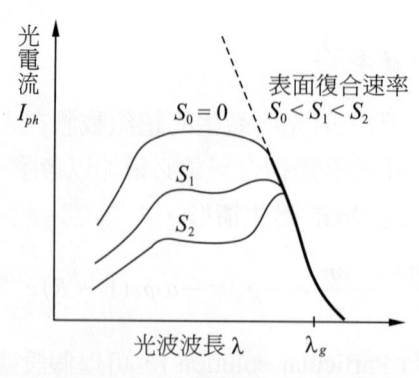

圖 6-18　光電流與入射光波波長及表面復合速率的關係。
λ_g：截止波長（吸收邊緣）

第六章　半導體的光特性及光電效應　251

　　由以上討論知道，在本質光導電過程中，因為半導體吸收係數通常很大（ $10^4 \sim 10^5$ cm^{-1} ），因此半導體在入射方向的厚度 d 必須很薄。如此，產生的超額載體才不會有太大的衰減。

6-3-4　靈敏因素與光導電增益

　　為了介紹另外兩個相當重要的名詞，即**靈敏因素**（ Sensitivity factor ）與**光導電增益**（ Photoconductivity gain ），特以本質光導電過程為例說明。(6-66) 式可以寫為

$$I_{ph} = \Delta G V_a = \frac{qV_a G_E (\tau_n \mu_n + \tau_p \mu_p)}{\ell^2}$$
$$= qV_a G_E S \qquad (6\text{-}71)$$

此處　$S \equiv \dfrac{(\tau_n \mu_n + \tau_p \mu_p)}{\ell^2}$。　　　　　　　　　　(6-72)

S 代表此材料光傳導的靈敏因素；由 (6-72) 式可知，為了使材料的靈敏因素 S 值很大，載體存活期 τ_n 或 τ_p 必須很長，移動率 μ_n 或 μ_p 要大，而樣品長度 ℓ 要短。銻化銦（ InSb ）的 $\mu_n \simeq 10^5$ cm^2/V-sec，因此可做成很靈敏的紅外線偵檢器。

　　另有一重要名詞叫做光導電增益 G_{ph}，定義為

$$G_{ph} \equiv \frac{I_{ph}}{qG_E} = \frac{I_{ph}}{qg_E(Wd\ell)} \qquad (6\text{-}73)$$

即光電流與單位時間內整體產生的電荷量比值。也可定義為 [3]

$$G_{ph} \equiv \frac{\tau_n}{t_n} + \frac{\tau_p}{t_p} \qquad (6\text{-}74)$$

此處　τ_n，τ_p 如前所述；t_n（ t_p ）代表電子（電洞）在樣品內的**傳輸時間**（ Transit time ），可定義為

$$t_n \equiv \frac{1}{v_{dn}} \;,\; t_p \equiv \frac{1}{v_{dp}}$$

---

[3]　在 PNP 電晶體中，直流電流增益 β_{dc} 定義為 $\beta_{dc} = \dfrac{\tau_n}{\tau_{t_r}}$ 此處 τ_n 為電子的平均存活時間，τ_{t_r} 為電子在基極區的平均傳輸時間；(6-74) 式的定義與此相類似。

此處 v_{dn} 代表電子的漂移速度，v_{dp} 代表電洞的漂移速度。它有下列關係，即

$$v_d = \mu \varepsilon_a = \mu \left(\frac{V_a}{l}\right)$$

因此

$$t_n = \frac{\ell}{\mu_n \varepsilon_a} = \frac{\ell^2}{\mu_n V_a} \text{ , } t_p = \frac{\ell^2}{\mu_p V_a}$$

(6-74) 式變為

$$G_{ph} = \frac{\tau_n}{t_n} + \frac{\tau_p}{t_p} = \frac{V_a(\mu_n \tau_n + \mu_p \tau_p)}{\ell^2} = V_a S \qquad (6\text{-}75)$$

因此，只要提高半導體的靈敏因素 S，即可提高其光導電增益 G_{ph}，在硫化鎘（CdS）內其 G_{ph} 值約 10^4，因此它是一種很好的**光導體**（Photoconductor）材料。

以上討論均忽略了表面復合作用。事實上，在表面的載體復合現象很顯著時，必須考慮它的影響：假設此時 $\tau_n = \tau_p = \tau_B$ 代表載體在樣品**深處**（Bulk）的存活時間，τ_S 代表表面的載體存活時間。則有效的超額電荷（載體）存活時間 τ' 可表示為：

$$\frac{1}{\tau'} = \frac{1}{\tau_B} + \frac{1}{\tau_S} \qquad (6\text{-}76)$$

經研究發現 $\tau_S = d/2S$，此處 d 為樣品厚度，S 是載體在表面的復合速度。

此時的光電流 I_{ph} 為

$$I_{ph} = \frac{qV_a G_E \tau'(\mu_n + \mu_p)}{\ell^2} = \frac{qV_a g_E(Wd\ell)\tau'\mu_p(1 + \mu_n/\mu_p)}{\ell^2}$$

$$= \frac{qAV_a(1-R)\alpha\phi_0 \tau'\mu_p(1+b)}{\ell^2} \qquad (6\text{-}77)$$

此處 $A \equiv Wd$，$b \equiv \mu_n/\mu_p$，$\tau' =$ 有效的載體存活期。由 (6-77) 式知，光電流 I_{ph} 與入射光強度、光吸收係數呈正比。

6-4 光伏效應

如果有一 P 型半導體塊其厚度 d 遠大於 ($1/\alpha$)，其產生之超額載體 δn 必定會在入射方向 ($\hat{y}$) 有濃度梯度的存在。

因為在 $\hat{y}$ 方向有濃度梯度的存在，必定會因而形成擴散電流，因為移動率的不同，入射方向的擴散電流會在 $\hat{y}$ 方向建立一個內建電場 ε_y，叫做**丹伯電場** (Dember field)，這種效應，叫做**光伏效應** (Photovoltaic effect)〔或**丹伯效應** (Dember effect)〕。以下是光伏效應的物理分析：

在入射方向的電流強度分別是

$$J_{ny} = qn\mu_n\varepsilon_y + qD_n\frac{\partial n}{\partial y} \qquad (6\text{-}78\text{a})$$

$$J_{py} = qp\mu_p\varepsilon_y - qD_p\frac{\partial p}{\partial y} \qquad (6\text{-}78\text{b})$$

此處 $n \equiv n_0 + \delta n$，$p \equiv p_0 + \delta p$，設 $\delta n = \delta p$，D_n 及 D_p，μ_p 的關係，可由愛因斯坦關係式表明，即

$$\frac{D_n}{\mu_n} = \frac{KT}{q} \quad \text{及} \quad \frac{D_p}{\mu_p} = \frac{KT}{q}$$

在 $\hat{y}$ 方向的總電流為 J_y

$$\begin{aligned}J_y &= J_{ny} + J_{py} \\ &= q(bn+p)\mu_p\varepsilon_y + (b-1)qD_p\frac{\partial(\delta n)}{\partial y}\end{aligned} \qquad (6\text{-}79)$$

在 $\hat{y}$ 方向開路的情況，$J_y = 0$，因此可得

$$\varepsilon_y = \left(\frac{KT}{q}\right) \cdot \left(\frac{b-1}{bn+p}\right)\frac{\partial(\partial n)}{\partial y} \qquad (6\text{-}80)$$

上式 ε_y 即是入射方向的內建 (丹伯) 電場。由 (6-80) 式，可知如果超額載體 δn 不是 y 的函數，則濃度梯度 $[\partial(\delta n)/\partial y]$ 為零，不會在入射方向建立電場；如果載體移動率相同，即

$$\mu_n = \mu_p, \quad b \equiv \frac{\mu_n}{\mu_p} = 1$$

也不會建立丹伯電場。

事實上，因為電子移動率 $\mu_n \gg \mu_p$，因此電子在入射方向移動的速度較電洞快，建立電場的方向如圖 6-19 所示，此時電場對電洞擴散有幫助的作用，但對電子擴散則有延滯作用。

在入射方向的內建電壓（又叫丹伯電壓）為

$$V_d = -\int_0^d \varepsilon_y \, dy \qquad (若 \ \delta n = \delta p \ll n_0)$$
$$= -\left(\frac{KT}{q}\right) \int_{\delta n_o}^{\delta n_d} \left(\frac{b-1}{bn_0 + p_0}\right) d(\delta n)$$
$$= \left(\frac{KT}{q}\right)\left(\frac{b-1}{bn + p}\right)(\delta n_0 - \delta n_d) \tag{6-81}$$

如果 $d \gg \frac{1}{\alpha}$，$\delta n_0 \gg \delta n_d$，由 (6-65) 得

$$V_d = \left(\frac{KT}{q}\right) \frac{\alpha L_n \tau_n \phi_0 (1-R)(b-1)}{(\alpha L_n + 1)(L_n + S\tau_n)(bn_0 + p_0)} \tag{6-82}$$

由 (6-82) 式可知，入射方向的內建電壓 V_d 與載體存活期，入射光強度，光吸收係數及載體移動率比值呈正比。利用光伏效應以產生電壓的元件有太陽電池及光偵檢器等，均將於後面數章詳細討論。

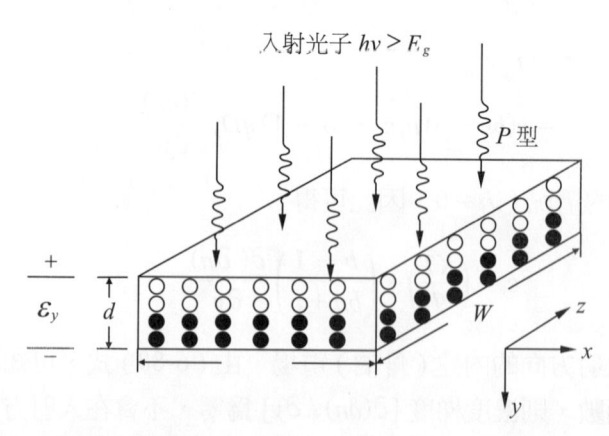

圖 6-19　P型半導體受光照射後的載體分布（示意圖），$d \gg \frac{1}{\alpha}$

習 題

1. 某介電薄層其厚度為 d，本質阻抗為 η_2，放置在介質 1 與介質 3 之間（其本質阻抗分別為 η_1 及 η_3）；當一平面電磁波由介質 1 垂直向介質 1 與介質 2 的介面入射時，求出使得此入射波完全穿透（即零反射）此介面的 d 及 η_2 值。
2. 試用偏微分方程式的技巧解出電場的波動函數為（6-4）式。
3. 某金屬的導電率是 6.12×10^5（$\Omega\text{-cm}^{-1}$）。假設有一電磁波波長為 100 m 入射在此金屬薄片上，試計算此金屬薄片必須多厚，才不會使得超過 1% 電磁強度的電磁波透過此金屬薄面？假設此電磁頻率很低。
4. 某材料的高頻介電係數 $E_r(\infty)$ 為 16，入射光波長為 5000 Å，假設此時其反射係數為 0.7，求此材料之吸收係數。如果它是自由電荷吸收，此材料的導電率為多少？
5. 詳細敘述如何利用光吸收的試驗結果，以求得
   (a) 直接半導體的能隙 E_g。
   (b) 間接半導體的能隙 E_g 及聲子能量 $\hbar\omega_{phonon}$，繪圖解釋之。
6. 某晶體電極相距（l）5 毫米，截面積為 2×1 平方毫米。如果入射光強度是 10^{15}（#/cm²-sec），光子能量 2.0 電子伏特，電極間加 10 伏特電壓，會產生 100 微安的光電流。假設吸收係數是 1 cm^{-1}，$\mu_n = 1000 \text{ cm}^2$/V-sec，$\mu_p = 200 \text{ cm}^2$/V-sec，計算電子存活期 τ_n 及電洞存活期 τ_p，並求此晶體之光導電增益 G_{ph}（設 $\delta n = \delta p$）。
7. 半導體內的自由載體吸收及基本吸收有何不同？為何自由載體吸收使得入射光強度衰減較慢？
8. 扼要解釋下列名詞：
   (a) 吸收邊緣   (b) 吸收係數
   (c) 畢爾定律   (d) 本質阻抗
   (e) 集膚效應   (f) 丹伯效應
   (g) 靈敏因素   (h) 光導電增益
   (i) 暗導電率   (j) 回切法

參考資料

1. S. S. Li, Handout on solid state physical electronics II, University of Florida, 1982.
2. H. Melchior, Laser Handbook, V.1, p.725-835 North-Halland Amsterdam, 1972.
3. E. C. Jordan and K. G. Balmain, Electromagnetic waves and Radiating systems, 2nd edi., MEI YA Publications, Inc., Taiwan.
4. R. H. Bube, Electrons in solids.
5. R. H. Bube, Electronic Properties of Crystalline solids, Academic Press, New York, 1974.
6. 余合興，光電子學原理與應用，第三版，中央圖書出版社，1985。
7. R. G. Hunsperger, Integrated Optics: Theory and Technology, 3rd edition, Springer-Verlag, London, 1991.

7 CHAPTER

PN 接面

熱平衡的接面
　　特性分析
　　內建電場及電位
空間電荷區
　　步階式接面
　　線性接面
不平衡的 PN 接面
　　PN 接面電流分析
　　電荷控制模式
接面的崩潰
　　累崩崩潰
　　齊納崩潰
二極體電容與其暫態分析
　　擴散電容
　　空乏電容、變容體及雜質濃度剖析
　　二極體暫態分析
理想與實際的二極體
　　空乏近似
　　準中性近似與串聯電阻效應
　　低階注入與大電流效應
　　空間電荷區電流
　　溫度效應
異質接面
　　異質接面的形成
　　量子井的能階及其特性
　　量子井分立能階的實驗觀測
量子井結構的應用
異質接面元件的優越性
習　題
參考資料

258　半導體材料與元件（上冊）

從本章以後，將逐一介紹各種半導體元件的基本特性。要探究元件的動作原理，必須先瞭解 PN 接面在各種偏壓、電流下的變化情形；對 PN 接面理論瞭解愈透澈，愈能掌握各種元件的動、靜態變化，對初學者而言，更可藉此奠定紮實的基礎，其重要性不言可喻。

　　7-1 節用物理與數值的分析方法說明 PN 接面形成前後的能帶關係，在熱平衡時接觸電位與空間電荷形成的原因；7-2 節詳細分析步階式及線性接面的基本特性；7-3 節導出了理想二極體的 I-V 方程式，並引入重要的「**電荷控制說**」（Charge Control Model）加以闡釋；7-4 節詳細的解說造成 PN 接面破壞的兩大原因，特別深入分析 PN 接面在逆向偏壓時載體的**累崩倍增**（Avalanche Multiplication）現象，它可使我們對**齊納二極體**（Zener diode）、**累崩光二極體**（Avalanche photodiode; APD）及**隧道二極體**（Tunnel diode）等元件有清晰的認識；7-5 節則介紹各種二極體電容，並分析其交換時的暫態現象；7-6 節一一陳述了實際存在於二極體內的各項因素，與理想二極體相互比較，再加以修正後，確立了實際二極體的 I-V 互動關係；7-7 節介紹異質接面與量子井基本原理；7-8 節介紹量子井應用實例；7-9 節列舉說明異質接面的幾個優越特性。

　　至於 PN 接面的製成有很多方式，如**生長式**（Grown type）、**合金式**（Alloyed type），**擴散式**（Diffused type）及**離子植入式**（Ion-Implanted type）等各種方法；各種接面或其他半導體元件的製造，讀者可參考半導體技術或積體電路工程方面的專書，本書不擬在此介紹。

7-1　熱平衡的接面

7-1-1　特性分析

　　假設 PN 接面的兩側，其雜質 N_A 及 N_D 分佈猶如一**步階函數**（Step function）；在未形成接面前，P 側及 N 側的能階如圖 7-1(a)，一旦使 P 及 N 區域緊密接觸，因為兩側的電洞及電子濃度截然不同，會使得大量電子流流向 P，及大量電洞流流向 N 側，當這些載體流向接面的對側後，於原來的區域遺留下來**未補償**（Uncompensated）的空間電荷，這個**空間電荷區域**（Space charge region; SCR）

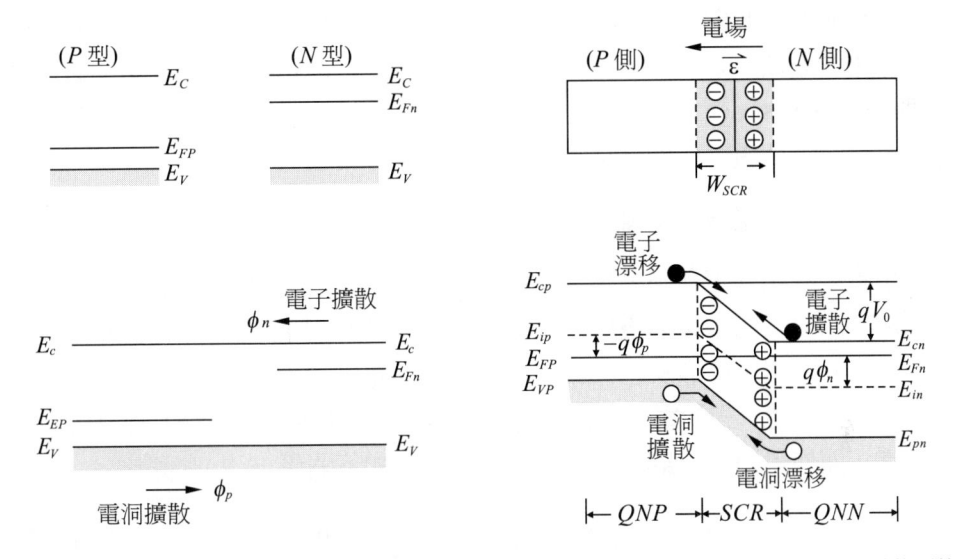

(a) P 型半導體與 N 型半導體未接觸（上圖）與剛接觸（下圖）時的能階關係

(b) PN 接面在平面平衡並且形成空間電荷區的情形

圖 7-1　PN 接面在熱平衡時的能階圖；QNP：準中性 P 型區；QNN：準中性 N 型區 SCR：空間電荷區

會建立一個**內建電場**（Built-in field），此電場會產生漂移分電流，在熱平衡時，因載體在中性區擴散形成的電流分量 J_{diff} 恰好會被上述內建電場所形成的漂移電流分量 J_{drift} 所平衡。即

$$J_p(\text{diff}) + J_p(\text{drift}) = 0 \qquad (7\text{-}1a)$$
$$J_n(\text{diff}) + J_n(\text{drift}) = 0 \qquad (7\text{-}1b)$$

因為 P 側及 N 側的費米階 E_{FP} 及 E_{Fn} 的不相同，才會有剛接觸時的載體流動（擴散），當 E_{EP} 與 E_{Fn} 相等時，達到了熱平衡的情況，同時在空間電荷區建立一位能障壁 qV_0，其障壁高度正等於 E_{Fn} 與 E_{FP} 的差。

在理想而單純的情況，空間電荷區內完全沒有可移動的載體，因此又叫做**空乏區**（Depletion region）[1]，這種近似假設叫做「**空乏近似**」（Depletion ap-

---

1　在不平衡的注入狀況，空乏區內可能有大量載體流過，因此稱呼「空乏區」並不適宜，稱為「空間電荷區」較佳。

proximation）；而在空間電荷區（空乏區）之外，假設它是電荷的中性區，叫做「**準中性近似**」（Quasi neutral approximation），這種電荷的中性區叫做「**準中性區**」（Quasi neutral region; QNR）。在準中性區內，我們假設它沒有明顯的電壓降，因此電子位能保持水平。

7-1-2　內建電場及電位

事實上，空間電荷區所建立的電位，是因為 P 側及 N 側不同材料的接觸而引起，所以又叫做**接觸電位**（Contact potential）；本節主要在討論此電場及電位隨空間的變化情形及它與雜質的濃度大小關係。

在熱平衡時，對於電子或電洞而言，其擴散分電流必定會被其漂移分電流所抵消，而使得淨電流為零。以電洞為例，有如下關係：

$$J_p(x) = q\left[u_p P(x)\varepsilon(x) - D_p \frac{dP(x)}{dx}\right] = 0 \quad (7\text{-}2)$$

即

$$\frac{\mu_p \varepsilon(x)}{D_p} = \frac{1}{P(x)} \frac{dP(x)}{dx} \quad (7\text{-}3)$$

$$= \frac{-q}{KT} \frac{d\phi(x)}{dx} \quad (7\text{-}4)$$

（7-4）式中，採用了愛因斯坦關係式（參考第五章）及設 $\varepsilon(x) = -d\phi/dx$；整理(7-4)式後並且積分它，可得

$$\frac{-q}{KT} \int_{\phi_p}^{\phi_n} d\phi = \int_{P_{p_0}}^{P_{n_0}} \frac{dp}{P}$$

即

$$-\frac{q}{KT}(\phi_n - \phi_p) = \ln\left(\frac{p_{n_0}}{p_{p_0}}\right) \quad (7\text{-}5)$$

（7-5）式中 p_{p_0}，p_{n_0} 分別為熱平衡時，在 P 側及 N 側的電洞濃度。

假設 $\phi_n = -\frac{1}{q}(E_{in} - E_{Fn})\bigg|_{QNN}$；$\phi_p = -\frac{1}{q}(E_{ip} - E_{Fp})\bigg|_{QNP}$，參考圖 7-1(b) 可知 $\phi_n - \phi_p = V_0$，代入（7-5）式得

$$-\frac{q}{KT}V_0 = \ln\frac{p_{n_0}}{p_{p_0}} \quad (7\text{-}6)$$

假如此時 PN 接面為步階式接面，則 $p_{p_0} \simeq N_A$，$p_{n_0} \simeq n_i^2/N_D$。(7-6) 式變為

$$V_0 = \frac{KT}{q} \ln\left(\frac{p_{p_0}}{p_{n_0}}\right) = \frac{KT}{q} \ln\frac{N_A}{(n_i^2/N_D)} = \frac{KT}{q} \ln\left(\frac{N_A N_D}{n_i^2}\right) \qquad (7\text{-}7)$$

(7-7) 式也可寫為

$$\frac{p_{p_0}}{P_{n_0}} = e^{eV_0/KT} \qquad (7\text{-}8)$$

因為在熱平衡時，$p_{n_0} n_{n_0} = p_{p_0} n_{p_0} = n_i^2$；故

$$\frac{p_{p_0}}{p_{n_0}} = \frac{n_{n_0}}{n_{p_0}} = e^{qV_0/KT} \qquad (7\text{-}9)$$

在導出 PN 接面的電流-電壓關係時，(7-9) 式將扮演非常重要的角色！

在 (7-7) 式中可以發現，如果 N_A，N_D 遠大於本質濃度 n_i，則會有較大的接觸電位 V_0；如果 P 側及 N 側的雜質濃度很低，例如，當 $N_A \simeq P_i$，$N_D \simeq n_i$ 時，$N_A N_D \simeq n_i^2$，此時接觸電位 V_0 幾乎不存在，意指當兩種物質特性相近($N_A \simeq N_D \simeq n_i$) 時，不會有接觸電位的存在。

我們無法用電壓計來量取 V_0 的大小，因為在測量此電壓時，電壓計的**探針** (Probles) 在 P、N 兩端也會產生新的接觸電位，它的大小及極性會正好抵消了 V_0 值。測量內建 (接觸) 電位 V_0 的方法將於本章 7-5-2 節中介紹。

例 7-1

證明在熱平衡時，費米階 E_F 在 P、N 兩側均保持一定，即 $E_{Fn} = E_{Fp} \equiv E_F$

解 由 (7-8) 式知

$$\frac{p_{p_0}}{p_{n_0}} = e^{qV_0/KT} \quad\cdots\cdots\cdots\cdots\cdots\cdots\cdots\cdots\cdots\cdots\cdots\cdots\cdots\cdots\cdots\cdots \text{①}$$

利用載體濃度公式，

$$p_{p_0} = N_V \mathrm{Exp}\left[\frac{-(E_{FP} - E_{VP})}{KT}\right] \,;\, p_{n_0} = N_V \mathrm{Exp}\left[\frac{-(E_{Fn} - E_{V_n})}{KT}\right]$$

所以

$$\frac{p_{p_0}}{p_{n_0}} = \mathrm{Exp}\left[\frac{(E_{Fn} - E_{Fp})}{KT}\right] \times \mathrm{Exp}\left[\frac{(E_{V_p} - E_{V_n})}{KT}\right]$$

$$= \text{Exp}\left[\frac{(E_{Fn} - E_{Fp})}{KT}\right] \times e^{qV_0/KT} \ldots\ldots\ldots\ldots\ldots\ldots\ldots\ldots ②$$

上式採用了 $E_{Vp} - E_{Vn} = qV_0$ 的關係 [參考圖 7-1(b)]。由①及②式，可得

$$E_{Fn} = E_{Fp} \equiv E_F$$

上述結果給我們一個非常清楚的結論，即在熱平衡 (淨電流為零) 時，費米階恆保持一定；唯有在不平衡時 (淨電流不為零)，P、N 側的費米階才會不同。

例 7-2

有一鍺 PN 接面，其雜質濃度分別為 $N_D = 10^{16}$ (#/cm³)，$N_A = 3 \times 10^{18}$ (#/cm³)，試計算在 300°K 時接觸電位 V_0 的大小。

解 鍺晶體在 300°K 的本質濃度 $n_i \simeq 2.5 \times 10^{13}$ (#/cm³)

$V_T (300°K) \simeq 0.0259$ (Volts)

$$V_0 = \frac{KT}{q} \ln \frac{N_D N_A}{n_i^2} = 0.0259 \ln \frac{10^{16} \times 3 \times 10^{18}}{(2.5 \times 10^{13})^2}$$
$$= 0.0259 \ln (4.8 \times 10^7) = 0.458 \text{ (Volts)}$$

7-2 空間電荷區

分析 PN 接面的特性之前，首先要瞭解 P、N 側的雜質分布情形，而雜質的空間分布與擴散或離子植入時的處理條件息息相關，圖 7-2 是三種不同的雜質分布，其所形成之 PN 接面自各有不同。於圖 7-2(a) 中 PN 接面是由**深佈擴散** (Deep diffusion) 或高能量的離子植入所形成，其雜質濃度在接面附近會呈現線性的變化，它的濃度函數可寫為

$$N_D - N_A \equiv ax \tag{7-10}$$

(7-10) 式中 a 為斜率，其單位為 cm⁻⁴，這種接面叫**線性接面** (Linearly graded junction)，如果 PN 接面是由**淺佈擴散** (Shallow diffusion) 或低能量的離子植入所形成 (參考圖 7-2(b))，其濃度由 P 側至 N 側會呈現陡峭的步階函數的變化，這種接面叫**步階式接面** (Step junction)；另一種情況是在有均勻濃度的區

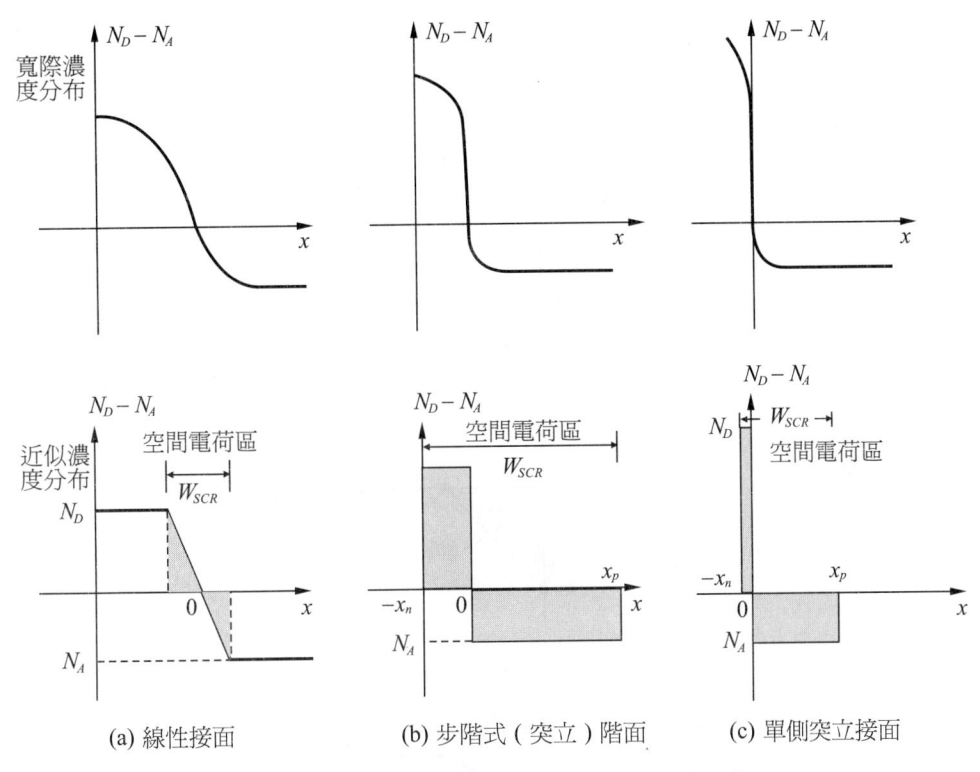

(a) 線性接面　　(b) 步階式（突立）階面　　(c) 單側突立接面

圖 7-2　各種不同類型的 PN 接面之雜質分布

域（如磊晶層）裡進行擴散，假如擴散特性長度[1]比空間電荷區的寬度小很多會形成如圖 7-2(c) 般的**單側突立接面**（One-sided abrupt junction）。在製造過程中，如果步階式的突立接面再度加熱，由於其雜質會往更深處擴散，而使得接面特性會轉變為類似線性接面一般。

7-2-1　步階式接面

首先來討論較為單純的步階式接面，假如我們採取了「**空乏近似**」（Depltion approximation）的假設，此時在空間電荷區內可移動載體的存在可以忽略，因此可以得到如圖 7-3(a) 的步階式電荷分布。

---

[1] 擴散特性長度 $L_{diff} \equiv \sqrt{Dt}$，式中 D 為雜質的擴散係數，t 為雜質在擴散爐中的擴散時間。假如 $2\sqrt{Dt}$ 遠大於空間電荷區的寬度 W_{SCR}，所形成的接面會近似於線性接面；相反地，如果 $W_{SCR} \gg 2\sqrt{Dt}$，會形成類似單側突立式的接面。

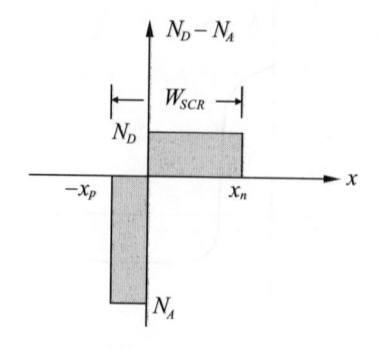

(a) 空間電荷分布

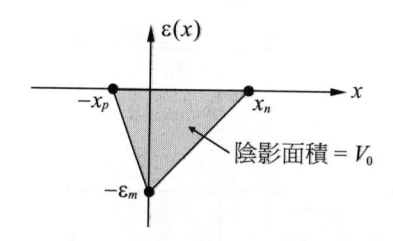

(b) 電場 $\vec{\varepsilon}(x)$

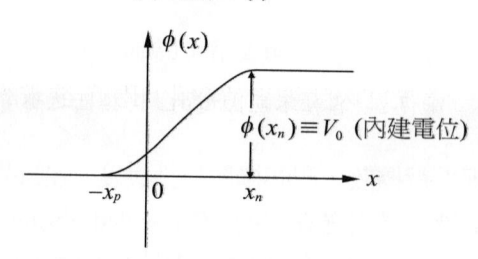

(c) 電位 $\phi(x)$

圖 7-3　步階式 PN 接面分析

此種電荷分布，在伯桑方程式（Poission's equation）的描述下變成

$$\frac{d^2\phi}{dx^2} = \begin{cases} \dfrac{-qN_D}{\epsilon_s} & 0 < x < x_n \quad <N \text{ 側}> \quad (7\text{-}10a) \\ \dfrac{+qN_A}{\epsilon_s} & -x_p < x < 0 \quad <P \text{ 側}> \quad (7\text{-}10b) \end{cases}$$

（7-10）式中，ϵ_s 為半導體的介電係數；x_n 及 x_p 分別為空間電荷區在 N 側

及 P 側與準中性區（QNR）相鄰的邊界位置。

按空間電荷的中性原則（Space-charge neutrality），接面兩側的正、負電荷必須相等，即

$$N_A A x_P = N_D A x_n \quad 故 \quad N_A x_P = N_D x_n \tag{7-11}$$

上式中的 A 為接面的截面積。此時空間電荷區的總寬度 W_{SCR} 為

$$W_{SCR} = x_n + x_p \tag{7-12}$$

以 $\varepsilon(x_n) = 0$ 及 $\varepsilon(-x_p) = 0$ 為邊界條件，可解得

$$\varepsilon(x) = -\frac{d\phi}{dx} = \varepsilon_m \left(\frac{x}{x_n} - 1\right) \qquad 0 < x \leq x_n \tag{7-13a}$$

$$= -\varepsilon_m \left(\frac{x}{x_p} + 1\right) \qquad -x_p \leq x < 0 \tag{7-13b}$$

（7-13）式中，ε_m 為 $x = 0$ 處的最大電場強度。

$$\varepsilon_m \equiv \frac{qN_D x_n}{\epsilon_s} \equiv \frac{qN_A x_p}{\epsilon_s}$$

因此，在空間電荷區內的總電位變化即是所欲求的內建電位（接觸電位）V_0，

$$V_0 = -\int_{-x_p}^{x_n} \varepsilon(x)\,dx = -\int_{-x_p}^{0} \varepsilon(x)\,dx - \int_{0}^{x_n} \varepsilon(x)\,dx$$

$$= \frac{qN_A x_p^2}{2\epsilon_S} + \frac{qN_D x_n^2}{2\epsilon_S} = \frac{1}{2}\varepsilon_m W_{SCR} \tag{7-14}$$

由（7-14）式知，電場對 x 的積分，其實就是電場 $\varepsilon(x)$ 函數所涵蓋的三角形總面積。將（7-11）式～（7-14）式諸式化簡後可得

$$W_{SCR} = \sqrt{\frac{2\epsilon_s V_0}{q}\left[\frac{1}{N_A} + \frac{1}{N_D}\right]} \qquad （步階式階面） \tag{7-15}$$

如圖 7-2(c) 式的單側突立式 N^+P 接面（$N_D \gg N_A$），利用（7-15）式可得

$$W_{SCR} \simeq x_p = \sqrt{\frac{2\epsilon_s V_0}{qN_A}} \tag{7-16}$$

讀者也可利用圖 7-2(c) 的雜質分佈，依照上述的方式，解伯桑方程式也會得到相同的結果。

由（7-11）式、（7-12）式及（7-15）式也可得到，

$$x_p = \frac{N_D}{N_D + N_A} W_{SCR} = \left[\frac{2\epsilon_s V_0}{q}\left(\frac{N_D}{N_A(N_D + N_A)}\right)\right]^{1/2} \quad \text{（7-17a）}$$

$$x_n = \frac{N_A}{N_D + N_A} W_{SCR} = \left[\frac{2\epsilon_s V_0}{q}\left(\frac{N_A}{N_D(N_D + N_A)}\right)\right]^{1/2} \quad \text{（7-17b）}$$

由（7-17）式可以發現，當 $N_D \gg N_A$ 時，$x_n \ll x_p$；反之亦然，這是要符合「電荷中性原則」的必然結果。

例 7-3

有一步階式矽製 PN 接面於室溫（300°K）時，其雜質濃度分別為 $N_A = 10^{16}$ #/cm³，$N_D = 10^{15}$（#/cm³），試求：

(a) 內建電位 V_0 及空間電荷區寬度 W。
(b) 空間電荷區在 P 側及 N 側的寬度（即 x_p 與 x_n）。

解 (a) $V_T = \frac{KT}{q} = 0.026$ 伏特（300°K）

$$V_0 = V_T \ln\left(\frac{N_A N_D}{n_i^2}\right) = 0.026 \ln\left[\frac{10^{16} \times 10^{15}}{(1.5 \times 10^{10})^2}\right] = 0.66 \text{ 伏特}$$

$$W = \left[\frac{2\epsilon_s V_0}{q}\left(\frac{N_D + N_A}{N_A N_D}\right)\right]^{1/2} = \left[\frac{2 \times 11.9 \times 0.66}{1.6 \times 10^{-19}}\left(\frac{10^{16} + 10^{15}}{10^{31}}\right)\right]^{1/2}$$

$$\simeq 0.97 \text{ 微米}$$

(b) $x_p = \frac{N_D}{N_D + N_A} W = \frac{10^{15}}{10^{16} + 10^{15}} W = 0.088$ 微米

$x_n = W - x_p = \frac{N_A}{N_D + N_A} W = 0.882$ 微米

由例 7-3 題可知，因為 P 側摻入雜質濃度較高，所以 $x_p \ll x_n$；換言之，空間電荷區大都出現在較低濃度的雜質區域。

7-2-2 線性接面

圖 7-2(a) 的接面可以重繪如圖 7-4(a)。此時的伯桑方程式可表示為

$$\frac{d^2\phi(x)}{dx^2} = \frac{-d\varepsilon(x)}{dx} = \frac{-\rho_s}{\epsilon_s} = \frac{-q(ax)}{\epsilon_s}, \quad -\frac{W_{SCR}}{2} \leq x \leq \frac{W_{SCR}}{2} \quad (7\text{-}18)$$

上式中 a 為濃度分布的斜率（ cm^{-4} ）。

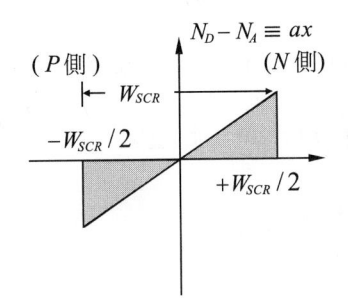

(a) 空間電荷分布

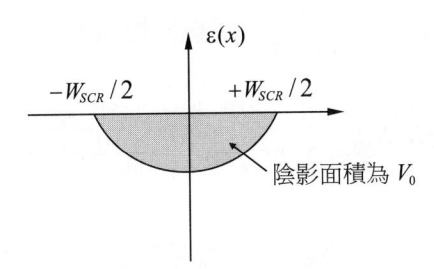

(b) 電場 $\vec{\varepsilon}(x)$

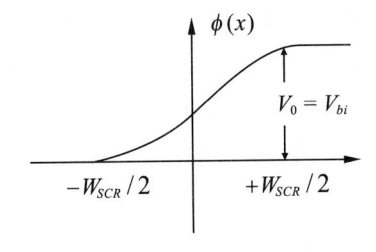

(c) 電位 $\phi(x)$

圖 7-4 線性 PN 接面分析

積分 (7-18) 式後，代入邊界條件 $\varepsilon(x)|_{x=\pm\frac{W_{SCR}}{2}} = 0$，可得

$$\varepsilon(x) = \frac{-qa}{\epsilon_s}\left[\frac{(W_{SCR}/2)^2 - x^2}{2}\right] \quad (7\text{-}19)$$

電場強度的最大值 ε_m 發生在 $x = 0$ 處，即

$$\varepsilon_m = \varepsilon(0) = \frac{qaW_{SCR}^2}{8\epsilon_s} \quad (7\text{-}20)$$

與 7-2-1 節同理可求得內建 (接觸) 電位為 V_0 為

$$V_0 = -\int_{-x_p}^{x_n}\varepsilon(x)\,dx \quad \text{此處 } x_n = x_p = \frac{W_{SCR}}{2}$$

$$= \frac{qaW_{SCR}^3}{12\epsilon_s} \quad (7\text{-}21)$$

亦即

$$W_{SCR} = \left[\frac{12\epsilon_s V_0}{qa}\right]^{1/3} \quad (\text{線性接面}) \quad (7\text{-}22)$$

比較 (7-13) 式與 (7-19) 式可知，步階式電場隨距離 x 變化，但線性接面電場則隨 x^2；同理步階式空間電荷區 W_{SCR} 隨 $V_0^{1/2}$ 而變化，而線性接面的 W_{SCR} 卻隨 $V_0^{1/3}$ 變化。

　　上述兩大部分的空間電荷區分析，都是假設在熱平衡的情況下進行，可重繪其能階圖如圖 7-5(a) 所示。必須再次強調的是空間電荷區內的總電位變化為 V_0，而 P 側至 N 側的總位能變化 qV_0。如果我們加一順向偏壓 V_F 於 PN 接面的兩側，由偏壓的極性與接觸電位的極性可清楚獲知，此時的淨電位變化為 $(V_0 - V_F)$，而其對應的「**有效位能障壁高度**」(Effective potential barrier height) 則降為 $q(V_0 - V_F)$，請參考圖 7-5(b)。相反地，如果我們加一逆向偏壓 V_R 於 PN 接面兩側，此時淨電位增加為 $(V_0 + V_R)$，而有效的位能障壁升高為 $q(V_0 + V_R)$，這是因為電壓可以遵守「重疊原則」的緣故。

　　假如它是一步階式接面，空間電荷區寬度 W_{SCR} (以後簡寫為 W) 隨有效電位的變化可寫成

(a) 熱平衡時，$V = 0$

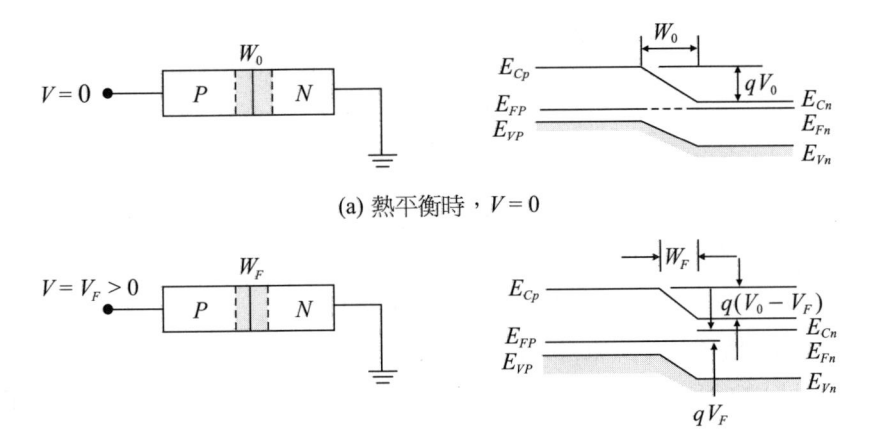

(b) 順向偏壓時，$V > 0$

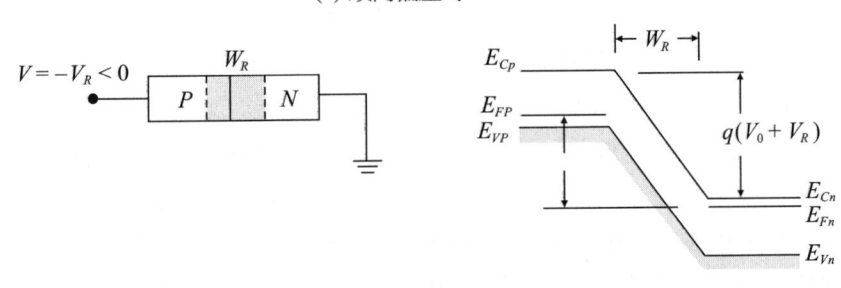

(c) 逆向偏壓時，$V < 0$

圖 7-5　PN 接面在不同偏壓下的能階圖。W_o，W_F 及 W_R 分別代表熱平衡、順偏及逆偏時的空間電荷區寬度

$$W = \left[\frac{2\epsilon_s(V_0 - V)}{q}\left(\frac{1}{N_D} + \frac{1}{N_A}\right)\right]^{1/2} \quad (7\text{-}23)$$

(7-23) 中偏壓 V 為正值時代表順向偏壓，負值代表逆向偏壓。由此可知，不但障壁的高度會隨偏壓的方向而增減，空間電荷區的寬窄也會隨偏壓改變。

7-3　不平衡的 PN 接面

當 PN 接面兩側加上**偏壓**（bias）時，可以假設外加的偏壓幾乎會完全出現在空間電荷區的兩側；當然，PN 接面如果有電流通過，會有一點電壓降出

現在準中性區，但在大部分 PN 元件裡，準中性區的長度 l 實遠小於其截面積 A，而且通常雜質濃度相當高，使得電阻係數很小，綜合而論，這種中性區內的電壓降可以忽略不計。

由圖 7-5(b) 及圖 7-5(c) 可知，當外加偏壓改變時，不但空間電荷區的寬度隨它變化，該區內的位能障壁高度也會因而改變。此外，其費米階也有不同，在順向偏壓時，可以發現 $E_{Fn} - E_{Fp} = qV_F$，而在逆向偏壓時 $E_{Fp} - E_{Fn} = qV_R$，V_F 及 V_R 分別為順向偏壓及逆向偏壓的大小。

所謂的**擴散電流**(Diffusion current) 是指 P 側的電洞及 N 側的電子分別克服了位能障壁而向對側流動所形成。在順向加壓的情況，因為障壁高度降為 $q(V_0 - V_F)$ 的緣故，這種由主要載體形成的擴散電流因而增大，而使得 PN 接面的順向電流 (由 P 向 N 側流) 變大；相反地，在逆向加壓時，因為障壁高度增加為 $q(V_0 + V_R)$，P 側的電洞及 N 側的電子沒有足夠能量克服此巨大的位能障壁，此時擴散電流可以忽略不計。

形成 PN 接面電流的另一分量是**漂移電流**(Drift current)。漂移電流是由 P 側的電子或由 N 側的電洞擴散至空間電荷區的邊緣，被掃下這個障壁後又被對側的**歐姆接觸**(Ohmic contacts) 所收集而成；另一種可能是在空間電荷區內因熱擾動而產生的電子-電洞對 (EHP)，受到電場的漂移作用而分離，而使得 P 側 W_{SCR} 內的電子及 N 側 W_{SCR} 內電洞分別向對側漂移而形成。

漂移電流是由少數載體所形成的電流分量，它的大小與位能障壁的高度幾乎沒有關係；讀者詳閱順向及逆向加壓的能階圖，不論順向或逆向加壓，少數載體都是被掃下 (Swept down) 這個位能障壁！只是在逆向偏壓時位能障壁較高而已；影響漂移電流大小的是每秒鐘有多少載體從此障壁滑下而且被收集，與它們從多高的障壁滑下沒有甚麼關係！

PN 接面的總電流是由擴散電流及漂移電流所組成；即不論電洞或電子，

$$J_{\text{total}} = J_{\text{diff}} + J_{\text{drift}} = \begin{cases} \simeq J_{\text{diff}} & (\text{順向偏壓}) \\ \simeq J_{\text{drift}} & (\text{逆向偏壓}) \end{cases} \quad (7\text{-}24)$$

(7-24) 近似關係的成立是因為在順向偏壓時，擴散電流大增遠超過漂移電流；而在逆向偏壓時，擴散電流卻小得可以忽略。不論何種偏壓型式，漂移電流 J_{drift} 都沒有甚麼改變。

究竟擴散電流如何隨著偏壓變化？它與漂移電流的大小有何關係？請看下一節的數學模式分析。

7-3-1　PN 接面電流分析

為了方便討論起見，我們要建立新的座標關係如圖 7-6 所示，在此圖中，空間電荷區與 N 型準中性區（QNN）的邊界定為 $x_n = 0$，往右為 $x_n > 0$；空間電荷區與 P 型準中性區（QNP）的邊界則定為 $x_p = 0$，往左為 $x_p > 0$。

在 7-1 節的接觸電位分析，曾經得到下列關係，即

$$\frac{p_{p_0}}{p_{n_0}} = e^{eV_0/KT} \quad (\text{熱平衡時}) \tag{7-25}$$

上式是熱平衡的分析結果；如果 PN 接面受到順向偏壓，則有效障壁高度變為 $q(V_0 - V)$，此時

$$\frac{p_p}{p_n} = e^{q(V_0 - V)/KT} \quad (\text{順向偏壓}) \tag{7-26}$$

假如順向偏壓僅使少數載體呈現**低階注入**（Low-level injection）的現象，則多數載體的濃度變化可以忽略。因此可得

$$p_p(x_p = 0) \simeq p_{po} \simeq N_A \tag{7-27}$$

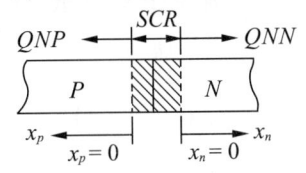

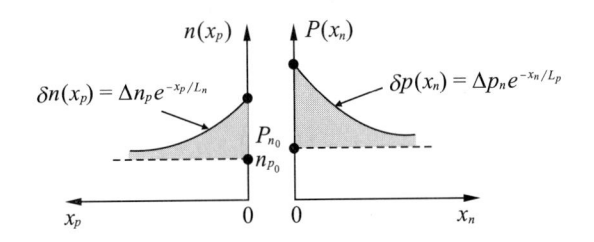

圖 7-6　PN 接面在順向偏壓時的少數載體分布情形
（陰影面積為總注入載體數）

此時（7-25）式除以（7-28）式得

$$\frac{p_{n_0}(x_n=0)}{p_{n_0}} = e^{qV/KT} \quad (7\text{-}29)$$

（7-29）代表順向加壓時，少數載體電洞在 N 側邊界（$x_n=0$）的濃度與平衡時的濃度 p_{n_0}（$\simeq n_i^2/N_D$）的比值。因為順向偏壓使得位能障壁降低了 qV，其載體注入量卻增加為原來平衡值 p_{n_0} 的 $\mathrm{Exp}(qV/KT)$ 倍！這就是 P 側的主要載體電洞因為障壁降低而增加的擴散分量，這種現象叫「**少數載體注入**」（Minority carrier injection）。由（7-29）式知，在 N 側邊界 $x_n=0$ 處的超額少數載體注入量為

$$\Delta p_n = p(x_n=0) - p_{n_0} = p_{n_0}(e^{qV/KT} - 1) \quad (7\text{-}30)$$

同理，在 P 側邊界 $x_p=0$ 處的超額少數載體（電子）注入量為

$$\Delta n_p = n(x_p=0) - n_{p_0} = n_{p_0}(e^{qV/KT} - 1) \quad (7\text{-}31)$$

假設　　$W_N = N$ 型準中性區（QNN）的長度；
　　　　$W_P = P$ 型準中性區（QNP）的長度。

如 $L_p \ll W_N$ 及 $L_n \ll W_p$，則電子在 P 型準中性區及電洞在 N 型準中性區擴散時必須要考慮到載體的復合，仿照例 5-4 的結果，此時注入對面準中性區域的超額少數載體濃度對空間的分布情形應為

$$\delta p(x_n) = \Delta p_n e^{-x_n/L_p} = p_{no}(e^{qV/KT} - 1)e^{-x_n/L_p} \quad (7\text{-}32a)$$

$$\delta n(x_p) = \Delta n_p e^{-x_p/L_n} = n_{po}(e^{qV/KT} - 1)e^{-x_p/L_n} \quad (7\text{-}32b)$$

在 N 型及 P 型準中性區的擴散電流分量為

$$\begin{aligned} I_p(x_n) &= -qAD_p \frac{d(\delta p(x_n))}{dx_n} = qA\left(\frac{D_p}{L_p}\right)\Delta p_n e^{-x_n/L_p} \\ &= qA\left(\frac{D_p}{L_p}\right)\delta p(x_n) \end{aligned} \quad (7\text{-}33a)$$

$$I_n(x_p) \simeq qAD_n \frac{d(\delta n(x_p))}{dx_p} = -qA\left(\frac{D_n}{L_n}\right)\Delta n_p e^{-x_p/L_n}$$

$$= -qA\left(\frac{D_n}{L_n}\right)\delta n(x_p) \tag{7-33b}$$

假如空間電荷區內沒有載體的復合，則總電流 I 可寫為（參考圖 7-7）

$$I = I_p(x_n = 0) - I_n(x_p = 0) \tag{7-34}$$

$$= \frac{qAD_p}{L_p}\Delta p_n + \frac{qAD_n}{L_n}\Delta n_p$$

$$= qA\left(\frac{D_p}{L_p}p_{n_0} + \frac{D_n}{L_n}n_{p_0}\right)(e^{qV/KT} - 1) \tag{7-35}$$

（7-35）式中，$I_0 \triangleq qA\left(\frac{D_p}{L_p}p_{n_0} + \frac{D_n}{L_n}n_{p_0}\right)$ 是 PN 接面在 $L_n \ll W_p$ 及 $L_p \ll W_N$ 情況下的飽和電流大小，符合這種情況的二極體叫做「**長基地式二極體**」[2]（Long-base diode）。（7-34）式中的負號是因為 x_n 及 x_p 座標軸方向正好相反所產生，此式代表每一電洞或電子通過空間電荷區後，都會被歐姆接觸收集而形成電流；電流分量的大小變化情形，請參考圖 7-7。圖中 $I_p(x_p)$ 部分代表電洞往空間電荷區擴散，在準中性區中並與 N 側注入的少數載體（電子）復合；$I_p(x_n)$ 代表注入 N 側的電洞向歐姆接觸擴散的結果。當然，在準中性區（QNN）內，它也會與主要載體（電洞）復合。至於電子由 N 側至 P 側的傳輸現象與電洞（由 P 至 N）完全相同。

（7-35）式的二極體方程式也適用於逆向偏壓的情況，此時假設 $V = -V_r < 0$，二極體電流變為

$$I = I_0(e^{-qV_r/KT} - 1) \tag{7-36}$$

2　所謂「基地」（Base）是載體活動頻繁的準中性區，猶如飛機起、降頻繁的機場一般。如果準中性區比載體的擴散長度大很多，即 $W_p \gg L_n$，$W_N \gg L_p$，則少數載體注入此中性區到被歐姆接觸收集之前，會有大量的電子電洞復合發生。這種二極體叫做「長基地式二極體」，「**短基地式二極體**」（Short-base diode）的情形請參考本節之例題。

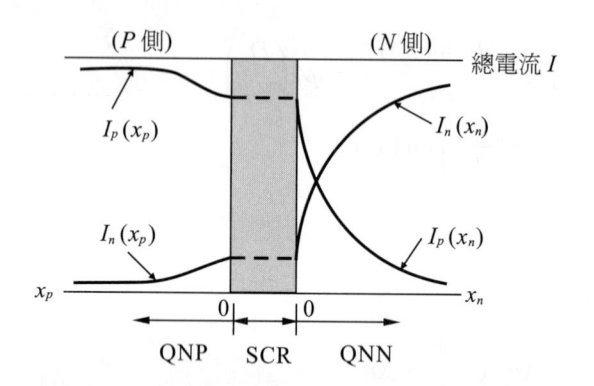

圖 7-7　PN 接面於順向偏壓時的電流分量（假設空間電荷區內沒有復合電流的產生）

如果 $qV_r \gg KT$，則 (7-36) 式變成

$$I \simeq -I_0 = -qA\left(\frac{D_p}{L_p}p_{n_0} + \frac{D_n}{L_n}n_{p_0}\right) = -qAn_i^2\left(\frac{D_p}{L_p N_D} + \frac{D_N}{L_N N_A}\right) \quad (7\text{-}37)$$

由 (7-37) 式可知，逆向偏壓時二極體所流電流僅為漂移電流，其方向正好與擴散電流相反，故又被稱為「**逆向飽和電流**」（Reverse saturation current）；在式中也代入 $p_{n_0} \simeq n_i^2/N_D$ 及 $n_{p_0} \simeq n_i^2/N_A$ 的關係，它更進一步的告訴我們漂移電流大小 I_0 與本質濃度 n_i 的平方呈反比，請參考 (4-44) 式，讀者即可明瞭飽和電流 I_0 與溫度強烈的依存關係！

當 PN 接面在熱平衡狀態時 $V = 0$，此時

$$I = I_0(e^0 - 1) = I_0 - I_0 = I_{\text{diff}} + I_{\text{drift}} = 0$$

它可印證 7-1 節的分析，在熱平衡時擴散電流（I_0）正好與漂移電流（$-I_0$）大小相等、方向相反，使得淨電流為零。

例 7-4

有一「短基地式二極體」（Short-base diode），其中 $W_N \ll L_P \equiv \sqrt{D_P \tau_P}$ 及 $W_P \ll L_n \equiv \sqrt{D_n \tau_n}$，求出它的電流-電壓關係。

解 因為 $W_N \ll L_P$ 及 $W_P \ll L_n$，所以在 QNN 及 QNP 的準中性區內載體復合率很小可以忽略，此時所有注入的少數載體均擴散至 P、N 兩側的歐姆接觸內復合；超額電洞或電子的分布可由下式化簡得

$$\delta p(x_n) = Ae^{-x_n/L_p} + Be^{+x_n/L_p}$$
$$\simeq A' + B'\left(\frac{x_n}{L_p}\right)$$

代入邊界條件(參考圖 7-8)，$\delta p(W_N) \simeq 0$，$\delta p(0) = \Delta p$

故 $\quad \delta p(x_n) = \Delta p \left(1 - \dfrac{x_n}{W_N}\right)$

同理 $\quad \delta n(x_p) = \Delta n \left(1 - \dfrac{x_p}{W_P}\right)$

此處 $\quad \delta p(0) = \Delta p = p_{no}(e^{qV/KT} - 1)$
$\quad\quad\quad \delta n(0) = \Delta n = n_{po}(e^{qV/KT} - 1)$

此時總電流為

$$I_{\text{total}} = I_p(x_n = 0) - I_n(x_p = 0)$$

$$= -qAD_p \frac{dp}{dx_n}\bigg|_{x_n=0} - qAD_n \frac{dn}{dx_p}\bigg|_{x_p=0}$$

$$= qAn_i^2 \left(\frac{D_P}{D_n W_N} + \frac{D_N}{N_A W_P}\right)(e^{qV/KT} - 1)$$

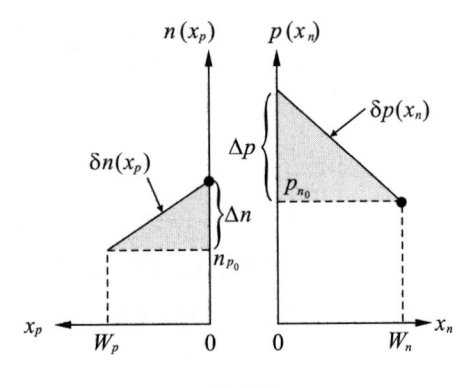

圖 7-8

事實上，二極體可能是 P 區域為「短基地」的情況，而 N 區域為「長基地」的情況 (或者剛好相反)，此時 I-V 關係只要利用前述原理加以調整即可得到，讀者可私下當做作業練習 (參考本章習題 7-10)。

7-3-2　電荷控制模式

如果再參考圖 7-6，可以發現通過空間電荷區而注入對面區域之少數載體的總貯存電荷為

$$Q_p = qA\int_0^\infty \delta p(x_n)dx_n = qA\Delta p_n \int_0^\infty e^{-x_n/L_p}dx_n$$
$$= qAL_p\Delta p_n \qquad (N側) \qquad (7\text{-}38)$$

同理，

$$Q_n = -qA\int_0^\infty \delta n(x_p)dx_p = -qL_nA\Delta n_p \qquad (P側) \qquad (7\text{-}39)$$

更進一步，將 Q_p 及 Q_n 分別除以平均復合存活時間 τ_p 及 τ_n，可得

$$\frac{Q_p}{\tau_p} = qA\frac{L_p}{\tau_p}\Delta P_n = qA\left(\frac{D_p}{L_p}\right)\Delta P_n = I_p(x_n=0) \qquad (7\text{-}40)$$

$$\frac{Q_n}{\tau_n} = -qA\frac{L_n}{\tau_n}\Delta n_p = -qA\left(\frac{D_n}{L_n}\right)\Delta n_p = I_n(x_p=0) \qquad (7\text{-}41)$$

(7-40) 式及 (7-41) 式中利用了 $D_p\tau_p = L_p^2$ 的定義。以電洞為例，當它注入 N 側準中性區 (QNN) 後，在擴散途中會以 (Q_p/τ_p) 的平均時間率與電子復合，為了要維持電洞仍如 (7-32a) 式般分布，必須經由 P 側注入，在 $x_n = 0$ 處以 $I_p(x_n = 0)$ 的電洞流補充 QNN 區域內的電洞復合率；同理電子注入 P 側後，在擴散途中會以 (Q_n/τ_n) 的平均復合率與電洞進行復合，為了維持電子仍如 (7-32b) 式般分布，也必須由 N 側注入，而在 $x_p = 0$ 處，以 $I_n(x_p = 0)$ 的電子流來彌補電子在 QNP 的復合損失，如此，二極體電流 (直流) 方能經常維持一定。將 (7-40) 式或 (7-41) 式以文字扼要說明如下：

$$\begin{bmatrix}載體在準中性區內\\的復合率（電流）\end{bmatrix} = \begin{bmatrix}載體因為偏壓，由對面區\\域注入的補充率（電流）\end{bmatrix} \qquad (7\text{-}42)$$
$$\qquad\quad\text{（需求）} \qquad\qquad\qquad \text{（供給）}$$

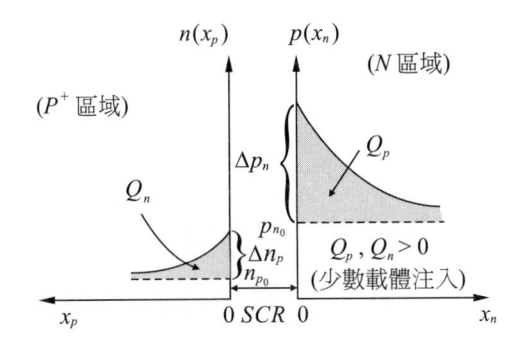

圖 7-9　P^+N 接面的少數載體注入（順向偏壓）
因　$N_A \gg N_D$，$n_{p_0} \ll p_{n_0}$，$\triangle n_p \ll \triangle p_n$
故　$Q_p \gg Q_n$，$I \simeq I_p(x_n = 0) = Q_p/\tau_p$

（7-42）式的供需關係達到平衡才能使二極體電流保持一定，這種模式叫做「**電荷控制模式**」（Charge control model）。

在（7-35）式的二極體方程式中，如果 PN 接面某一側的濃度遠大於另一側的濃度，例如 $N_A \gg N_D$ 的 P^+N 接面，二極體總電流會受到較濃區域的載體注入主宰。如果 $N_A \simeq 10^{19}$ #/cm³，$N_D = 10^{14}$ #/cm³，則 n_p 會是 p_n 的 10^{-5} 倍，可以忽略不計；以電荷控制模式的說法（參考圖 7-9），儲存在 N 側的 Q_p 超額電荷會遠多於儲存在 P 側的超額電子 Q_n，以至於

$$I = \frac{Q_p}{\tau_p} - \frac{Q_n}{\tau_n}$$

$$\simeq \frac{Q_p}{\tau_p} = I_p(x_n = 0) = qA\left(\frac{D_p}{L_p}\right)p_{n_0}(e^{qV/KT} - 1) \ (P^+N\text{ 接面}) \qquad \textbf{(7-43)}$$

上述 P^+N 的近似分析在實際的半導體元件或積體電路製作時非常實用，讀者務必要銘記於心。

由圖 7-9 或圖 7-6 可知，當 PN 接面受到順向偏壓時，主要載體克服位能障壁注入對面的準中性區後，其少數載體的濃度恆大於其平衡濃度，即 $p(x_n) > p_{n_0}$ 及 $n(x_p) > n_{p_0}$，它使得 N 側儲存的超額電洞 Q_p 及 P 側儲存的超額電子 $Q_n > 0$，這種現象即是前述的「少數載體注入」。

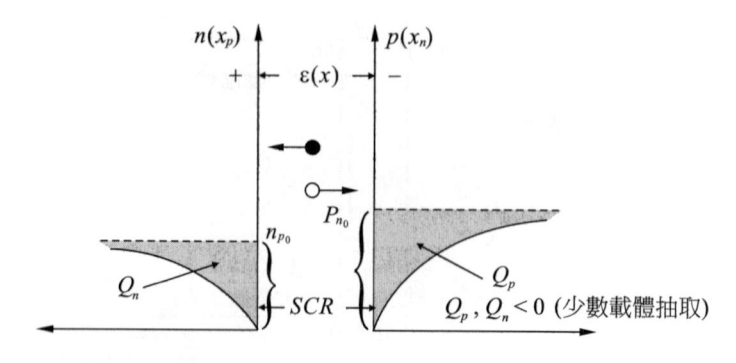

圖 7-10　*PN* 接面在逆向偏壓的少數載體之抽取現象 [$\varepsilon(x)$ 為外加偏壓電場]

假如 *PN* 接面受到逆向偏壓 $V = -V_R$，$qV_R \gg KT$，則此時的超額載體濃度分別為

$$\Delta p_n = p_{n_0}(e^{-qV_R/KT} - 1) \simeq -p_{n_0} \tag{7-44a}$$

$$\Delta n_p = n_{p_0}(e^{-qV_R/KT} - 1) \simeq -n_{p_0} \tag{7-44b}$$

此時，準中性區的載體濃度低於熱平衡值（參考圖 7-10）使得 Δp_n 及 Δn_p 變為負值，也使「儲存」在中性區的 Q_n 及 Q_p 變為負值，代表在此中性區有明顯的載體空乏現象，叫做「**少數載體抽取**」（Minority carrier extraction）。

　　PN 接面順向偏壓時，少數載體注入對面準中性區後，會因為載體的復合而趨近平衡值；如果接面被逆向偏壓，任何在準中性區內產生的少數載體如果有機會擴散至空間電荷區邊緣都會被掃下「**位能丘**」（Potential hill），故在邊界處濃度為零，離此邊界愈遠的少數載體擴散到邊界的機率愈小，所以其濃度接近平衡值。由此可知，單位時間內，漂移通過接面的少數載體（即逆向飽和電流）量端視少數載體從準中性區產生，並且擴散到空間電荷區邊界的量而定。（請參考例 7-5）。

例 7-5

　　有一逆偏之 *PN* 接面，其空間電荷區附近受到外來光源的照射，其光產生率為 G_L，試求在準中性區產生的電流大小。

第七章 PN接面 279

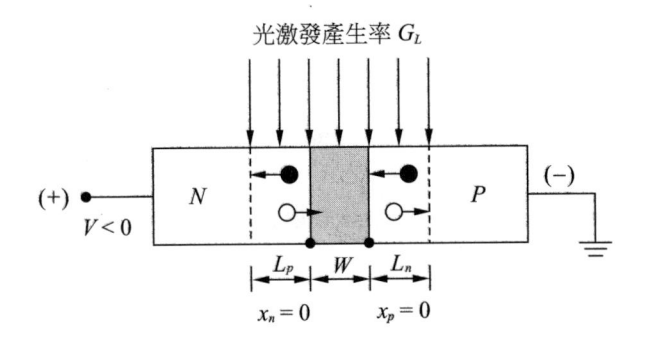

解 於第五章連續方程式的應用例題 5-3，可知此時遠離空間電荷區的電子濃度 $n_p(\infty)$ 為一穩定值，即

$$n_p(\infty) = n_{po} + \tau_n G_L \quad \cdots\cdots\cdots\cdots\cdots\cdots\cdots\cdots\cdots\cdots\cdots\cdots\cdots \text{①}$$

在空間電荷區邊界 $x_p = 0$ 處的電子會被電場掃下這個位能丘。所以

$$n_p(x_p = 0) = 0 \quad \cdots\cdots\cdots\cdots\cdots\cdots\cdots\cdots\cdots\cdots\cdots\cdots\cdots\cdots \text{②}$$

而此時的電子連續方程式為

$$D_n \frac{d^2 n_p}{dx_p^2} + G_L - \frac{n_p - n_{p_0}}{\tau_n} = 0 \quad \cdots\cdots\cdots\cdots\cdots\cdots\cdots\cdots \text{③}$$

③式的解代入 ① 式及 ② 式邊界條件後變為

$$n_p(x) = (n_{p_0} + \tau_n G_L)(1 - e^{-x_p/L_n}) \quad \cdots\cdots\cdots\cdots\cdots\cdots \text{④}$$

上式中 $L_n = \sqrt{D_n \tau_n}$。因此，電子的擴散電流為

$$I_n(x_p = 0) = (-qA)\left[-D_n \frac{dn_p}{dx_p}\bigg|_{x_p=0}\right] = qD_n A \frac{(n_{p_0} + \tau_n G_L)}{L_n} \quad \cdots\cdots \text{⑤}$$

同理，可求得擴散至空間電荷區邊界 $x_n = 0$ 的電洞電流為

$$I_p(x_n = 0) = qA\left[-D_p \frac{dp_n}{dx_n}\bigg|_{x_n=0}\right] = -qD_p A \frac{(p_{n_0} + \tau_p G_L)}{L_p} \quad \cdots\cdots \text{⑥}$$

如果沒有外來光激發。$G_L = 0$，此時，由中性區擴散至空間電荷區邊界的總電流 I_R 為

$$I_R = I_P(x_n = 0) - I_n(x_p = 0) = -qAn_i^2 \left[\frac{D_n}{L_n N_A} + \frac{D_P}{L_P N_D} \right] = -I_0 \quad \cdots\cdots\cdots \text{⑦}$$

可見逆向飽和電流的大小係由準中性區少數載體擴散到空間電荷區邊界的熱電流來決定。

表 7-1 是單側突立 PN 二極體設計時常用的「**列線圖表**」（Nomograph），很有參考的價值。

7-4　PN 接面的崩潰

當很大的逆向偏壓加諸於 PN 接面時，接面內會流有異常的大電流，如果此大電流沒辦法由外部的電路加以抑制，會使接面產生高熱而終致破壞。分析接面崩潰的現象，可區分為兩種型態，其中一種叫做**累崩崩潰**（Avalanche breakdown），另外一種叫做**齊納崩潰**（Zener breakdown），首先來介紹累崩崩潰。

7-4-1　累崩崩潰

如果 PN 接面的雜質濃度很低，當接面受到很大的逆向偏壓時大都會發生累崩崩潰。假如逆向偏壓很大，出現在空間電荷區的電場也會很大，例如有一電子由 P 側進入空間電荷區，便會受到此大電場的加速而獲得很大的動能，具有大動能的電子會與晶格原子碰撞，而使共價鍵破壞，產生了電子-電洞對，此電子-電洞對受到電場的分離作用，會使得電洞往 P 側、電子往 N 側繼續運動，並由電場中獲得動能，撞及其它共價鍵，又產生新的電子-電洞對……如此的連鎖反應 [參考圖 7-11(a)] 猶如滾雪球（雪崩）一樣，使得空間電荷區產生的載體數目累增加倍，而產生異常大電流使接面破壞；這種載體累增的現象叫做**累崩倍增**（Avalanche Multiplication），產生電子-電洞對的方式叫**衝擊游離**（Impact ionization）是造成累崩崩潰的原因。

表 7-1 矽製步階接面的列線圖表 (300°K)

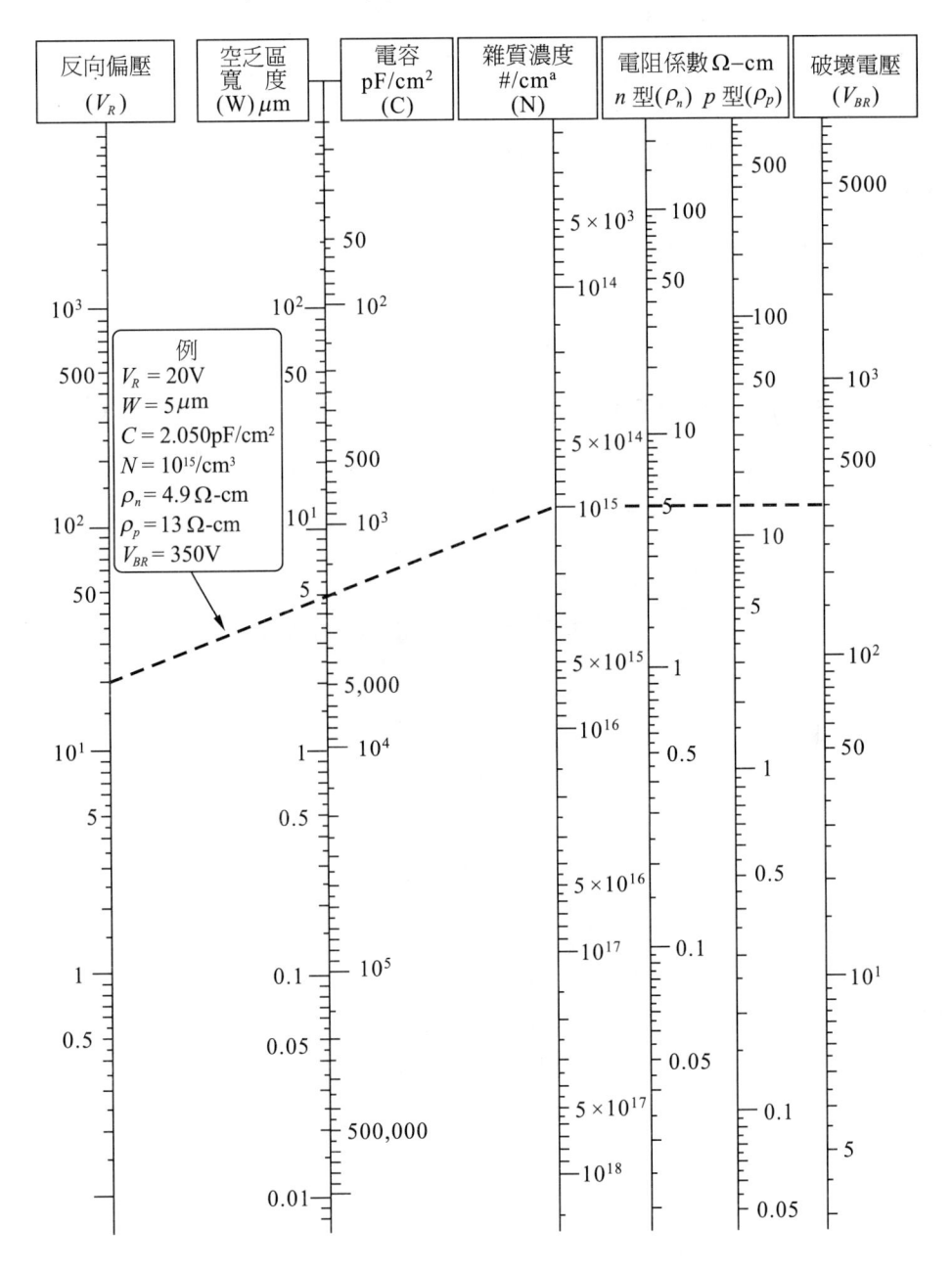

例
$V_R = 20$V
$W = 5\mu$m
$C = 2.050$pF/cm^2
$N = 10^{15}$/cm^3
$\rho_n = 4.9\,\Omega$-cm
$\rho_p = 13\,\Omega$-cm
$V_{BR} = 350$V

282　半導體材料與元件（上冊）

我們利用圖 7-11(b) 對於接面崩潰作更詳盡的數學分析，圖中 G 代表在空間電荷區內的載體產生率。α_p 及 α_n 分別代表電洞及電子的游離係數，它是每一個電洞或電子在運行 1 公分距離中所能游離電子-電洞對 (EHP) 的數目，為了簡化問題，假設 $\alpha_n = \alpha_p \equiv \alpha(x)$。圖中電流分量往右者為游離或產生的電洞電流，而往左流動的代表游離或產生的電子電流；在 Δx 範圍內，可得下列關係：

$$I_p(x+\Delta x) - I_p(x) = \alpha(x)[I_n(x)+I_p(x)]\Delta x + qAG\Delta x$$

$$\simeq \frac{dI_p(x)}{dx}\Delta x \tag{7-45a}$$

$$\therefore \frac{dI_p}{dx} \simeq \alpha(x)I + qAG \tag{7-45b}$$

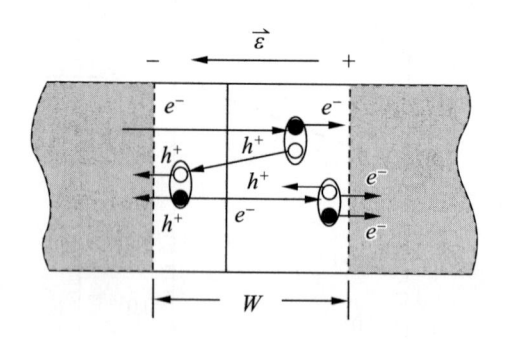

(a) 累崩倍增

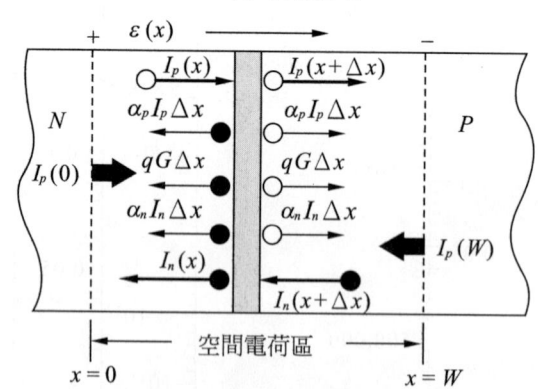

(b) 累崩倍增的電流分析

（α_p 及 α_n 分別代表電洞及電子的游離係數）

圖 7-11　PN 接面的累崩崩潰分析

(7-45a)式的近似結果只取泰勒展開項至第一因次。而 $I = I_n(x) + I_p(x) =$ 常數。
同理，對於電子電流可得

$$I_n(x) - I_n(x+\Delta x) \doteq -\frac{dI_n}{dx}\Delta x = (\alpha(x)I + qAG)\Delta x \qquad (7\text{-}46a)$$

$$\therefore \frac{-dI_n}{dx} = \alpha(x)I + qAG \qquad (7\text{-}46b)$$

(7-46b)式中的負號是因為電子流愈往右愈減少的緣故，積分(7-45b)式及(7-46b)式可得

$$\int_0^x dI_p = \int_0^x (\alpha(x)I + qAG)\,dx = \int_0^x I\alpha(x)\,dx + \int_0^x qAG\,dx$$

$$= I_p(x) - I_p(0) \qquad (7\text{-}47)$$

$$-\int_x^W dI_n = I\int_x^W \alpha(x)\,dx + \int_x^W qAG\,dx$$

$$= I_n(x) - I_n(W) \qquad (7\text{-}48)$$

(7-47)式加上(7-48)式，經整理後可得

$$I = I_p(x) + I_n(x) = \frac{I_0 + I_G}{1 - \int_0^W \alpha(x)\,dx} \equiv M(I_0 + I_G) \qquad (7\text{-}49)$$

此處，假設 $I_G \equiv qA\int_0^W G\,dx \equiv$ 空間電荷區內產生的電流
$I_0 \equiv I_p(x) + I_n(W)$
$\equiv$ 沒有累崩倍增時的漂移電流（即飽和電流）
$M \equiv$ 累崩倍增因素（Avalanche multiplication factor）

$$\equiv \frac{1}{1 - \int_0^W \alpha(x)\,dx} \qquad (7\text{-}50a)$$

$$= \frac{1}{1 - \left[\dfrac{(V - I_D R)}{V_{BR}}\right]^n} \qquad (7\text{-}50b)[3]$$

3　(7-50b)式為一經驗公式，其中的 R 為二極體串聯總電阻，V 為外加的逆向偏壓，指數 n 與半導體雜質分布有關，通常 $3 < n < 6$，視材料種類而定。

由（7-49）式可知，當 $\int_0^W \alpha \, dx = 1$ 時，累崩倍增因素 M 趨近於無窮大，而使得此時接面的反向電流 I 非常大致使接面破壞。如果此逆向偏壓的接面同時受到外來的光激發，則 I_G 值勢必大增，反向電流也會增大，這是**光二極體**（Photodiode）或**光電晶體**（Phototransistor）利用「光激發」以產生「電訊號」的基本原理，詳細情形在光電元件的章節中會做更清晰而深入的介紹。

接面瀕臨破壞時，$V_R \equiv V_{BR}$；臨界電場為 $\varepsilon_m \equiv \varepsilon_c$；由 7-2 節的討論可知，在單側突立式接面中

$$V_{BR} = \frac{\varepsilon_c W}{2} \quad \text{及} \quad \varepsilon_c = \frac{qN_B W}{\epsilon_s}$$

因此，破壞電壓 V_{BR} 為

$$V_{BR} = \frac{\epsilon_s \varepsilon_c^2}{2q}\left(\frac{1}{N_B}\right) \quad \text{（單側突立接面）} \tag{7-51}$$

對於線性接面，

$$V_{BR} = \frac{2\varepsilon_c W}{3} \quad \text{及} \quad \varepsilon_c = \frac{qaW^2}{8\epsilon_s}$$

因此，破壞電壓 V_{BR} 為

$$V_{BR} = \frac{4\varepsilon_c^{3/2}}{3}\left[\frac{2\epsilon_s}{q}\right]^{1/2}(a)^{-1/2} \quad \text{（線性接面）} \tag{7-52}$$

（7-51）式及（7-52）式中，因內建電位 V_0 遠小於 V_{BR} 而被忽略不計。N_B 代表較低濃度區域的**背景濃度**（Background concentration），a 為線性接面中的雜質濃度梯度。

在單側突立接面中，破壞電壓 V_{BR} 與背景濃度 N_B 成反比；而在線性接面中，V_{BR} 卻與雜質濃度梯度 a 的平方根成反比。

圖 7-12 崩潰時的臨界電場 ε_c 與背景濃度的關係圖；圖 7-13 是破壞電壓與雜質梯度 a 的變化關係。而圖 7-14 則代表單側突立接面的 V_{BR} 與 N_B 的變化圖形。

由圖 7-12 中可知，單側突立接面如果背景濃度 $N_B \simeq 10^{16}$ #/cm^3，其破壞的臨界電場 ε_c 約為 4×10^5（V/cm）。以矽製 PN 接面為例，當背景濃度 $N_B <$

第七章　PN 接面　285

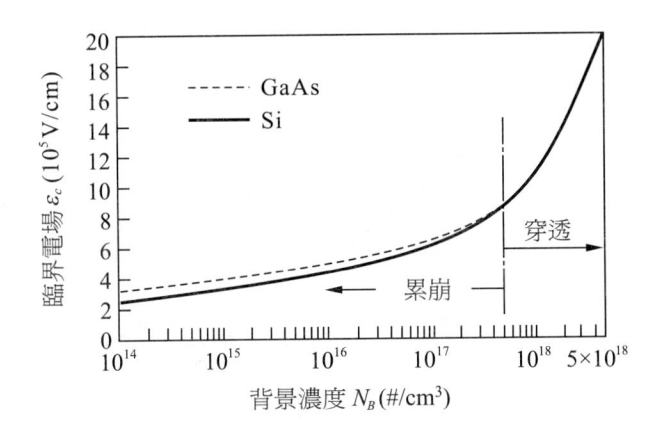

圖 7-12　單側突立接面破壞的臨界電場與背景濃度的關係（300°K）

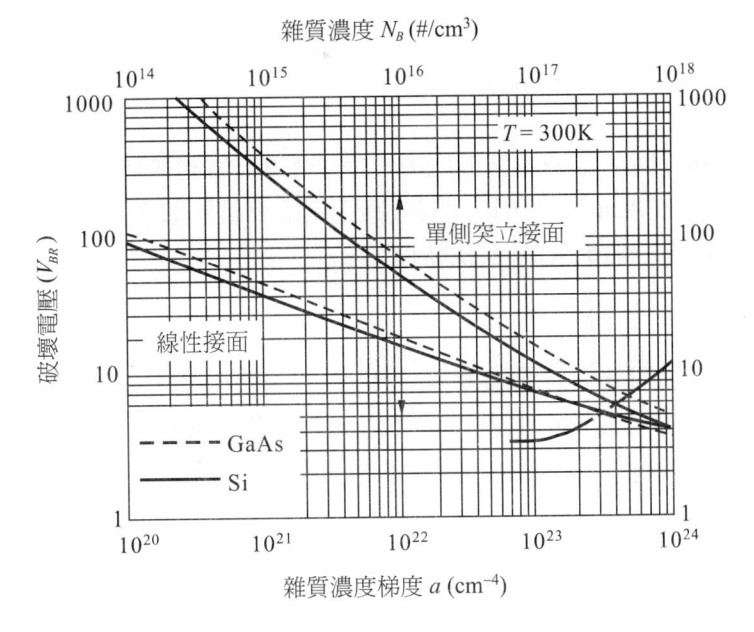

圖 7-13　線性與單側突立接面累崩崩潰電壓 V_{BR} 與雜質濃度的關係

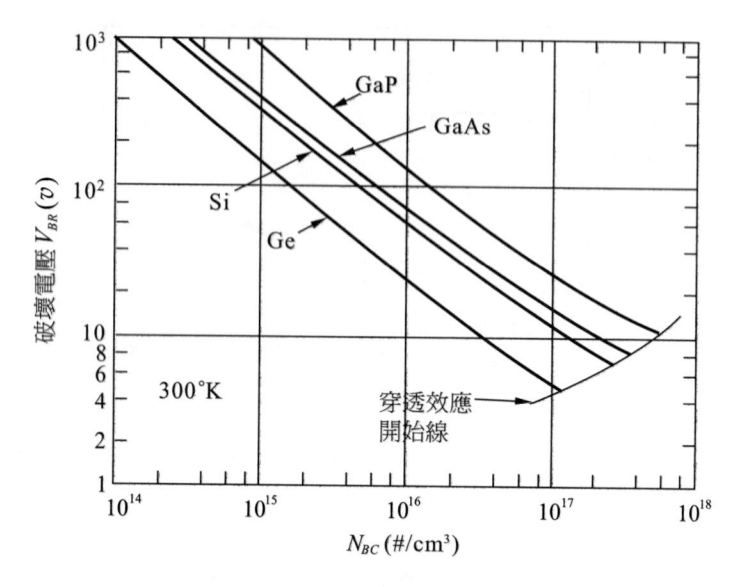

圖 7-14 數種不同材料的 P^+N 二極體累崩崩潰電壓隨背景濃度的變化情形 [1]

3×10^{17} (#/cm³) 時大都發生累崩崩潰，崩潰電壓 V_{BR} 也高於 6 伏特以上，如果 $N_B > 3 \times 10^{17}$ (#/cm³) 後，以穿透效應而生的齊納崩潰開始發生，而其崩潰電壓 V_{BR} 較小，一般都低於 6 伏特以下。

7-4-2 齊納崩潰

由上述討論可知當雜質濃度 N_B 很低而逆偏壓 V_R 值很高時會發生累崩崩潰；當摻入濃度 N_B 很高，但逆偏電壓 V_R 不很大時，載體很可能會穿透薄的障壁，而造成齊納崩潰。以下是利用量子的穿透效應（參考 1-6 節）來討論齊納崩潰的物理現象。

PN 接面在逆向偏壓時之能階繪於如圖 7-15。

圖 7-15(a) 中可知，當價電子所面臨的障壁很薄 (d_B 很小) 時 (參考第一章圖 1-18)，可能會有大量的價電子穿透此位能障壁達到 N 側，形成很大的逆向飽和電流通過導致接面的崩潰。價電子所面臨的障壁厚度要很小的話，空間電荷區厚度 W_{SCR} 必須很薄 ($d_B \leq W_{SCR}$)，因為

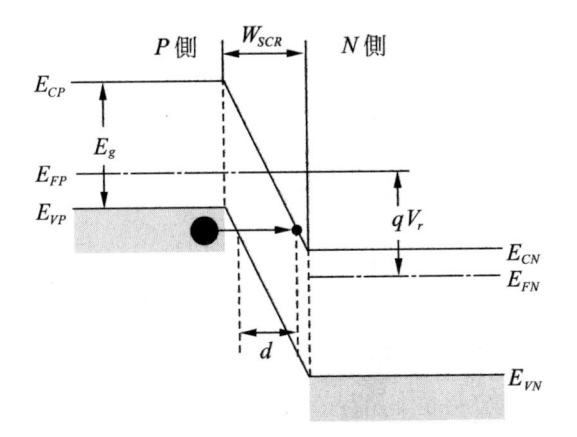

(a) 逆向 PN 接面的能階圖

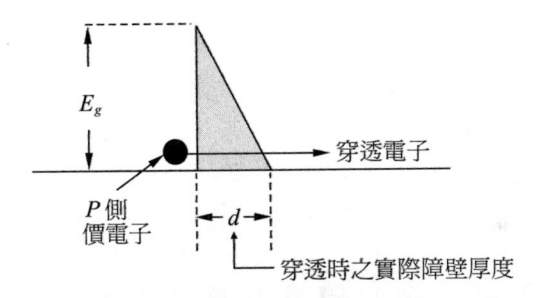

(b) 價電子面對的位能障壁

圖 7-15　PN 接面的齊納崩潰現象

$$W_{SCR} \simeq \sqrt{\frac{2\epsilon_s(V_0+V_R)}{q}\left(\frac{1}{N_A}+\frac{1}{N_D}\right)} \quad \text{（步階式接面）}$$

唯有 V_R 偏壓很小，而且雜質濃度 N_A 及 N_D 很高時，才能保證位能障壁很薄，如此，才會有穿透效應的齊納崩潰發生。

7-5　二極體電容與其暫態分析

本節要討論的主題是二極體在順、逆向偏壓時所存在的二極體內部電容，以及二極體在線路交換時所呈現的暫態變化的分析。

7-5-1　擴散電容

當二極體在順向偏壓時，少數載體注入對面的中性區後，其所儲存的電荷對電壓改變產生的電容叫做擴散電容；以 QNN 準中性區為例，擴散電容定義為 $C_D = (dQ_P/dV)|_{V>0}$，由 (7-38) 式得

$$C_D = \frac{q^2 A L_P p_{n_0}}{KT} e^{qV/KT} \qquad (7\text{-}53)$$

假如 P 側所儲存的 Q_n 也相當多，則由 Q_n 所提供產生的擴散電容也必須計算在內；在 P^+N 單側突立接面的情況，因為 $Q_P \gg Q_n$ 只考慮 Q_P 所產生的電容 C_D 即可。

PN 接面於順向偏壓時，其內部等效二極體電導 (Diode conductance) g_D 也是二極體特性分析必須加以考慮的重要參數

$$g_D \equiv (dI/dV)$$

$$g_D = \frac{dI}{dV} = \frac{qI_0}{KT} e^{qV/KT} = \frac{q}{KT}(I + I_0) \qquad (7\text{-}54)$$

7-5-2　空乏電容、變容體及雜質濃度剖析

PN 接面在逆向偏壓時，因為外加電壓的改變 dV，使得空間電荷區內有著相對的電荷改變 dQ，因此而產生的電容叫做「**空乏電容**」(Depletion capacitance) 或叫做「**接面電容**」(Junction capacitance; C_j)。

參考圖 7-16，逆偏的 PN 接面兩側電壓改變了 dV 後，出現在空間電荷區兩側的電場也會隨著改變 $d\varepsilon$，由**伯桑方程式** (Poisson's equation) 可得

$$\frac{d\varepsilon}{dx} = \frac{\rho}{\epsilon_s}，即 d\varepsilon = \frac{1}{A}\frac{dQ}{\epsilon_s} \qquad (7\text{-}55)$$

(7-55) 式得知電場 $d\varepsilon$ 的變化，也一定會使得空間電荷區內的電荷量隨之改變 dQ，反之亦然。從圖 7-16 中可知，它會在 N 側及 P 側的空間電荷區邊界附近感應電荷 dQ，但在接面兩側仍應維持**電荷中性原則** (Charge neutrality)；此時的接面電容定義為

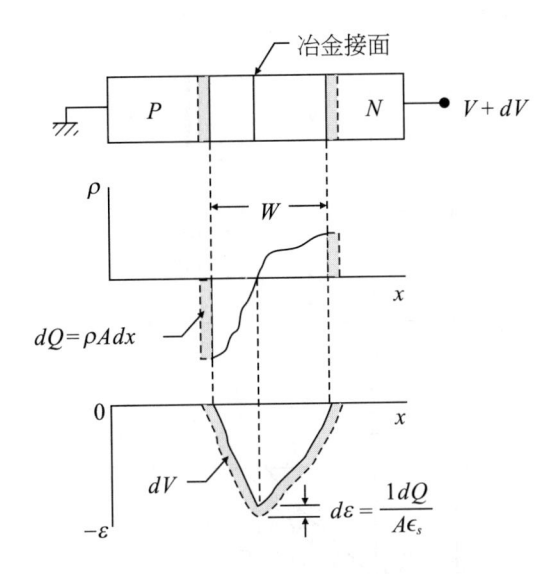

圖 7-16　具有不定雜質分布的 PN 接面在逆向偏壓下的情形。
（灰色區為偏壓變動 dV 時，所引起的 dQ 及 $d\varepsilon$ 改變）

$$C_j \equiv \left.\frac{dQ}{dV}\right|_{V<0} = \frac{dQ}{Wd\varepsilon} = \frac{dQ}{W\left(\dfrac{dQ}{A\epsilon_s}\right)} = \frac{\epsilon_s A}{W} \tag{7-56}$$

由 (7-56) 式可知此時之接面電容之大小正如同壹個平行板電容器，其距離為 W，截面積為 A，而介電係數為 ϵ_s。

對於一 P^+N 單側突立接面，其電荷密度 $\rho(x)$ 與電場 $\varepsilon(x)$ 因外加 dV 改變而起的變化情形可參考圖 7-17。由 7-2 節知

$$C_j = \frac{\epsilon_s A}{W} = A\left[\frac{q\epsilon_s N_B}{2(V_0 - V)}\right]^{1/2} = A\left[\frac{q\epsilon_s N_B}{2(V_0 + V_R)}\right]^{1/2} \tag{7-57}$$

由 (7-57) 式，可得

$$\frac{1}{C_j^2} = \frac{2(V_0 + V_R)}{q\epsilon_s N_B A^2} \tag{7-58}$$

繪製 C_j^{-2} 對 V_R 的 C-V 特性曲線，我們可以從水平截距求得接面的內建電位 V_0，從直線的斜率，可以計算出背景濃度 N_B（請參考圖 7-18）。

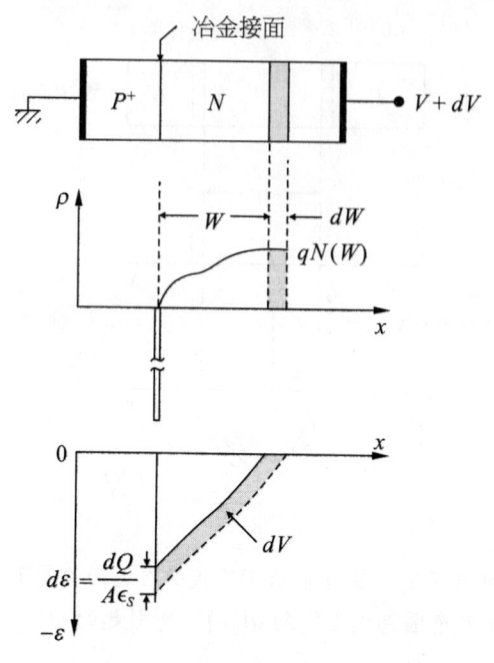

圖 7-17　單側突立 P^+N 接面在逆向偏壓改變 dV 時的變動情形

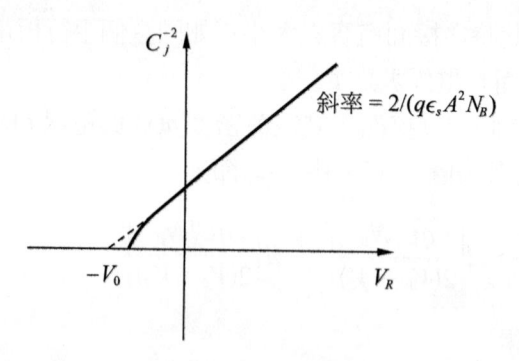

圖 7-18　P^+N 接面的 C-V 描繪（C-V plot）V_R 為逆向偏壓大小

第七章　PN 接面　291

　　如果係線性接面，必須繪製 C_j^{-3} 對 V_R 的 C-V 特性曲線方可求得 V_0 及 N_B 的大小。

　　C-V 特性曲線也可以用來分析不定的雜質分布情形。假如有一 P^+N 接面其 N 側的背景濃度分布如圖 7-17(b)，此時外加的電壓變化 dV 為

$$dV \simeq Wd\varepsilon = W\left(\frac{dQ}{A\epsilon_s}\right) = \left(\frac{qAN(W)\,dW}{A\epsilon_s}\right)W = \frac{qN(W)\,d(W^2)}{2\epsilon_s}$$

$$\therefore N(W) = \frac{2}{q\epsilon_s A^2} \frac{1}{d(C_j^{-2})/dV} \tag{7-59}$$

（7-59）式化簡時曾採取了 $W = \dfrac{A\epsilon_s}{C_j}$ 的關係。我們可以測量接面電容與逆向偏壓的大小，繪製 C_j^{-2} 對 V 的圖形後，由此曲線的斜率（即 $d(C_j^{-2})/dV$）求出 $N(W)$ 的大小；同時也可獲得該偏壓下的 W 值，經過一連串的計算後，即可獲悉 $N(W)$ 對 W 的變化情形，此種技術叫做「**雜質剖析**」（Impurity profiling）。以 C-V 法測量雜質分布的技術在研究半導體時扮演非常重要的角色。綜合而論，逆向的 PN 接面電容可寫為下列型式，即

$$C_j = C_0(V_0 + V_R)^{-n} \tag{7-60}$$

此處　$n = 1/2$ 步階式接面；$n = 1/3$ 線性接面；$C_0 =$ 電容比例係數

　　如果逆偏的二極體電容與電感串聯形成一諧振電路，則可以藉著改變 V_R 而達到控制電路的諧振頻率之目的，此種電容叫做**變容體**（Varactor）；此時電路之諧振頻率 ω_0 為

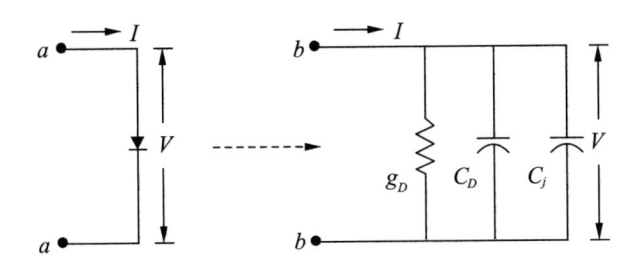

圖 7-19　PN 二極體的等效電路

$$\omega_0 = \frac{1}{\sqrt{LC}} = \frac{(V_0 + V_R)^{n/2}}{\sqrt{LC_0}} \qquad (7\text{-}61)$$

假如忽略二極體的內部串聯電阻，只考慮電導 g_D，電容 C_D 及 C_j 的話，二極體的等效電路可繪如圖 7-19 所示。

7-5-3　二極體暫態分析

二極體啟動及關斷的暫態可分別敘述於後：

1. 啟動的暫態現象

圖 7-20 是二極體啟動的暫態分析圖。P^+N 二極體在 $t = 0$ 後被一定電流電源 I_F 驅動。利用電荷控制模式 (Charge Control Model) 來分析在 N 側的少數載體 (電洞) Q_P 的變化，此時

$$\frac{dQ_P(t)}{dt} = I_F - \frac{Q_P(t)}{\tau_P} \qquad (7\text{-}62)$$

即電洞的注入率是電流源 I_F 減去平均的電洞復合率 Q_P/τ_P。(7-62) 式的解為

$$Q_P(t) = \tau_P I_F (1 - e^{-t/\tau_P}) \qquad (7\text{-}63)$$

可見二極體啟動一段時間後 ($t \gg 0$)，電洞注入量會達到 $Q_P(\infty) = I_F \tau_P$ 這個常數。假如它是一種「長基地式二極體」，則超額電洞濃度可表示為

$$\delta p(x_n, t) = P_{n_0}(e^{qv_D(t)/KT} - 1) \, e^{-x_n/L_p}$$

因此，

$$Q_P(t) = \int_0^\infty \delta p(x_n, t) A dx_n = qAP_{n_0} L_p (e^{qv_D(t)/KT} - 1)$$
$$\equiv \tau_P I_F (1 - e^{-t/\tau_P}) \qquad (7\text{-}64)$$

解 (7-64) 式，可得二極體電壓 v_D 的時間響應為

$$v_D(t) \simeq \frac{KT}{q} \ln \left[1 + \frac{\tau_P I_F}{qAP_n L_p} (1 - e^{-t/\tau_P}) \right] \qquad (7\text{-}65)$$

(7-65) 式圖示於 7-20(c)，知道當 $t \gg \tau_P$ 後，電壓響應會近於一定值 V_A。

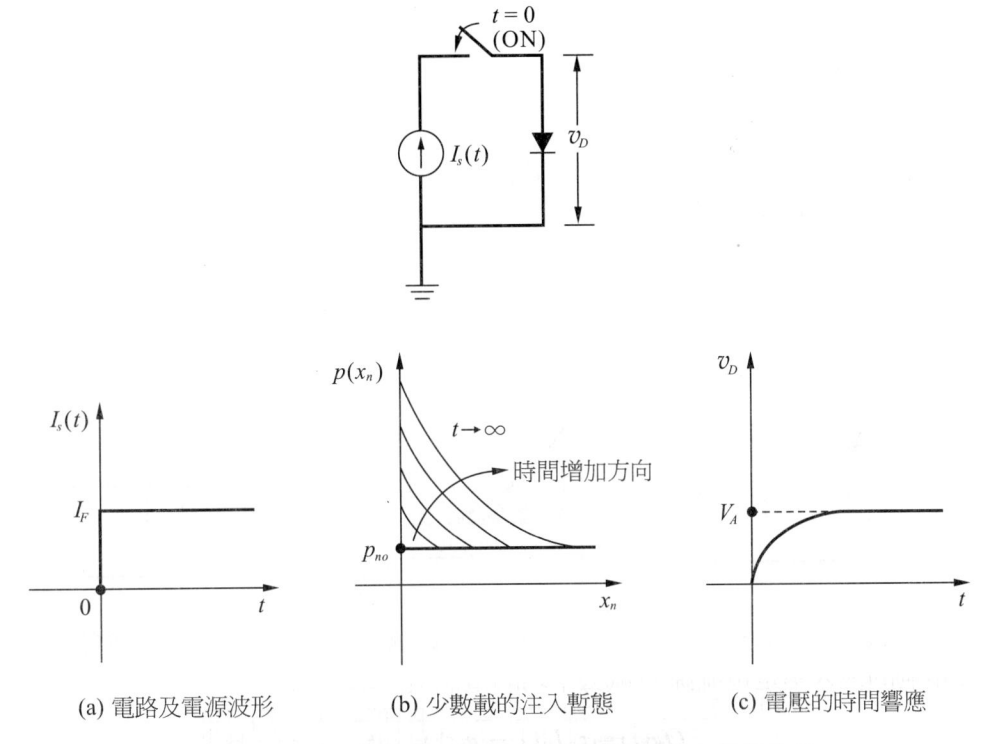

圖 7-20　P^+N 單側突立接面的二極體啟動時之暫態分析

2. 關斷的暫態分析

圖 7-21 是一個長基地式 PN 二極體關斷的暫態分析圖。仍如第 1 部分，電洞電荷的變化以「電荷控制模式」可寫為：

$$\frac{dQ_P(t)}{dt} = -I_R - \frac{Q_P(t)}{\tau_P} \tag{7-66}$$

因為 $t<0$ 時，二極體仍係順向偏壓的情況。$t=0^+$ 時電壓源由 V_F 降為逆向偏壓的 $(-V_R)$，因此 (7-62) 式的 I_F 必須改為 $(-I_R)$；此外 $Q_P(0)$ 即為二極體穩態時所儲存的 Q_P 值，此時

$$Q_P(0) = \tau_P I_F$$

利用這個起始條件，(7-66) 式的解為

$$Q_P(t) = \tau_P \left[-I_R + (I_F + I_R) e^{-t/\tau_P} \right] \tag{7-67}$$

(a) 電路及電壓波形

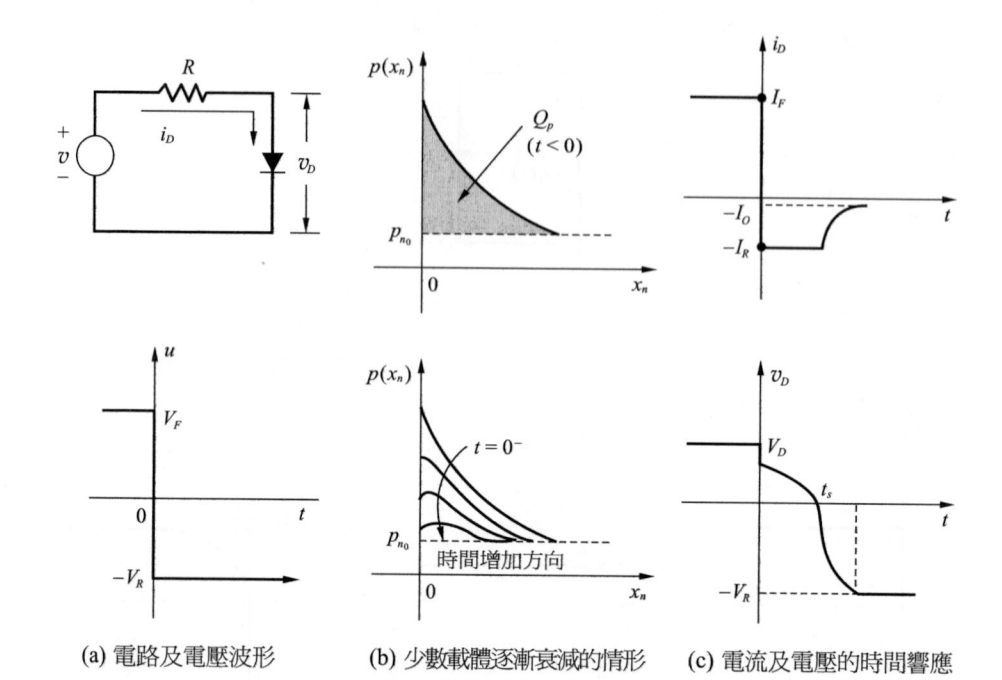

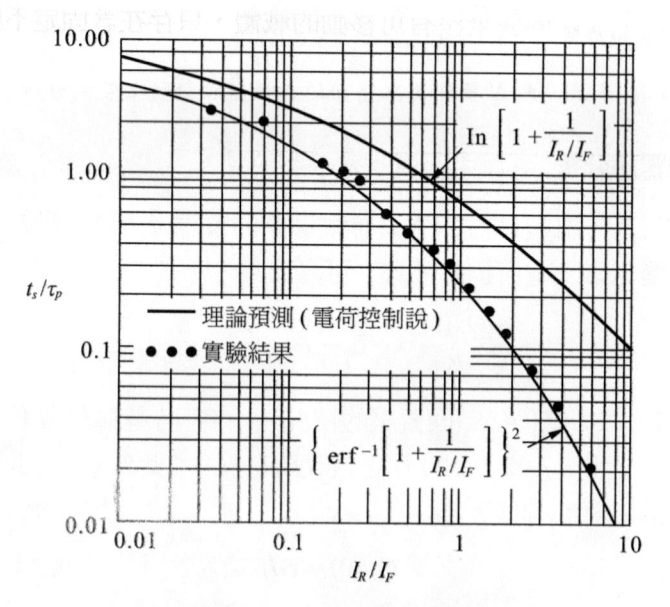

(b) 少數載體逐漸衰減的情形

(c) 電流及電壓的時間響應

(d) 二極體關斷時，少數載體儲存時間 t_s 的變化

圖 7-21　長基地式 P^+N 二極體關斷的暫態分析
　　　　　(I_o：飽和電流，$V_D = V_F(\dfrac{r_D}{R+r_D})$，$r_D$ 為二極體動態電阻)

假設 Q_P 衰減至零所費時間為 t_s，亦即 $Q_P(t_s)=0$；由（7-67）式可得

$$t_s = \tau_P \ln(1 + I_F/I_R) \qquad (7\text{-}68)$$

換言之，於 $t=0$ 加入逆向偏壓 V_R 後，經過 t_s 的時間，二極體內 QNN 區域的超額電洞會完全移走，而使得 $\delta p(x_n) \simeq 0$ 及 $Q_P \simeq 0$；待 Q_P 完全被移除後，二極體電流終於由負 I_R 漸變為零，此時二極體兩端所出現的電壓也變為 $(-V_R)$，如圖 7-21(c) 所示。圖 7-21(d) 是 t_s 隨 (I_F/I_R) 的變化關係。

7-6 理想與實際的二極體

基於前述各種假設，二極體 I-V 的方程式（長基地式）如（7-35）式所列可繪如圖 7-22。

上述理想二極體電流-電壓方程式的導出，是基於下列假設：

1. 「空乏近似」（Depletion approximation）

   假設空間電荷區內完全沒有可移動的載體，只存在著固定不動的空間電荷。

2. 「準中性近似」（Quasi neutral approximation）

   假設除空間電荷區（SCR）以外至 P、N 兩側的歐姆接觸間都是**準中性區**

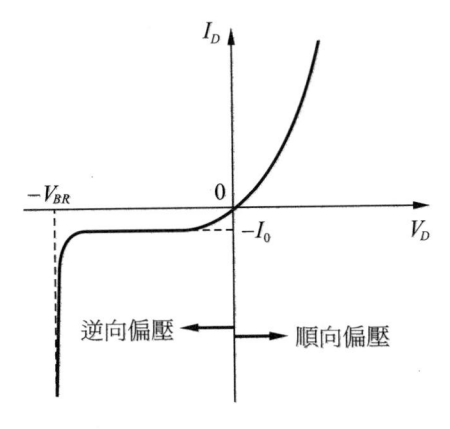

圖 7-22　理想二極體的 I-V 特性曲線

（Quasi neutral region; QNR）。在此準中性區內，沒有電場存在，因此，外加偏壓會全部加於空間電荷區兩側，而忽略了準中性區內的**電阻性壓降**（Ohmic drop），所以在準中性區內只考慮擴散電流分量。

3. **低階注入**（Low-level injection）

   假設任何時刻，超額少數載體的濃度都遠低於主要載體的平衡濃度。忽略了在大的順向偏壓下的「**大電流效應**」（High-current effect）。

4. **空間電荷區內沒有載體的產生及復合**

   在順向偏壓下，假設 SCR 內沒有載體復合現象；在逆向偏壓下假設 SCR 內沒有載體的產生。

5. **溫度效應**（Temperature effect）

   沒有考慮元件工作溫度的效應。事實上，不論何種偏壓型式，擴散、復合及產生的電流分量都與溫度有密切的依存關係。

   我們將於本章最後一節來討論上述因素對二極體特性的影響。首先來討論「空乏近似」的合理性。

7-6-1 空乏近似

圖 7-23 是以步階式接面來討論「**空乏近似**」（Depletion approximation）的現象，假如載體及雜質濃度如圖 7-23(a)，(b) 內的實線漸變化，則空間電荷的濃度或密度會如圖 7-23(c) 般變化，這種電荷分布，使得電場函數（由伯桑方程式）的變化如圖 7-23(d)，其與橫軸所圍的面積即為內建電位 V'_0，V'_0 很可能大於「空乏近似」法所得的內建電位（接觸電位）V_0（當然，如果 $\rho(x)$ 變化，V'_0 也可能小於 V_0）由（7-26）式知，因接觸電位 V_0 值的變化，少數載體的注入濃度也會改變，而終使總二極體電流 I 隨之變化。

以步階式接面而言，圖 7-23(b) 的過渡區寬度與該側之雜質濃度的平方根成反比，因此，如果雜質濃度愈高，過渡區愈窄，使得空間電荷區的電荷分布愈接近「空乏近似」時的假設，如此，電荷漸近分布與步階式的分布之差異就愈少，可予以忽略。

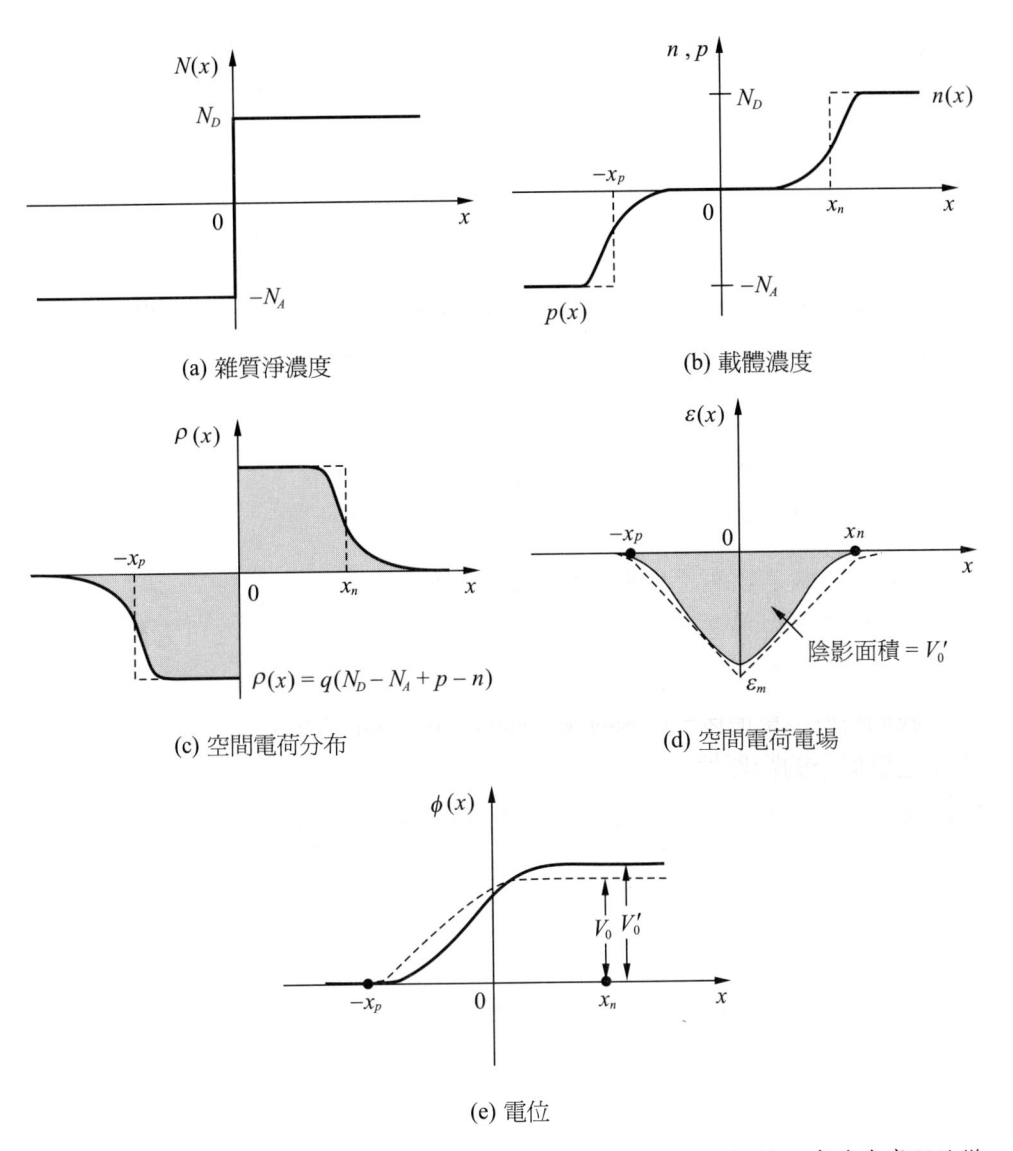

圖 7-23 步階式接面的「空乏近似」分析，虛線為空乏近似的特性，實線為實際的變化曲線

7-6-2 準中性近似與串聯電阻效應

要探討空間電荷區以外的區域究竟是否真的近似中性，必須比較這區域內

的電阻性壓降與所加偏壓的大小關係。影響電阻性壓降的兩大因素是二極體的內電阻及二極體的電流，此處將舉例說明一個典型的二極體在不同的偏壓下，其內部歐姆壓降的大小，然後才能據以判斷「**準中性近似**」（Quasi neutral approximation）有否契合實際情況。

例 7-6

有一矽製 PN 二極體，其雜質濃度 $N_D = 5 \times 10^{15}$ (#/cm³)，$N_A \simeq 5 \times 10^{18}$ (#/cm³)、$W_P \simeq W_N \simeq 3\mu m$，截面積 $A = 10^{-5}$ (cm²)，$\tau_P = \tau_n = 10^{-6}$ 秒於室溫下

$n_i = 1.5 \times 10^{10}$ (#/cm³) $\qquad \mu_n|_{N_t=N_A} = 120$ cm²/V-sec

$\mu_P|_{N_t=N_D} = 500$ cm²/V-sec $\qquad \rho_n|_{N_t=N_D} \doteq 1$ Ω-cm

$\rho_P|_{N_t=N_D} \simeq 0.03$ Ω-cm

(a) 判定它是否為「長基地式二極體」？
(b) 如果順向偏壓 $V_F = 0.65$ 伏特，試求內建電位 V_0、空間電荷區寬度 W_{SCR}、飽和電流、二極體電流，及二極體電阻壓降之大小。
(c) 如果二極體電流分別為 1 mA 及 10 mA，試求此時二極體所加偏壓及電阻壓降的大小。

解 (a) 由愛因斯坦關係式，$D_P = \mu_P \left(\dfrac{KT}{q}\right)$，此時 $\left(\dfrac{KT}{q}\right) \simeq 0.026$ 伏特。

故 $\quad D_P = \mu_P \times 0.026 = 500 \times 0.026 \simeq 13$ cm²/sec
$D_n = \mu_n \times 0.026 = 120 \times 0.026 \simeq 3.1$ cm²/sec

同時可得 $\quad L_P = (D_P \tau_P)^{1/2} = (13 \times 10^{-6})^{1/2} = 3.6 \times 10^{-3}$ cm $= 36 \mu m$
$L_n = (D_n \tau_n)^{1/2} = (3.1 \times 10^{-6})^{1/2} = 1.8 \times 10^{-3}$ cm $= 18 \mu m$

因為 $L_n \gg W_P$ 及 $L_P \gg W_N$，所以此二極體可確定為「短基地式二極體」。

(b) 接觸（內建）電位 $V_0 \equiv \dfrac{KT}{q} \ln \dfrac{N_A N_D}{n_i^2} = 0.026 \ln \dfrac{(5 \times 10^{15} \times 5 \times 10^{18})}{(1.5 \times 10^{10})^2}$
$= 0.84$ 伏特

空間電荷區寬度 $W_{SCR} = \left[\dfrac{2\epsilon_s(V_0 - V_F)}{q}\left(\dfrac{1}{N_A} + \dfrac{1}{N_D}\right)\right]^{1/2}$

$$\simeq \left[\frac{2\epsilon_s}{qN_D}(V_0 - V_F)\right]^{1/2} ; (因 N_D \ll N_A)$$

$$\simeq \left[\frac{2 \times 12 \times 8.86 \times 10^{-14} \times (0.84 - 0.65)}{1.6 \times 10^{-19} \times 5 \times 10^{15}}\right]^{1/2}$$

$$= 0.22 \ \mu m$$

對於短基地式二極體，飽和電流 I_0 為（參考例 7-5）

$$I_0 = qA\left(\frac{D_P}{W_N}p_{n0} + \frac{D_n}{W_P}n_{po}\right)$$

$$= 1.6 \times 10^{-19} \times 10^{-5} \times \left[\frac{13}{3 \times 10^{-4}} \times \frac{2.25 \times 10^{20}}{5 \times 10^{15}} + \frac{3.1}{3 \times 10^{-4}} \times \frac{2.25 \times 10^{20}}{5 \times 10^{8}}\right]$$

$$\simeq 3.1 \times 10^{-15} \ 安培$$

此時之理想二極體電流 I 為

$$I = I_0(e^{qV/KT} - 1) = 3.1 \times 10^{-15}(e^{0.65/0.026} - 1)$$

$$= 3.1 \times 10^{-15} \times 7.2 \times 10^{10} \simeq 2.23 \times 10^{-4} \ 安培$$

電阻壓降 V 為

$$V_\Omega = IR_s = I\left(\rho_n \frac{W_N}{A}\right)$$

$$= 2.23 \times 10^{-4} \times \left(\frac{1 \times 3 \times 10^{-4}}{10^{-5}}\right) \simeq 6.7 \times 10^{-3} \ 伏特$$

此時之外加偏壓 V 為

$$V = 0.65 + 0.007 \simeq 0.66 \ 伏特$$

(c) 由二極體方程式得

$$V = \frac{KT}{q}\ln\left(\frac{I}{I_0} + 1\right)$$

(1) 二極體電流 $I = 1$ mA 時

$$V_F = 0.026 \ln\left(\frac{10^{-3}}{3.1 \times 10^{-15}} + 1\right)$$

$$= 0.026 \ln(3.22 \times 10^{11}) = 0.69 \ 伏特$$

$$V_\Omega = IR_s = (10^{-3})\left(\frac{1\times 3\times 10^{-4}}{10^{-5}}\right) = 3\times 10^{-2} \text{ 伏特}$$

此時之外加偏壓為 $V = 0.69 + 0.03 \simeq 0.72$ V

(2) 二極體電流 $I = 10$ mA 時

$$V_F = 0.026 \ln\left(\frac{10^{-2}}{3.1\times 10^{-15}} + 1\right)$$

$$= 0.026 \ln(3.22\times 10^{12}) = 0.75 \text{ 伏特}$$

$$V_\Omega = IR_s = (10^{-2})\left(\frac{1\times 3\times 10^{-4}}{10^{-5}}\right) = 0.3 \text{ 伏特}$$

此時之外加偏壓為 $V = 0.75 + 0.3 = 1.05$ V

　　(b) 及 (c) 部分中，假設 V_F 完全出現在空乏區兩端。由例 7-5 知，電流在小或中等幅度時，其二極體電阻壓降與外加電壓 V 比較都可忽略不計，意指外加偏壓加上後，幾乎全部出現在空間電荷區兩側，在空間電荷區以外的區域之內電阻壓降皆可忽略不計，此時「準中性近似」的假設確實符合實際；但如果電流幅度增加為高電流 (如本例中的 10 mA 電流) 在具有較大串聯電阻的情況，電阻性壓降 V_Ω 即不能忽略，使得空間電荷區外有電場存在，能階也呈現梯度的分布，此時考慮了串聯電阻 R_s 後，二極體等效電路圖 7-19 變為圖 7-24。

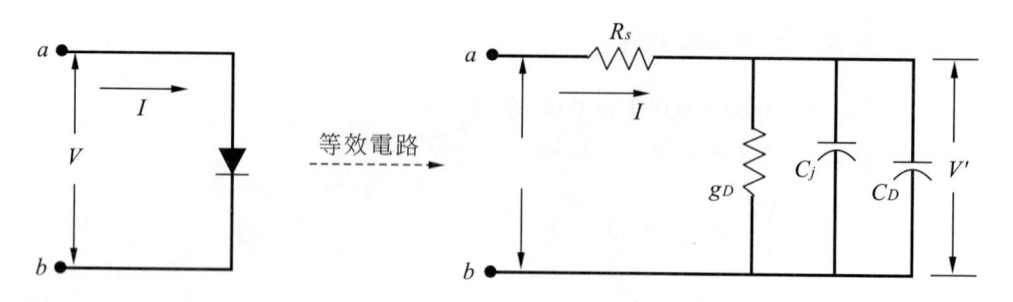

圖 7-24　考慮串聯電阻 R_s 的二極體等效電路

第七章　PN 接面　301

當電阻壓降增大而不能忽略時，外加電壓 V 必須扣除電阻壓降 IR_s 後才是呈現於空間電荷區兩側的電壓，此時二極體電流必須修正為

$$I \simeq I_0 \left[\text{Exp}\left(\frac{qV'}{KT}\right) - 1 \right] \simeq I_0 \, \text{Exp}\left[\frac{q(V - IR_s)}{KT}\right] = \frac{I_0 e^{qV/KT}}{e^{q(IR_s)/KT}} \qquad (7\text{-}69)$$

由 (7-69) 式可知，理想的二極體 (擴散) 電流被縮減至原來的 $\text{Exp}(-qIR_s/KT)$ 倍。

7-6-3　低階注入與大電流效應

所謂的「**低階注入**」(Low-level injection) 假設，曾經在以前的不同章節中重複出現多次，意指超額的少數載體濃度遠低於多數載體的平衡濃度之謂，它使得在不平衡的偏壓情況下，其主要載體的濃度不會有明顯的百分比變化。理想的二極體方程式是基於低階注入的假設，而導出在空間電荷區與準中性區邊界處的超額載體濃度有 (7-30) 式及 (7-31) 式的結果，即

$$\Delta p_n |_{x_n = 0} = p_{n_0} (e^{qV/KT} - 1)$$
$$\Delta n_p |_{x_p = 0} = n_{p_0} (e^{qV/KT} - 1)$$

上兩式中的 p_{n_0} 及 n_{p_0} 為少數載體平衡時的濃度，一般在低階的情況它是多數載體濃度的 $10^{-10} \sim 10^{-16}$ 倍，如果偏壓 V 值很大，使得 ($e^{qV/KT}$) 值為 $10^{+10} \sim 10^{+16}$，則「低階注入」的假設就不符合實際情況，必須予以修正。我們可以很容易得知，在任何注入情況下

$$p_n(x_n) n_n(x_n) = (p_{n_0} e^{qV/KT}) n_n = n_i^2 e^{qV/KT} \qquad (n_n \simeq N_D) \qquad (7\text{-}70)$$

當 V 值很大時，二極體的順向注入接近或超過「高階注入」的起點 (onset)，即 $p_n(x_n) \simeq n_n(x_n)$，此時可得

$$p_n(x_n) = n_i \, \text{Exp}\,(qV/2KT) \qquad (7\text{-}71)$$

利用 (7-71) 式的邊界條件，可求出二極體在大偏壓、大電流的情況下，電流會隨 $\text{Exp}(qV/2KT)$ 的因素而作較緩變化，此種效應叫做「**大電流效應**」(High-current effect)。

7-6-4　空間電荷區電流

分析理想二極體時，空間電荷區只被視為主要載體濃度的障壁區域，也利用它的邊界建立少數載體的注入濃度大小；對於大多數二極體，尤其是矽製 PN

接面，必須考慮空間電荷區電流，因此 I-V 特性曲線自須加以適度的修正。

典型的空間電荷區寬度約為 $10^{-4} \sim 10^{-5}$ 公分，它也會像準中性區般進行載體的產生與復合。在順向偏壓時，注入載體通過此區域（SCR）時會因復合而有一部分消失；在逆向偏壓時，載體於空間電荷區內會產生額外電流，其絕對值比飽和電流 I_0 還大。

要探討載體在空間電荷區內復合與產生的現象，我們必須回顧第五章所介紹的 SRH 理論（Schockley, Read and Hall theory）。為了使問題簡單化，假設 $\sigma_p = \sigma_n = \sigma$，$\tau_0 = (N_t \sigma v_{th})^{-1}$ 並利用（7-70）式的 pn 乘積關係，（5-73）式的載體復合率 U 可變為

$$U = \frac{n_i^2(e^{qV/KT} - 1)}{\tau_0 \left[p + n + 2n_i \cosh\left(\dfrac{E_t - E_i}{KT}\right) \right]} \quad (7\text{-}72)$$

因為最有效的載體復合中心位於 $E_t \simeq E_i$ 附近，如果只考慮在此位階的缺陷中心之復合

$$U \simeq U_{\max} = \frac{n_i^2(e^{qV/KT} - 1)}{\tau_0(p + n + 2n_i)} \quad (7\text{-}73)$$

（7-73）式中知，當偏壓 V 改變，會使得 pn 及 U 值隨之變動；最大的 U 值發生在 $(p + n)$ 值達到最小時，由（7-70）式可知 pn 為某一常數，欲求 $d(p + n) = 0$，必須

$$dp = -d(n) = -d\left(\frac{pn}{p}\right) = +\left(\frac{pn}{p^2}\right)dp \quad (7\text{-}74)$$

即
$$p = n \quad (7\text{-}75)$$

（7-75）式可導得 $U = U_{\max}$ 時，$p = n = n_i e^{qV/2KT}$，因此（7-73）式變成

$$U \simeq \frac{n_i^2(e^{qV/KT} - 1)}{\tau_0 \times 2n_i(e^{qV/2KT} + 1)} = \frac{n_i(e^{qV/KT} - 1)}{2\tau_0(e^{qV/2KT} + 1)} \quad (7\text{-}76)$$

當 $V \gg V_T \equiv \dfrac{KT}{q}$ 時

$$U \simeq \frac{n_i}{2\tau_0} e^{+qV/2KT} \quad (7\text{-}77)$$

此時在空間電荷區內的復合電流 I_R 為

$$I_R \simeq \int_0^W qU(Adx) = \frac{qAWn_i}{2\tau_0} e^{qV/2KT} \qquad (7\text{-}78)$$

因此，順向的總電流 I_F 為

$$I_F \simeq qA\left[\frac{D_P n_i^2}{L_P N_D} e^{qV/KT} + \frac{Wn_i}{2\tau_0} e^{qV/2KT}\right]_{N_A \gg N_D} \qquad (7\text{-}79a)$$

$$\simeq \text{Exp}\left(\frac{qV}{\eta KT}\right) \qquad (7\text{-}79b)$$

此處 η 稱為「**二極體理想因素**」（Diode ideality factor）。(7-79a) 式中，忽略了很小的漂移分量；(7-79b) 式中，如果擴散電流遠大於復合電流 I_R，$\eta \simeq 1$，反之 $\eta = 2$。如果二者不分軒輊，$1 \leq \eta \leq 2$。一般在較低的偏壓值 V_F 值，$\eta \simeq 2$，即復合電流會較擴散分量為大。這是矽製二極體的估計值，對於其他材料製成的二極體，η 值可能更高。

其次，要討論的是逆向偏壓時的**載體產生電流**（Carrier generation current）。由圖 7-10 知，$p \ll n_i$，$n \ll n_i$，而 $pn \ll n_i^2$，此時 U 為負值，由 (7-72) 式知，載體的產生率 G 為

$$G \equiv -U$$

$$\simeq \frac{n_i}{2\tau_0 \cosh\left(\frac{E_t - E_i}{KT}\right)} \simeq \frac{n_i}{2\tau_0}\bigg|_{E_t \simeq E_i} \qquad (7\text{-}80)$$

此時之載體產生電流 I_G 為

$$I_G \simeq \int_0^W qG(A\,dx) = \frac{qAn_iW}{2\tau_0} \qquad (7\text{-}81)$$

因此，逆向的總電流 I_{Rev} 為

$$I_{Rev} \simeq qA\left[\frac{Wn_i}{2\tau_0} + \frac{D_P n_i^2}{L_P N_D}\right]_{N_A \gg N_D} \qquad (7\text{-}82)$$

於 (7-82) 式可以發現，如果半導體之本質濃度 n_i 很高（如鍺），載體發生電

流可予以忽略，其 $I_{Rev} \simeq I_0$；如果 n_i 值較低，(如矽或砷化鎵)，其 $I_{Rev} \simeq I_G$，此時載體產生電流會是主要的逆向電流分量。

7-6-5 溫度效應

不論是順向抑或是在逆向偏壓的情況，二極體的工作溫度都會深遠的影響著電流的起伏，就以 D 部分分析的結果來討論一下溫度的影響：

於順向偏壓時，P^+N 接面內擴散電流 I_{diff} 與載體復合電流 I_R 的比值為

$$\frac{I_{diff}}{I_R} \simeq \frac{2\tau_0}{WN_D}\left(\frac{D_P}{L_P}\right) n_i \operatorname{Exp}(qV/2KT) \tag{7-83}$$

因為 (D_P/L_P) 對溫度的變化較不靈敏，在某一定偏壓下，溫度上升，n_i 增大，擴散電流比復合電流愈形重要，也使它的實際特性接近理想的 I-V 關係，如 (7-35) 式所預測。

於逆向偏壓時，P^+N 接面的 I_{diff} 可以忽略，漂移電流 I_{drift} [4] 與載體產生電流 I_G 的比值為

$$\frac{I_{drift}}{I_G} \simeq \left(\frac{2\tau_0}{WN_D}\right)\left(\frac{D_P}{L_P}\right) n_i \tag{7-84}$$

可見溫度愈高，n_i 值愈大，飄移電流 I_{drift} 愈增，使得飽和電流 I_0 值愈大，如果接面溫度無法有效移除，會使 I_0 漸增，不良循環的結果，終致接面崩潰，這種現象稱做「**熱跑脫**」(Thermal run away)。

我們可以進一步的分析二極體電流在溫度改變的變化量；因為飽和電流 I_0 隨 n_i^2 而變，則

$$I_0 \sim n_i^2 \sim T^3 \operatorname{Exp}\left(\frac{-E_{go}}{KT}\right) \tag{7-85}$$

$$\frac{1}{I_0}\frac{dI_0}{dT} = \frac{3}{T} + \frac{E_{go}}{KT^2} \simeq \frac{E_{go}}{KT^2} \tag{7-86}$$

---

[4] 此處所謂的漂移電流，是指受逆向偏壓影響的少數載體電流分量；此電流分量的大小與偏壓絕對值無甚關係，但電流方向卻受到偏壓的極性影響。

(7-85) 式是利用了 4-7 節的關係式而得,其中 E_{go} 是半導體在 0°K 時的能帶間隙;一般而言,在 (7-85) 式中 ($3/T$) 項與另一項比較可予以忽略。(7-35) 式可得

$$\left.\frac{dI}{dT}\right|_{V=\text{常數}} = I(\frac{1}{I_0}\frac{dI_0}{dT} - \frac{V}{TV_T}), \text{ 此處 } V_T \equiv \frac{KT}{q} \qquad (7\text{-}87)$$

(7-86) 式與 (7-87) 式化簡後可得

$$\frac{1}{I}\frac{dI}{dT} = \frac{E_{go} - qV}{KT^2} \qquad (7\text{-}88)$$

對於矽製二極體 $E_{go} \simeq 1.17$ eV,如果偏壓 $V \simeq 0.6$ 伏特,可計算出約每增 10℃,電流即增為原值之兩倍;如果接面溫度無法利用良好的**散熱裝置**(Heat sink) 予以降低,電流倍增的速率是多麼的迅速!

因為空間電荷區寬度變窄而增加的**穿透電流**(Tunneling current),將留置於本書末段介紹「**隧道二極體**」(Tunnel diode) 時再詳細敘述。除了上述因

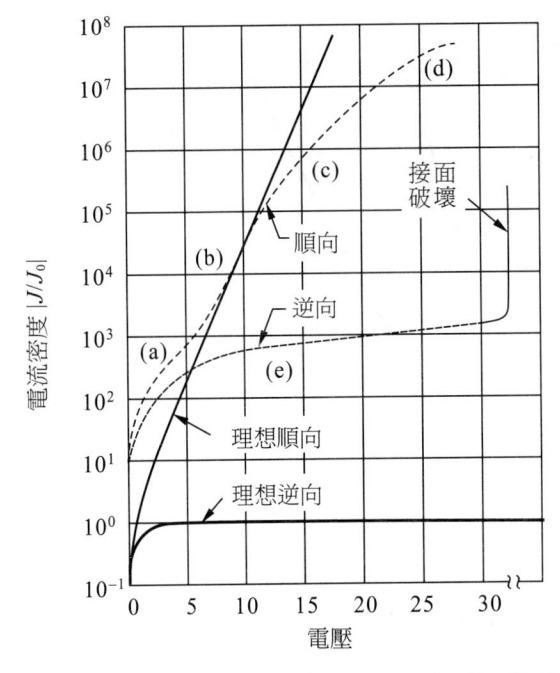

圖 7-25 實際的矽二極體之電流-電壓特性 [2]

註:
(a) 空間電荷電流區
(b) 擴散電流區
(c) 高階注入區
(d) 受 R_s 影響區
(e) 載體產生電流區

素外，影響二極體電流的另一變數是**表面效應**(Surface effect)；如果 PN 接面附近的表面受到金屬離子等污染，或者 P、N 兩側表面蒸鍍電阻接觸前沒有做好適當的表面處理，都可能使得接面附近的空間電荷分布改變或使得電阻接觸有異常的表面復合現象(請參考 5-7 節)，致使表面漏電流增大、電流變動或 η 值改變。

圖 7-25 是以矽製 PN 二極體為例，比較理想與實際的二極體間的詳細差異；於該圖中，讀者可發現空間電荷電流區，擴散電流區，高階注入區及串聯電阻影響區域的範圍，而可以印證前述所介紹的各因素之影響情形。

圖 7-26 是矽及砷化鎵製的實際 PN 二極體順向電流 I_F 與偏壓的變化情形，其中 η 為前已提及之**二極體理想因素**(Diode Ideality factor)。

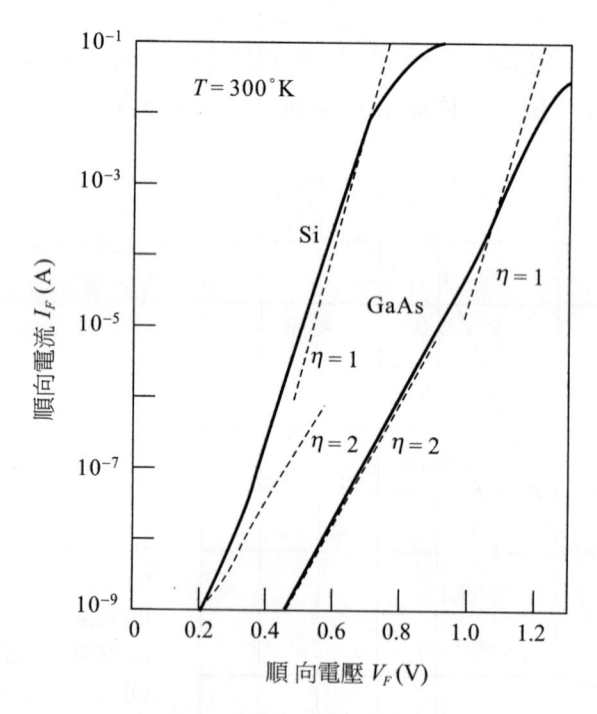

圖 7-26　矽與砷化鎵 PN 二極體的順向特性比較 [3]
　　　　（η 為二極體理想因素）

7-7 異質接面

半導體元件並非完全由均勻結構組成；為了元件特性的需求，有時候必須將兩種不同能隙及晶格常數的材料製成所謂的「**異質接面**」(Heterojunctions)，通常是利用磊晶技術來實現它。異質接面在電子及光電元件方面扮演著日益重要的角色，譬如說，在雷射二極體方面，異質接面的形成侷限了載體的活動及光場的範圍；在「**異質接面電晶體**」(HBT) 方面 (詳 8-7 節)，異質接面顯著改善了射極注入效率及電晶體的電流增益。異質接面形成的二維量子井結構，使得接面附近的載體通道內，載體之散射受到有效地抑制，使載體有更佳的傳輸特性。

7-7-1 異質接面的形成

假設寬能隙的 N 及 P 區域分別用大寫的「N」及「P」代表，而窄能隙的 n 及 p 區域則用小寫的「n」及「p」代表，圖 7-27 是 n-N 接面在未接觸前的能階關係。

圖 7-28 是前述 n-N 區域形成接面後在熱平衡 ($V_a = 0$) 時的能帶圖，由於電子位能在接面附近的變化，在接面的右側空乏區呈現出電子空乏。而在此異質接面的左側 (n) 空乏區則有電子聚集的現象。因為在接面處有明顯的能隙落差 ($\Delta E_g = E_{g2} - E_{g1}$)，使得它在導電帶及價電帶都會呈現不同幅度的不連續 (即 ΔE_C 及 ΔE_V) 情形，下表是文獻記載 E_C 及 ΔE_C 的細節 [9]：

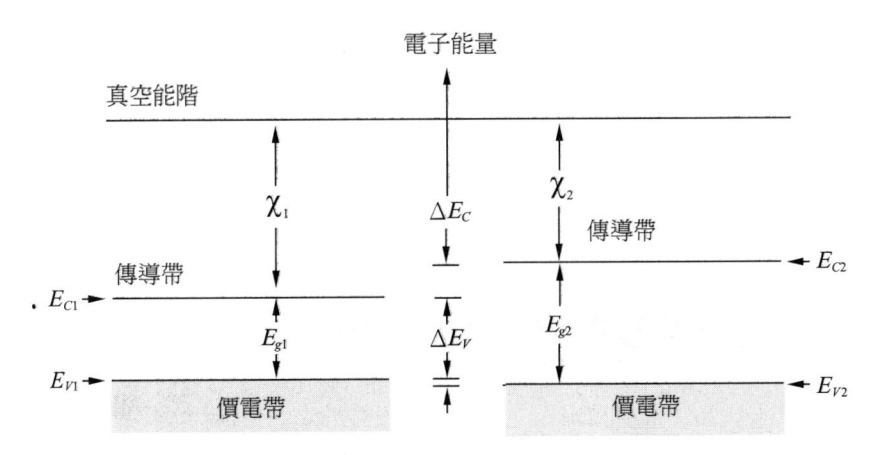

圖 7-27 熱平衡狀態，兩個獨立的半導體能階分布

表 7-2　三種異質接面能帶不連續的情形

異質接面種類	能帶不連續情形
GaAs/AlGaAs	$\Delta E_C = (0.67 \pm 0.01)\Delta E_g$，$\Delta E_V = (0.33 \pm 0.01)\Delta E_g$
InP / InGaAsP	$\Delta E_C = (0.39 \pm 0.01)\Delta E_g$，$\Delta E_V = (0.61 \pm 0.01)\Delta E_g$
InP / InGaAlAs	$\Delta E_C = (0.72 \pm 0.07)\Delta E_g$，$\Delta E_V = (0.28 \pm 0.07)\Delta E_g$

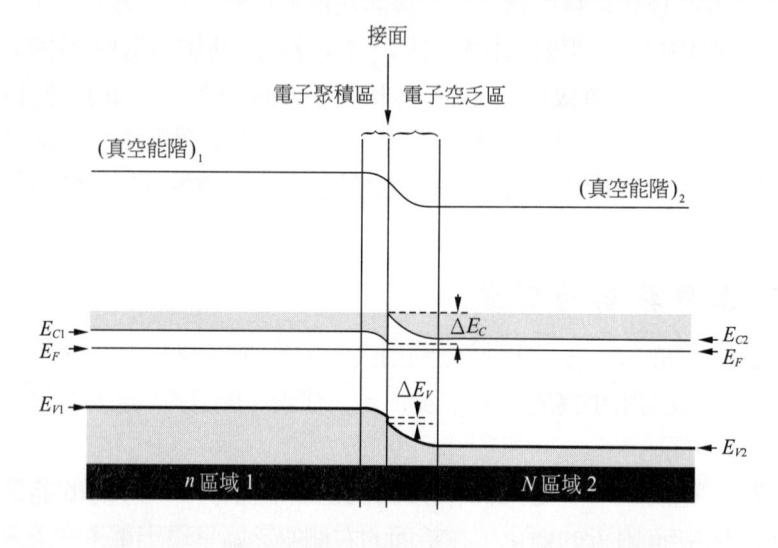

圖 7-28　n-N 異質接面在熱平衡狀態下的能階圖

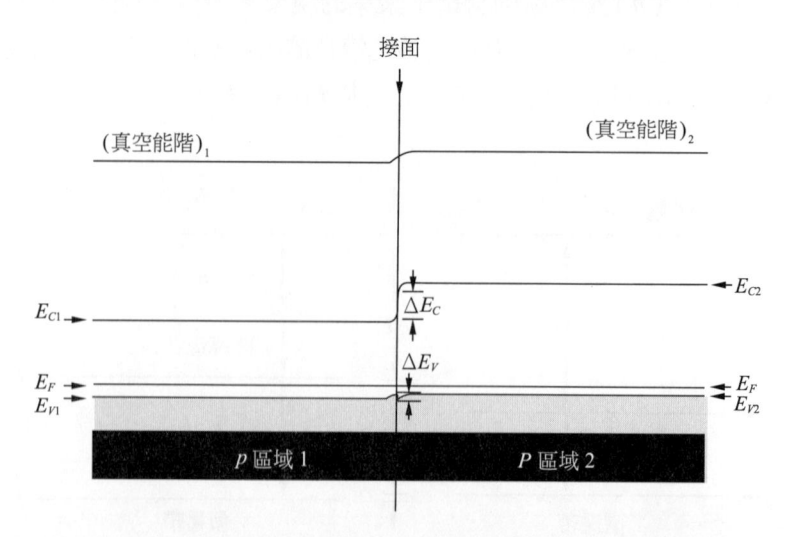

圖 7-29　p-P 異質接面在熱平衡狀態下的能階圖

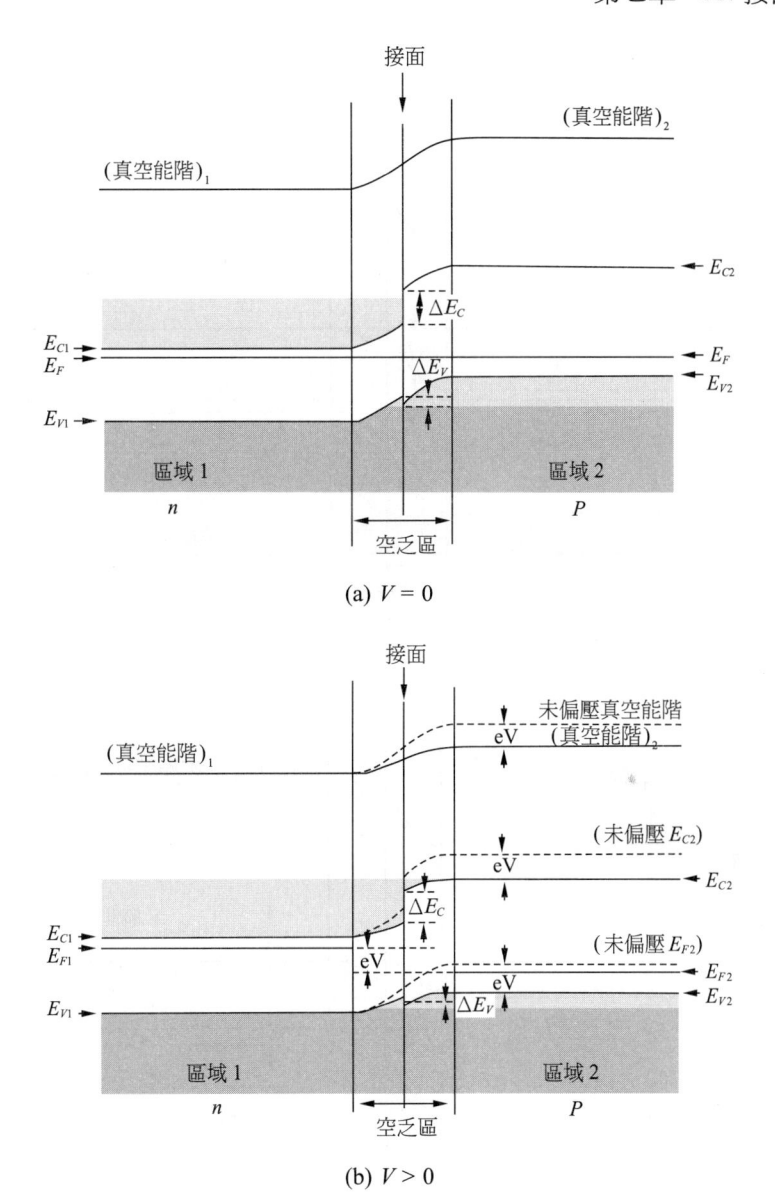

圖 7-30　n-P 異質接面的能階 (a) 熱平衡，(b) 順偏狀態

　　圖 7-29 是 p-P 接面在熱平衡時的能階圖。ΔE_C 及 ΔE_V 的能階不連續使得通過接面的兩方向載體通量相等，達到熱平衡的狀態。只要加上微小的偏壓，接面的不連續即不會對雙向的載體流動造成阻礙，會呈現出雙向性歐姆接觸的特性。

310　半導體材料與元件（上冊）

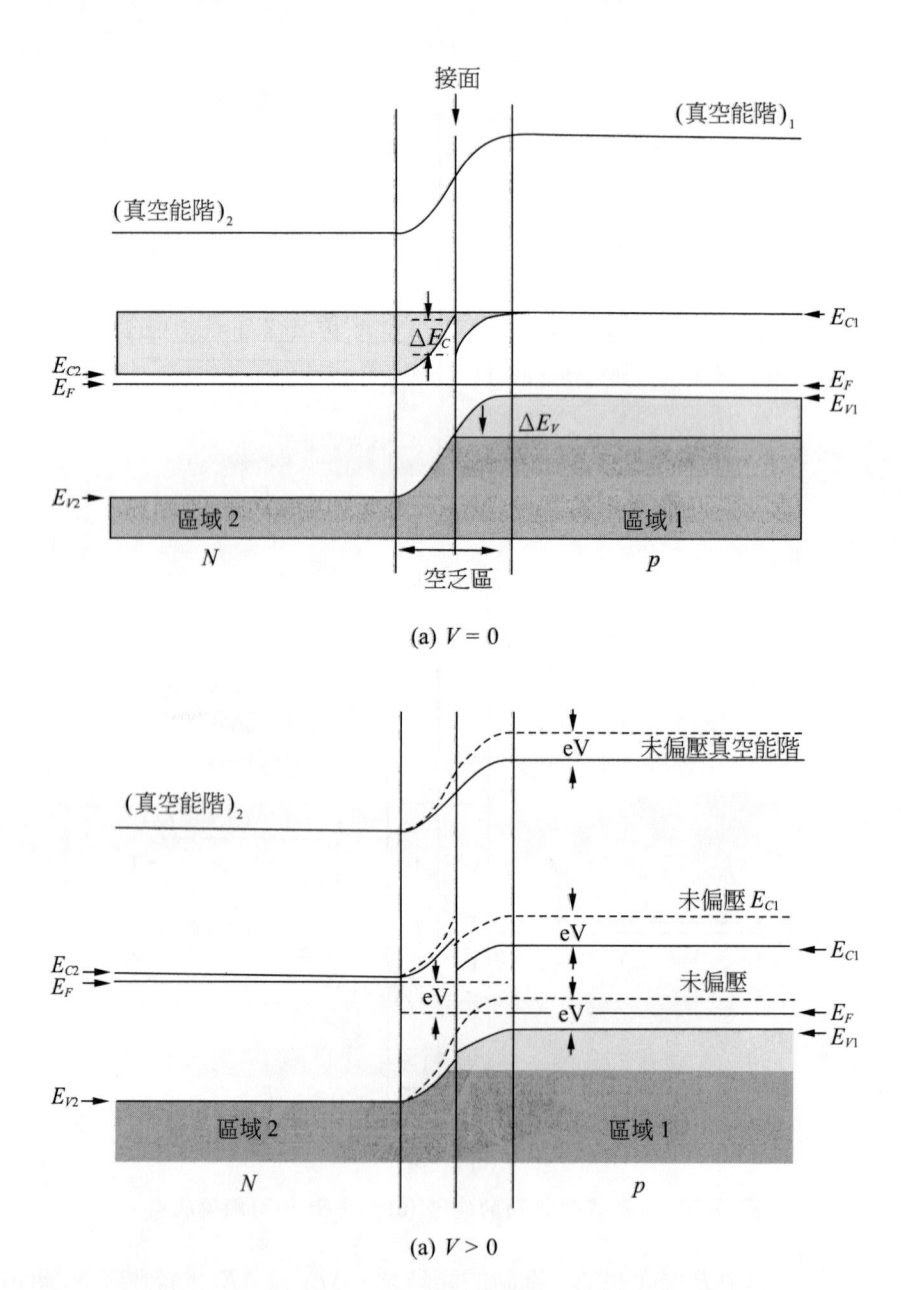

(a) $V = 0$

(a) $V > 0$

圖 7-31　N–p 異質接面的能階圖 (a) 熱平衡，(b) 順偏狀態

第七章　PN接面　311

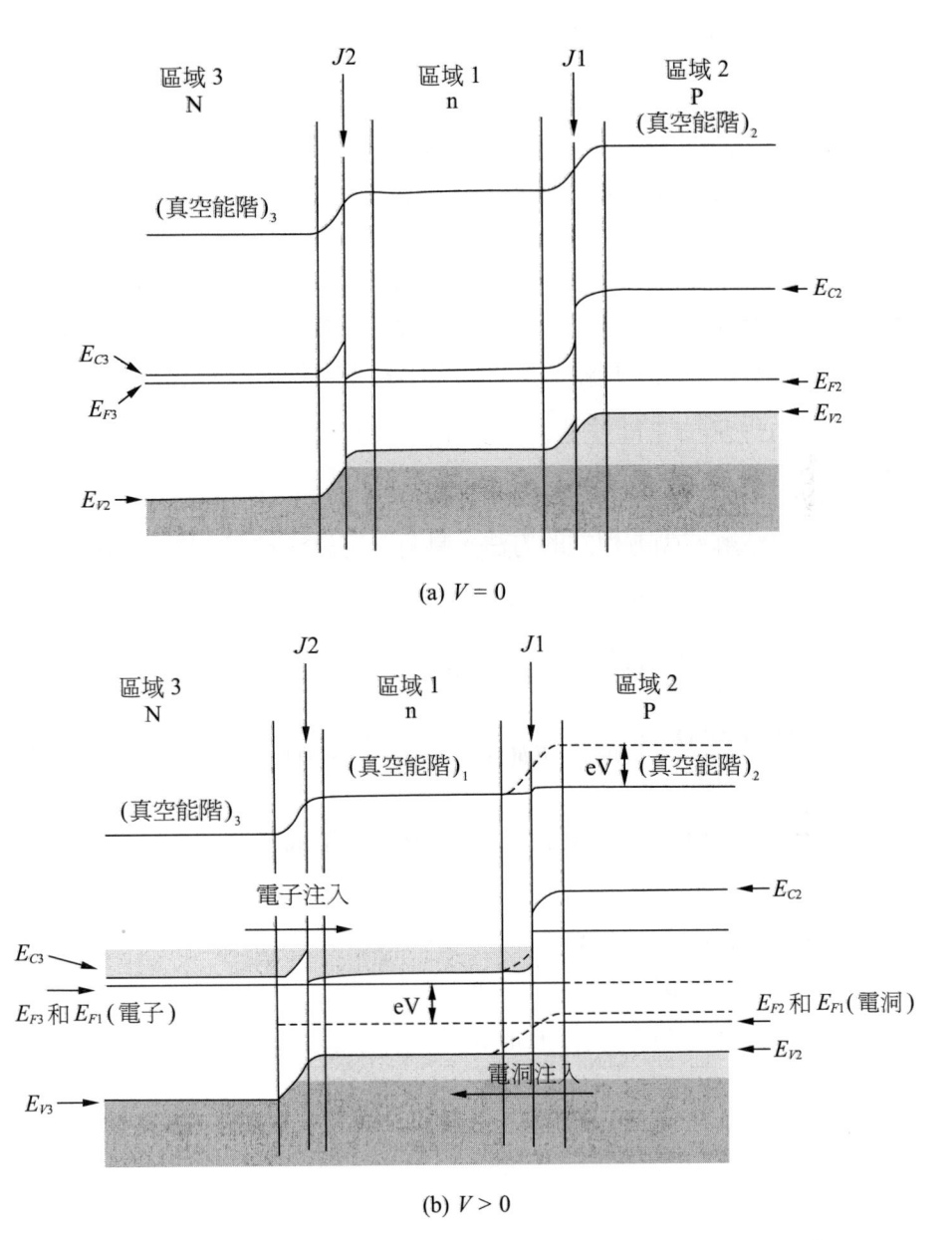

(a) $V = 0$

(b) $V > 0$

圖 7-32　N-n-P 雙邊異質結構的能階圖 (a) 熱平衡，(b) 順偏狀態

　　圖 7-30 及圖 7-31 是 n-P 及 p-N 異質接面形成的能帶圖。圖中清晰呈現出加順向偏壓後能階圖的變遷情形。從兩接面之能帶圖可以很容易地判定它的

二極體特性。

雙邊異質結構（Double heterostructure; DH）表示元件內有兩個異質接面存在。圖 7-32 是引用本節形成接面的原則，組合式構造一個 N-n-P DH 二極體結構的情形。其中間區域為窄能隙材料（n），兩邊則為寬能隙的 N 及 P 型材料。

在圖 7-32 的能帶結構中，我們可以很清楚地看到，在中間層之導電帶及價電帶，分別形成了拘限電子及電洞的位能井（稱為量子井），此量子井是否可有效地拘限載體活動，端視前述 ΔE_c 及 ΔE_v 是否足夠高而定，因為 ΔE_c 及 ΔE_v 即是形成此量子井的障壁高度。

7-7-2 量子井的能階及其特性

利用第一章解波動方程式的方法，具有一定位能障壁（V）高度的位能井問題，可依下列方式求得解答

$$\begin{cases} \dfrac{-\hbar^2}{2m^*}\dfrac{d^2\phi(z)}{dz^2} = E\phi(z) & 0 \le z \le L_z\,（位能井內）\\ \dfrac{-\hbar^2}{2m^*}\dfrac{d^2\phi(x)}{dz^2} + V\phi(z) = E\phi(z) & z \ge L_z,\, z \le 0\,（位能井外）\end{cases} \quad (7\text{-}89)$$

在 V 為有限值的位能井（即量子井）內，其通解型式為

$$\phi(z) = \begin{cases} A\,\mathrm{Exp}(K_1 z) & z \le 0 \\ B\sin(K_2 z + \delta) & 0 \le z \le L_z \\ C\,\mathrm{Exp}(-K_1 z) & z \ge L_z \end{cases} \quad (7\text{-}90)$$

此處 $K_1 = \dfrac{2m^*(V-E)^{1/2}}{\hbar}$；$K_2 = \dfrac{(2m^*E)^{1/2}}{\hbar}$。為了求出特殊解，邊界條件必須使用。即在 $z = 0$ 及 $z = L_z$ 的邊界處，函數 $\phi(z)$ 與其一次微分 $d\phi/dz$ 必須連續，經過化簡後，可得到下列特徵方程式：

$$\tan(K_2 L_z) = K_1/K_2 \quad (7\text{-}91)$$

利用數值方法或繪圖方法，即可求得上式之特徵值 K_1 及 K_2。而總能量特徵值（Energy eigenvalues）E 即可由 K_2 代入求得（$E = \hbar^2 K_2^2/2m^*$）。圖 7-33 顯示量子井內能階隨井高度 V 變化的情形。

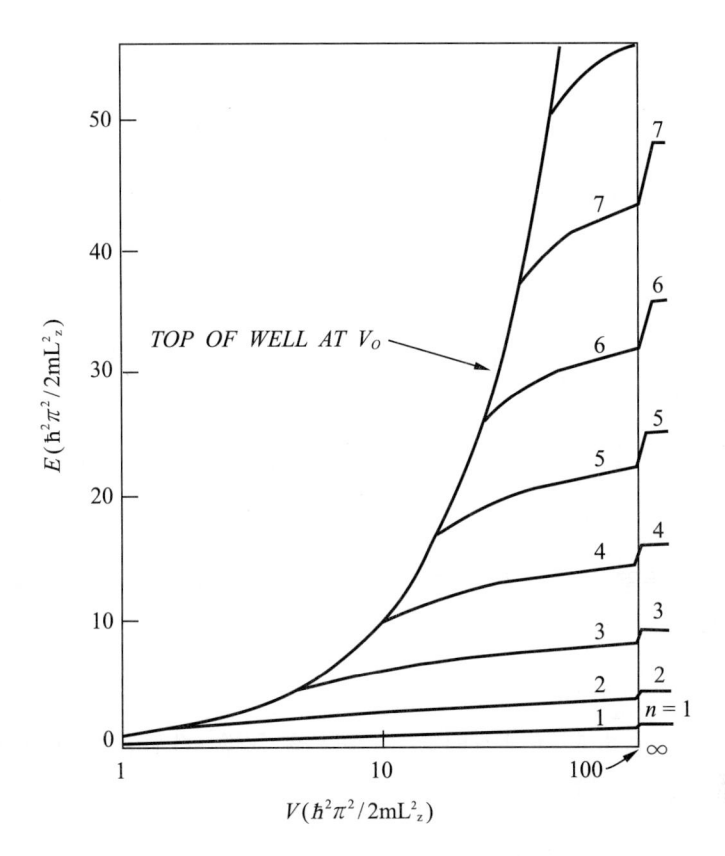

圖 7-33　壹個粒子在高度為 V 的量子井之可能能階（E 為粒子總能量）[9]

圖 7-34 是方形位能井內的電子及電洞允許出現的能階（Allowed Energy levels）。不論是傳導帶或價電帶，各分立能階的波動函數皆對應有量子存在。在價電帶內，每一量子數都存在有 hh 及 ℓh 兩個能階，譬如說，$n=1$ 時，有 E_{1hh} 及 $E_{1\ell h}$ 兩能階，這分別是**重電洞**（Heavy hole; hh）及**輕電洞**（Light hole; ℓh）的能階，因為電洞能階 E_{hh}（或 $E_{\ell h}$）隨其有效質量 m_{hh}^*（或 $m_{\ell h}^*$）成反比，故 E_{hh} 與 $E_{\ell h}$ 呈現分立情形。請注意電洞的能量是由量子井底部往下算起。

如果位能井區各有一個電子及電洞存在，則在低溫（如 0°K）時，電子電洞因自發性復合而發光的能量為 $\hbar\omega \simeq E_g + E_{1C} + E_{1hh}$，此由 E_{1C} 至 E_{1hh} 兩位階的發光稱為「**激子式發光**」（Exitonic luminescence），此乃因電子及電洞在未復

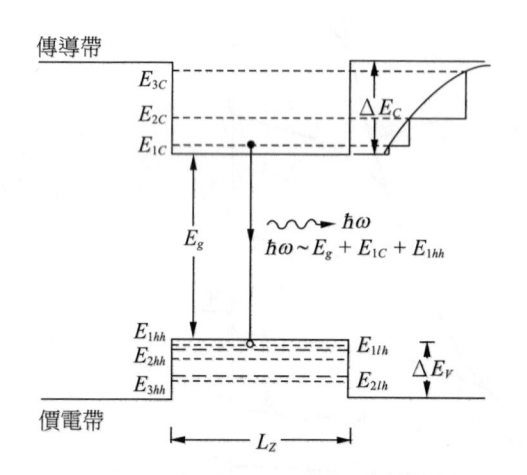

圖 7-34　方形位能井所可能出現的電子及電洞能階

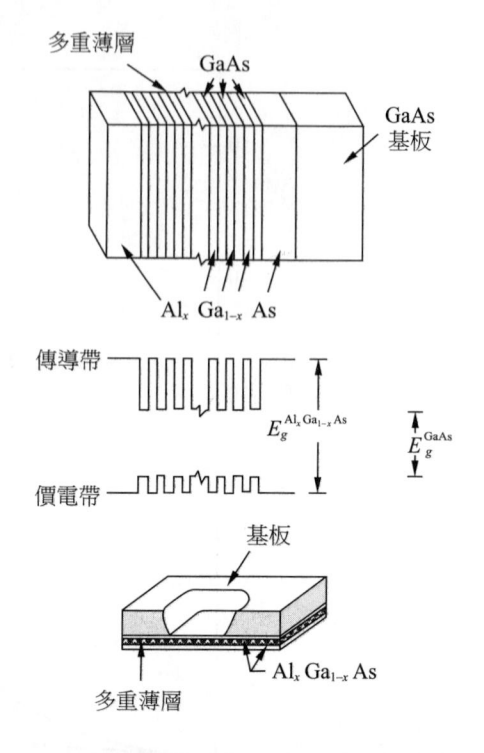

圖 7-35　用來量測吸收光譜的多層薄膜樣品備製

合前，呈現出低束縛性的電子-電洞對活動，稱為「**激子**」(Excitons) 的緣故。

圖 7-34 中也顯示了電子在傳導帶的二維**狀態密度分布圖**(Density-of-state distribution)；它表示當外來的電子注入位能井區時，E_{1C} 的狀態 (即電子軌道) 完全填滿後，即會往次高的 E_{2C} 充填，E_{2C} 狀態填滿後，再往更高的 E_{3C} 充填，此一現象叫做「**能帶充填效應**」(Band filling effect)，發生此一效應時激子發光能量變高，因此其波長變短，此一波長移動常被稱為**藍移**(Blue shift)。

7-7-3　量子井分立能階的實驗觀測

在量子井內被拘限的量子，其能階位置的存在可以由發光光譜或吸收光譜中驗證得知，因為激子 (Excitons) 的游離能很小，在常溫時常被游離，要知道各量子能階的詳細分布相對困難，這些光譜的觀測常須將樣品放在極低溫的液態氮 (77°K) 或液態氦 (4 °K) 冷卻下進行。

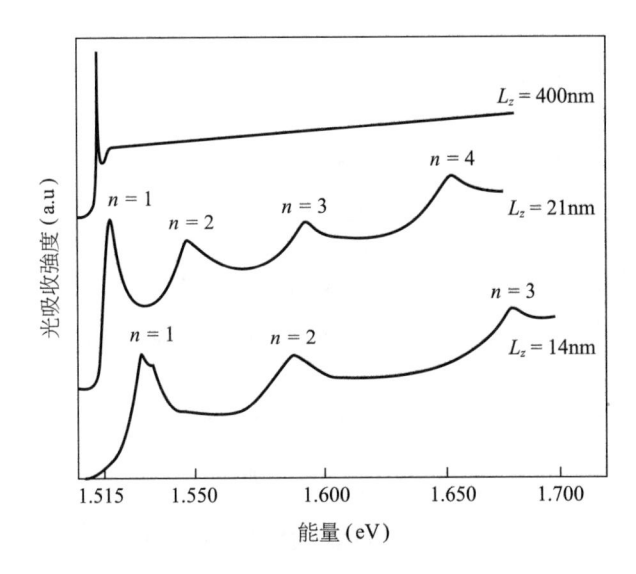

圖 7-36　GaAs-AlGaAs 量子井的吸收光譜；L_z 為量子井寬度

　　圖 7-35 是利用量測量子井結構的吸收光譜來確認能階的位置，樣品的量子井區是 GaAs，障壁層為 $Al_xGa_{1-x}As$；為了增加吸光強度，GaAs / AlGaAs 量子井數高達 100 個，其 GaAs 總厚度達 400 nm，在液態氦的冷卻下溫度降至 2°K，此時 GaAs 的能隙 (即吸收邊緣) 為 1.5192 eV，而 AlGaAs 層能隙為 1.75 eV，構成的能帶結構及樣品備製情形均如圖 7-35 所示。

　　上述量子井結構在 2°K 的吸收光譜圖示於圖 7-36 中。L_z 愈厚的量子井吸光效果愈佳，吸光強度愈大。而其中的 n 即為能階的主量子數，可由其各個峰值的位置推知量子在各能階的吸光情形。

7-8　量子井結構的應用

　　利用量子井結構製成的元件愈來愈多，譬如說「**異質接面雙極性電晶體**」(Heterojunction bipolar transistor; HBT)、高電子移動率電晶體 (HEMT)，量子井雷射二極體、多波長量子井檢光器等等。因為量子井觀念的應用，使得量子元件特性比傳統元件更具優越性，下一小節將列其要者予以說明。

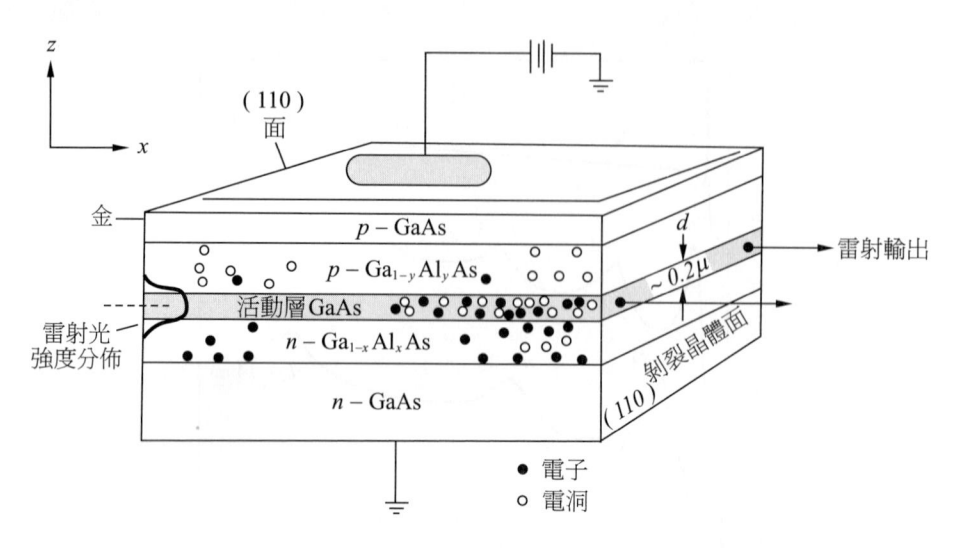

圖 7-37　GaAs-AlGaAs DH 結構的雷射二極體

由本書第二章中可知，GaAs 與 AlAs（$a = 5.66\text{Å}$）有非常相近的晶格常數，其構成的三元化合物 $Al_x Ga_{1-x} As$ 與 GaAs 也會構成晶格匹配良好的異質接面，隨著 Al 摩爾比 x 的變化（$0 \rightarrow 1$），此三元化合物半導體發光的波長範圍介於 $0.75 < \lambda < 0.88 \mu m$ 之間，是一種很重要的近紅外光光源。圖 7-37 是利用 $Al_x Ga_{1-x} As$-GaAs 異質接面形成的「雙邊異質」（DH）量子井雷射二極體，圖中可知元件內厚約 $0.2 \mu m$ 的 GaAs 層有最頻繁的載體及光電活動，稱為「**活動層**」（Active layer），此活動層肩負有「**載體的拘限作用**」（Carrier confinement）；在此區域內形成的發光性復合，其發光功率的傳播，也受到量子井形成的波導結構規範，構成良好的「**光拘限作用**」（Optical confinement），因為量子井光及電的拘限作用，使得元件特性優越突出。

圖 7-38(a) 中的能階圖是依照 7-7-1 節 P-i-N 方式形成 DH 結構，其中 i 表示中間為窄能隙未摻雜的 GaAs 區域。在 GaAs 區形成的量子井，其 ΔE_c 接近 $0.67 \Delta E_g$，而由圖(b) 中的折射指數分布，顯示 GaAs 區之折射指數 n 較 $Al_x Ga_{1-x} As$ 高約 5%（$\Delta n / n_0 = 0.05$），形成了典型的「**薄片式波導**」（Slab waveguide），依照電磁波理論，雷射發光之光場會被有效地限制在此區域。圖(c) 是被拘限在此 DH 波導結構的**基本模**（Fundamental mode）光場強度分布情形。

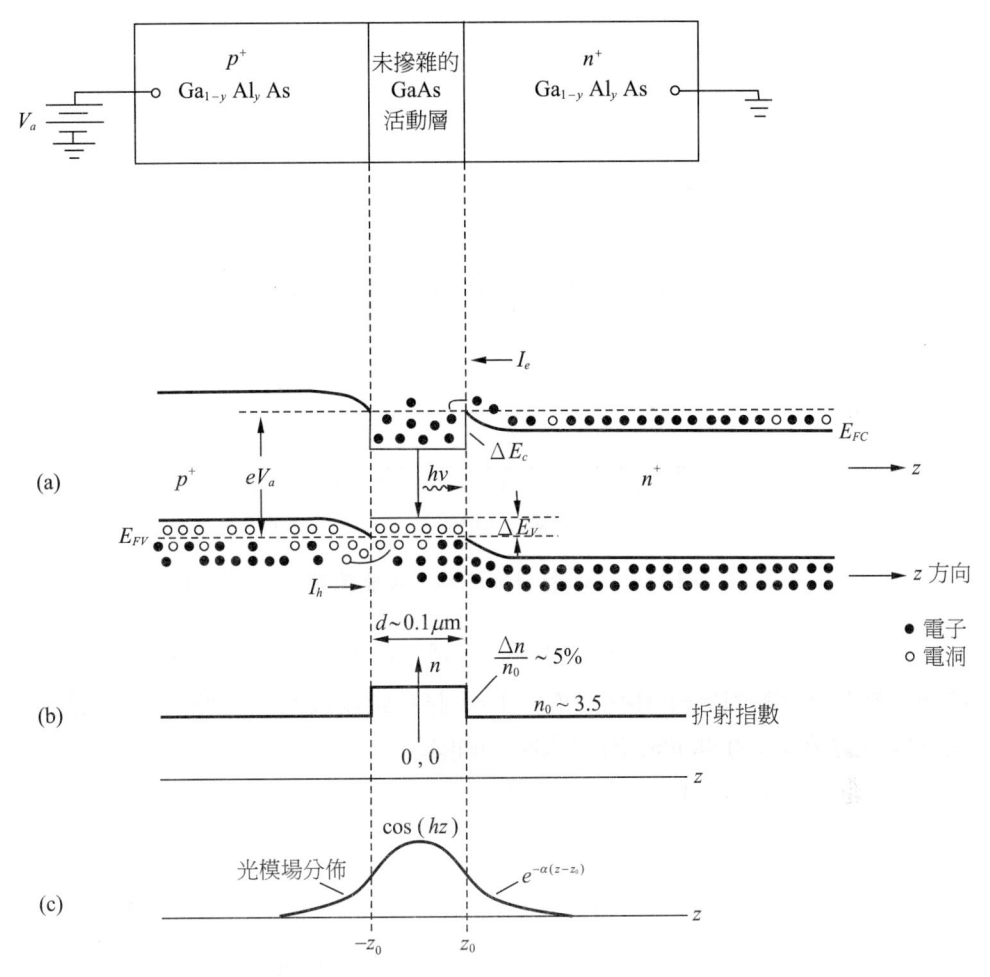

圖 7-38　pin DH 結構的 (a) 能階，(b) 折射指數，(c) 基本模光場分布

前述的折射指數差異 Δn 與 Al 摩爾比 x 的關係為

$$\Delta n \equiv n_{\text{GaAs}} - n_{\text{Al}_x\text{Ga}_{1-x}\text{As}} = 0.62x\ ;\qquad 0 \leq x \leq 1$$

自然地，上述 Al 摩爾比 x 會密切地影響 $\text{Al}_x\text{Ga}_{1-x}\text{As}$ 三元材料的能隙，並直接地決定了量子井 ΔE_c 及 ΔE_V 的高低。

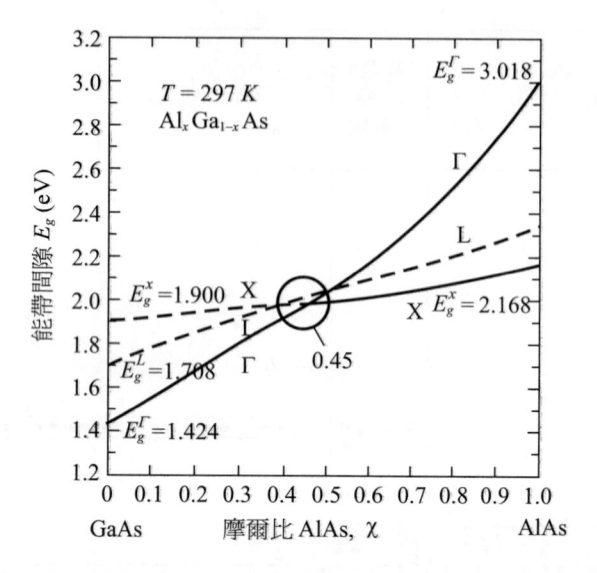

圖 7-39　$Al_xGa_{1-x}As$ 材料直接與間接能隙變化情形 [10]

圖 7-39 是 $Al_xGa_{1-x}As$ 材料之能隙 E_g 隨 x 的變化情形。圖中可知 $x < 0.45$ 時，材料具有直接能隙；而 $x > 0.45$ 時，材料轉變為間接半導體，其光電特性會因「**聲子**」(Phonons) 的介入而大幅變差。

以下是此材料能隙隨 x 變化的情形：

$$E_g = 1.424 + 1.247\,x\ (\text{eV})\ ;\qquad 0 \leq x \leq 0.45 \quad (直接能隙)$$
$$= 1.9 + 0.125\,x + 0.143\,x^2\ ;\qquad 0.45 \leq x \leq 1.0 \quad (間接能隙)$$

由前述討論可知，ΔE_c 及 ΔE_v 的大小會密切地關係著載子活動而影響元件特性。高 ΔE_c 會使得量子井雷射有較佳的電子拘限效果，使得雷射在高溫及大電流工作時，量子井內電子不容易外溢至相鄰的障壁區造成額外的洩漏；另一方面，如果 ΔE_v 過高，會使得接近正電極的量子井很容易捕捉及拘限大量的電洞，使得量子井載體注入率呈現明顯地不均勻，此外，高 ΔE_v 也會明顯地降低雷射高速工作的特性。由 7-7-1 節的數據中，可知 InGaAlAs 比 InGaAsp 材料有更高的 ΔE_c，這是前者近年來愈來愈受重視的主因。

7-9　異質接面元件的優越性

以異質接面製成的電子元件各因其功能不同而有相異的優越性，舉其要者列述於下：

1. 高注入效率

以圖 7-30 為例，由窄能隙的 n 型往寬能隙的 P 區注入多數載體（電子）時，在接面附近會面臨額外的 ΔE_c 障壁，此一現象會減少通過接面注入 P 區域的載體電流比例（即 $I_p \gg I_n$），增加 PN 接面的注入效率。

2. DH 結構內少數載體的拘限效果變好

以前節的 DH AlGaAs-GaAs 雷射二極體為例，中間區域的窄能隙（GaAs）正是量子井的所在，由兩邊電極順偏往對側注入的多數載體，會被導電帶及價電帶的量子井拘限在很薄的井區內，使得井區內之載體濃度更高而且分布更均勻，促使在此活動區內的發光性復合率增大。

3. 歐姆接觸特性更佳

異質接面的使用，使得歐姆**接觸層**（Contact layer）可設計為較窄能隙的材料，使得 P 及 N 側歐姆接觸之電阻更低。

4. 光窗波導的形成

由窄能隙材料發射出的光子（$h\nu \simeq E_{g1}$），通過寬能隙區域時，沒有足夠的能量形成光激發（因 $h\nu \simeq E_{g1} < E_{g2}$），使得寬能隙區域形成透明的「**光窗**」（Optical window），此光窗區域即是光學元件內極為重要的低損失波導區。

5. 具更佳導光（波）性

如前述 DH 雷射例子，折射指數在兩個異質接面處有 Δn 的落差，形成很好的光拘限作用。光電磁場在此波導傳播、振盪效率更高，損失更小。以量子井雷射二極體為例，由於量子井區內之**激子**（Excitons）具有更大

的束縛能，超級晶格組織的緩衝層生長使得非發光性復合中心密度減少，使得元件之量子效率大幅改善，雷射之光增益增大，臨限電流變小，特性溫度 T_0 值變大。此外，二極體響應速度也變快，而雷射線寬也變得更窄 [9]，優點不勝枚舉。

習 題

1. 有一矽製單側突立的 P^+N 接面，其 $N_A = 10^{17}$ (#/cm^3)，$N_D = 10^{15}$ (#/cm^3)
   (a) 計算於室溫下 (300°K) P 側及 N 側的費米階位置；
   (b) 繪出此接面於熱平衡時的能階圖，而且由此圖中決定接觸電位 V_0 的大小；
   (c) 利用 (7-7) 式計算 V_0 然後與 (b) 的結果比較。

2. 對於某一矽製的 P^+N 理想接面，其 $N_A = 10^{17}$ (#/cm^3)，$N_D = 10^{15}$ (#/cm^3)
   (a) 計算在 250，300，350，400，450 及 500°K 時的內建電位，繪出它與溫度 T 的關係；
   (b) 利用能階圖來說明 (a) 的結果；
   (c) 計算在 300°K 時於零偏壓下的空間電荷區寬度及最大電場強度 ε_m。

3. 假設在上題中的 P^+N 接面在比 E_i 高 0.02 電子伏特的位階上有很多載體的產生-復合中心，其密度為 10^{15} (#/cm^3)；已知 $\sigma_n = \sigma_p = 10^{15}$ (#/cm^3)，$v_{th} = 10^7$ cm/sec，$A_J = 10^{-4}$ cm^2。試計算
   (a) 在 $V_a = \pm 0.5$ 伏特時，載體產生及復合電流各為多少？
   (b) 決定在上述偏壓下接面的總電流。

4. 有一 P^+N 接面，其背景濃度 $N_{BC} = 10^{16}$ (#/cm^3)，$D_p = 10$ cm^2 /sec，$\tau_p = 0.1$ 微秒及 $A_J = 10^{-4}$ cm^2；計算 $V_a = V_F = 0.5$ 伏特時飽和電流 I_0 及順向電流 I_F 的值。

5. 繪一順偏的 PN 接面能階圖，其中包括準費米階 $F_n(x)$ 及 $F_p(x)$ 的位置，說明它們隨 x 變動的原因。

6. 有一矽製突立接面，其 $N_A = N_D = 4 \times 10^{18}$ (#/cm^3)，假設齊納崩潰時的臨界電場為 10^6 V/cm，試計算需要多大的逆向偏壓才會造成齊納崩潰？

第七章　PN 接面　321

7. 有一矽製 P^+N 接面，其 $N_{BC} = 10^{15}$ (#/cm³)，計算接面破壞時的空乏區寬度及破壞電壓 V_{BR}，試與圖 7-12 比較。
8. (a) 繪出理想與實際的 PN 二極體之 I-V 曲線並解釋它們彼此之間的差異。
   (b) 如何定義二極體理想因素？在何種情況它會接近於 2？
   (c) 什麼叫做累崩倍增因素？要如何來限制它的大小？
9. (d) 我們可以用伏特計來測量 PN 接面的接觸電位嗎？解釋你的答案。
   (e) 說明一種方法以求得接面的 V_0 值。
10. 試導出理想二極體的 I-V 方程式，其中 $W_N \ll L_P$ 及 $W_P \gg L_n$。
11. 某穩定光源照射在逆向偏壓 PN 接面的空間電荷區附近，因光激發所生的載體產生率為 G_L，假設 D_n, τ_n, D_p 及 τ_p 已知，
    (a) 求在空間電荷區外的擴散電流。
    (b) 在沒有光激發時，上述電流變為多少？試與 (7-37) 式比較並解釋所獲得的結果。
12. 扼要解釋下列名詞：
    (a) 空乏與擴散電容　　　　　　(b) 電荷控制模式
    (c) 準中性近似　　　　　　　　(d) 空乏近似
    (e) 高注入效應　　　　　　　　(f) 齊納破壞
    (G) 少數載體的注入與抽取　　　(H) 空間電荷區的復合電流
    (I) 長基地式二極體　　　　　　(J) 熱跑脫

參考資料

1. S. M. Sze and G. gibbons, Appl. Phys. Lett., V. 8, P.111, 1966.
2. A. S. Grove, Physics and Technology of Semiconductor Devices, Wiley, New York, 1967.
3. J. L. Moll, "The Evolution of the Theory of the current-Voltage Characteristics of P-N Junctions", Proc. IRE, 46, 1076, 1958.
4. B.G. Streetman, Solid State Electronic Devices, 2nd edi., Prentice-Hall, Inc., Englewood Cliffs, N. J. 1980.

5. S. M. Sze, Semiconductor Devices, Bell Lab, Inc., 1985.
6. R. F. Pierret and G. W. Neudeck, Modular Series on Solid State Devices, Purdue University, 1984.
7. R. S. Muller and T. I. Kamins, Device Electronics For Integrated Circuits, 2nd edi., Wiley, New York, 1986.
8. E.S. YANG, Fundamentals of Semiconductor Devices, MoGraw-Hill Book Company, New York, 1978.
9. G.P. Agrawal and N. K. Dutta, Long-Wavelength Semiconductor Lasers, A Van Nostrand Reinhold Book Comp., New York, 1986.
10. H. C. Casey, Jr. and M. B. Panish, Heterostructure Lasers, Academic Press, New York, 1978.

8 雙極性電晶體
CHAPTER

雙極性電晶體的型式及符號
雙極性電晶體的基本工作原理
　　電晶體內載體的傳輸現象
　　電晶體的重要參數
雙極性電晶體的電流-電壓特性分析
　　電洞在基極內的空間分布
　　P^+NP 電晶體的電流分量 I_E, I_C, I_B
　　少數載體在電晶體內各區的空間分布
偏壓分析
　　電荷控制分析
　　易伯-摩爾模型
電晶體的暫態分析
　　截止與飽和
　　啟動暫態
　　截斷暫態
　　蕭特基電晶體
實際電晶體中的額外考慮
　　基極區寬度調變
　　寇克效應
　　基極區內的載體飄移
　　累崩崩潰與穿透
　　幾何效應
　　空間電荷區內載體的產生及復合
異質接面電晶體
接面電晶體的製造
　習　題
　參考資料

本章引用 PN 接面理論，介紹了雙極性電晶體（BJT）的基本原理。8-2 節之前討論了 BJT 的載體傳輸及重要參數；8-3 及 8-4 節導出了電流-電壓關係並進行偏壓分析；8-5 節介紹了電晶體啓動與截斷的暫態現象，並說明蕭特基電晶體的動作原理；8-6 節一一敘述在 8-3 節所未考慮到的實際因素及其所生影響；本書末節則簡介了製造雙極性電晶體所必須注意的幾個重點，供讀者參考。

8-1 雙極性電晶體的型式及符號

雙極性電晶體的全名爲「**雙極性接面電晶體**」（Bipolar junction transistor; BJT），它與以後介紹的**場效電晶體**（Field-effect transistor; FET）有不同的導通結構，因此工作原理迥然不同；公元 1940～1950 年代，科學家致力於類似三極**眞空管**（Triode）的固態電子放大元件的研究與發展，因爲當時實驗室設備與技術不夠精密與成熟，所以對於**表面效應**（Surface effects）遲遲無法解決、突破。延至 1948 年，美國貝爾實驗室的蕭克萊、巴爾丁及布拉頓（Shockley, bardeen & brattain）三位科學家終於發明了接面電晶體，這種具有放大能力的固態電子元件，不但特性佳，而且使用壽命長，更可大量生產，可說是電子工業的大革命，公元 1956 年這三位研究應用電子元件的科學家因而獲得了學術界至高無上的桂冠──諾貝爾物理獎。

顧名思義，雙極性接面電晶體（簡稱雙極性電晶體）係由 PN 接面構成。事實上，此電晶體由三個不同雜質型式的 NPN 或 PNP 區域組成，其中間區域特別狹窄；如圖 8-1(a)，這三個區域分別稱爲**射極**（Emitter）、**基極**（Base）及**集極**（Collector）區，上述區域都是針對電晶體工作時的不同功能而命名；以 PNP 電晶體爲例，射極是「射出」大量電洞的所在，集極是「收集」這些電洞的區域，而中間的狹窄區域，則譬喻爲空軍「**基地**」（Air base），是載體進出活動最爲頻繁的區域，稱爲基極。

圖 8-1(b)爲 NPN 電晶體及其符號；圖 8-1 中的電壓極性是電晶體工作在**順向活動模**（Forward-active mode）時的偏壓情況，括弧中極性代表**集極接面**（Collector junction）的偏壓情形；所謂集極接面是指基極區與集極區所形成的 PN 接面，而**射極接面**（Emitter juction）是由射極區與基極區形成的 PN 接面而言。

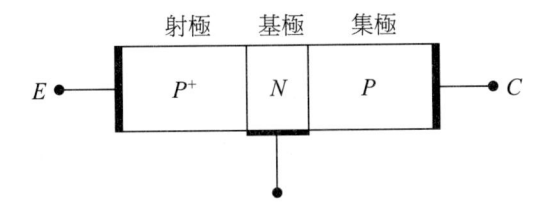

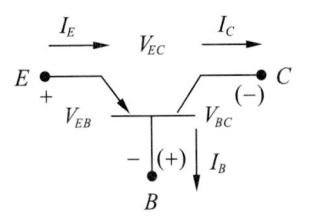

(a) P^+PN 電晶體

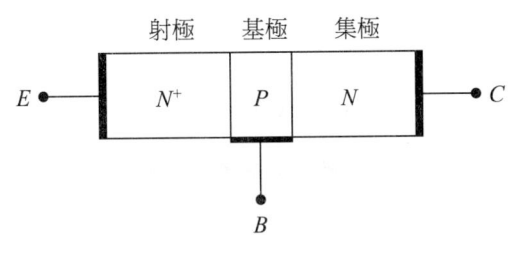

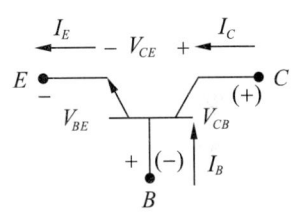

(b) N^+PN 電晶體

圖 8-1　雙極性電晶體及其符號

　　圖 8-2(a) 是分立的 P^+NP 接面電晶體元件；其基座較厚約 200 微米，為了降低集極內部電阻及形成**電阻性接觸**（Ohmic contact），基座的摻入雜質濃度很高，約 10^{19}（#/cm³）；基座以上的 10 微米為 P^+NP 三個區域，緊鄰基座的集極區域濃度很低，典型的濃度為 10^{16}（#/cm³），一般是**磊晶生長**（Epitaxial growth）技術形成的**磊晶薄膜或薄層**（Epitaxial film or layer），其上為 N 型基極區（B），P^+ 為射極區（E），同理，於蒸鍍基極及射極的金屬極前，必須有 N^+ 或 P^+ 的雜質擴散，也是確保此金屬與半導體接觸為雙向導通的電阻性接觸，否則它很可能形成單向整流性導通的**蕭特基接觸**（Schottky Contact）這是讀者必須留意的地方。有關**金屬-半導體接觸**（MS Contacts）的基本原理將隨後於第九章介紹，而關於雙極性電晶體製作方法，則留到本章最後一節介紹。

　　圖 8-2(b) 的 P 型基座濃度較低厚約 200 微米，其上有一較小的 N^+「**埋置層**」（Buried layer），其主要目的是要降低集極內電阻，但集極接面仍可維持一較高之破壞電壓。N^+PN 電晶體部分只佔約 6 微米厚，而 N 型集極區係由磊晶技術長成的磊晶層，N 型磊晶層與週遭之 P 型基座形成的 PN 接面必須逆向偏壓，以形成電的隔離或絕緣（Electric isolation），因此 P 型基座必須接

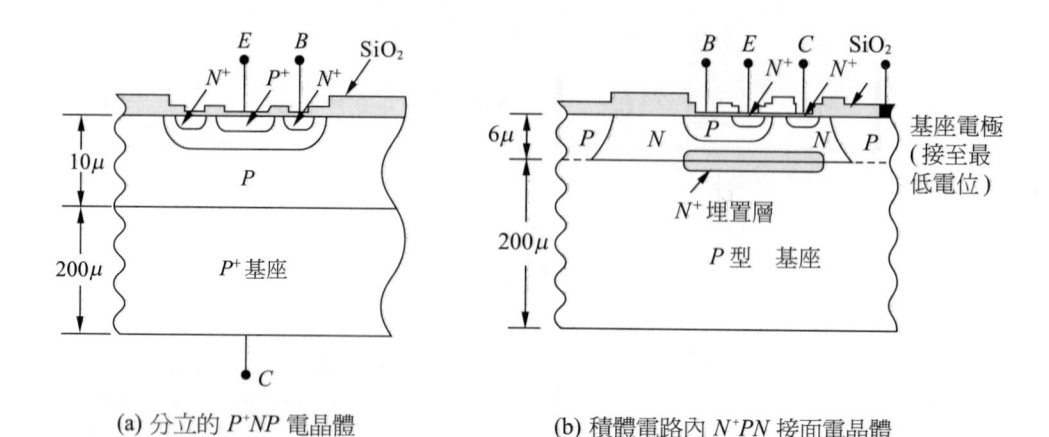

(a) 分立的 P^+NP 電晶體　　　　(b) 積體電路內 N^+PN 接面電晶體

圖 8-2　擴散式雙極性電晶體結構圖。P^+，N^+ 分別代表高雜質濃度摻入的 P 型及 N 型區域

上最負的偏壓。N 型磊晶層內可依線路的需要製成 N^+PN 電晶體或其他電子元件，因為 N 型磊晶層與 P 型基座可形成電的絕緣，又被稱為「**隔離島**」（Isolation island）。

於圖 8-2 中可以清楚的發現射極區的雜質濃度遠較集極區為高，而集極接面也比射極接面大，雖然表面的雜質型式相同，如果兩者端子互換，電晶體的工作特性一定大不相同，這是因為射極與集極接面截面積不相同的緣故，讀者必須注意及此。

雙極性電晶體有四個工作區。如圖 8-3 所示，這四個區域是由集極接面及射極接面的不同偏壓情況而定，以 PNP 電晶體為例，其工作的名稱及偏壓情形如下：

活動區（Active region）　電晶體在此工作區工作時，其射極接面順向偏壓（$V_{EB} > 0$）而集極接面則係逆向偏壓（$V_{CB} < 0$）。

飽和區（Saturation region）　在此區域工作的電晶體，其射極及集極接面均係順向偏壓（$V_{EB} > 0$，$V_{CB} > 0$）。

截止區（Cut-off region）　在此區域工作的電晶體，其射極接面及集極接面均逆向偏壓（$V_{EB} < 0$，$V_{CB} < 0$）。

第八章　雙極性電晶體　327

反向區（Inverted region）　爲「**反向活動區**」（Inverted active Region）的簡稱；在此區工作的電晶體之接面偏壓完全與「活動區」時反向，即射極接面逆向偏壓（$V_{EB} < 0$），而集極接面則係順向偏壓（$V_{CB} > 0$）。

在活動區工作的電晶體，其輸出信號與輸入信號有**線性放大**（Linear amplification）的關係，電晶體如必須具備線性放大的功能，必須選擇在活動區內工作。

在飽和區工作的電晶體，因爲射極及集極接面均順向偏壓，輸出的集極電流 I_C 很大，而輸出電壓 $|V_{CE}|$ 卻很小（參考圖 8-3(b)）；此時電晶體元件與開關關上（ON）相同；因爲開關關上後允許大電流通過，而沒有壓降出現，換言之，飽和區工作的電晶體可代表邏輯電路的**低位階**（Low level）狀態。

在截止區工作的電晶體，射極及集極接面均逆向偏壓，它代表電晶體處於**斷路狀態**（Off state），或是**高位階**（High level）的邏輯狀態，此時電晶體像是一個斷路的開關，因爲電流 I_C 幾近於零，而輸出電壓 $|V_{CE}|$ 卻很高。

在反向區工作的電晶體，其射極接面逆向偏壓而集極接面則爲順向偏壓。它只適合於數位電路（如TTL）中工作，因爲在數位電路中，**信號增益**（Signal gain）並非使用時所顧慮的重點。

電晶體的線路上應用基本上可分爲三種電路組態（請參考圖 8-4），這是因爲電晶體只有三個引線端子的緣故；這三個電路組態可分爲**共射極**（Com-

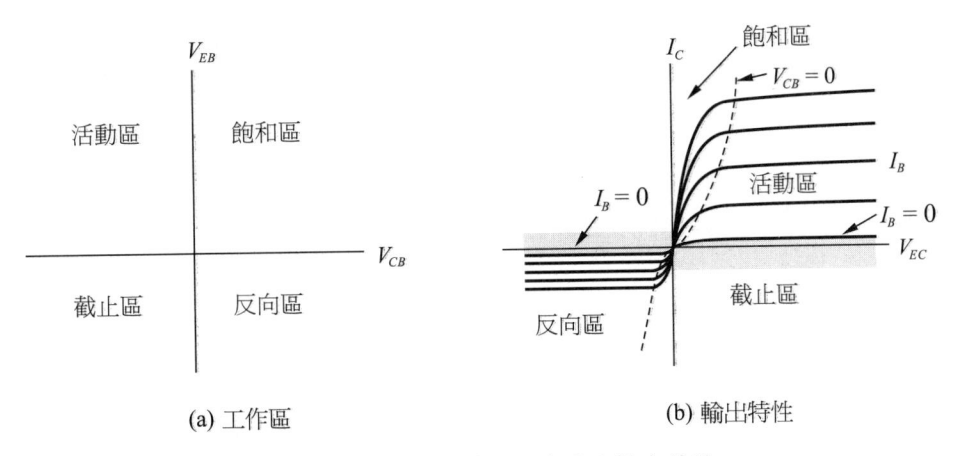

(a) 工作區　　　　　　　　　(b) 輸出特性

圖 8-3　*PNP* 電晶體的工作區及輸出特性

328　半導體材料與元件（上冊）

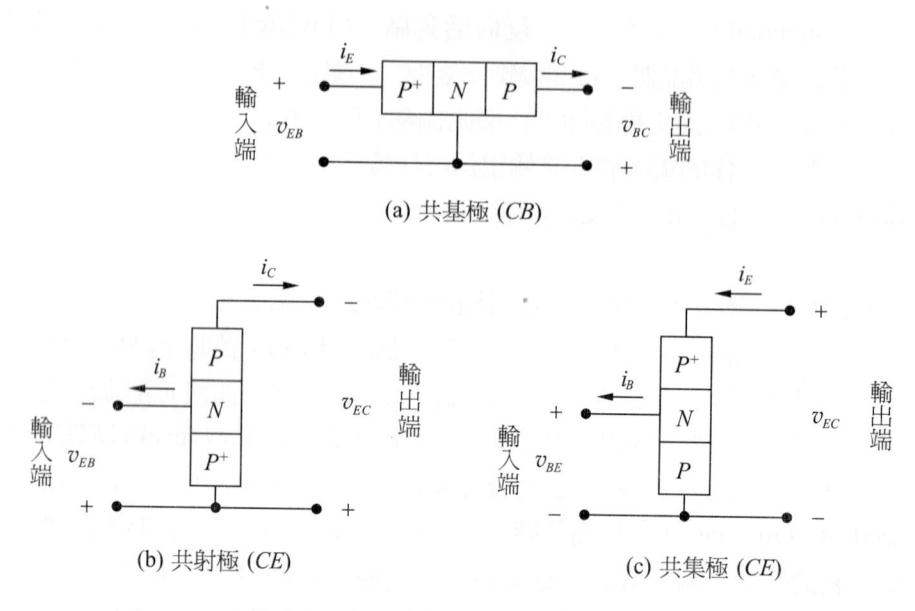

(a) 共基極 (CB)

(b) 共射極 (CE)

(c) 共集極 (CE)

圖 8-4　P^+NP 電晶體的三種電路阻態

mon emitter; CE)、**共基極**（Common base; CB）及**共集極**（Common collector; CC）三種型式。以共射極為例，信號「**輸入埠**」（Input port）為基極與射極端，而信號之「**輸出埠**」（Output port）為集極與射極端，因此，作為參考點的射極成為輸入埠與輸出埠的共同端，故稱此電路為共射極電晶體電路。

不同的電路組態，依照**雙埠網路**（Two-port network）理論，會有不同的電流、電壓增益（放大率），也具有不同的輸出、輸入阻抗，是電子電路的討論主題，本書不作介紹。

8-2　雙極性電晶體的基本工作原理

8-2-1　電晶體內載體的傳輸現象

本節利用 P^+NP 電晶體在「活動區」工作的情形，藉著能階圖與電晶體內電荷及電場分布的說明，希望先給讀者一個鮮明清楚的輪廓，詳細的數學分析於隨後數節將逐一介紹。採取 P^+NP 電晶體為介紹例子是因為電洞流與電流同

方向易於說明的緣故，一旦瞭解 PNP 電晶體的工作原理後，只要改變電壓極性、電流方向及導通型式，亦可明瞭 NPN 電晶體的工作情形。

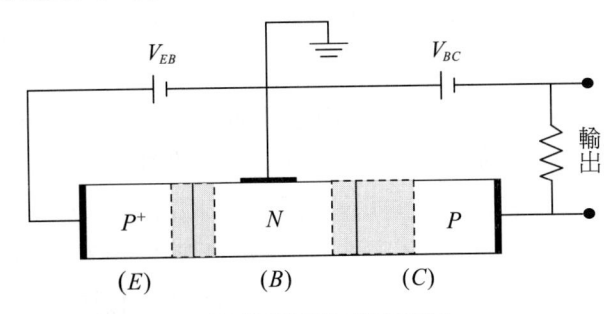

(a) P^+NP 電晶體於活動區的偏壓圖

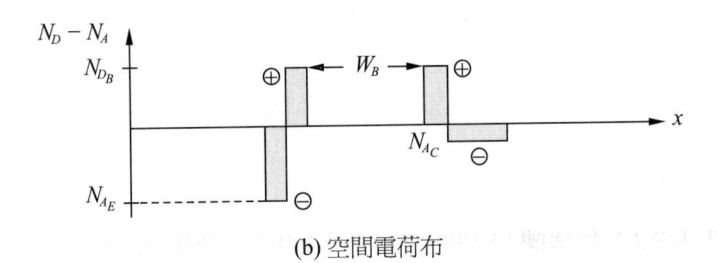

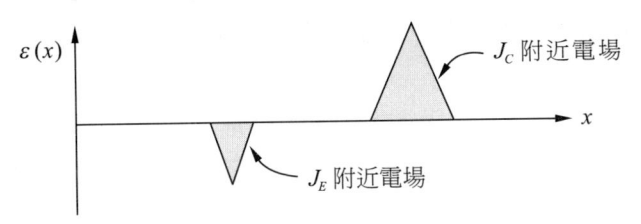

(b) 空間電荷布

(c) J_E 及 J_C 附近的空間電荷電場

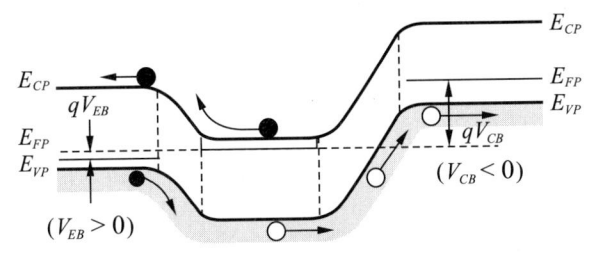

(a) P^+NP 電子能階圖

圖 8-5　P^+NP 電晶體在活動區工作情形（W_B 為基極中性區寬度）

圖 8-5(a)是以基極為參考點(接地)的 P^+NP 電晶體於「活動區」工作的偏壓情形。在活動區工作，射極接面 J_E 必須順向偏壓 ($V_{EB} > 0$)，集極接面 J_C 則必須逆向偏壓 ($V_{EB} < 0$)，圖 8-5(a) 及 (c) 分別顯示電晶體內空間電荷區及電場的分布情形。圖 8-5d 是這個電晶體工作時的能階圖。

因為能階圖係依相關的**電子位能**(Electronic potential energy)繪製而成，以射極接面(以後簡稱 J_E)為例，N 型基極中的電子如果要到達射極區，因為射極區的電子位能較高，這些電子必須擁有相當大的動能(由偏壓提供)，才能克能 J_E 附近的位能障壁(爬坡)到達射極區；相反地，如果 P 型射極區內的電洞要到達基極的中性區，也必須要克服 J_E 附近的位能障壁才能到達基極，因為對於電洞而言，往較低(電子)能階傳輸其實是一種類似爬坡的運動。讀者如以償電子運動的反向過程來說明電洞的情形，更可清晰的瞭解上述現象。

射極區內的電洞受到 J_E 的順向偏壓後，因為位能障壁的降低，大量的注入基極區域；因為一般基極區均設計得很窄，只有少部分電洞會與電子復合，其餘大部分電洞會以「擴散」的方式通過基極中性區到達集極接面 J_C 空間電荷區的邊緣，由於集極接面是逆向偏壓，有助於基極少數載體(電洞)的漂移，因此一旦電洞到達 J_C 空間電荷區邊緣後，自然地會被掃下此「**位能丘**」(Potential hill)而到達集極區，再經擴散終被集極電極(歐姆接觸)所收集，匯成集極電流。

圖 8-6 是 P^+NP 電晶體內實際的電流分量。其中 I_{EP} 是由射極注入到基極的電洞電流，I_{En} 是由基極注入射極的電子電流，由第七章的接面理論可知，在 P^+N 的 J_E 接面電子注入電流 I_{En} 要比 I_{EP} 小得很多，甚至可以忽略。注入的電洞與基極區電子復合後形成復合電流，其餘均被掃下 J_C 位能丘形成集極電洞電流 I_{CP}；J_C 因為受到逆向偏壓，只有少數載體形成的飽和電流 I_{Co} 產生，它在正常的工作情況大小約在 $10^{-8} \sim 10^{-10}$ 安培因次，與 I_E、I_B 及 I_C 相較均可以忽略，不大影響到 I_B 及 I_C 的大小變化。

圖中可以清楚知悉，構成基極電流 I_B 的有下列三種分量：

(1) 基極復合電流 I_{EN}
(2) 基極復合電流 I_{BR}

(a) 能階圖

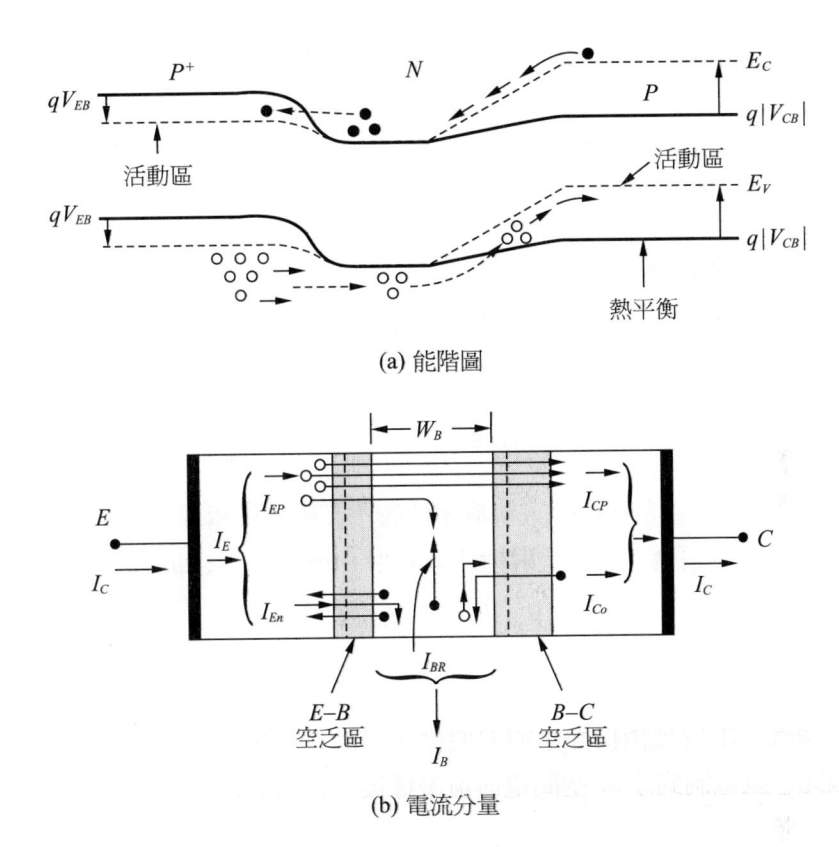

(b) 電流分量

圖 8-6　P⁺NP 電晶體在活動區工作的情形

(3) 集極飽和電流 I_{Co}

要獲得大電流增益 (High β) 的電晶體，I_B 必須要小。除了 I_{Co} 大小可以忽略不計外，必須設法使 I_{EN} 及 I_{BR} 儘量小，有下列兩種方法可以達成：

(a)設計 P⁺N 的射極接面

如此 I_{En} 的注入電流會相對變小而且也可以降低射極區內電阻及易於形成射極的「**歐姆接觸**」(Ohmic Contact)。

(b)縮短 J_E 及 J_C 間基極區的寬度

如果 $W_B \lesssim L_P$ 電洞注入後經過基極區不會有很多的載體復合，而 I_{CP} 即可相對的增大。

措施(b)必須考慮到另外一個重要問題，當 W_B 很窄時，J_C 反偏的電壓 V_{CB} 大小如果稍微增加，基極區很容易被空間電荷區完全佔滿，發生了所謂的「穿透」(Punch through)現象而終使電晶體崩潰、破壞，此一現象將於 8-6 節再詳予討論。

8-2-2 電晶體的重要參數

在此篇幅將定義幾個重要的參數，首先要定義的是「**基極傳輸因素**」(Base transport factor) B_T

$$B_T \equiv \frac{I_C}{I_{EP}} \tag{8-1}$$

如果 $B_T \simeq 1$，代表大部分的注入電洞電流幾乎都匯為集極電流 I_C，只有少部分的電洞在基極內復合；其次是**射極注入效率**(Emitter injection efficiency) γ，

$$\gamma \equiv \frac{I_{EP}}{I_{EP} + I_{En}} = \frac{I_{EP}}{I_E} \tag{8-2}$$

如果是 P^+N 射極接面，則由基極注入的電子電流 I_{En} 遠比由射極注入的電洞電流 I_{EP} 小，此時 γ 值趨近於 1。

共基極電流增益(Common-base current gain) α

$$\alpha \equiv \frac{I_C}{I_E} = \left[\frac{I_{EP}}{I_E}\right] \times \left[\frac{I_C}{I_{EP}}\right] = \gamma B_T \tag{8-3}$$

經過慎密設計的電晶體 γ 及 B_T 值均接近 1，因此 α 值也很接近 1。當集極接面 J_C 之飽和電流太小而被忽略時，

$$\begin{aligned} I_B &= (\text{電子注入電流}) + (\text{基極復合電流}) \\ &= I_{En} + I_{BR} \\ &= I_{En} + (1 - B_T)I_{EP} = I_{En} + I_{EP} - B_T I_{EP} \\ &= I_E - I_C \end{aligned} \qquad (\text{參考圖 8-6})\tag{8-4}$$

由 (8-4) 式的電流分量關係可知它符合了克希荷夫電流定律(KCL)的規範；最後，**共射極(直流)電流增益**(Common-Emitter Current Gain)

$$\beta \equiv \frac{I_C}{I_B}$$

$$= \frac{B_T I_{EP}}{I_{En} + (1-B_T)I_{EP}} = \frac{B_T[I_{EP}/(I_{En}+I_{EP})]}{1 - B_T[I_{Ep}/(I_{En}+I_{EP})]}$$

$$= \frac{B_T \gamma}{1 - B_T \gamma} = \frac{\alpha}{1-\alpha} \tag{8-5}$$

一般電晶體 α 值接近 1，因此 β 值遠大於 1，它是衡量電晶體是否具有良好特性的重要參數之一。

8-3 雙極性電晶體的電流-電壓特性分析

首先本節要利用理想的 PN 接面理論導出理想的 P^+NP 電晶體的 I_E、I_C 及 I_B 電流分量，因此必須有下列幾個假設：

(a) 假設在集極、基極及射極區域摻入的雜質濃度都很均勻（Uniform doping），則在各準中性區內，漂移電流分量可以忽略不計。
(b) 電晶體工作時，是處於低階注入（Low-level injection）的狀態。
(c) 在空間電荷區內，沒有載體復合與產生的電流。
(d) 不考慮元件內低值的串聯電阻。

8-3-1 電洞在基極內的空間分布

在上述的情況下，在準中性的基極區域內之電洞擴散方程式可以表示為

$$\frac{d^2 p_n}{dx_n^2} - \frac{p_n - p_{n_0}}{D_{PB}\tau_P} = 0$$

即

$$\frac{d^2 p_n}{dx_n^2} - \frac{p_n - p_{n_0}}{L_{pB}^2} = 0 \tag{8-6}$$

此處 $L_{pB} \equiv (D_{pB}\tau_p)^{1/2}$，是電洞在基極的平均擴散長度；$D_{pB}$ 為電洞在基極區之擴散係數。假設此時射極接面 J_E 的偏壓為 V_{EB}，而集極接面 J_C 的偏壓為 V_{CB}，(8-6) 式中 $p_n(x)$ 的邊界條件為

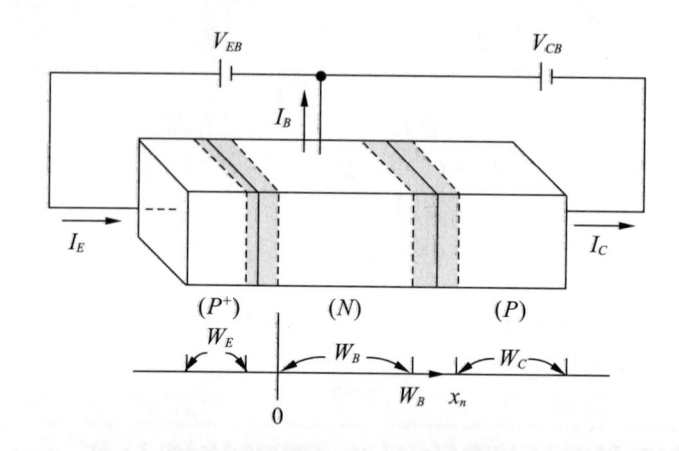

圖 8-7 理想 P^+NP 電晶體的簡化結構，此處電流方向為實際的電流流向。灰色區為空間電荷區；灰色區為準中性區。W_E、W_B 及 W_C 分別為射極、基極及集極準中性區的寬度。

$$p_n(x_n=0) = p_n(0) = p_{n_0}e^{qV_{EB}/KT}, \qquad x_n = 0 \qquad (8\text{-}7a)$$

$$p_n(x_n=W_B) = p_n(W_B) = p_{n_0}e^{qV_{CB}/KT}, \qquad x_n = W_B \qquad (8\text{-}7b)$$

(8-6) 式的解代入 (8-7) 式的邊界條件後，結果變成

$$p_n(x_n) = [p_n(0) - p_{n_0}]\frac{\sinh(W_B - x_n)/L_{PB}}{\sinh(W_B - L_{PB})} + [p_n(W_B) - p_{n_0}]\frac{\sinh(x_n/L_{PB})}{\sinh(W_B/L_{PB})} + p_{n_0}$$

$$\equiv \Delta p_E \frac{\sinh(W_B - x_n)/L_{pB}}{\sinh(W_B/L_{pB})} + \Delta p_C \frac{\sinh(x_n/L_{pB})}{\sinh(W_B/L_{pB})} + p_{n_0} \qquad (8\text{-}8)$$

此處 $\Delta p_E \triangleq p_n(0) - p_{n_0}$；$\Delta p_C \triangleq p_n(W_B) - p_{n_0}$。

8-3-2　P^+NP 電晶體的電流分量 I_E，I_C 及 I_B

如果射極接面為 P^+N 單側突立接面，則由基極注入射極的電子電流可以忽略不計，此時，射極電流的近似值為

$$I_E \simeq I_{EP}$$

$$= -qAD_{PB} \frac{dp_n(x_n)}{dx_n}\bigg|_{x_n=0}$$

$$= \frac{qAD_{PB}\Delta p_E}{L_{PB}} \coth(W_B/L_P) - \frac{qAD_{PB}\Delta p_C}{L_{PB}} \operatorname{csch}(W_B/L_{PB}) \qquad (8\text{-}9)$$

如果基極中之雜質濃度呈均勻分布,則基極中只有電洞擴散電流流動,漂移分量可以忽略不計,如果此時集極接面為逆向偏壓($V_{CB}>0$),則凡是可以擴散到 $x_n = W_B$ 的電洞,都會被集極接面的電場掃下此一位能丘而形成集極電流 I_C,因此

$$I_C \simeq -qAp_{PB}\frac{dp_n(x_n)}{dx_n}\bigg|_{x_n=W_B}$$

$$= \frac{-qAD_{pB}\Delta p_C}{L_{pB}} \coth(W_B/L_P0 + \frac{qAD_{pB}\Delta p_E}{L_{pB}} \operatorname{csch}(W_B/L_{pB}) \qquad (8\text{-}10)$$

由(8-9)式及(8-10)式可知,此時之基極電流 I_B 為

$$I_B = I_E - I_C$$

$$= \frac{qAD_{pB}}{L_{pB}}\{(\Delta p_E + \Delta p_C)[\coth(W_B/L_{pB}) - \operatorname{csch}(W_B/L_{pB})]\}$$

$$= \frac{qAD_{pB}}{L_{pB}}[(\Delta p_E + \Delta p_C)\tanh(W_B/2L_{pB})] \qquad (8\text{-}11)$$

(8-11)中曾經利用 $\tanh(u/2) = (\cosh u - 1)/\sinh u$ 的關係式化簡。如果 P^+NP 電晶體在活動區工作,而且 $V_{EB} \gg (KT/q)$,$V_{CB} \ll (KT/q)$,此時

$$\Delta p_E = p_{n_0}(e^{qV_{EB}/KT} - 1) \gg p_{n_0}$$

$$\Delta p_C = p_{n_0}(e^{qV_{CB}/KT} - 1) \simeq -p_{n_0}$$

上述大小關係代入 (8-9) 式～ (8-11) 式，可得各電流分量為

$$I_E \simeq \frac{qAD_{pB}}{L_{pB}} \coth(W_B/L_{pB}) \Delta p_E$$

$$= \frac{qAD_{pB}}{L_{pB}} \coth(W_B/L_{pB}) [p_{n_0}(e^{qV_{EB}/KT} - 1)] \tag{8-12a}$$

$$I_C \simeq \frac{qAD_{pB}}{L_{pB}} \operatorname{csch}(W_B/L_{pB}) \Delta p_E$$

$$= \frac{qAD_{pB}}{L_{pB}} \operatorname{csch}(W_B/L_{pB}) [p_{n_0}(e^{qV_{EB}/KT} - 1)] \tag{8-12b}$$

$$I_B \simeq \frac{qAD_{pB}}{L_{pB}} \tanh\left(\frac{W_B}{2L_{pB}}\right) \Delta p_E$$

$$= \frac{qAD_{pB}}{L_{pB}} \tanh(W_B/2L_{pB}) [P_{n_0}(e^{qV_{EB}/KT} - 1)] \tag{8-12c}$$

例 8-1

假如理想的 PNP 電晶體在活動區工作時，基極注入射極的電子電流 I_{En} 必須考慮在內，試求下列情況時之 I_{En} 大小：

(a) 當 $W_E \gg L_{nE}$ 時
(b) 當 $W_E \ll L_{nE}$ 時

此處 W_E 為準中性射極區的寬度 (參考圖 8-7)

解 (a) 假如 $L_{nE} \ll W_E$ 時，I_{En} 的大小可由理想二極體公式得到

$$I_{En} = \frac{qAD_{nE}}{L_{nE}} [n_{p_0}(e^{qV_{EB}/KT} - 1)] \quad \cdots\cdots\cdots\cdots\cdots\cdots\cdots\cdots\cdots\cdots ①$$

(b) 如果 $L_{nE} \gg W_E$，必須利用「短基地二極體」(Short-base diode) 的結果 (參考 7-3-1 節例題) 推論而得

$$I_{En} = \frac{qAD_{nE}}{W_E} [n_{p_0}(e^{qV_{EB}/KT} - 1)] \quad \cdots\cdots\cdots\cdots\cdots\cdots\cdots\cdots ②$$

如果電晶體的基極區非常狹窄使得 $L_{PB} \gg W_B$，總基極電流 I_B 變為

$$I_B = I_{BR} + I_{En}$$

$$= \frac{qAD_{PB}\Delta p_E}{L_{PB}} \tanh(W_B/2L_{PB}) + I_{En}$$

$$\simeq \frac{qAD_{PB}W_B}{2L_{PB}^2} \Delta p_E + I_{En}$$

$$\simeq \frac{qAW_B}{2\tau_p}[p_{n_0}(e^{qV_{EB}/KT} - 1)] + I_{En} \quad \cdots\cdots\cdots\cdots\cdots\cdots\cdots\cdots \text{③}$$

③式中 $\tanh(W_B/2L_{PB}) \simeq W_B/2L_{PB}$（如果 $W_B \ll 2L_{PB}$）；因此，當 $L_{PB} \gg W_B$ 及 $L_{nE} \gg W_E$ 時，電流 I_B 為

$$I_B = \left[qA\left(\frac{D_{nE}n_{p_0}}{W_E} + \frac{W_B p_{n_0}}{2\tau_p}\right)\right](e^{qV_{EB}/KT} - 1)$$

由例 8-1 可知，不但 I_B 增加，I_E 也同時增加，但 I_C 卻維持一定，如此使得射極注入效率 γ 及 β 值比 P^+NP 電晶體的 γ 及 β 值為低。

P^+NP 電晶體在 $W_B < L_{PB}$ 時，可由泰勒級數展開得 I_E、I_C 及 I_B 的近似值[1] 為

$$I_E \simeq qA\Delta p_E \left(\frac{D_{PB}}{L_{PB}}\right)\left[\frac{1}{(W_B/L_{PB})} + \frac{(W_B/L_{PB})}{3}\right] \quad \text{(8-13a)}$$

$$I_C \simeq qA\Delta p_E \left(\frac{D_{PB}}{L_{PB}}\right)\left[\frac{1}{(W_B/L_{PB})} - \frac{(W_B/L_{PB})}{6}\right] \quad \text{(8-13b)}$$

$$I_B \simeq I_E - I_C = \frac{qAD_{PB}W_B}{2L_{PB}^2}\Delta p_E = \frac{qAW_B\Delta p_E}{2\tau_P} \quad \text{(8-13c)}$$

例 8-2

某一 P^+NP 電晶體的基極非常狹窄，使得 $W_B \ll L_{PB}$，如果 $\Delta p_E \ll \Delta p_C$，它在活動區工作時，超額電洞在基極區的分布近似一直線下降（如圖 8-8）。

---

[1] 下列是各 Hyperbolic 函數泰勒級數展開近似值（只取前兩項）：
$\text{sech}\, u \simeq 1 - \frac{u^2}{2}$；$\coth u \simeq \frac{1}{u} + \frac{u}{3}$；$\text{csch}\, u \simeq \frac{1}{u} - \frac{u}{6}$；$\tanh u \simeq u - \frac{u^3}{3}$

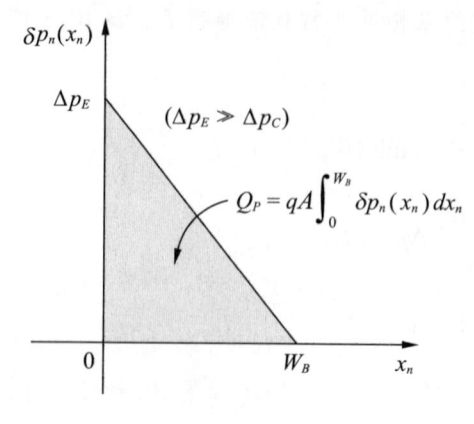

圖 8-8

試求：(a) 電流 I_B，I_C 及 I_E 的近似值
(b) 共射極電流增益 β

解 (a) 如果電子注入電流 I_{Fn} 及集極飽和電流忽略不計，基極電流只受復合電流主宰，此時注入基極中的超額電洞之電荷量 Q_P 為

$$Q_P = qA \int_0^{W_B} \delta p_n(x_n)\,dx_n = \frac{qA}{2}[\Delta p_E W_B]$$

電洞平均的復合時間為 τ_P，因此基極復合電流 I_B 乃為

$$I_B \simeq \frac{Q_P}{\tau_P} = \frac{qAW_B \Delta p_E}{2\tau_P} \quad\cdots\cdots\cdots\cdots\cdots\cdots\cdots\cdots\cdots\cdots\cdots\cdots\cdots\cdots\cdots\cdots ①$$

$$I_C \simeq -qAD_{PB}\frac{dp_n(x_n)}{dx_n}, \qquad 此處\ x_n = W_B$$

$$= -qAD_{PB}\left[-\frac{\Delta p_E}{W_B}\right] = \frac{qAD_{PB}\Delta p_E}{W_B} \quad\cdots\cdots\cdots\cdots\cdots\cdots\cdots ②$$

因此

$$I_E = I_B + I_C$$

$$\simeq qA\Delta p_E\left(\frac{W_B}{2\tau_P} + \frac{D_{PB}}{W_B}\right) \quad\cdots\cdots\cdots\cdots\cdots\cdots\cdots\cdots\cdots\cdots ③$$

(b) 共射極電流增益 β 為

$$\beta \equiv I_C/I_B$$
$$= (D_{PB}/W_B) / (W_B/2\tau_P) = \frac{2D_{PB}\tau_P}{W_B^2}$$
$$= 2L_{PB}^2/W_B^2 \quad \cdots\cdots\cdots\cdots\cdots\cdots\cdots\cdots\cdots\cdots\cdots\cdots\cdots\cdots \text{④}$$

(a)部分所得之 I_B 值與 (8-13c) 式同，而 I_C 值只為 (8-13b) 式的第一項的值，這是因為「直線近似」的計算省略了第二項以後的高次項的緣故。由 (8-12b) 式及 (8-12c) 式可得

$$\beta = I_C/I_B = \operatorname{csch}(W_B/L_{PB}) / \tanh(W_B/2L_{PB})$$

由泰勒級數展開（只取第一項），可得

$$\beta \simeq 2L_{PB}^2/W_B \qquad\qquad\qquad\qquad (8\text{-}14)$$

(8-14) 式所得結果與例 8-2 之 (b) 部分相同，可以互相印證。

(8-14) 式告訴我們一個極重要的事實，即在基極中的少數載體擴散長度 L_{PB} 愈長，而且準中性區寬度 W_B 愈窄的話，電晶體會有相當高的 β 值。

例 8-3

(a) 試由 P^+NP 電晶體在活動區工作時的 I-V 關係式求出射極注入效率 γ，基極傳輸因素 B_T，電流增益 α 及 β 值。

(b) 如果 $N_{AE} = 10^{19}$ #/cm^3，$N_{DB} = 10^{17}$ #/cm^3，$N_{AC} = 5 \times 10^{15}$ #/cm^3，$D_{nE} = 1$ cm^2/V-sec，$D_{PB} = 10$ cm^2/V-sec，$L_{nE} = 2.0\ \mu m$，$L_{pB} = 5\ \mu m$，$W_B = 1.0\ \mu m$，$W_E = 1.5\ \mu m$。

解 (a) 假設 $W_B < L_{PB}$ 及 $W_E > L_{nE}$，則由例 8-1 結果及 (8-13a) 式可得

$$\gamma = \frac{I_{EP}}{I_{EP}+I_{EN}} = \frac{(\Delta p_E D_{PB}/W_B)}{(\Delta p_E D_{PB}/W_B)+(\Delta n_E D_{nE}/W_E)}$$
$$= \frac{1}{1+(\Delta n_E/\Delta p_E)(W_B/W_E)(D_{nE}/D_{PB})} = \frac{1}{1+(n_{PE_0}/p_{nB_0})(W_B/W_E)(D_{nE}/D_{PB})}$$

$$B_T = \frac{I_C}{I_{EP}} \simeq \sec(W_B/L_{PB}) \simeq 1 - \frac{W_B^2}{2L_{PB}^2} \quad (\text{若}\quad W_B < L_{PB})$$

(b) $\gamma = \dfrac{1}{1+(10^{17}/10^{19})(1.0/1.5)(1/10)} = \dfrac{1}{1+\left(\dfrac{2}{3000}\right)} \simeq 0.9993$

$B_T \simeq 1 - (W_B^2/2L_{PB}^2)\,(W_B < L_{PB}) = 1 - (1/50) = 0.98$

因此　　$\alpha = \gamma B_T \simeq 0.98$；$\beta \equiv \dfrac{\alpha}{1-\alpha} = 49$

8-3-3　少數載體在電晶體內各區的空間分布

少數載體 E，B 及 C 三個區域的濃度分布，關係著電晶體電流－電壓特性，圖 8-9 是注入的電洞在基極中的濃度隨距離 x 的變化情形，可見當基極準中性區寬度 $W_B \leq L_P$ 後，濃度已經很接近直線分布 (如例 8-2)，圖 8-10 是 PNP 電晶體在活動區工作時，少數載體在各區域的濃度分布情形。在射極接面兩側的濃度，如果呈直線變化是因為復合不明顯的緣故，假如呈指數函數衰減，則是由於有大量的載體復合所致。

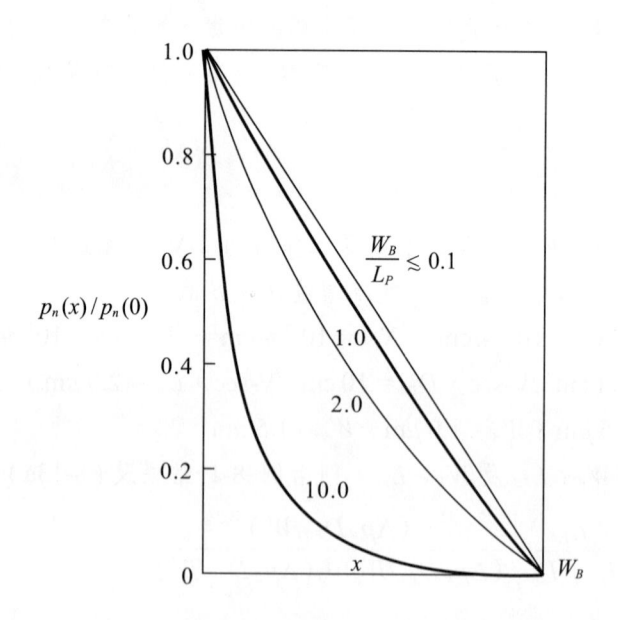

圖 8-9　少數載體在基極區內的分布情形。當 $W_B \lesssim 0.1\,L_P$ 後，它的分布近於直線

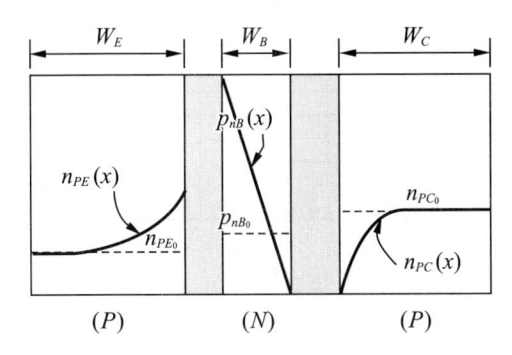

(a) $W_E \gg L_{nE}$; $W_B \ll L_{PB}$

($n_{PE_0} = n_i^2/N_{AE}$; $P_{nB_0} = n_i^2/N_{DB}$; $n_{PC_0} = n_i^2/N_{AC}$)

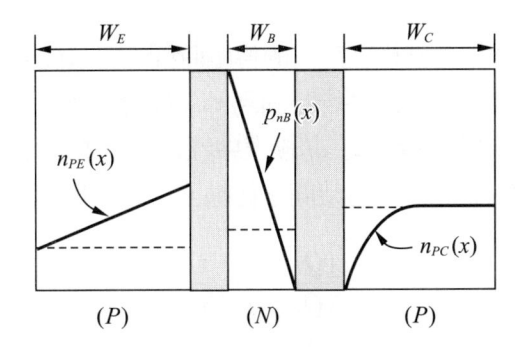

(b) $W_E \ll L_{nE}$; $W_B \ll L_{PB}$

圖 8-10　PNP 電晶體在「活動區」工作時的少數載體分布
　　　　(a)具有長射極及短基極中性區的電晶體
　　　　(b)具有短射極及短基極中性區的電晶體

8-4　偏壓分析

8-4-1　電荷控制分析

P^+NP 電晶體在活動區工作時，因為 I_{En} 的注入電流遠小於 I_{EP} 的注入電流，所以 I_{En} 可以省略不計，而集極接面因為逆向偏壓的緣故，逆向飽和電流 I_{CO} 又非常小 (約在 10^{-9} 安培因次)，也可省略，此時電流的分量又可如圖 8-11 所示：

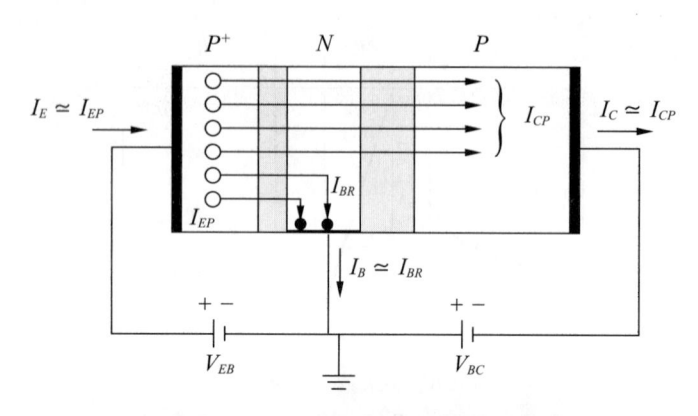

圖 8-11 P^+NP 電晶體電荷控制分析圖

假設電洞通過準中性基極區所需的傳輸時間 (即基極傳輸時間) 為 τ_{tr}，而電洞在準中性區與電子復合的平均時間為 τ_P，此時有下列現象發生，即

超額的電洞 (Q_P) 每隔 τ_P 即在基極準中性區與一電子復合，故 $I_B = Q_P/\tau_P$。

超額的電洞 (Q_P) 需費 τ_{tr} 的時間才傳輸至集極，因此 $I_C = Q_P/\tau_{tr}$，所以

$$\beta = \frac{I_C}{I_B} = \frac{(Q_P/\tau_{tr})}{(Q_P/\tau_P)} = \frac{\tau_P}{\tau_{tr}} \tag{8-15}$$

如果基極準中性區很狹窄 ($W_B \ll L_{PB}$)，傳輸時間 τ_{tr} 會遠小於少數載體的平均復合時間 τ_P，使得 β 值很大。上述現象可舉一數字例說明，如果在基極區內，有 10 個超額電洞注入，需要 10 秒才能完全復合，如果有 10 個注入電洞在 1 秒內即通過基極準中性區，此時 β 值等於 [10 個/秒]/[10 個/10 秒] = 10，將此例略示如圖 8-12。

上述的數字關係瞭解後，可以很容易推論得知，如果在某一時間間隔內有 Q_P 的電洞在基極與電子復合，必會有 (τ_P/τ_{tr}) Q_P 的電洞通過基極準中性區到達集極，因此，此時段內射極必須注入 ($1 + \tau_P/\tau_{tr}$) Q_P 的電洞方能維持穩定的電流流通。

在同例中基極區內如每秒鐘有一個電子與注入的電洞復合，為了維持穩定狀態，基極電流每秒鐘也必須有一電子進入基極區以補充因復合而消失的電子數目，以上的敘述即是依據**電荷控制模型** (Charge control model) 的理論來說明。

(P^+)　　(N)　　(P)

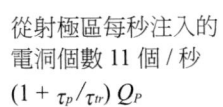

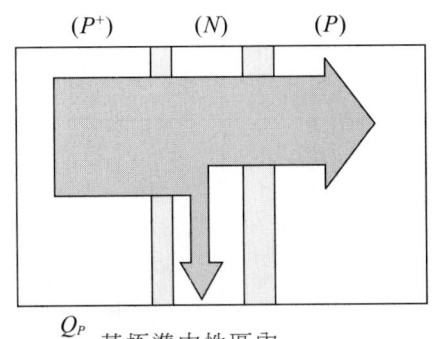

從射極區每秒注入的電洞個數 11 個／秒
$(1 + \tau_p/\tau_{tr}) Q_P$

集極每秒所收集電洞個數 10 個／秒
$(\tau_p/\tau_{tr}) Q_P$

Q_P
基極準中性區內每秒電洞復合數
10 個／10 秒 = 1 個／秒

圖 8-12　電荷控制分析簡圖

8-4-2　易伯-摩爾模型

在圖 8-3 中可以發現，由於接面偏壓情況的改變，電晶體會有四個可能的工作區；一般的類比或線性電路，電晶體僅在「活動區」工作，但對於數位電路，所有的四個工作區都可能被應用到，本節要討論的「易伯-摩爾模型」都可以說明電晶體在此四個工作區的情形，其電流-電壓方程式也常被工作人員應用在**電腦輔助設計**（Computer aided design; CAD）的電晶體電路細部分析，常用者大都會利用 Spice 的程式來分析電晶體的直流工作特性，這是因為電晶體 I - V 關係為**非線性**（Nonlinear）的緣故。

易伯及摩爾兩位科學家在他們對電晶體的**一維分析**中（One-dimensional analysis），把 PNP（或 NPN）電晶體視為**背對背**（Back-to-Back）相接的兩個 PN 接面[2]，其中 N 型區是共同區（如圖 8-13），圖 8-13(c)可以發現，背接的兩個 PN 二極體可把它想像為某一 PN 接面順向偏壓的大部分電流可以通過另一逆偏壓的接面，在「活動區」工作的電晶體可以用來說明，射極接面受 V_{EB} 的順偏後產生順向電流 I_F，而大部分的 I_F 會通過基極區到達集極，其大小即為 $\alpha_F I_F$，此處 α_F 即為**順向的共基極直流增益**（Forward common-base DC current gain）。

2　實際的電晶體無法由兩個 PN 接面以背對背方式連接而成。不但因為實際技術不可行，而且即使做到，其基極寬度也會太寬（$W_B \gg L_P$），使得 I_C 太小甚至趨近於零，而喪失了電晶體最重要的電流放大特性。

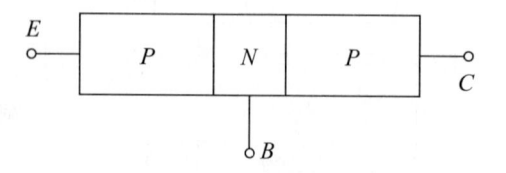

(a) *PNP* 電晶體

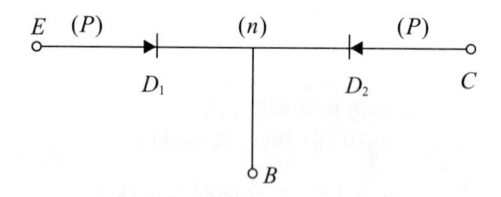

(b) 兩個背對背相接的 *PN* 接面

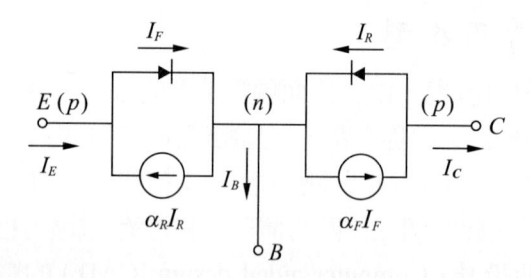

(c) 電流-電壓的電路模型

$$I_E = I_F - \alpha_R I_R \ , \ I_B = (1-\alpha_F)I_F + (1-\alpha_R)I_R \ , \ I_C = \alpha_F I_F - I_R$$

圖 8-13　易伯-摩爾的電晶體電路模型

在狹窄基極($W_B \ll L_{PB}$)的 *PNP* 電晶體，如果 I_{En} 也計算在內（假設 $W_E \gg L_{nE}$），由 (8-9) 式及例 8-1 可得

$$I_E = I_F + I_{En}$$
$$\simeq qA\left[\frac{D_{PB}}{W_B}\Delta p_{nE} - \frac{D_{pB}}{W_B} + \frac{D_{nE}}{L_{nE}}\Delta n_{pE}\right] \tag{8-16}$$

在活動區工作時 ($V_{EB} > 0$，$V_{CB} < 0$)，I_E 變成

$$I_E = qA\left[\frac{D_{pB}}{W_B}p_{nB_0} + \frac{D_{nE}}{L_{nE}}n_{pE_0}\right](e^{qV_{EB}/KT} - 1) + \frac{qAD_{pB}}{W_B}p_{nB_0}$$

$$\equiv a_{11}(e^{qV_{EB}/KT} - 1) + a_{12} \qquad (8\text{-}17)$$

此處 $a_{11} = qA\left[\frac{D_{PB}}{W_B}p_{n_0} + \frac{D_{nE}}{L_{nE}}n_{p_0}\right]$; $p_{nB_0} \equiv n_i^2/N_{D_B}$

$$n_{pE_0} = n_i^2/N_{A_E}\ ;\ a_{12} = qA\left(\frac{D_{pB}}{W_B}\right)p_{nB_0} \qquad (8\text{-}18)$$

如果考慮飽和電流 I_{CO}，集極電流 I_C 可由（8-10）式及接面理論得

$$I_C \simeq qAp_{nB_0}(D_{PB}/W_B)(e^{qV_{EB}/KT} - 1) + I_{CO}$$

$$\equiv a_{21}(e^{qV_{EB}/KT} - 1) + a_{22} \qquad (8\text{-}19)$$

此處 $a_{21} \equiv qAp_{nB_0}\left(\dfrac{D_{pB}}{W_B}\right) = \dfrac{qAD_{PB}n_i^2}{W_B N_{D_B}}$

$$a_{22} \equiv I_{CO} = I_{Cn_0} + I_{CP_0}$$
$$= qA\left[\frac{D_{pB}n_i^2}{W_B N_{D_B}} + \frac{D_{nC}n_i^2}{L_{nC}N_{A_C}}\right] \qquad (8\text{-}20)$$

由（8-18）式及（8-20）式可知 $a_{12} = a_{21}$，基極電流於是可得

$$I_B = I_E - I_C$$
$$= (a_{11} - a_{21})(e^{qV_{EB}/KT} - 1) + (a_{12} - a_{22}) \qquad (8\text{-}21)$$

在「**反向區**」（Inverted active region）工作時，集極接面 J_C 順向偏壓（$V_{CB} > 0$），而射極接面則為逆向偏壓（$V_{EB} < 0$），此時由集極注入基極的電流為 I_R，大部分的 I_R 會通過基極到達射極，其電流大小為 $\alpha_R I_R$，此處的 α_R 為**逆向的共基極直流電流增益**（Reverse common-base DC current gain），它是在射極所收集到的少數載體（電洞）數目與由集極注入至基極的電洞數目比。

由上述分析才有 8-13(a) 的電路模型，其 I-V 關係為

$$I_F = I_{FO}(e^{qV_{EB}/KT} - 1) \qquad (8\text{-}22)$$

$$I_R = I_{RO}(e^{qV_{EB}/KT} - 1) \qquad (8\text{-}23)$$

（8-22）式及（8-23）式中的 I_{FO} 及 I_{RO} 即為圖 8-13(b) 中 D_1 及 D_2 的飽和電流大小，因此各電流分量乃為

$$I_E = I_F - \alpha_R I_R \qquad (8\text{-}24)$$

$$I_C = \alpha_F I_F - I_R \qquad (8\text{-}25)$$

$$I_B = I_E - I_C = (1 - \alpha_F)I_F + (1 - \alpha_R)I_R \qquad (8\text{-}26)$$

分別比較（8-17）式與（8-24）式，（8-19）式與（8-25）式可得下列關係：

$$I_{FO} = a_{11} \qquad (8\text{-}27a)$$

$$\alpha_R I_{RO} = a_{12} \qquad (8\text{-}27b)$$

$$\alpha_F I_{FO} = a_{21} \qquad (8\text{-}27c)$$

$$I_{RO} = a_{22} \qquad (8\text{-}27d)$$

因為 $a_{12} = a_{21}$，故 $\alpha_R I_{RO} = \alpha_F I_{FO}$

由上分析可知，易伯-摩爾模型不但適合於理論分析，也符合了實際的電晶體 I-V 關係，利用此模型分析電晶體特性時，只須事先獲得 I_{FO}、I_{RO} 及 α_F 三個參數值即可進行。

8-5　電晶體的暫態分析

本節主要在討論電晶體的**啟動**（Turn on）及**截斷**（Turn off）的暫態現象，以便瞭解**電晶體的交換**（Switching）情形；於本節末段也順便介紹**蕭特基電晶體**（Schottky transistor）優越的交換特性，使讀者可以明瞭**蕭特基電晶體邏輯**（Schottky transistor logic; STL）電路之所以能迅速交換的原因。

8-5-1　截止與飽和

電晶體的輸入訊號要得到忠實的線性放大的話，必須要慎選、設計適當的偏壓電路，使工作點及工作範圍均出現在活動區內；可是雙極性電晶體數位電路（如 TTL），卻選擇在截止與飽和區工作；一般 TTL 電路工作時，其邏輯狀態如後：

電晶體導通（ON）…………飽和區工作 [大（飽和）電流，低電位]

電晶體截斷（OFF）………截止區工作 [小（零）電流，高電位]

因此電晶體如何由導通漸變為截止，其中間所經歷的暫態現象究竟為何，實在有深入研究的必要。

圖 8-14 是 P^+NP 電晶體在截止區、活動區及飽和區工作時的少數載體濃

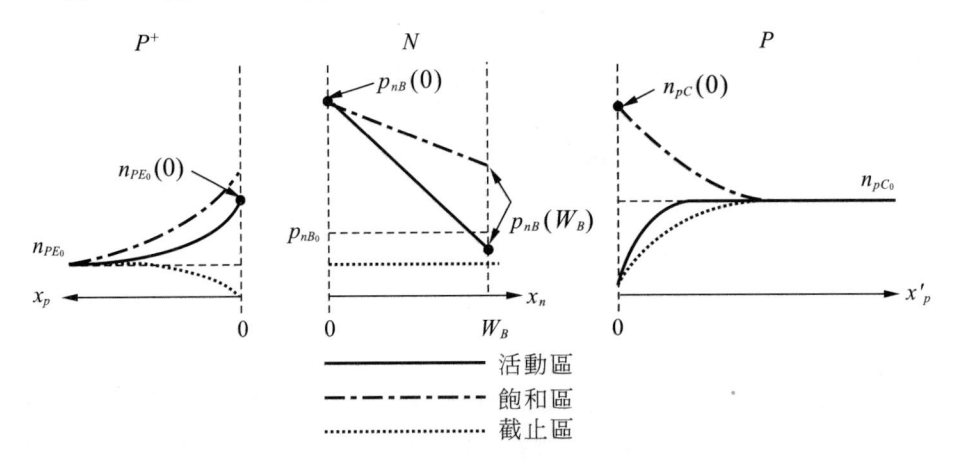

(a) 各工作區的少數載體變化之比較

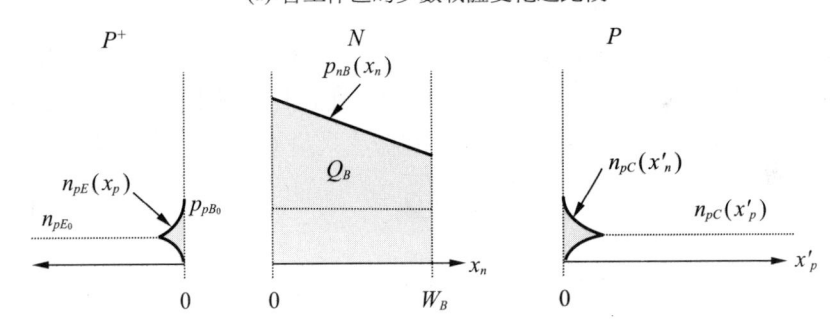

(b) 電晶體正要由飽和交換到截止時的電荷儲存

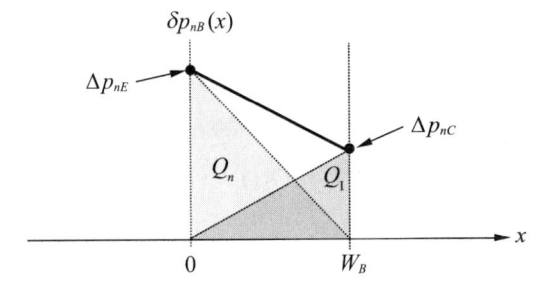

(c) 飽和區工作時基極內的電荷分量

圖 8-14　在 P^+NP 電晶體內工作的少數載體濃度變化

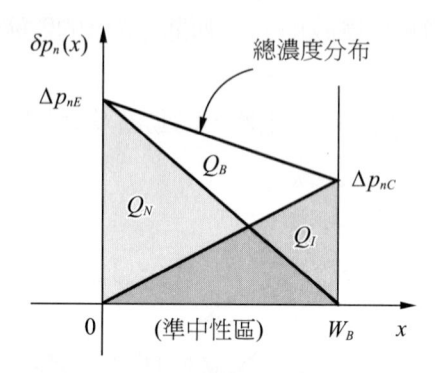

圖 8-15　P^+NP 電晶體在飽和區工作時，少數載體在基極中的分布情形（$W_B < L_P$）

度對空間（x）的變化情形。首先討論少數載體在基極區的注入情形；在飽和區工作時，因為射極及集極接面都被順向偏壓，在 $W_B \ll L_P$ 的情況下，少數載體在基極的分布如圖 8-15 所示。

圖 8-15 中的 Q_N，係代表 $V_{EB} > 0$ 及 $V_{CB} = 0$ 時，電洞由射極注入基極的電荷量；而 Q_I 則代表 $V_{EB} = 0$ 及 $V_{CB} > 0$ 時，電洞由集極接面注入至基極的電荷量；因此，基極內少數載體（電洞）的總注入量 Q_B 乃為 Q_N 及 Q_I 之和。即

$$Q_B = Q_N + Q_I \tag{8-28}$$

此處　　$Q_N \doteq qAW_B \Delta p_{nE}/2 \;$；　　$Q_I \approx qAW_B \Delta p_{nC}/2 \;$；

$$\Delta p_{nE} = p_{nB_0}(e^{qV_{EB}/KT} - 1) \tag{8-29}$$

$$\Delta p_{nC} = p_{nB_0}(e^{qV_{CB}/KT} - 1) \tag{8-30}$$

任何時刻 t 的基極少數載體電荷量 $Q_B(t)$ 的變化量，等於注入基極內的電流 $i_B(t)$ 減去基極內與主要載體復合的電流 $Q_B(t)/\tau_B$ 以式子表示為

$$\frac{dQ_B(t)}{dt} = i_B(t) - \frac{Q_B(t)}{\tau_B} \tag{8-31}$$

在 P^+NP 電晶體中 $\tau_B = \tau_P$。

在共射極的電路中，集極電流 $i_C(t)$ 是主要的輸出變數之一，在電晶體的活動區與飽和區的分異點在 $V_{EB}>0$ 及 $V_{CB}=0$，情況，此時 $Q_B(t)=Q_N(t)$，由 8-4 節的分析可得

$$i_C(t)=\frac{Q_B(t)}{\tau_{tr}}=\frac{Q_N(t)}{\tau_{tr}} \qquad (8\text{-}32)$$

在進入飽和區的起點時，基極中所注入電荷量 Q_{sat} 的大小為

$$Q_{sat}=Q_N=I_{C,sat}\tau_{tr} \qquad (8\text{-}33)$$

一旦電晶體進入飽和區內工作，必定使 $Q_B(t)>Q_{sat}$，這是因為此時 $Q_I(t)>0$ 的緣故。

8-5-2 啟動暫態

電晶體由截止區經過活動區而進入飽和區工作的交換現象稱為電晶體的啟動暫態，以圖 8-16(a) 的共射極電路為例，輸入電壓 V_s 由零 (或負)，上升至正值，使 i_B 增加，v_{EC} 減少，漸漸進入飽和區；在圖 8-16(b) 的輸出特性曲線中，工作點由截止區的 A 點，轉入活動區的 B 點，終於進入飽和區的 C 點。

如果基極脈波大小 $V_s \gg v_{EB}$，則 $i_B \simeq V_s/R_s = I_B$，此時 (8-31) 式變為

$$\frac{dQ_B(t)}{dt}=I_B-\frac{Q_B(t)}{\tau_B} \qquad (8\text{-}34)$$

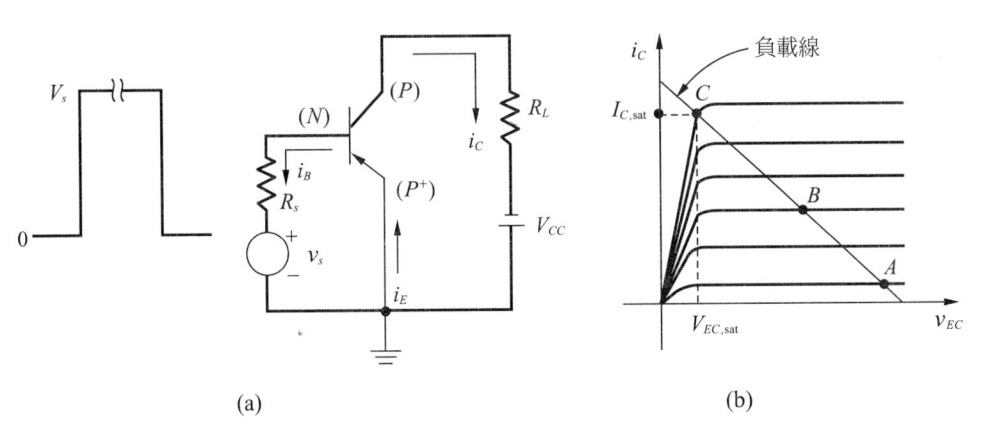

圖 8-16 討論 P^+NP 電晶體啟動暫態的線路及輸出特性

假設電晶體在工作前基極中的電荷量 Q_B 為零，即初始條件為 $Q_B(0) = 0$，則 (8-34) 式的解為

$$Q_B(t) = I_B \tau_B (1 - e^{-t/\tau_B}) \tag{8-35}$$

集極電流 $i_C(t)$ 為

$$i_C(t) = Q_B(t)/\tau_{tr} = \frac{I_B \tau_B}{\tau_{tr}}(1 - e^{-t/\tau_B}),\ (當\ Q_B \leq Q_{sat}) \tag{8-36}$$

假如此電路費了 t_r 的時間才達到飽和區的邊緣，即

$$I_{C,\,sat} = Q_{sat}/\tau_{tr} = \frac{I_B \tau_B}{\tau_{tr}}(1 - e^{-t_r/\tau_B}) \tag{8-37}$$

可求得 τ_r 為

$$\tau_r = \tau_B \ln\left[\frac{1}{1 - \dfrac{I_{C,\,sat}\tau_{tr}}{I_B \tau_B}}\right] \tag{8-38}$$

上式中的電流

$$I_{C,\,sat} = \frac{V_{CC} - V_{EC,\,sat}}{R_L} \simeq \frac{V_{CC}}{R_L}$$

$$I_B = \frac{V_S - v_{EB}}{R_S} \simeq \frac{V_S}{R_S}$$

由 (8-38) 式可知，如果 $I_{C,\,sat}$ 變小，而 I_B 增大，可使 t_r 值變小，意指基極電流加大，而 $I_{C,\,sat}$ 愈小（即 Q_{sat} 愈小），注入電荷 $Q_B(t)$ 達到 Q_{sat} 所需的時間（t_r）自然較短。

圖 8-17(a) 是注入基極的少數載體電荷對時間的變化；圖 8-17(b) 是對應於 $Q_B(t)$ 的集極電流變化，可見當 $t = t_r$ 時，因 $Q_B(t) \simeq Q_{sat}$ 電晶體進入飽和區工作，因此集極電流趨近於飽和電流 $I_{C,\,sat}$，嗣後即使 $Q_B(t) > Q_{sat}$，$i_C(t)$ 所增亦極為有限、接近一定值。圖 8-17(c) 是注入的少數載體濃度及其儲存之基極電荷量之增加情形。

第八章 雙極性電晶體 351

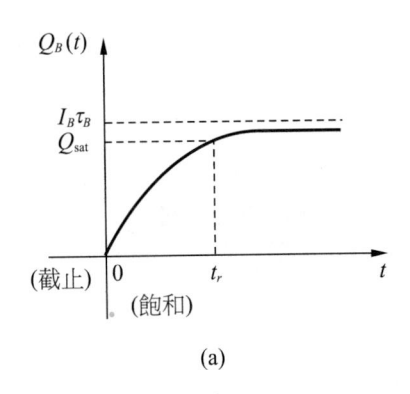

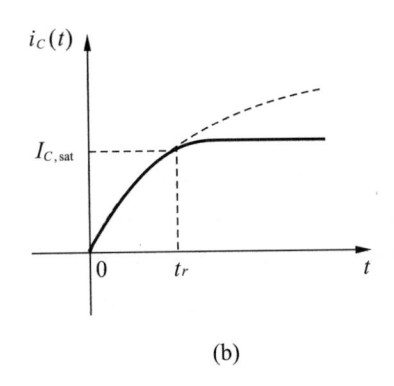

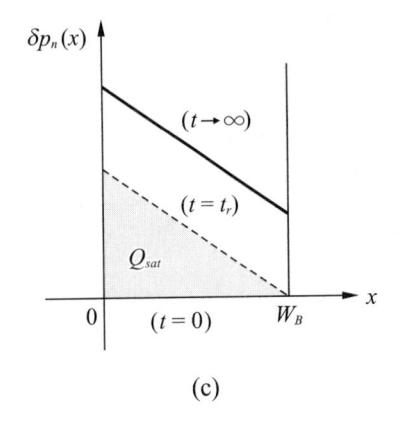

圖 8-17 P⁺NP 電晶體啟動暫態的
(a) 基極注入電荷量
(b) 集極電流
(c) 注入的超額載體及電荷的變化情形

8-5-3 截斷暫態

電晶體由飽和區，經過活動區，終於進入截止區的交換現象稱為截斷暫態。本小節仍舊以圖 8-16(a) 的共射極放大電路為例，利用基極電流由正變成零 (或負值) 的脈波，使電晶體由導通變為截斷狀態。

圖 8-18(a) 的基極脈波電流，是圖 8-16(a) 中輸入信號在 $t = 0$ 時由某一正值 V_s 遽降為零所產生的，因此 (8-31) 式乃變成

$$\frac{dQ_B(t)}{dt} = 0 - \frac{Q_B(t)}{\tau_B} \;;\; t \geq 0 \tag{8-39}$$

上式的解為

$$Q_B(t) = Q_B(0)\, e^{-t/\tau_B} \qquad (8\text{-}40)$$

$Q_B(0)$ 是圖 8-18(c) 對應於 $t = 0$ 時儲存在基極區的總注入 (飽和) 電荷；與啟動暫態恰好相反的是在 $Q_B(t)$ 尚未降至 Q_{sat} 時，集極電流保持在某一定值，即 $i_C(t) \simeq I_{C,sat}$ 而 $Q_B(t)$ 降低至 Q_{sat} 所需的時間稱為「**儲存的時間延遲**」(Storage time delay, t_{sd})。當 $t > t_{sd}$，$Q_B(t) < Q_{sat}$，表示電晶體已經由飽和區進入活動區工作，此時的集極電流 $i_C(t)$ [如圖 8-18(d) 所示] 為

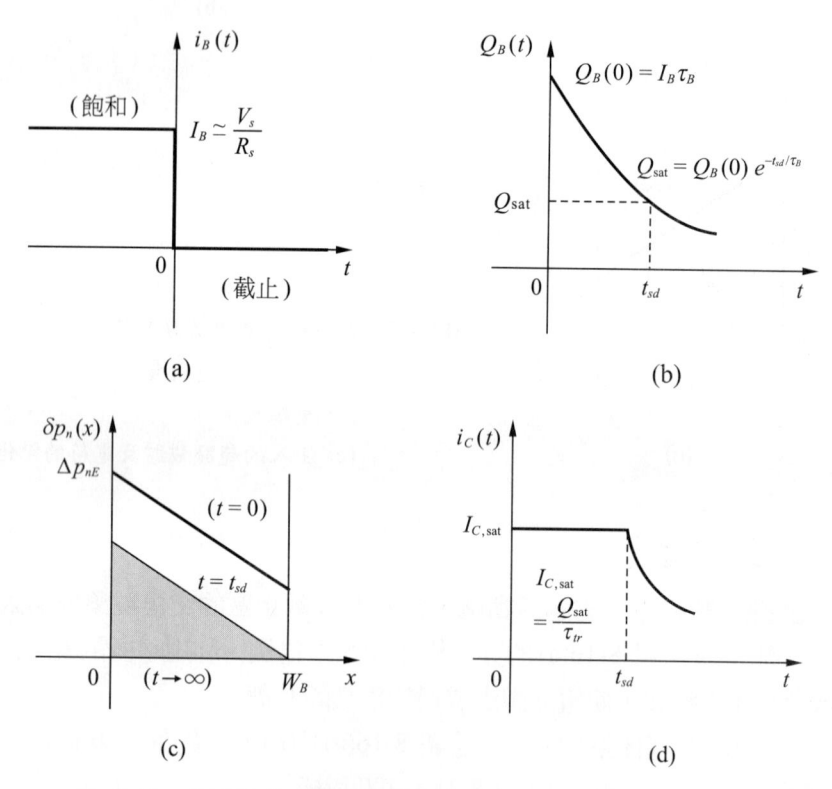

圖 8-18　P^+NP 電晶體截斷暫態的
　　　　(a) 截斷的輸入脈波 $i_B(t)$，　(b) 基極區少數載體電荷的變化
　　　　(c) 少數載體在基極區之變化，(d) 集極電流 $i_C(t)$

第八章　雙極性電晶體　353

$$i_C(t) = \frac{Q_B(t)}{\tau_{tr}} = \frac{Q_B(0)}{\tau_{tr}} e^{-t/\tau_B} \; ; \qquad t \geq t_{sd} \qquad (8\text{-}41)$$

儲存時間 t_{sd} 可由下式求得

$$I_{C,\,\text{sat}} = \frac{Q_B(0)}{\tau_{tr}} e^{-t_{sd}/\tau_B} = \frac{I_B \tau_B}{\tau_{tr}} e^{-t_{sd}/\tau_B} \qquad (8\text{-}42)$$

$$t_{sd} = \tau_B \ln \left[\frac{I_B \tau_B}{I_{C,\,\text{sat}} \tau_{tr}} \right] \qquad (8\text{-}43)$$

上式中可發現，較小的 τ_B 或 I_B 值可以有較短的儲存時間 t_{sd}；換言之，電晶體進入飽和區工作的深度愈淺 (即愈低的 $I_B \tau_B$ 值)，少數載體電荷量 $Q_B(t)$ 由基極移出降至 Q_{sat} 所需的 (t_{sd}) 愈短。

例 8-4

假如基極脈波電流由某正值 I_B 於 $t = 0$ 時遽降為 I_B 以使截斷此電晶體，試求 $Q_B(t)$，$I_{C,\,\text{sat}}$ 及 t_{sd} 值。

解　如上情況，(8-31) 式改寫為

$$\frac{dQ_B(t)}{dt} = -I_B - \frac{Q_B}{\tau_B} \; ; \; t \geq 0 \qquad (8\text{-}44)$$

此時的時間初始及最終條件為 $Q_B(0) = I_B \tau_B$，$Q_B(\infty) = -I_B \tau_B$。(8-44) 式的解為

$$Q_B(t) = I_B \tau_B \left(2e^{-t/\tau_B} - 1 \right) \qquad (8\text{-}45)$$

而　　$Q_B(t = t_{sd}) = Q_{\text{sat}}$

所以　$I_{C,\,\text{sat}} = \dfrac{Q_{\text{sat}}}{\tau_{tr}} = \dfrac{I_B \tau_B}{\tau_{tr}} \left(2e^{-t_{sd}/\tau_B} - 1 \right) \qquad (8\text{-}46)$

t_{sd} 可由上式化簡得

$$t_{sd} = \tau_B \ln \left[\frac{I_B \tau_B}{I_{C,\,\text{sat}} \tau_{tr} \left[\dfrac{1}{2} + \left(\dfrac{1}{2} \right) \dfrac{I_B \tau_B}{I_{C,\,\text{sat}} \tau_{tr}} \right]} \right] \qquad (8\text{-}47)$$

$i_B(t)$，$Q_B(t)$ 及 $i_C(t)$ 分別圖示於下圖 8-19(a)，(b) 及 (c)。

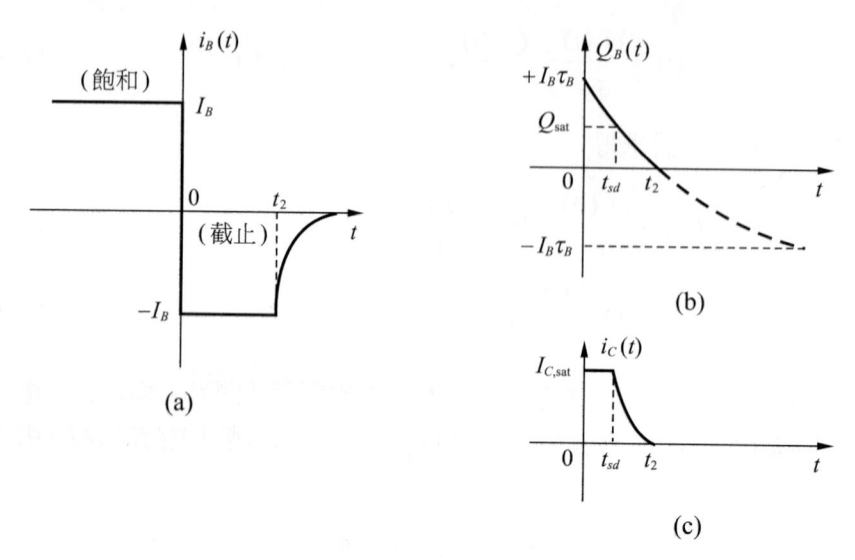

圖 8-19　P^+NP電晶體的另外一種截斷暫態現象

因為在 $t>0$ 後，基極有負 I_B 電流幫助 Q_B 的加速移走，因此電荷儲存時間 t_{sd} 也比圖 8-18 的截斷情況縮短了許多。

8-5-4　蕭特基電晶體

為了有效的縮短 BJT 的交換時間，可以利用如圖 8-20 的蕭特基二極體[3]來達成它；這個蕭特基二極體跨接於基極-集極之間，形成 BJT 集極接面的一個旁路，整個電晶體稱為蕭特基電晶體。

這個蕭特基二極體 (簡寫為 SBD) 可以由擴展基極的鋁金屬極而且跨越集極接面 J_C (如圖 8-20(b)) 來形成，鋁與較高濃度摻入的 P 區域會形成雙向導通的歐姆接觸，但是鋁與較低濃度摻入的 N 型集極區卻會形成單向導通的 (整流特性的) 蕭特基接觸，即是圖示於圖 8-20(a) 的 SBD 二極體；NPN 電晶體在截止區及活動區工作時，蕭特基二極體 SBD 會與 J_C 接面一般逆向偏壓，但 J_C 轉為順向偏壓時，SBD 也同時導通，並使 V_{BC} 箝定於 SBD 的切入電壓，此 SBD 的切入電壓通常均低於一般 PN 接面 (J_C) 的切入電壓，使得電晶體在飽和區

---

[3] 金屬與半導體接觸會因工作函數及介面狀態的不同形成歐姆接觸或整流性的蕭特基接觸；此兩種接觸形成的條件及其理論會在第九章詳細介紹。

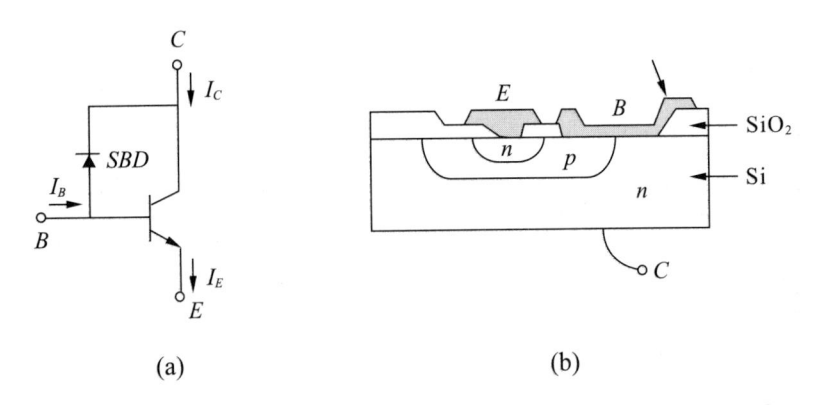

圖 8-20　蕭特基電晶體的 (a) 等效電路；(b) 元件構造（截面圖）

工作時，大部分的 I_B 均流經 SBD，因此很大的 I_B 電流並不會使 BJT 的基極儲存有很多的超額載體，因此之故，電晶體要由「飽和」轉向「截止區」時，也只有較少的電荷等待移除，因為蕭特基二極體的導通端靠主要載體的移動（是一種單極性元件），比較不會有如前述 BJT 移走少數載體的儲存時間延遲之困擾，蕭特基電晶體的儲存時間大約是一般 BJT 的十分之一或者更低。

以蕭特基電晶體取代 TTL 中的 BJT 所製成的**蕭特基電晶體邏輯**（Schottky transistor logic; STL）積體電路，其每閘平均的傳播延遲 T_d 約在 1 奈秒（10^{-9} 秒）因次，遠低於 TTL 的數十奈秒，是一種快速交換的數位電路。

8-6　實際電晶體中的額外考慮

在本節以前所敘述的理論或現象，僅適用於理想化的電晶體，實際的電晶體在小電流、低電壓區域或在大電流、高電壓區域，其 I-V 特性與理想電晶體有較大的差異，本節將逐一介紹這些差異，分析它的原因及產生的現象。

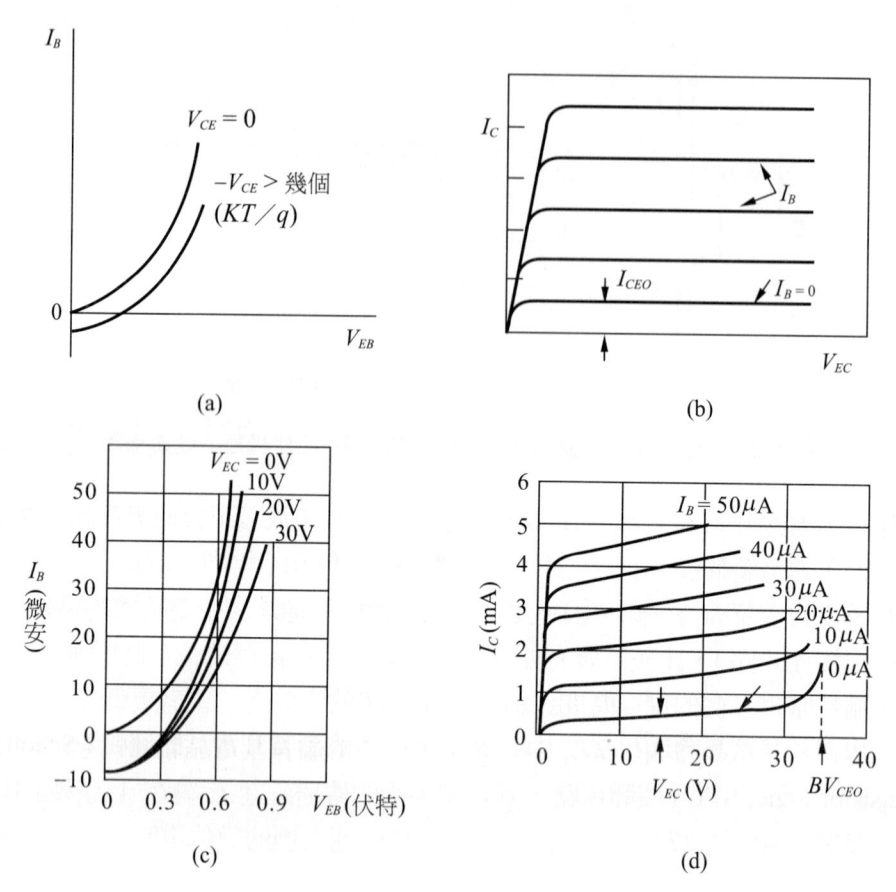

圖 8-21　共射極 PNP 電晶體的輸入及輸出特性。(a)、(b)為理想電晶體特性；(c)、(d)為考慮基極寬度調變的實際電晶體特性

8-6-1　基極區寬度調變

　　首先觀察出基極寬度因集極接面偏壓變化而縮減，使得集極電流或射極電流產生變化的是歐萊 (J. M. Early) 這位科學家，所以這個效應又被稱為「**歐萊效應**」(Early effect)。

　　圖 8-21 是共射極 (CE) 電晶體電路的輸入及輸出特性曲線，由 8-21(b)及 (d) 可以知道，當 I_B 固定時，I_C 會隨 V_{EC} 的增大而逐漸升高，我們可以由公式觀察出來，由 (8-12c) 式知，當 V_{EB} 固定時，I_B 也被固定，而 $V_{EC} = V_{EB} + V_{BC}$

因此 V_{EC} 的增大其實是因為 V_{BC} 增加的緣故；在活動區工作的電晶體，集極接面的逆向偏壓 V_{CB} 的增加，會使得集極接面的空間電荷區加大，部分往中性區蔓延的結果，使得準中性區的寬度 W_B 逐漸變窄，在 (8-13b) 式的泰勒級數展開式可以發現，如果 $W_B < L_{PB}$，

$$I_C \simeq qA\Delta p_E (D_{PB}/W_B) \qquad (8\text{-}48)$$

由 (8-48) 式可以發現，當逆向偏壓的大小 V_{CB} 增大時，會使得 V_{EC} 變大，準中性區寬度 W_B 變窄，促使集極電流 I_C 逐漸升高，如圖 8-21(d) 所示。

圖 8-22 是 V_{EB} 維持一定，但 V_{CB} 漸增，集極接面空間電荷區變寬，使得基極準中性區寬度 W_B 變窄的情形。

基極寬度 W_B 變窄使得集極電流 I_C 漸增的情形可以由 I_C-V_{EC} 的特性曲線觀察得到，究竟是什麼原因使得 I_C 增加呢？詳細探討的結果，有三個主要原因：

1. 因為集極接面空間電荷區變寬，使得在該區域內因電子-電洞對產生所形成的電流分量增大。[請參考 (7-81) 式]
2. 因為準中性寬度 W_B 變窄，由射極注入的電洞在基極區被復合的機會減少，相對地，使得集極電流增加。
3. 在集極接面附近的表面洩漏電流，因為 V_{CB} 的增加而變大。

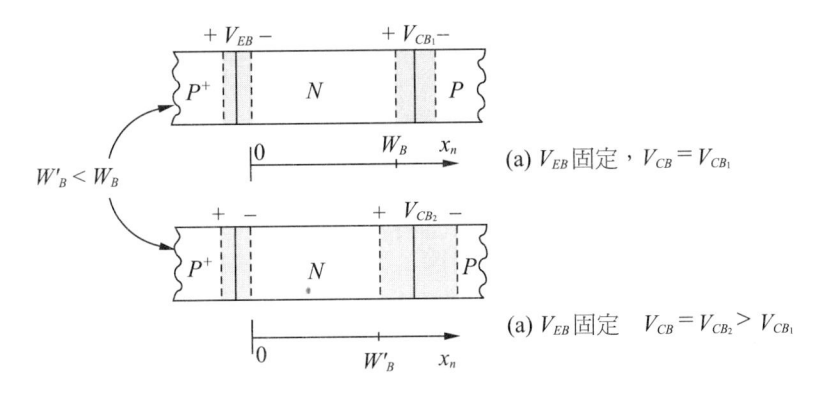

圖 8-22　P^+NP 電晶體因 V_{CB} 逆偏增大，W_B 變窄的情形

在共射極電路中，以第一種原因使得 I_C 增加的比率最多，因為集極接面逆向偏壓，少數電子因此電場漂移進入基極區（變為主要載體），使得由射極注入的電洞增加，而增高 I_C 值。

例 8-5

假設有一 P^+NP 電晶體在活動區工作，其基極區雜質濃度近乎一定，準中性寬度 $W_B \ll L_P$；因為 V_{CB} 增加的緣故，W_B' 縮短為原來的一半（即 $W_B/2$），但 V_{EB} 偏壓恆維持一定。試利用「電荷控制說」的觀念，求出下列情況下電流增益 β 值的變化：

(a) 射極注入效率 $\gamma \simeq 1.0$

(b) $I_{En} = 0.1\, I_{EP}$

解 因為 $W_B \ll L_P$，此時的基極傳輸因素

$B_T = \text{sech}(W_B/L_P) \simeq 1 - W_B^2/2L_P^2 \simeq 1$

(a) $\gamma \doteq 1.0$ 時，代表 $I_{En} \ll I_{EP}$

$$\beta = I_C/I_B = \tau_P/\tau_{tr}$$
$$= \tau_P/(W_B^2/2D_P) = \frac{2D_P \tau_P}{W_B^2}$$
$$= \frac{2L_P^2}{W_B^2} \quad [\text{原}(8\text{-}14)\text{式}]$$

$\therefore \beta' = \beta'(W_B' = W_B/2) = 4\beta(W_B)$

即 β 值為原來偏壓之 4 倍；此處 $\beta(W_B) \equiv \beta(x = W_B)$。

(b) $I_{En} = 0.1\, I_{EP}$

在 V_{CB} 未增加前

$$\gamma = \frac{I_{EP}}{I_{En} + I_{EP}} = \frac{1.0 I_{EP}}{1.1 I_{EP}} = \frac{10}{11}$$

$$\beta = \frac{\gamma B_T}{1 - \gamma B_T} = \frac{(10/11) \times 1}{1 - 10/11} = 10$$

此時 $I_C \doteq B_T I_{EP} \simeq I_{EP}$

假如準中性區寬度變為原來之半，則

$$I_C' = \frac{Q_B'}{\tau_{tr}'}$$
$$= (Q_B/2)/(\tau_{tr}/4) \quad (因 \tau_{tr} = W_B^2/2D_P)$$

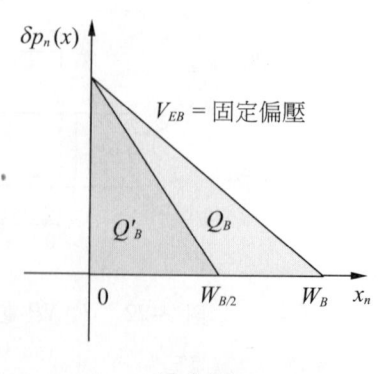

圖 8-23

由圖 8-23 可知，不但 τ_{tr} 會因 W_B 值的變窄而變為原來的 (1/4)，Q_B 值也同時減為原值之半。因此

$$I'_C = 2\,(Q_B/\tau_{tr}) = 2I_C \simeq 2I_{EP} \simeq I'_{EP}$$

所以

$$\gamma' = \frac{I'_{EP}}{I'_{En} + I'_{EP}} = \frac{2I_{EP}}{I_{En} + 2I_{EP}} = \frac{2.0}{2.1}$$

上式中 I_{En} 係由基極注入射極的電子電流，因 V_{EB} 固定，所以沒有改變。

$$\beta' = \frac{\alpha'}{1 - \alpha'} = \frac{20/21}{1 - 20/21} = 20$$

可見 β 值增為原來的兩倍。

8-6-2　寇克效應

在前節我們瞭解電晶體在活動區工作時，V_{BE} 維持一定，V_{BC} 偏壓發生變化引起的效應。本節則要簡介在積體電路中的電晶體在活動區工作時，V_{BC} 固定，射極接面偏壓 V_{BE} 變化所產生的影響。

在積體電路中，典型的電晶體的構造如圖 8-24(a) 所示，在低濃度摻入的 P^- 基座上，先擴散一層**埋置層**(Buried layer)，其目的是要降低集極區內電阻，但卻不會使集極接面的破壞電壓下降；在「埋置層」的上方，則用**磊晶生長**(Epitaxial growth) 技術生長一層 n^- 的低濃度磊晶層，並選定其中部分區域為集極區，這種設計的好處是可以有效的提高 J_C 的破壞電壓 (使一般偏壓不致破壞接面)，也降低了集極區電容，更減少了 V_{BC} 逆偏時，空間電荷區向基極區蔓延的弊病，但因為過低的集極雜質濃度，同時也帶來了幾個不良的結果。

電晶體在活動區放大時，集極接面 J_C 逆向偏壓，使得注入基極到達 J_C 空間電荷區邊緣的少數載體會被迅速的掃下「位能丘」，因此在處理 I-V 特性時，在 J_C 空間電荷區邊界的少數載體濃度方才假設為零，此種假設純係為了簡化問題而設的近似方法，因為事實上，有載體通過此空間電荷區以被收集為電流 I_C，因此必須加以考慮。

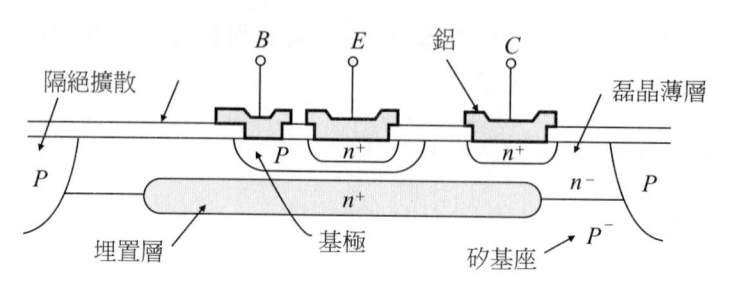

(a) 積體電路內的 NPN 電晶體

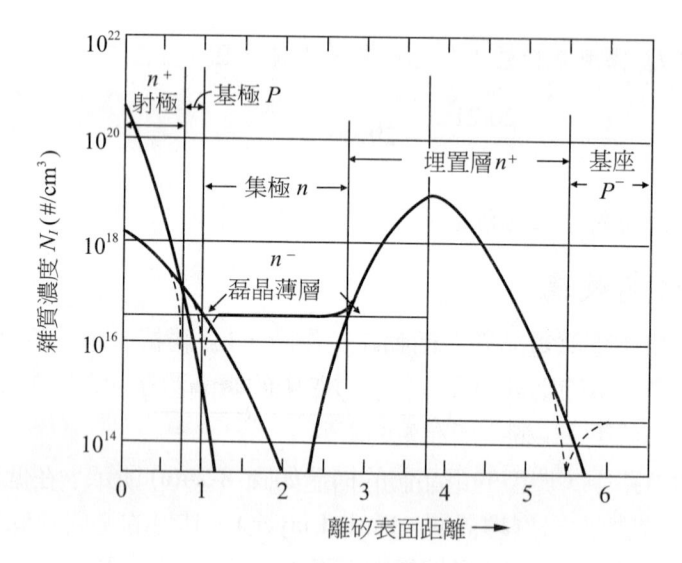

(b) 上圖電晶體的雜質剖析

圖 8-24　積體電路內的 NPN 電晶體 [2]

在集極接面空間電荷區通過的自由載體大部分皆以散射極限速率 v_{th} 漂移運行，因此如果流通的電流密度為 J，則其流通的載體濃度為 (J/qv_{th})，這些自由載體會與準中性基極區的主要載體**中和** (Neutralized)，但在空間電荷區內卻必須加以計算在內，尤其是在大電流密度時，更不能忽略。

上述產生電流的自由載體進入 J_C 的空間電荷區內，會影響電場分布，對於固定的 V_{BC} 偏壓而言，空間電荷區內電場的積分結果必須是一定值，因此，任何空間電荷區內電荷的變化，必須調變空間電荷區的寬度才能維持 V_{BC} 在某一定值，隨後我們將可發現，此空間電荷區寬度趨向於變窄，而使得準中性區

寬度 W_B 變寬，這種效應叫做「**寇克效應**」（Kirk effect）。

圖 8-25(a) 是電晶體在活動區工作時，集極接面附近的雜質剖析圖，圖 8-25(b) 是其電場分布圖，圖中之 E_l 代表自由電子達到散射極限速率 v_{th}（即其最大漂移速度）時之電場強度。

對於 N^+PN 電晶體集極接面附近之電荷分布，可由伯桑方程式表示如下：

$$\frac{d\varepsilon}{dx} = \frac{1}{\epsilon_s}\left[qN(x) - \frac{J_C}{v(x)}\right] \tag{8-49}$$

上式中之 $N(x) = N_D(x) - N_A(x)$ 是空間電荷區內的淨雜質濃度；J_C 為集極電流密度，$v(x)$ 為自由載體（電子）之漂移速度。假如 V_{CB} 偏壓維持不變，可立另一電位公式如後：

$$V_{CB} + V_0 = \int_{x_B}^{x_C} -\varepsilon\, dx \tag{8-50}$$

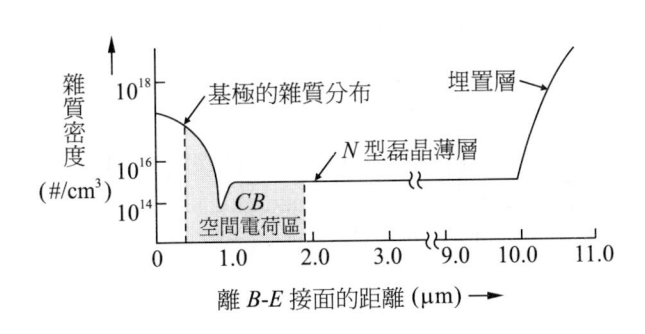

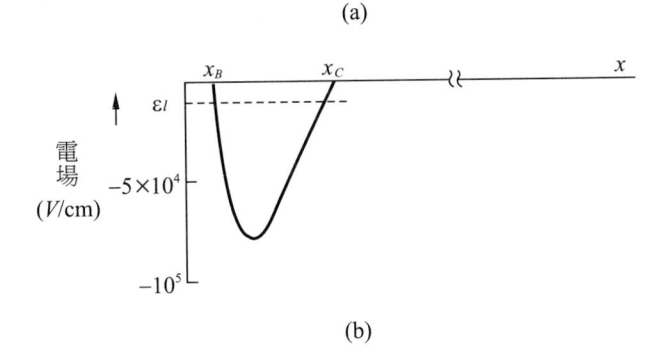

圖 8-25　積體電路內放大用電晶體的
(a) 集極接面 J_C 附近的雜質剖析
(b) J_C 附近的空間電荷電場分布

上式中之 V_0 為 J_C 附近之內建電位 [如 (7-7) 式]，而 $(x_C - x_B)$ 即為 J_C 之空間電荷區寬度。

在 (8-49) 式中可以發現，當 J_C 很小時，第二項可以忽略，可是當 J_C 很大時，卻必須加以考慮；使第二項與第一項相等的臨界電流 $J_1 = qN(x)v(x)$，此一臨界電流會在最低雜質濃度的地區首先達到，在圖 8-25(a) 中知道，此區域即 N^- 的磊晶區，所以 $J_1 = qN_{epi}v_{th}$（大部分之 V_{CB} 偏壓使得在接面附近漂移載體速度 $v(x) \simeq v_{th}$）如果截面積 $A \simeq 10^{-5}$ cm^2，$N_{epi} = 5 \times 10^{15}$（#/cm^3），$J_1 \simeq 80$ mA。一般電晶體在使用時大都遠超過 J_1 這個臨界值，所以 (8-49) 式之第二項不能予以忽略。

(8-49) 式乘以 x 後再予以積分可得

$$\int_{x_B}^{x_C} x \frac{d\varepsilon}{dx} dx = \frac{1}{\epsilon_s} \int_{x_B}^{x_C} x \left[qN(x) - \frac{J_C}{v(x)} \right] dx \qquad (8\text{-}51)$$

上式左邊可由**部分積分法**（Integral by parts）化簡，代入 (8-50) 式後可得

$$\int_{x_B}^{x_C} x\, d\varepsilon = -\int_{x_B}^{x_C} \varepsilon(x)\, dx = V_{CB} + V_0 \qquad (8\text{-}52)$$

請注意處理上式時，已採取了 $\varepsilon(x_C) = \varepsilon(x_B) = 0$ 的邊界條件。上式可改寫為

$$V_{CB} = \frac{1}{\epsilon_s} \int_{x_B}^{x_C} x \left[qN(x) - \frac{J_C}{v(x)} \right] dx - V_0 \qquad (8\text{-}53)$$

假如 V_{CB} 偏壓固定，但 V_{BE} 偏壓增高，使得 J_C 增大超過臨界值 J_1 後，因為高電流密度 J_C 的影響，使得 $(x_C - x_B)$ 變小，即空間電荷區變窄，而相對地增加了基極準中性區寬度 W_B 的大小，使得電晶體的 β 值降低（試與例 8-5 比較），同時也使得電晶體的頻率響應變差。

要詳細瞭解 $(x_C - x_B)$ 變化的詳細情形，必須代入隨空間 x 變化的 $N(x)$ 函數及因 V_{BE} 變化而變動的 J_C 值，本小節不再深入分析。

8-6-3　基極區內的載體飄移

擴散式接面電晶體的雜質分布情形如圖 8-26(a) 所示，可見基極區的雜質並非均勻分布，其近似的分布為**高斯函數**（Gaussian function），因為濃度函數呈現遞降的趨勢，必定會在基極區之兩邊存在一內建電位，因此當電洞經過基極區域時，必須額外考慮電場所生之飄移分量。

利用熱平衡的條件可以求出上述內建電場 $\varepsilon(x)$ 的大小；在 P^+NP 電晶體中

$$I_n(x_n) = qA\mu_n N(x_n) \varepsilon(x_n) + qAD_n \frac{dN(x_n)}{dx_n} = 0 \qquad (8\text{-}54)$$

內建電場 $\varepsilon(x_n)$ 為

$$\varepsilon(x_n) = -\frac{D_n}{\mu_n} \frac{1}{N(x_n)} \frac{dN(x_n)}{dx_n} = \frac{-KT}{q} \frac{1}{N(x_n)} \frac{dN(x_n)}{dx_n} \qquad (8\text{-}55)$$

對於如圖 8-26(a) 的基極之雜質分布，因為它隨 x_n 之增加呈遞減的分布，所以 $\varepsilon(x_n)$ 之方向為正，即射極邊界為正，集極邊界為負；P^+NP 電晶體的電洞由射極注入基極區後，電洞在往集極接面傳輸的過程中，會受到上述電場漂移作用的幫助，因此基極傳輸時間 τ_{tr} 會比基極雜質呈均勻分布的電晶體縮短許多，這種效應對在高頻工作的電晶體尤其重要。因為 τ_{tr} 縮短後，基極傳輸因素 B_T 會更趨近於 1，此時電流轉換率 α 主要受到射極注入效率 γ 的影響。

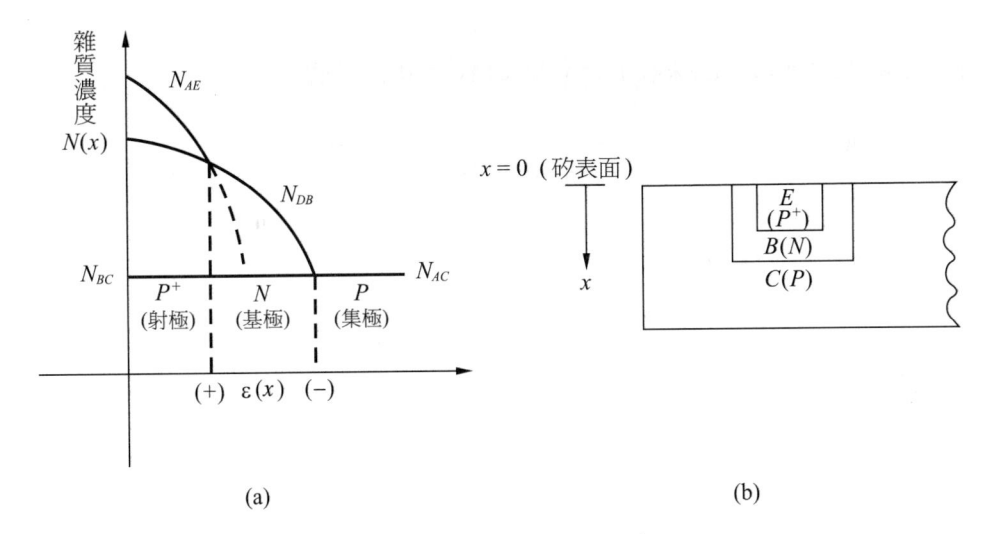

圖 8-26 擴散式接面電晶體：
(a) 雜質分布；(b) 剖面圖

8-6-4 累崩崩潰與穿透

在 8-6-1 節可以發現，當 J_C 的逆向偏壓 V_{CB} 持續增加時，會使得 J_C 的空間電荷區加寬，而使基極準中性區逐漸變窄，最後，基極區完全被空間電荷區填滿，如圖 8-27(a) 所示，這種現象叫作「**穿透**」(Punch through)。

在 P^+NP 電晶體中，一旦它達到穿透的情況，電洞會直接由射極被掃向集極而喪失了電晶體的作用。因為達到穿透點後，如果再增加 V_{CB} 的逆偏壓，會使得射極接面的位能障壁降低，結果促使大量的電洞由射極而直接掃向集極使得 I_C 急速增加而終使電晶體破壞。

一般線路設計都儘量避免穿透現象的發生；大部分的情況下，集極接面 J_C 的累崩崩潰都發生在穿透點以前。圖 8-27(b) 是共基極電晶體電路，持續增加 J_C 逆向偏壓 V_{BC} 大小的特性曲線，當 V_{BC} 接近崩潰電壓 (射極開路) BV_{CBO} 時，集極接面附近的空間電荷區內會因高能量載體撞擊共價鍵，游離出大量的電子-電洞對而促使 I_C 突增終使電晶體破壞。

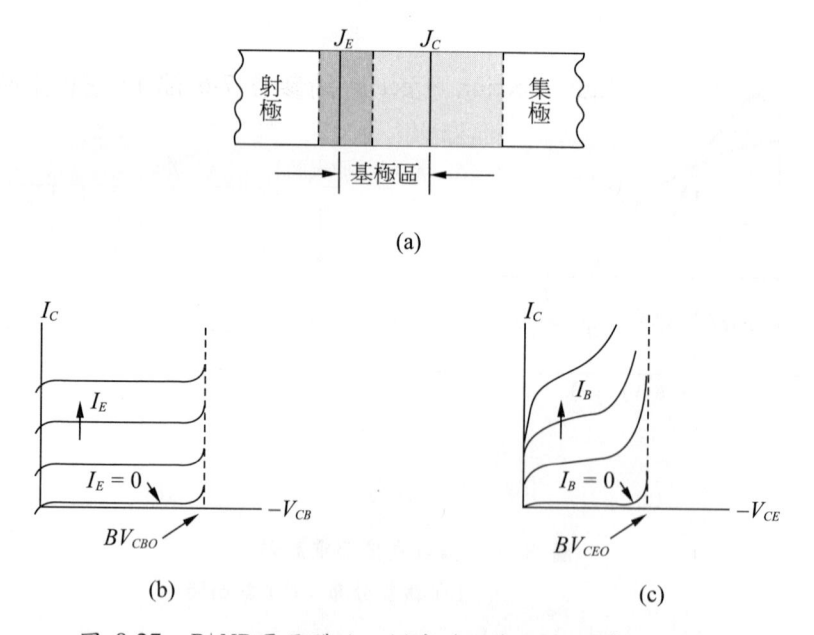

圖 8-27 P^+NP 電晶體的 (a)穿透現象；(b)共基極 (CB)；(c)共射極 (CE) 的累崩崩潰特性

圖 8-27(c) 是共射極電路的特性曲線，當 V_{EC} 持續增加時，J_C 逆偏程度愈深，使得接面附近的電子注入基極區的數量增多，促使大量的電洞由射極注入基極區隨即被掃向集極，I_C 電流因而大增，由於 I_C 電流的增加量受到電晶體放大作用的影響，所以破壞電壓 BV_{CEO} 遠比 BV_{CBO} 為低。

8-6-5　幾何效應

本章的電晶體特性都是**一度空間的分析**（One-dimensional analysis）結果。實際的電晶體自然是三度空間的元件，因此必須額外考慮以下的幾何效應以符實際。

1. 射極擁塞

首先在圖 8-28(a) 中可以發現，射極接面的有效面積比集極接面的面積小了許多，因此在計算電流大小時必須考慮在內，同時因為射極接面面積較小的緣故，大的順向偏壓加於 J_E 時，在此接面有大量的電洞注入，會發生所謂的**射極擁塞**（Emitter crowding）現象；如圖 8-28(a) 可知，在射極接面的轉角處，電流密度最高，因此在射極電流並不很大時，射極接面的轉角處已局部發生了**高階注入的效應**（High-injection effect）（請參考 7-6 節），它會限制電流 I_E（或 I_C）的增加，使得 β 值在大電流範圍有降低的現象。

為了避免上述射極擁塞的情況，**交址式幾何形狀**（Interdigitated geometry）設計是一種有效的方法，[如圖 8-28(b)、(c) 及 (d)]，其中基極及射極的金屬接觸採取手指形狀設計，分別交叉安置，如此電流 I_E 不但被分散為小電流，通過的接面面積也增大許多，而免除了射極電流擁塞的現象，這是大電流、高功率電晶體常見的接觸設計。

2. 內部及接觸電阻

在圖 8-28(a) 中的 r_C，是集極區的內部電阻，它會限制電晶體的高頻特性，必須加以抑低，在 8-6-2 節曾經提及，在積體電路中，埋置層可以因電阻的並聯作用，而降低了 r_C 值，但卻不會降低 J_C 的破壞電壓值。在圖 8-29 中可以發現，基極電流 I_B 在到達電晶體的心臟部位時，會經過一內部等效電阻 r'_B，除此之外，還有金屬與半導體的接觸電阻 r_B，因此實際加諸於射極接面的接面電壓，必須將偏壓 V_{CB} 扣除射極及基極歐姆接觸的電阻壓降及基極內

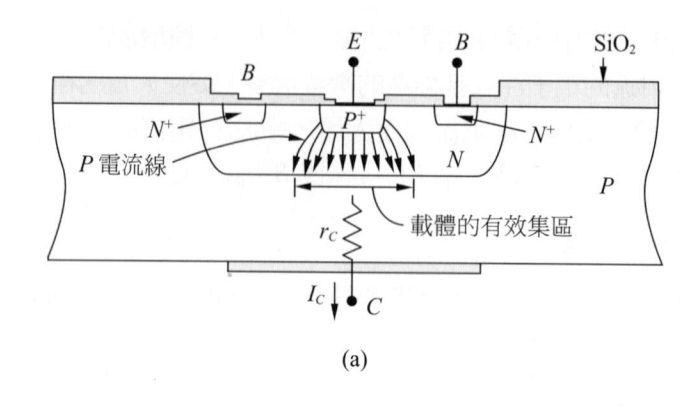

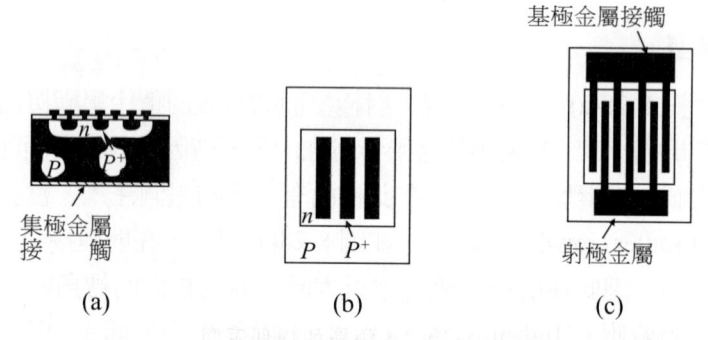

圖 8-28　P^+NP 電晶體的 (a) 射極擁塞（Emitter crowding）現象；(b), (c) 分別為功率電晶體的截面圖及上視圖；(d) 高功率電晶體的交叉位址（Interdigitated geometry）的幾何設計，可以改善射極擁塞的現象

部的電阻壓降，如果這些電阻壓降頗大，會影響少數載體在 J_E 接面注入基極區的比率。

8-6-6　空間電荷區內載體的產生及復合

理想的電晶體假設在空間電荷區內沒有載體的產生與復合；與二極體相同道理，逆向偏壓的接面（如集極接面）實際會有載體的產生而增大了洩漏電流 I_D，在電晶體中如 I_{CBO} 會因逆向的集極接面空間電荷區內的載體產生而增大，在突立的集極接面中，此產生電流會與 $|V_{BC}|^{1/2}$ 呈正比，這個產生電流也會使 I_{CEO} 值增高。

第八章 雙極性電晶體 367

　　順向偏壓的射極接面會在空間電荷區內發生載體復合的現象，使得 I_E 及 I_B 會因復合電流而增加，尤其是當 V_{EB} 較低時，復合電流分量顯得更為重要。因為 $I_B \simeq I_{En}$ 而 $I_E \gg I_{En}$，所以載體的復合電流影響 I_B 的程度遠較 I_E 為大。圖 8-30(a) 中的電流 I_C 並不受復合電流分量影響，這是因為 I_C 主要是由於注入基極的電洞再擴散至集極圖 8-30(a) 中可以發現，當 V_{EB} 偏壓很高時，I_C 會因高階注入的影響，使得

$$I_C = \frac{qAD_{PB}}{W_B} e^{-qV_{EB}/nKT} \; ; \; n \simeq 2$$

r_B = 金屬與半導體接觸電阻
r_B' = 內部份布的等效電阻

圖 8-29　基極區的內部電阻

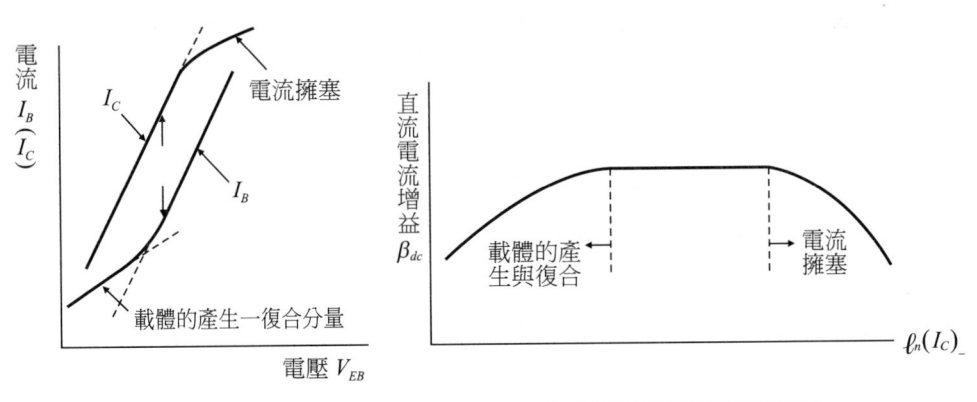

(a) 電流受空間電荷區內載體產生與復合及射極擁塞的影響情形

(b) β_{dc} 受到上述效應的對應變化

圖 8-30　P^+NP 電晶體在射極接面 J_E 附近空乏區內有載體的產生與復合，以及高階注入產生的電流擁塞之影響

它會因為**射極擁塞**的現象，使 I_C 如圖般受到限制。在 V_{CB} 較低時，I_B 受到復合分量的影響，因此 I_B 不會呈虛線的直線變化。由於上述效應的影響，使得直流電流增益 β_{dc} 會如圖 8-30(b) 中所示，在低電流及高電流區域，β_{dc} 值有降低的趨勢，唯有在中間區域，不會受到上述現象所左右，因此 β_{dc} 值才維持一定。

8-7 異質接面電晶體

由 8-2 節的 (8-2) 及 (8-2) 式可推知，電晶體的 α 參數要大的話，射極注入效率 γ_E 及基極傳輸因素 B_T 必須提高。

因 $\gamma_E \equiv I_{EP}/(I_{En}+I_{EP})$，故增加由射極往基極注入的電流 I_{EP}，並同時減少由基極注入射極區的載體流形成之 I_{En}，必可有效加大 γ_E 值。傳統地電晶體的做法是加大射極區摻雜並同時減低基極區的雜質濃度，可是此一措施會同時引起兩個負面效應：

(1) 高濃度射極摻雜會因而帶來了「能隙縮小效應」(Bandgap Shrinkage effect)，促使射極區的少數載體平衡濃度 p_{Eo} (n_{pn}^+ 電晶體) 變大，因而減低或完全抑制了 γ_E 的增加可能。
(2) 因為基極區很狹窄，減低基極區的摻雜濃度會引起很大的電阻增加，大幅減緩了電晶體的工作速度。

由上可知，快速工作的高頻電晶體必須有低摻雜的射極區以及高濃度的基極區，此一要求基本上完全顛覆了前述傳統電晶體的設計思維，自然必須採用嶄新的結構設計才行。

圖 8-31(a) 是達到前述高頻電晶體設計要點的結構例子。參考第七章圖 7-30 N-p 接面的能帶圖重製於圖 8-31(b)，採用寬能際的 N-AlGaAs 為射極材料，而用窄能隙的 p-GaAs 為基極區材料，形成之射極接面的位能障壁 [如圖 8-31(b)] 有了很大改變，即電子由 E 往 B 極注入的障壁 qV_n 會遠比由 B 往 E 極注入的電洞障壁 qV_p 小，促使前述的射極注入效率 (γ_E) 大幅增加。在射極摻雜濃度固定的情況下，由基極注入射極的電洞電流，會因為此一異質接面能

第八章 雙極性電晶體　369

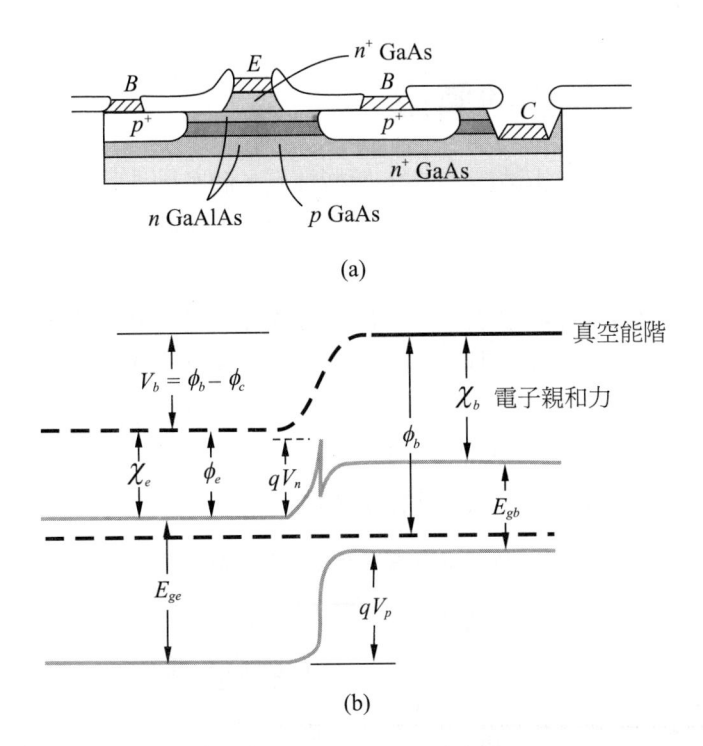

圖中標示：
- (a) n^+ GaAs、B、E、B、C、p^+、p^+、n^+ GaAs、n GaAlAs、p GaAs
- (b) 真空能階、$V_b = \phi_b - \phi_c$、χ_b 電子親和力、χ_e、ϕ_e、qV_n、ϕ_b、E_{gb}、E_{ge}、qV_p

圖 8-31　(a) 異質接面電晶體（HBT）的結構圖例；(b) 此
　　　　　HBT 射極異質接面（AlGaAs-GaAs）的能帶圖。

隙增加 ΔE_g 減少約 $\text{EXP}(\Delta E_g/KT)$ 倍；在 300°K 的室溫，如果 $\Delta E_g = 0.3\,\text{eV}$，表示 I_{Ep} 會降低約 10^5 倍。

假如不考慮載體移動率的差異性，上述通過射極接面的電流分量可近似的表示為

$$\frac{I_{En}(E-B)}{I_{Ep}(B-E)} \propto \frac{N_{DE}}{N_{AB}} \text{EXP}(\Delta E_g/KT) \tag{8-56}$$

(8-56) 式中，$I_{En}(E-B)$ 表示係由 E 極注入 B 極的電流分量，而 $I_{Ep}(E-B)$ 係由 B 極注入 E 極的電洞電流分量。因為 ΔE_g 的增加，使得 N_{DE} 有變小及 N_{AB} 加大的空間，射極區摻雜濃度變低（N_{DE} 小），而基極區摻雜濃度變高（N_{AB} 大）正可滿足前述高頻電晶體的設計需求。

上述 AlGaAs-GaAs-AlGaAs 異質接面電晶體，基極寬度可製成小於 1 微米，達到約 150 的電流增益，而截止頻率也可高達 40 GHz。

8-8 接面電晶體的製造

本節主要是簡介在積體電路中的雙極性電晶體在製造時所需注意事項及結果；為了便於討論，依其最終用途分為兩大類，即訊號放大用及數位交換用電晶體。

不論哪一類電晶體，都是在所謂的「**磊晶層**」(Epitaxial layer；簡稱 Epi-layer) 上製造。磊晶層的電阻係數很高，典型的電晶體製造參數如表 8-1 所示。如前述，n^- 磊晶層雜質濃度保持很低的原因是要維持較高的破壞電壓 V_{BR} 值 (請參考 7-4 節)；n^+ 埋置層是為了降低集極區內阻 r_c，它可使 r_c 由沒有埋置層的數千歐姆降至有埋層的數百歐姆。

表 8-1 積體電路內電晶體的典型設計參數 [4]

設計參數	放大型 (接面隔絕式)	交換 (接面隔絕式)	交換型 (氧化膜絕緣式)
磊晶薄膜			
厚度	10 μm	3.0 μm	1.2 μm
電阻係數	1 Ω-cm	0.3～0.8 Ω-cm	0.3－0.8 Ω-cm
埋置層		～	～
薄面電阻		～20 Ω/□	～30 Ω/□
上擴散	2.5 μm	1.4 μm	0.3 μm
射極			
擴散深度	2.5 μm	0.8 μm	0.25 μm
薄面電阻	5 Ω/□	12 Ω/□	30 Ω/□
基極			
擴散深度	3.25 μm	1.3 μm	0.5 μm
薄面電阻	100 Ω/□	200 Ω/□	600 Ω/□
基座			
電阻係數	～10 Ω-cm		～5 Ω-cm
晶體方向	(111)		(111)

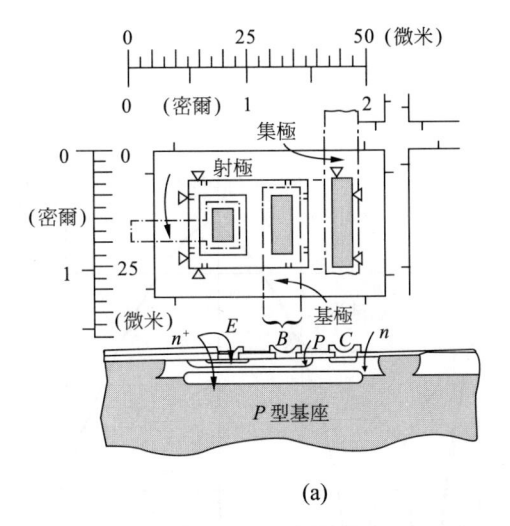

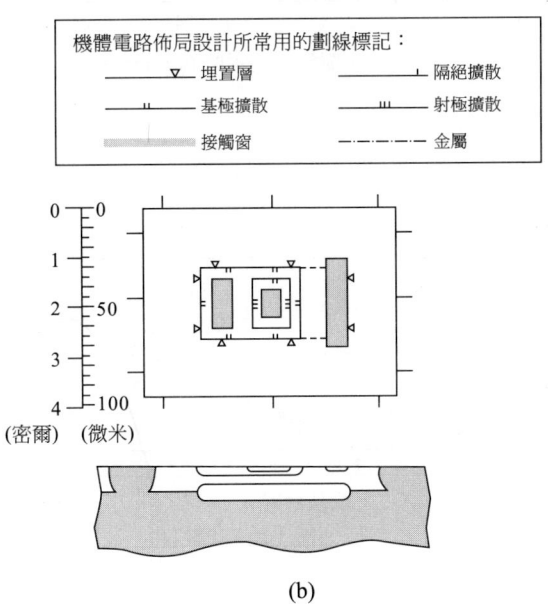

圖 8-32　積體電路中典型的電晶體佈局設計
　　　　(a) 數位 IC 中電晶體；(b) 訊號放大用（類比）
　　　　電晶體（1mil＝1/1000 吋）

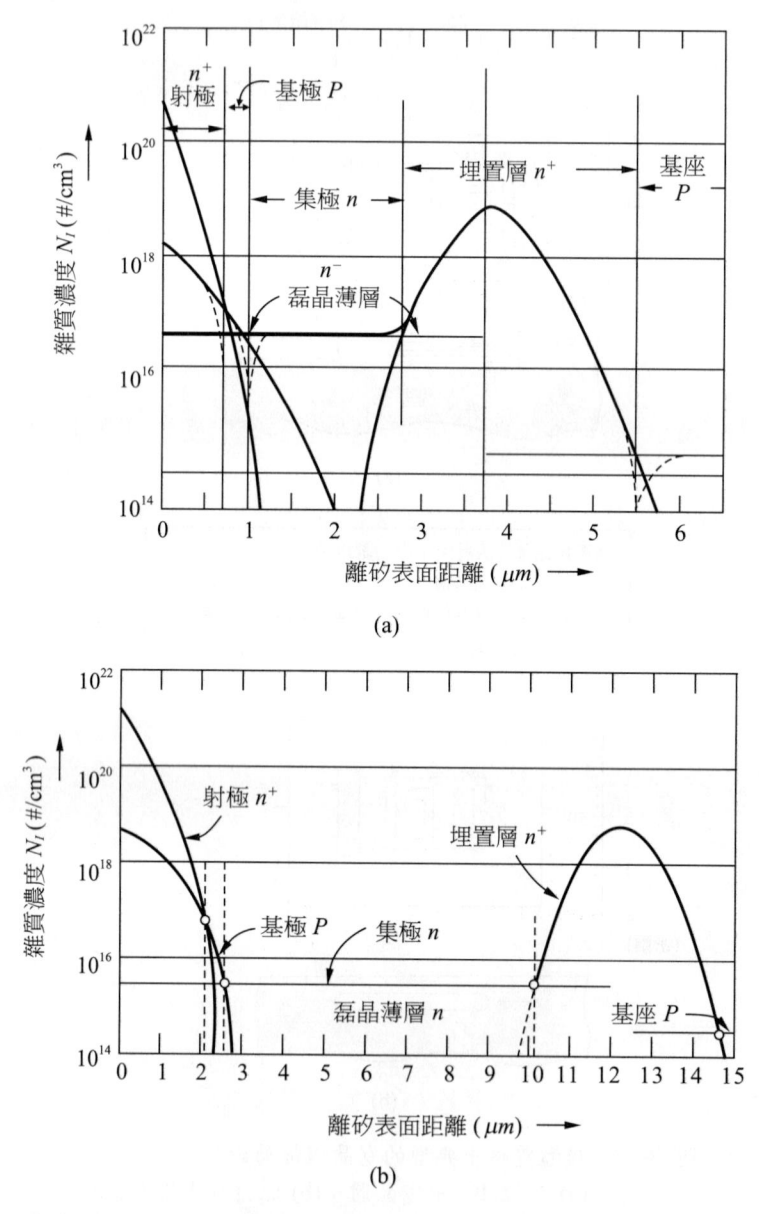

圖 8-33 積體電路中電晶體的雜質剖析圖 (a) 圖 8-31(a) 的電晶體；(b) 圖 8-31(b) 的電晶體

典型的數位交換用電晶體及訊號放大用電晶體之上視圖及其側面剖視圖分別圖示於圖 8-32 (a) 及 (b)，讀者可以瞭解其大概的幾何大小；至於詳細的電晶體**雜質分布** (Impurity profiles) 則分別圖示於圖 8-33(a) 及 (b) 中。

上述兩種電晶體最大的差異有二：即磊晶層的厚度及其電阻係數。放大用電晶體都具有較大的磊晶層厚度及電阻係數。較大的電阻係數即摻雜較低的雜質濃度，集極接面會具有較高的破壞電壓，同時它會減低歐萊效應的影響 (請參考 8-6-1 節)；對於交換電晶體，導通時 (飽和區) 之電阻必須儘量降低，所以其厚度要薄而且電阻係數要低才能符合要求，假如此數位電晶體是一蕭特基電晶體 [圖 8-34(b)]，磊晶層之電阻係數必須更低 (小於 0.1 Ω-cm)，才能在基極-集極間形成一蕭特基二極體，至於基極摻雜的濃度也不可過高 (一般低於 N_A) 5×10^{16} (#/cm^3)，如此才能使射極注入效率 γ 提高，但濃度也不能太低，否則無法在基極區形成良好之歐姆接觸，而且基極之散佈電阻 γ_B 也會很高。

至於射極區雜質濃度則儘量提高 [接近 10^{20} (#/cm^3)] 以使射極注入效率 γ 接近 100%！但研究資料顯示當 $N_D \geq 10^{20}$ (#/cm^3) 時，γ 值會因電洞存活時間

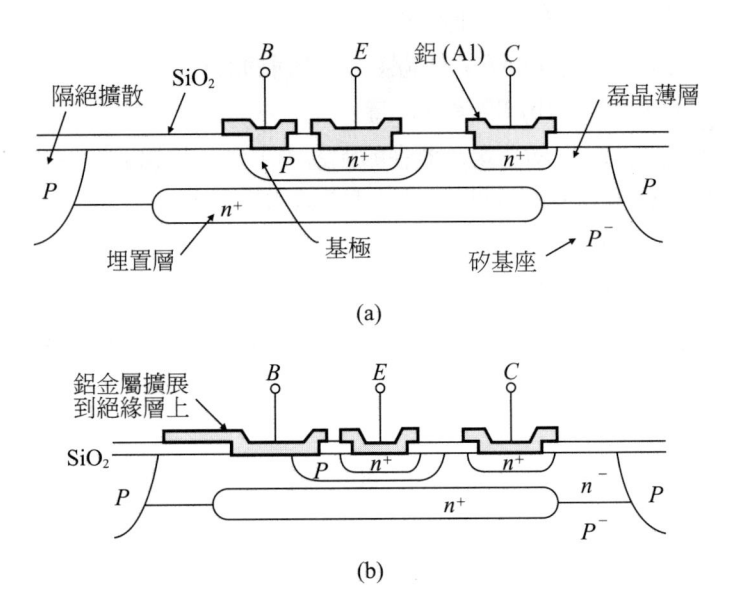

圖 8-34 電晶體的比較：(a) 一般常用的 *NPN* 電晶體；(b) 蕭特基電晶體 (基極電極擴展到 n^- 的集極區上，會在 *B* 與 *C* 極間形成蕭特基障壁二極體)

變短而有降低的現象，因為射極區之高濃度摻雜的結果，也會使得**帶間隙變窄**（Band gap narrowing），它也會使得 γ 值降低。

由電晶體載體的傳輸現象我們知道，基極寬度變窄可以使基極復合電流減小，而增加電流增益 β 值，這是基極區做得很窄的原因，但是當基極寬度在 1 微米以下時，集極逆向偏壓很容易達到**穿透**（Punch-through）點，而使電晶體崩潰破壞，這是必須注意到的地方。

圖 8-34(a) 是一般的 N^+PN 電晶體及蕭特基 N^+PN 電晶體的結構（剖面圖），可供讀者參考。

習 題

1. (a) 繪出 NPN 電晶體在熱平衡及偏壓下的能帶圖。
   (b) 利用上述能帶圖討論此電晶體內電子的注入及收集情形；在活動區工作的電晶體之基極電流有哪些重要分量？
   (c) 要怎樣才有高 β 值的電晶體？
2. 繪出在活動區工作的 NPN 電晶體之少數載體分布。
   (a) $W_E \gg L_{PE}$ 時　(b) $W_E \ll L_{PE}$ 時
3. 如果有一對稱的 P^+NP^+ 電晶體在飽和區內工作，其偏壓 $V_{EB} = V_{CB} = 0.5$ 伏特
   (a) 繪出超額電洞在基極區的分布情形（$W_B \ll L_{PB}$）
   (b) 利用 N_D，W_B，τ_P，n_i，V_{EB} 及 KT 表示出基極電流的大小，假設此時基極區之雜質呈均勻分布。
4. 有一對稱的 P^+NP^+ 鍺電晶體，其 $W_B = 5$ 微米，$A_J = 10^{-3}$ cm^2，$N_{DB} = 5 \times 10^{15}$（#/cm^3）及 $\tau_P = 10$ 微秒
   (a) 計算飽和電流 $I_{ES} = I_{CS}$；
   (b) 偏壓 $V_{EB} = 0.26$ 伏特及 $V_{CB} = -50$ 伏特，試分別利用（8-12）式及（8-13）式計算 I_B 電流並予比較；
   (c) 如果射極區導電係數是基極區導電係數的十倍，而 $L_{nE} \simeq 0.5L_{PB}$，計算 α 及 β 的值。
5. 集極電流 I_C 是基極區的少數注入載體跨過逆偏的 J_C 後收集而成，
   (a) 假設載體經過 J_C 的漂移速度達到最大值（v_{th}），證明注入的載體經過

J_C 空乏區時的濃度為一定值。
   (b) 假設基極區雜質濃度遠比集極區的濃度大，繪出在電流增加時，J_C 附近空乏區內的電場分布。
   (c) 多大的電流密度會使得電場強度達到定值？
   (d) 假如電流密度再持續增大，有何現象發生？
6. 一個矽製 P^+NP^+ 電晶體其 $N_{AE} = 5 \times 10^{18}$ (#/cm³)，$N_{DB} = 10^{16}$ (#/cm³)，$N_{AC} = 10^{15}$ (#/cm³)，$W_B = 1$ 微米，及 $A_J = 3$ 平方毫米；$V_{EB} = 0.5$ 伏特，$V_{CB} = -5.0$ 伏特，計算
   (a) 準中性基極區的寬度 (此處 W_B 為 J_E 至 J_C 間距離)。
   (b) 在 J_E 接面的少數載體濃度。
   (c) 在基極區的少數載體電荷量 Q_B。
7. 某交換用電晶體的基極寬度為 0.5 微米，基極的少數載體擴散係數為 10 cm²/sec，該區內少數載體存活時間為 0.1 微秒，偏壓 $V_{CC} = 5$ 伏特，$R_L = 10$ kΩ；有基極脈衝電流通過其大小為 2 微安培，導通時間 (Duration) 為 1 微秒，試算出基極所儲存的電荷量及儲存時間延遲。
8. 某一 NPN 電晶體在活動區內工作，在 $t = 0$ 時，有一密集的可見光集中地照射在 J_C 附近的空間電荷區內，其光激發之載體產生率為 G_L (假設 qG_L 與 I_B 大小相當)
   (a) 如果 V_{EB} 及 V_{CB} 均保持定值，求出 $t > 0$ 時，I_E、I_B 及 I_C 的大小；
   (b) 假如基極被一電流源驅動，因此光照射不會改變 I_B 的大小，重做 (a)
9. 有一 NPN 電晶體在室溫下於活動區內工作，此時 I_B 及 I_C 均視為正值；當溫度漸升而 I_C 仍保持一定時，如果某人用安培表測量 I_B，他會發現 I_B 漸減終變為負值，試分析甚麼物理效應會導致上述結果？
10. 扼要解釋下列名詞：
    (a) 射極注入效率   (b) 基極傳輸因素
    (c) 順向-活動模   (d) 基極傳輸時間
    (e) 射極擁塞   (f) STL
    (g) 儲存時間延遲   (h) 基極寬度調變
    (i) 寇克效應   (j) 穿透
    (k) 歐萊電壓   (l) 磊晶薄層

參考資料

1. J. L.Moll. and I. M.Ross, Proc. IRE, 44, 72, 1956.
2. H. Camenzind, Electronic Intergrated System Design, Van Nostrand Reinhold Company, 1972.
3. C. T. Kirk, IRE. Trans Electron Devices, ED-9, 164, 1962.
4. R. S. Muller, Device Electronics for Integrated Circuits, 2nd edi., Wiley, New York, 1986.
5. S. M. Sze, Semiconductor Devices, Bell lab., Inc., 1985.
6. B. G. Streetman, Solid State Electronic Devices, 2nd edi., Prentice-Hall, Inc., Englewood cliffs, N. J. 1980.
7. A. Van Der Ziel, Solid State Physical Electronics, 3rd edi., Mei-YA Book Comp. Taiwan.
8. R. F. Pierret and G. W. Neudeck, Modular serier on Solid state Devices, Purdue University, 1984.

附　錄

附錄 A　物理常數

附錄 B　元素半導體及絕緣體的主要特性
　　　　（300°K）

附錄 C　III-V 族化合物半導體的主要特性
　　　　（300°K）

附錄 D　II-VI 及 IV-VI 族化合物半導體的基本
　　　　特性（300°K）

附錄 E　砷化鎵晶體內雜質的游離能

附錄 A　物理常數

常　數	符　號	大　小	單　位
蒲朗克常數	h	6.63×10^{-34}	焦耳-秒
亞佛加德羅常數	N	6.022×10^{23}	個 / 摩爾
電子靜質量	m_0	9.11×10^{-31}	公斤
波茲曼常數	K_B 或 K	1.38×10^{-23}	焦耳 / °K
介電係數（自由空間）	ϵ_0	8.85×10^{-14}	法拉 / 厘米
導磁係數（自由空間）	μ_0	1.26×10^{-8}	亨利 / 厘米
電子伏特	eV	1.602×10^{-19}	焦耳
光速	c	3.0×10^{10}	厘米 / 秒
熱電位（300°K）	KT/q	0.0259	伏特
焦耳	J	10^7	爾格

附錄 B　元素半導體及絕緣體的主要特性（300°K）

特性	符號	單位	Si	Ge	SiO$_2$	Si$_3$N$_4$
晶體結構			鑽石	鑽石	非晶	六角體
晶元內原子數			8	8		
原子序	Z		14	32	14/8	14/7
原(分)子量	MW	g/g-mole	28.09	72.59	60.08	140.28
晶格常數	a_0	Å	5.4307	5.6575		7.75
原(分)子密度	N_0	#/cm^3	5.00×10^{22}	4.42×10^{22}	2.20×10^{22}	1.48×10^{22}
密度		g/cm^3	2.328	5.323	2.19	3.44
能帶間隙	E_g (300°K)	eV	1.107	0.67	～9	4.7
	E_g (0°K)	eV	1.153	0.744		
E_g 溫度變化	$\Delta E_g/\Delta T$	eV°K^{-1}	-2.3×10^{-4}	-3.7×10^{-4}		
介電係數	ϵ_r		11.7	15.8	3.9	7.5
折射指數	n		3.44	3.97	1.46	2.0
熔點	T_m	°C	1412	937	～1700	～1900
		Torr (mmHg)	10^{-7} (1050)	10^{-9} (750)		
		(at °C)	10^{-5} (1250)	10^{-7} (880)		
比熱	C_p	Joule (g°K)$^{-1}$	0.70	0.32	1.4	0.17
導熱係數	k	W (cm°K)$^{-1}$	1.412	0.606	0.014	0.185
熱擴散率	D_{th}	cm^{2}s^{-1}	0.87	0.36	0.004	0.32
熱的線膨脹	α'	°K^{-1}	2.5×10^{-6}	5.7×10^{-6}	5×10^{-7}	2.8×10^{-6}
本質濃度	n_i	cm^{-3}	1.45×10^{10}	2.4×10^{13}		
移動率						
電子	μ_n	cm^2 [Vs]$^{-1}$	1350	3900	20	

（續）

特性	符號	單位	Si	Ge	SiO$_2$	Si$_3$N$_4$
電洞	μ_p	cm^2[Vs]$^{-1}$	480	1900	~10^{-8}	
導電帶有效狀態密度	N_C	#/cm^3	2.88×10^{19}	1.02×10^{19}		
價電帶有效狀態密度	N_V	#/cm^3	1.08×10^{19}	5.64×10^{18}		
破壞電場強度	ε_1	V cm^{-1}	3×10^5	8×10^4	$6\sim9\times10^6$	
有效質量						
電子	m_n^*/m_0		1.1^a 0.26^b	0.55^a 0.12^b		
電洞	m_p^*/m_0		0.56^a 0.386^b	0.3		
電子親和力	$q\chi$	eV	4.15	4.00	1.0	
聲子散射平均損失能量		eV	0.063	0.037		
光聲子散射平均自由路徑						
電子	l_{ph}	Å	62	65		
電洞	l_{ph}	Å	45	65		

【註】 1. (a)應用在狀態密度計算　(b)應用在導電係數計算
2. From "A.S. Grove, physics and Technology of Semiconductor Devices" and "S.M. Sze, physics of Semiconductor Devices".

附錄 C　Ⅲ-Ⅴ族化合物半導體的主要特性（300°K）

材料	能隙 E_g (eV)	型式 (1)	截止波長 $\lambda_g(\mu m)$	晶格常數 Å	有效質量 (m_0) m_n^* (m_0)	有效質量 (m_0) m_p^* (m_0)	本質濃度 $n_i(\#/cm^3)$
AlP	2.45	I	0.52	5.45	—	0.70	$\sim 10^{-1}$
AlAs	2.16	I	0.57	5.66	0.15	0.79	~ 10
AlSb	1.58	I	0.75	6.14	0.12	0.98	$\sim 10^5$
GaP	2.26	I	0.55	5.45	0.82	0.60	~ 1
GaAs	1.42	D	0.87	5.65	0.07	0.48	$\sim 10^7$
GaSb	0.73	D	1.70	6.10	0.04	0.44	$\sim 10^{13}$
InP	1.35	D	0.92	5.87	0.08	0.64	$\sim 10^8$
InAs	0.36	D	3.5	6.06	0.02	0.40	$\sim 10^{15}$
InSb	0.17	D	7.3	6.48	0.014	0.40	$\sim 10^{16}$

材料	電子親和力 /[eV]	移電率 μ_n $[m^2/V.s]$	移電率 μ_p $[m^2/V.s]$	介電係數 ε_r	折射指數 n	導熱係數 $[\frac{W}{m.K}]$	熔點 (°K)
AlP	—	—	—	9	3.0	90	2803
AlAs	(2.62)	0.03	—	10.1	3.2	91	2013
AlSb	3.64	0.02	0.04	14.4	(3.7)	57	1333
GaP	(4.0)	0.017	0.01	11.1	3.45	77	1740
GaAs	4.05	0.85	0.04	13.1	3.7	44	1511
GaSb	4.03	0.40	0.14	15.7	3.8	33	983
InP	(4.4)	0.4	0.015	12.4	3.45	68	1335
InAs	4.54	3.2	0.05	14.6	3.5	27	1215
InSb	4.59	7.8	0.4	17.7	4.0	17	798

（*）：1. I：間接半導體；D：直接半導體
　　　2. From "Optical Communication Systems", by John Gowar.

附錄 D　II-VI 及 IV-VI 族化合物半導體的基本特性（300°K）

材料		能帶間隙 E_g (eV)	晶體結構	晶體型式	$\dfrac{dE_g}{dT}\times 10^{-4}$ (eV/°K)	有效質量 (m_0) m_n^*	有效質量 (m_0) m_p^*	折射指數 n	介電係數 ϵ_s	晶格常數 (Å)	移動率 $(cm^2/V\text{-}sec)$ μ_n	移動率 $(cm^2/V\text{-}sec)$ μ_p
II-VI		3.2	W	D	−9.5	0.32	0.27	2.02	7.9	a 3.2496　c 5.2065	180	
		3.8	W	D	−3.8	0.28	>1//0.5⊥	2.4	8.3	a 3.814　c 6.257		
		3.6	Z	D	−5.3	0.39		2.4	8.3	5.406		
		2.58	Z	D	−7.2	0.17		2.89	8.1	5.667	100	
		2.28	Z	D	−5	0.15		3.56	9.7	6.101		7
		2.53	W	D	−5	0.20	0.7⊥c5//c	2.5	8.9	a 4.136　c 6.713	210	
		1.74	W	D	−4.6	0.13	2.5//0.4⊥		10.6	a 4.299　c 7.010	500	
		1.50	Z	D	−4.1	0.11	0.35	2.75	10.9	6.477	600	
		2.5	Z	D								
		−0.15	Z	D		0.045			25	6.085	5,500	
IV-VI	PbS	−0.15 0.14	Z Z	D D	+5.6	0.029	~0.3	3.7	20	6.42	22,200	100 (20°K)
	PbSe	0.37	Z	D	+4	0.100	0.1	3.7	170	5.936	550	600
		0.26	Z	D	+4	m_t 0.07 m_l 0.039	m_t 0.06 m_l 0.03		250	6.124	1,020	930
	PbTe	0.29	Z	D	+4	m_t 0.24 m_l 0.02	m_t 0.3 m_l 0.02	3.8	412	6.460	1,620	750
	SnTe	0.18	Z	D						6.328		

【註】1. W：Wurtzite, Z：Zinc blende, D：直接半導體
　　　2. From "Optical processes in Semiconductors", by J. I. Pankove.

附錄 E 砷化鎵晶體內雜質的游離能（*）

一、淺佈雜質（shallow impurities）

雜質	型式	游離能 (eV) 離開 E_c	游離能 (eV) 離開 E_v
S	n	0.0061	
Se	n	0.0059	
Te	n	0.0058	
Sn	n	0.0060	
C	n/p	0.0060	≃0.026
Ge	n/p	0.0061	0.040
Si	n/p	0.0058	≃0.035
Cd	p		0.035
Zn	p		0.031
Be	p		0.028
Mg	p		0.028
Li	p		0.023, 0.05

二、深佈雜質（Deep impurities）

雜質	型式	游離能 (eV) 離開 E_c	游離能 (eV) 離開 E_v
O	n	0.4, 0.75	
Unknown	n	0.17	
Co	p		0.16, 0.56
Cu	p		0.14, 0.24, 0.44
Cr	p		0.79
Mn	p		0.90
Fe	p		0.38, 0.52
Ca	p		0.16
Ni	p		0.35, 0.42
Au	p		0.09
Ag	p		0.11

（*）From S. K. Ghandhi, VLSI Fabrication principles.

索引

K-空間（K-space）57

一畫

一度空間的分析（One-dimensional analysis）365

一維分析（One-dimensional analysis）343

二畫

二極體理想因素（Diode Ideality factor）303, 306

入射面（Plane of incidence）227

力偶距（Dipole moment）102

力常數（Force constant）88

三畫

三元合金半導體（Ternary alloyed semiconductor）68

大電流效應（High-current effect）296, 301

不可控制及不可預測（Uncontrollable and Unpredictable）15

四畫

中央能量谷（Central energy valley）175

中和（Neutralized）360

中性（Neutral）196

丹伯效應（Dember effect）253

丹伯電場（Dember field）253

介質鬆弛時間（Dielectric relaxation time）205

內建電場（Built-in field）259

分子束磊晶（Molecular beam epitary；MBE）67, 78

分離能（Dissociating energy）231

分離變數法（The separation of variables）23

切碎器（Chopper）164

化合物半導體（Compound semiconductor）22, 102

化學式氣體沉積槽（Chemical vapor deposition reactor；簡稱 CVD 槽）71

反向活動區（Inverted active Region）327

反向區（Inverted region）327, 345

反晶格（Reciprocal lattices）57

反應床（Reaction bed）71

反鍵結軌道情形（Anti-bonding orbital）115

少數載體抽取（Minority carrier extraction）278

少數載體注入（Minority carrier injection）272

五畫

他質光導電過程（Extrinsic photoconduction）246
他質區（Extrinsic region）134, 146
古典量子理論（Classical quantum theory）4
史奈爾定律（Snell's laws）228
布里路因區（Brillouin zones）60
布奇曼法（Bridgman method）74
布洛克定理（Bloch theorem）123
布雷威士晶格（Bravais lattices）47, 57
布雷格反射（Brag reflection）62, 100
布魯斯特角（Brewster angle）229
平均存活時間（Mean lifetime）155
平均自由時間（Mean free time）167
本質光導電過程（Intrinsic photoconduction）246
本質阻抗（Intrinsic impedance）224
本質區（Intrinsic region）146
本質費米階（Intrinsic Fermi level）122, 134, 138
未調制波（Unmodulated waves）13
正常位置（Normal sites）64
生長式（Grown type）258
石墨船（Graphite boats）74
立體角（Solid angle）37

六畫

交叉的面心立方晶格（Interpenetrating FCC）49
交址式幾何形狀（Interdigitated geometry）365
光二極體（Photodiode）284
光支系（Optical branch）93-95
光伏效應（Photovoltaic effect）253
光吸收試驗（Optical absorption experiment）239
光拘限作用（Optical confinement）316
光波垂直入射（Normal incidence）221
光波斜射（Oblique incidence）227
光泵激（Optical pumping）164
光脈波（Light pulse）158
光常數（Optical constants）218
光陰極（Photocathode）8
光窗（Optical window）319
光電流（Photocurrent）249
光電效應（Photoelectric effect）6
光電晶體（Phototransistor）284
光導電率（Photoconductivity）246
光導電增益（Photoconductivity gain）251
光導體（Photoconductor）252
光激光譜（Photoluminescence spectrum）163

索　引　387

光激光譜峰值（Photoluminescence peak）139
光激發（Optical excitation）159
光激發光（Photoluminescence；PL）164
光聲子（Optical phonon）94, 103, 171, 174
光譜儀（Spectrometer）164
全散射截面（Total scattering cross-section area）39
共射極（Common-Emitter; CE）327
共射極（直流）電流增益（Common-Emitter Current Gain）332
共基極（Common base; CB）328
共基極電流增益（Common-base current gain）332
共集極（Common collector; CC）328
共價鍵（Covalent bond）19
共價鍵力（Covalent bonding force）79
列線圖表（Nomograph）280
合金半導體（Alloyed semiconductors）164
合金式（Alloyed type）258
因果律（Cause-Effect law）15
回切法（Cut-back method）240
多晶矽（Polysilicon）67, 70
多晶體（Poly crystal）44
曲率（curvature）141
有效位能障壁高度（Effective potential barrier height）268

有效質量（Effective mass）140
次晶格（Sub lattice）131
次線性相關（Sublinear dependence）174
自由載體吸收（Free carrier absorption）231, 232
自旋向下（Spin down）80
自旋向上（Spin up）80
自旋作用（Spin-off）123
自發性放射（Spontaneous emission）238

七畫

位能井（Potential well）86
位能丘（Potential hill）278, 330
伯昂假說（Born's Postulate）24
伯桑方程式（Poisson's equation）288
伯斯量子（Bosons）110, 109
伯斯-愛因斯坦分布函數（Bose-Einstein distribution function）108, 238
低位階（Low level）327
低階注入（Low-level injection）160, 271, 301
冶金級矽（Metallurgical-grade silicon; MGS）70
冷卻固化（Cooling solidification）74
冷卻率（Cooling rate）75
冷凝器（Dewar）164

吸收係數（Absorption coefficient）221
吸收體（Absorber）2
完全穿透（Total transmission）25
抗反射薄層（Antireflection coating）226
扭曲現象（Band distortion）139
折射指數（Refractive index）220
步階式接面（Step junction）262
步階函數（Step function）258

八畫

受體（Acceptor）122
受體型（Acceptor-type）67, 196
固化（Condensation）78
定能量橢圓體（Constant-energy ellipsoids）123
拉伸率（Pull rate）75
拉塞福散射（Rutherfold Scattering）35, 170
拋光（Polishing）77
放射機率（Emission probability）198
放射體（Radiator）2
波以亭向量（Poynting vector）220
波前（Wave front）8
波封（Wave envelope）11
波茲曼分布因素 4
波茲曼分布函數（Boltzmann distribution function）108
波茲曼方程式（Boltzmann Transport Equation；BTE）170
波動向量（Wave vector）219
波動向量選擇原則（Wave vector selection rule）100
波動阻抗（Wave Impedance）225
波動與質點對偶性（Wave-particle duality）64
波爾半徑 18
波爾假說（Bohr Postulates）17
波數（Wave number）57
波導結構（Waveguide structure）34
物質波 13
狀態密度（Density of states）139
狀態密度分布圖（Density-of-state distribution）314
狀態密度有效質量（Density of states effective mass）124, 144
直接半導體（Direct semiconductors）129
直接復合（Direct recombination）155
直接轉移（Direct transition）129, 235
矽（Si）70
空乏近似（Depletion approximation）259, 296, 263
空乏區（Depletion region）259
空乏電容（Depletion capacitance）288
空缺陷（Vacancies）64
空虛狀態（Empty state）122

索　引　389

空間電荷區域（Space charge region; SCR）258
虎克定律（Hookes law）88
初始晶元（Primitive cell）47, 59, 87
表面效應（Surface effects）306, 324
金原子摻雜（Gold doping）158
金屬-半導體接觸（MS contacts）325
金屬鍵（Metallic bonding force）79
長基地式二極體　273
阻抗不匹配（Impedance mismatch）222
非晶體（Amorphous material）44
非發光性復合（Nonradiative recombination）164
非彈性散射（Inelastic scattering）100
非簡併半導體（Nondegenerate semiconductors）184, 343

九畫

軌道正鍵結（Bonding orbital）115
信號增益（Signal gain）327
垂直諧振腔雷射（VCSEL）78
施體型（Donor-type）缺陷中心　67, 196
施體能階（Donor level）122
施體雜質離子（Donor ion）39
活動區（Active region）326
活動層（Active layer）70, 316
泵激雷射（Pump laser）164

相量（Phasor）223
相鎖放大器（Lock-in amp）164
穿透（Punch-through）364, 374
穿透係數（Transmission coefficient）29
穿透效應（Tunneling effect）30
穿透深度　143
穿透電流（Tunneling current）305
背景濃度（Background concentration）284
范得爾瓦（Van Der Waals）79
負電阻區（Negative resistance region）175
重電洞（Heavy hole; hh）313
面心立方晶格（Face-centered cubic lattice; FCC）47
面缺陷（Surface defects）67
音支系（Acoustical branch）92, 95
音聲子（Acoustical phonon）91, 94, 103, 171
芮雷-金恩理論（The Rayleigh-Jeans theory）3

十畫

凍住區（Freeze-out region）146
凍結（Frozen-out）121
剝裂（Cleaving）241
埋置層（Buried layer）325, 359
射極（Emitter）324

射極注入效率（Emitter injection efficiency）332
射極接面（Emitter jucntion）324
射極擁塞（Emitter crowding）365, 368
振動支系（Vibration branches）96
時間延遲（Time lag）8
時間相關的薛丁格方程式（Time-dependent SWE）24
時間獨立的薛丁格方程式（Time-independent SWE）24
晃盪的價鍵（Dangling bonds）206
核心電子（Core electrons）119
消失係數（Extinction coefficient）220
特殊解（Particular solution）249
特徵值（Eigenvalues）110, 123
破壞性干涉（Destructive interference）226
砷化鎵（GaAs）73
窄能隙（Narrow bandgap）193
純介質材料（Pure dielectric）230
純化（Purification）71
電子級矽（Electronic-grade silicon; EGS）70-71
缺陷中心（Defect center）156, 196
脈波變寬（Spread out）209
能帶充填效應（Band filling effect）314
能帶尾部（Band tails）139
能帶間隙（Energy band gap）120

能階圖（Energy band diagrams）121
能隙（Energy gap；Eg）120, 231
能隙工程（Bandgap engineering）165
逆向的共基極直流電流增益（Reverse common-base DC current gain）345
逆向飽和電流（Reverse saturation current）274
逆過程（Inverse process）194
退火（Annealing）64
迴旋頻率（Cyclotron frequency）143
閃鋅類結構（Zinc blende or cubic zinc sulfide lattice）51
馬克士威爾方程式（Maxwell s equations）218
馬克士威爾速度分布（Maxwellian velocity distribution）109
高位階（High level）327
高通濾波器（High-pass filter）234
高斯函數（Gaussian function）362
高階注入的效應（High-injection effect）365
高濃度摻雜（Heavy doping）140

十一畫

偵檢器（Detector）11, 239
剪力（Shear force）67
動量空間（Momentum space）44, 57
動態性缺陷（Dynamic defects）64

索　引　391

堆積比（Packing fraction; PF）52
堆積式故障（Stacking faults）67
基本吸收（Fundamental absorption）231, 235
基本模（Fundamental mode）316
基座（Substrate）182
基極傳輸因素（Base transport factor）332
基體（Basis）45
基體向量（Basis vectors）54
寇克效應（Kirk effect）361
密勒指數（Miller Indices）55
崩潰的過程（Avalanche process）174
帶內吸收（Intraband absorption）232
帶間吸收（Interband absorption）231, 235
帶間隙變窄（Band gap narrowing）374
張量元素（Tensor element）141
接面電容（Junction capacitance;）288
接觸電位（Contact potential）260
接觸層（Contact layer）319
液體覆蓋式的 CZ 法生長（Liquid-encapsulated CZ growth; LEC）76
淺佈受體（Shallow acceptor）122
淺佈施體（Shallow donor）122
淺佈擴散（Shallow diffusion）262
混合型式的價鍵力（Mixed bonding force）81
混合價鍵力（Mixed bonding force）79

深佈擴散（Deep diffusion）262
淨復合率（Net recombination rate）200
淨電荷的流動（Net charge flow）167
現代的量子理論（Modern quantum theory）4
畢爾定律（Beers law）240
異常位置（Abnormal sites）64
異質接面（Heterojunctions）307
異質接面雙極性電晶體（Heterojunction bipolar transistor; HBT）307, 315
硫化鋅類六角體晶體結構（Wurtzite or hexagonal zinc sulfide lattice）51
移動率（Mobility）108, 166
第一布里路因區（First Brillouin Zone）90, 123
細部平衡原理（Detailed-balance principle）160
累崩光二極體（Avalanche photodiode; APD）258
累崩倍增（Avalanche Multiplication）258, 280
累崩崩潰（Avalanche breakdown）280
累積概率（Cumulative probability）25
規格化的波動函數（Normalized wave function）25, 109, 203
連續方程式（Continuity equations）187

連續剝裂法（Sequential-cleaving method）241
速度空間（Velocity space）109
部分積分法（Integral by parts）362
陷阱（Traps）67
陷阱中心（Trapping Center）155, 157, 196

十二畫

傅立葉積分（Fourier Integral）13
單色光產生器（Monochromator）239
單側突立接面（One-sided abrupt junction）263
單晶晶種（Seed crystal）74
單晶體（Single crystal）44, 67
喬夸爾斯基法（Czochralski method）74
場效電晶體（Field-effect transistor; FET）324
富蘭可缺陷（Frenkel defects）65
富蘭茲-卡迪西效應（Franz-Keldysh effect）244
復合中心（Recombination Center）158, 196
散射截面（Scattering cross-section area）35
散熱裝置（Heat sink）305
晶元（Lattice cell）47
晶格（Lattice）45
晶格位址（Lattice sites）59
晶格振動波（Lattice vibration wave）64
晶格常數（Lattice constants）51
晶格散射（Lattice scattering）171
晶格熱能（Lattice heat）130
晶粒大小（Grain size）44, 67
晶粒邊界（Grain boundary）67
晶圓（wafer）76
晶體的生長（Crystal growth）70
晶體缺陷（Crystal defects）64, 130
晶體學（Crystallography）81
游離區（Ionization region）146
減化區域圖（Reduced-zone scheme）61
測不準度（Uncertainty）109
發光的復合過程（Radiative recombination process）193
稀釋後的電子氣體（Diluted electron gas）170
等分定律（Equipartition law）184
等位面（Equipotential surfaces）2
束縛力（Binding forces）44
費米-笛拉克分布函數（Fermi-Dirac distribution function）108
費米量子（Fermions）109
超級晶體（Super lattice）67
超額載體（Excess carriers）246
間接半導體（Indirect semiconductors）131

間接轉移　236
間置缺陷（Interstitials）64
集極（Collector）324
集極接面（Collector junction）324
集膚效應（Skin effect）143, 233
集總效應（Lumping effects）142
順向的共基極直流增益（Forward common-base DC current gain）343
順向活動模（Forward-active mode）324
黑體　2

十三畫

載體產生（Carrier generation）192
傳導電子（Conduction electron）119, 154
傳輸時間（Transit time）251
微散射截面（Differential scattering cross-section area）37
微擾理論（Perturbation）21
微觀分析（Microscopic analysis）239
微觀的歐姆定律（Microscopic Ohm's Law）168
暗導電率（Dark conductivity）245
準中性近似（Quasi neutral approximation）260, 298
準中性區（Quasi neutral region; QNR）260, 295
準費米階（Quasi Fermi levels）161

當面碰撞（Head-on collision）37
禁止帶（Forbidden band）119, 120
禁止間隙（Forbidden gap）96
稜線錯位（Edge dislocations）67
解析度（Resolving power）15
較高能量谷（Higher energy valley）175
載體抽取（Carrier extraction）205
載體的拘限作用（Carrier confinement）316
載體的注入（Carrier injection）192
載體的陷阱（Carrier traps）246
載體的熱速率（Thermal speed）167
載體產生率（Carrier generation rate）159
載體產生電流（Carrier generation current）303
載體濃度（Carrier concentrations）133
隔離島（Isolation island）326
雷達遮蔽物（Radome）226
電子位能（Electronic potential energy）330
電子放射（Electron emission）198
電子的存活時間（Electron life time）248
電子的移動率（Electron mobility）168
電子捕捉（Electron capture）157, 197
電子海（Electron sea）80

電子組態（Electronic configuration）19, 119
電子-電洞對（Bound electron-hole pairs）231
束縛電子-電洞對（Electron-hole pair; EHP）138, 154, 247
電子擴散係數（Electron diffusivity）183
電子轉移（transition）123
電子轉移效應（Transferred electron effect）176
偏極（Polarization）218
電阻性接觸（Ohmic contact）325
電阻性壓降（Ohmic drop）296
電阻係數（Resistivity）169
電洞放射（Hole emission）199
電洞的存活時間（Hole life time）248
電洞的表面復合速率（Surface recombination velocity）206
電洞捕捉（Hole capture）156, 198
電偶極（Induced dipoles）80
電荷中性原則（Charge neutrality）288
電荷控制模式（Charge control model）277, 342
電腦輔助設計（Computer aided design; CAD）343
電漿電荷（Plasma loading）234
電漿諧振（Plasma resonance）233
電激光譜（Electroluminescence spectrum）163
電激發光（Electroluminescence；EL）164
零點能量（Zero-point energy）98
飽和區（Saturation region）326

十四畫

截止區（Cut-off region）326
截止電位（Stopping potential）10
截止頻率（Cut-off frequency）7
截斷時間（Turn-off time）206
漂移（Drift）168
漂移電流（Drift current）270
漢彌頓量子算符（Hamiltonian）23
漫無目的式的運動（Random motion）167, 182
端面耦合損失（End-face coupling loss）240
緊密六角體結構（Hexagonal close-packed lattice; HCP）47
網狀的晶格錯置（Network of dislocations）69
蒲朗克假說（Planck's Postulate）3
蒸鍍（Evaporation）78
輕電洞（Light hole;）313
齊納二極體（Zener diode）258
齊納崩潰（Zener breakdown）280

十五畫

價電子（Valence electron）119
價電帶（Valence band）119, 120
價電帶邊緣（Valence band edge）121
彈性波（Elastic wave）91
彈性散射（Elastic scattering）100
影像投入（Mapping）61
德布格里假說（De Broglie Postulate）10
歐姆接觸（Ohmic Contact）331
歐姆接觸（Ohmic contacts）164, 270
歐傑伊復合過程（Auger recombination process）194
歐萊效應（Early effect）356
潛熱（Latent heat）75
熱產生率（Thermal generation rate）160
熱跑脫（Thermal run away）304
熱量平衡方程式（Heat-balance equation）75
熱載體效應，Hot carrier effect）174
熱電子（Hot electron）175
熱電子效應（Hot electron effect）175
熱鬆弛效應（Thermal relaxation）165
熱擾動（Thermal excitation）167
磊晶生長（Epitaxial growth）67, 325, 359
磊晶層　370
磊晶薄層（Epitaxial layer）78
磊晶薄膜或薄層（Epitaxial film or layer）325
線性放大（Linear amplification）327
線性接面（Linearly graded junction）262
線缺陷（Line defects）67
線脈錯置（Threading dislocations）69
衝擊游離（Impact ionization）194, 280
質量作用定律（Law of mass action）135
銻（Sb）19
餘光吸收（Restrahlen absorption）102, 231
駐波（Standing waves）2

十六畫

導航波（Pilot waves）10
導電帶（Conduction band）119, 120
導電帶邊緣（Conduction band edge）121
導電率有效質量（Conductivity effective mass）126
橫向光支系（Transverse optical branch; TO）97
橫向的振動（Transverse vibration）87
橫向音支系（Transverse acoustic branch; TA）97
激子（Excitons）231, 314, 319,
激子式發光（Exitonic luminescence）313

激發（Excitation）154
激勵放射（Stimulated emission）238
磨平（Lapping）77
蕭克萊-李德-霍爾理論（Shockley-Read-Hall theory）158, 197
蕭特基缺陷（Schottky defects）65
蕭特基接觸（Schottky Contact）325
蕭特基電晶體（Schottky transistor）346
蕭特基電晶體邏輯（Schottky transistor logic; STL）346, 355
諧振吸收（Resonance absorption）102, 143
輸入埠（Input port）328
輸出埠（Output port）328
錯位（Dislocations）67
隧道二極體（Tunnel diode）258, 305
霍爾角（Hall angle）180
霍爾係數（Hall coefficient）179
霍爾效應（Hall effect）177
霍爾電場（Hall field）178
霍爾電壓（Hall voltage）178
靜態性缺陷（Stationary defects）64
鮑立不相容原理（Pauli exclusion principle）115

十七畫

儲存的時間延遲（Storage time delay）352

應變型磊晶層（Strained epitaxial layer）70
總電流密度（Total current density）185
縱向光支系（Longitudinal optical branch; LO）97
縱向的振動（Longitudinal vibration）87
縱向音支系（Longitudinal acoustic branch; LA）96
聲子（Phonon）13, 64, 98, 86, 130, 170, 192, 318
聲子吸收（Phonon absorption）237
聲子放射（Phonon emission）237
聲音轉換器（Acoustic transducer）94
臨界厚度（Critical thickness）70
薄片式波導（Slab waveguide）316
薛丁格波動方程式（Schrodinger's wave equation; SWE）22
螺線錯位（Screw dislocations）67
點缺陷（Point defect）64

十八畫

擴散式（Diffused type）258
擴散電流（Diffusion current）270
簡併程度（Degeneracy）179
簡單立方晶格（Simple cubic lattice; SC）47

簡諧振盪（Simple harmonic oscillation）4
簡諧振盪器（Simple harmonic oscillator；SHO）110
轉移向量（Translation vectors）46
轉移電子效應（Transferred electron effects）123
離子心（Ion cores）35
離子植入式（Ion-Implanted type）258
離子鍵（Ionic bond）22
離子鍵力（Ionic bonding force）79
離散關係（Dispersion relation）89
雜質（Impurity or foreign atom）65
雜質分布（Impurity profiles）373
雜質剖析（Impurity profiling）291
雜質散射（Impurity scattering）170
雙埠網路（Two-port network）328
雙軸向伸張性應變（Biaxial tensile strain）69
雙軸向壓縮性應變（Biaxial compressive strain）69
雙極性接面電晶體（Bipolar junction transistor; BJT）324
雙極性導通（Bipolar conduction）120
雙邊異質接面（Double heterojunctions）33
雙邊異質結構（Double heterostructure; DH）312
鬆弛時間（Relaxation time）232

魏格能-謝茲晶元（Wigner-Seitz cell）59
濺鍍（Sputtering）78
藍移（Blue shift）314

十九畫

穩態（Steady state）164
邊界（Zone boundary）90

廿三畫

變容體（Varactor）291
體心立方晶格（Body-centered cubic lattice; BCC）47

廿四畫

靈敏因素（Sensitivity factor）251

廿七畫

鑽石結構（Diamond structure）49